Ein Blick zurück nach vorn

# DaZ-Forschung

Deutsch als Zweitsprache, Mehrsprachigkeit
und Migration

Herausgegeben von
Bernt Ahrenholz
Christine Dimroth
Beate Lütke
Martina Rost-Roth

# Band 25

# Ein Blick zurück nach vorn

Frühe deutsche Forschung zu Zweitspracherwerb, Migration, Mehrsprachigkeit und zweitsprachbezogener Sprachdidaktik sowie ihre Bedeutung heute

Herausgegeben von
Bernt Ahrenholz und Martina Rost-Roth

**DE GRUYTER**

ISBN 978-3-11-128015-8
e-ISBN (PDF) 978-3-11-071553-8
e-ISBN (EPUB) 978-3-11-071562-0

**Bibliografische Information der Deutschen Nationalbibliothek**
Die Deutsche Nationalbibliothek verzeichnet diese Publikation in der Deutschen
Nationalbibliografie; detaillierte bibliografische Daten sind im Internet über
http://dnb.dnb.de abrufbar.

© 2023 Walter de Gruyter GmbH, Berlin/Boston
Dieser Band ist text- und seitenidentisch mit der 2021 erschienenen gebundenen
Ausgabe.
Satz: Integra Software Services Pvt. Ltd.
Druck und Bindung: CPI books GmbH, Leck

www.degruyter.com

# Vorwort

Bernt Ahrenholz hat diesen Sammelband als den letzten in seinem Leben verfasst. Es handelt sich um ein lange von ihm gehegtes Projekt, dessen Thema er – „Ein Blick zurück" auf die Anfänge der Zweitspracherwerbsforschung durch die Beteiligten selbst mit Perspektive „nach vorn" – zum Gegenstand eines Symposiums am Ende seiner offiziellen Dienstzeit machte. Keiner hätte daran gedacht, dass er ein Jahr später schon unheilbar krank war. Als langjährige Weggefährtin und Kollegin übernahm ich dann die Betreuung der Herausgabe dieses Bandes. Unterstützt wurde ich hierbei insbesondere von Dietmar Rost und Norbert Dittmar.

Im Sammelband „Blick zurück nach vorn" berichten anerkannte Persönlichkeiten, die die Entwicklung der Zweitspracherwerbsforschung und Zweitspracherwerbsdidaktik sowie der Linguistik im weitesten Sinne maßgeblich mitgeprägt haben, aus etwas anderer Perspektive über ihre Arbeit. Mit Blick auf die Geschichte ihrer eigenen wissenschaftlichen Arbeit behandeln sie meist sehr persönliche Begebenheiten im wissenschaftlichen und auch privaten Kontext, die teilweise Erfahrungen mit ihren Geldgebern beinhalten und nicht zuletzt auch einen sehr großen Einsatz für die Menschen, die sich als Informanten zur Verfügung stellten. Viele Beiträge berichten auch über ihre soziale Herkunft, ihre Begegnung mit Menschen anderer Kulturen und politische Grundüberzeugungen, die die Projektarbeit beeinflussten.

Der Band umfasst dabei zwei Teile: Zum einen den Blick der WissenschaftlerInnen auf ihre früheren Forschungen und die Entstehung des Faches. Dabei stehen meist die jeweils eigenen Projekte im Mittelpunkt, geprägt von einer sehr persönlichen Sicht, die auch die politischen Hintergründe und die Durchsetzbarkeit in der Wissenschaft thematisiert. Der zweite Teil ist dem Werdegang der WissenschaftlerInnen gewidmet. Ihre Kurzbiographien werden hier einmal ganz anders präsentiert: unter Einschluß ihrer Begegnungen mit Menschen anderer Länder, die zunächst vor allem nach Deutschland kamen, um zu arbeiten, sogenannten ‚Gastarbeitern'. Auch die Sympathie und der Einsatz für diese Menschen sowie die Faszination anderer Sprachen werden geschildert. Den BeiträgerInnen war freigestellt auf Punkte einzugehen, die ihnen jeweils wichtig erschienen und entsprechend unterschiedlich fallen die biographischen Notizen aus.

Wie die unterschiedlichen Biographien – oder besser Begegnungsbiographien mit Menschen anderer Kulturen und anderer Sprachen – zeigen, liegt ein Motiv der eigenen Aktivitäten bei den meisten Wissenschaftlern in der Suche nach Wegen der Unterstützung anderer Personen, die sich in der aufnehmenden Gesellschaft (noch) nicht artikulieren konnten. Diese Suche führte einerseits aus der Forschung und andererseits aus der Didaktik schließlich zum

https://doi.org/10.1515/9783110715538-202

neuen Fach Deutsch als *Zweit*spracherwerb, der Untersuchung des ungesteuerten Zweitspracherwerbs und dessen Förderung.

Der Sammelband „Ein Blick zurück nach vorn" zeigt das auch historisch gewandte Interesse von Bernt Ahrenholz, d.h. die Haltung, dass man der Gegenwart der Geschichtsbetrachtung immer nur mit Blick auf vorausgegangene Erfahrungen gerecht werden kann. So ist die Wissenschaftsgeschichte und das Thema des Bandes in Teilen auch Bernt Ahrenholz' und meine eigene Geschichte: Im Rahmen meines wissenschaftlichen Werdegangs habe ich seit 1984 Lehraufträge an der Freien Universität im Bereich Zweitspracherwerbsforschung übernommen und 1987 in diesem Bereich promoviert. Bernt Ahrenholz kam 1990 – nach der Arbeit mit Flüchtlingen aus Sri Lanka (s. Bild) und einem Lektorat in Italien an die Freie Universität, wo wir zusammen mit Norbert Dittmar und anderen in dem zunächst als ‚Reformmodell' geführten Zusatzstudium für Germanistik-Studenten arbeiteten. Bernt promovierte zum Thema Modalität (s. hierzu insbes. Dittmar i. d. Bd.). Auch in der Folge arbeiteten wir weiter in der Zweitspracherwerbsforschung und -didaktik.

In den Beiträgen verweisen die WissenschaftlerInnen auch immer wieder auf Fallstudien und methodische Verfahren. Transkriptionen wurden in den 1970er und 1980er Jahren noch mit Tonbändern und Kassettengeräten aufgenommen und meist handschriftlich zuerst mit Bleistift transkribiert. Mündliche Interviews, wurden oft im privaten und betrieblichen Kontext geführt – mit entsprechend großem Aufwand und Einsatz. Mangels eines möglichen Vergleichs mit muttersprachlichen Daten hat die Sammlung von muttersprachlichen Vergleichsdaten auch zur Gesprochenen-Sprache-Forschung beigetragen. Viele WissenschaftlerInnen verweisen auch darauf, was damals noch ‚von Hand' bzw. ‚handish' durchzuführen war, von Transkriptionen bis hin zu Auszählungen und Klassifikationen bei Korpus-Analysen – alles durchgeführt mit wahrhaft viel Aufwand, aber letztendlich doch ‚großem' wissenschaftlichen Ertrag. Sie verweisen hier auch immer wieder auf Erfahrungen, die vielfach tiefe Eindrücke hinterlassen haben – auch durch die Menschen, um die es jeweils geht!

Ich erlaube mir hier mit Blick „nach vorn" auch noch Folgendes anzumerken: Manche erwartete Thematiken in Hinblick auf den Nutzen der Forschung sind ausgeblieben; dies mag auch der Fragestellung nach den ersten Projekten der Zweitspracherwerbsforschung geschuldet sein, die dazu führte, dass aus diesen Perspektiven heraus eher im gegebenen Kontext gedacht wurde. So hätte mich beispielsweise auch ein Blick auf die Veränderung der Forschungslandschaft interessiert: Grob gesagt, führte die Entwicklung ja weg von den von einer Person bzw. wenigen Personen erdachten und eingereichten Projekten mit wenigen Leuten (oft DFG-Anträge), hin zu allgemeineren Ausschreibungen wie der Bildungsforschung, auch länderübergreifend und mit evaluativen Aspekten. Letztere haben z.T. starke Auswirkungen auf die Ergebnisse, die – abgesehen von großen organisatorischen Schwierigkeiten – in der Bildungsforschung bis hin zu Evaluationen der Praxisumsetzung eine starke Auswirkung auf das hatten und haben, was untersucht werden sollte und kann! Hier werden Potentiale außer acht gelassen, die in den ,freieren Köpfen' entstehen konnten. Abgesehen von vielen Vorzügen, die die ,großen Ausschreibungen' mit eher quantitativen und über einzelne Bundesländer hinausgehende Forschungsvorgaben haben, bleibt damit ein wichtiger Teil der Grundlagenforschung und auch Didaktik, wie er im gegebenen Band beschrieben wurde, außer vor.

Erste konzeptionelle Gedanken des Projektes „Blick zurück nach vorn" (vor meiner Erkrankung noch gemeinsam getragen von Bernt Ahrenholz und mir) wurden beim Warming Up zu Beginn einer Tagung an die Beteiligten weitergetragen und mit Interesse aufgenommen. Bernt Ahrenholz hat dieses Projekt bis in seine letzten Tage verfolgt. Nach seinem Tod war es aber auch mir eine besondere Freude, mit den Kollegen und Kolleginnen noch einmal intensiv in Verbindung zu treten. Manche Beiträge lagen schon Ende 2019 fast fertig vor, andere sind erst dann überarbeitet worden oder entstanden (dies betrifft insbesondere die Einleitung und das Rahmenkapitel). Es ist auch in meiner augenblicklichen Situation ein fruchtbarer und mit allen (!) Beteiligten ein tiefergehender Austausch gewesen,

Foto: Bernt Ahrenholz (1981), mit Teilnehmern eines DaZ-Kurses.

der sich über die Fertigstellung ergab. Und die Korrespondenzen haben noch einmal gezeigt, wie geschätzt die Arbeit von Bernt Ahrenholz war und ist.

Nicht zuletzt zeigt sich der Nutzen eines solchen Sammelbandes auch darin, dass ich selbst noch viel über die Autoren bzw. Autorinnen gelernt habe, die mir seit Beginn der 1980er Jahre über Prüfungen, Tagungen, Arbeitsverhältnisse, Workshops und Publikationstätigkeit bekannt waren und zu denen zum Teil auch Freundschaften entstanden sind. Vieles was im wissenschaftlichen Alltag untergeht, hat hier Ausdruck gefunden! Ich hoffe so geht es auch den Leserinnen und Lesern dieses etwas anderen Buches!

In diesem Sinne möchte ich allen Beteiligten – und nicht zuletzt Bernt Ahrenholz – meinen allerherzlichsten Dank aussprechen. Es war – auch nach seinem Tod im November 2019 – eine höchst fruchtbare Aufgabe, die mir auf besondere Weise erlaubte in die gemeinsame Arbeit einzutauchen!

Martina Rost-Roth

# Inhalt

Bernt Ahrenholz
unter Mitarbeit von Martina Rost-Roth

# Ein Blick zurück nach vorn. Migration mit Schwerpunkt auf den 1970er und 1980er Jahren und Perspektiven für die heutige Zeit. Eine Einleitung

Mit Hilfe sogenannter ‚Anwerbeabkommen‘, auf deren Grundlage deutsche Firmen und Arbeitsämter in einigen Mittelmeerländern vor Ort Arbeitskräfte requirierten, konnten zwischen 1955 und 1968 zahlreiche ausländische Arbeitskräfte für eine Tätigkeit in der BRD gewonnen werden. Sie haben wesentlich zum Wirtschaftswachstum in der BRD beigetragen und durch sie wurde die bundesdeutsche Gesellschaft auf Dauer nachhaltig verändert. Insbesondere ab Anfang der 1960er Jahre nahm die Zahl der ausländischen Arbeitskräfte aus Italien, Spanien, der Türkei, aus Portugal, Marokko, Tunesien und Jugoslawien rasch zu. 1964 wurde der einmillionste Arbeiter begrüßt (und mit einem Moped beschenkt). Beim Anwerbestopp 1973 waren rund 7 %, d. h. knapp 4 Mio. ausländische Arbeitskräfte und Familienangehörige in der BRD. Die Zahl stieg aufgrund der Familienzusammenführung und weiteren Nachwuchses. Sie stieg schließlich auch durch die Aufnahme von *Boat People* aus Vietnam, Asylsuchenden aus Eritrea, Sri Lanka und anderen Ländern wie Staaten des ehemaligen Jugoslawien, Libanon, Syrien und afrikanischen Staaten insbesondere 2015 weiter an (für einen Überblick vgl. Meier-Braun & Weber 2013, 2017, Oomen-Welke 2017).[1]

Der Beginn der Beschäftigung mit der Sprache erwachsener Arbeitsmigranten in der BRD kann auf 1968 datiert werden. In diesem Jahr erschien ein Aufsatz von Michael Clyne, der den Sprachgebrauch von Migranten beschrieb und als Pidgin charakterisierte. Besonders in der Soziolinguistik, als neuer wissenschaftlicher Disziplin, interessierte man sich in Anschluss an die Arbeiten von Labov (1970) und Bernstein (1964) für den Sprachgebrauch von Arbeitern und auch ‚ausländischen Arbeitern‘, wie es damals hieß. Dies führte zu dem ersten großen bundesdeutschen Forschungsprojekt zum Zweitspracherwerb, dem *Hei-*

---

1 Die Darstellungen dieses Buches beziehen sich auf die BRD. Das Verhältnis von Gesellschaft und Migration in der DDR war ein anderes, es gab insgesamt weniger ausländische Arbeiter und der Kontext der politischen Einbettung unterschied sich wesentlich (vgl. hierzu auch den folgenden Beitrag in diesem Band).

https://doi.org/10.1515/9783110715538-001

*delberger Projekt ‚Pidgin Deutsch'* (1975 sowie Klein und Dittmar i. d. Bd., mit unterschiedlichen Schwerpunkten).

Das Erlernen des Deutschen und die Kommunikation am Arbeitsplatz gehörte von Anfang an zu den Themen, die die Migration begleitet haben. Zunächst wurde von den Betrieben meist mit Hilfe von Kolleginnen oder Kollegen mit fortgeschritteneren Deutsch-Kenntnissen oder von Dolmetschern erläutert, worin die Arbeitsaufgaben bestanden und was die wesentlichen Sprachhandlungen waren. Dies erwies sich schnell an einigen Arbeitsplätzen – wie z. B. in der Bauwirtschaft – als nicht ausreichend. Anfang der 1970er Jahre begann das Goethe-Institut Sprachkurse anzubieten, die jedoch noch stark an Deutsch als Fremdsprache orientiert waren und den ‚bildungsfernen' Lernern wenig nutzten. Deshalb wurden neue, alternative Sprachvermittlungsansätze entwickelt (vgl. Barkowski, Grießhaber und Steinmüller i. d. Bd.). Es entstanden dann auch erste Lehrmaterialen Deutsch für ausländische Arbeiter (DfaA) (vgl. Barkowski i. d. Bd., Grießhaber 2017, Reich 2017) und schließlich vom *Sprachverband Deutsch für ausländische Arbeiter e. V. (DfaA)* in Zusammenarbeit mit dem Goethe Institut auch Weiter- und Fortbildungen für Lehrer im Bereich Deutsch als Zweitsprache.

Nachdem anfangs nur erwachsene Arbeitsmigranten in die BRD geholt wurden oder eigenständig kamen, konnten in den 1960er Jahren auch Kinder nachgeholt werden oder hinzu kam der Nachwuchs der Familien. Für das Schuljahr 1965/66 erfasst die Statistik 35.000 ausländische Schülerinnen und Schüler, 1973 waren es rund 175.000 (Reich 2017: 78). 1962 befasste sich der Deutsche Städtetag mit ausländischen Kindern, 1964 empfahl die Kultusministerkonferenz eine gesonderte Beschulung in Ausländerklassen, die teils als Sprachlernklassen für Schülerinnen und Schüler unterschiedlicher Ausgangssprachen konzipiert waren, teils als nationale Klassen mit Unterricht in den Herkunftssprachen, um die Rückkehr in das jeweilige Herkunftsland vorzubereiten (vgl. Reich 2017: 81ff; Decker-Ernst 2019: 60ff). Die Klassen waren bei Lehrerinnen und Lehrern oft unbeliebt, es gab keine didaktischen Konzepte und man orientierte sich vor allem an dem Unterricht und Lehrmaterial der deutschen Auslandsschulen (Reich 2017: 78f). Erst ab Mitte der 1970er Jahre entstanden Lehrmaterialien für ausländische Schülerinnen und Schüler (zur Auseinandersetzung mit der Schule vgl. insbesondere Meyer-Ingwersen 1977 und Luchtenberg 1981).

Für die in den siebziger Jahren von der raschen Zuwanderung geschaffenen Probleme, insbesondere die Erlernung der Zielsprache Deutsch, gab es keine Modelle, die einfach übernommen werden konnten. Ein detailliertes interdisziplinäres Konzept und seine Anwendungen im Lehrbetrieb mussten von Grund auf ‚neu' erarbeitet werden. Viele bewundernswerte, teils aber auch nicht so effektive Lösungen wurden meist sehr kreativ erarbeitet. Das damalige Engagement, das einfallsreiche Problemlösungsverhalten, die Disposition, große Sorgfalt walten zu lassen, damit angestrebte ‚Anwendungen' erfolgreich sind, der offene Blick auf die soziale Problemlage und die konstruktive Wahl neuer Konzepte und Methoden – dies alles sind forschungsfördernde (historische) Botenstoffe, die die heutige Forschung stimulieren können.

Seit der ersten PISA-Publikation hat die Forschung zu Zweitspracherwerb, Deutsch als Zweitsprache, Mehrsprachigkeit und die Entwicklung und Diskussion zu DaZ-bezogener Sprachdidaktik in bedeutendem Maße zugenommen. Dies gilt jedenfalls für Kinder und Jugendliche im schulpflichtigen Alter und für die frühkindliche Lebensphase. Allerdings wird nur sehr bedingt wahrgenommen, welche wissenschaftlichen Untersuchungen und theoretischen Modelle es insbesondere in den 1970er und 1980er Jahren gegeben hat: Diese auf Erwachsene bezogenen Ansätze sind grundlegend auch für die Auseinandersetzung mit Zweitspracherwerb überhaupt. Hier zu nennen sind insbesondere das von der DFG finanzierte *Heidelberger Projekt Pidgin Deutsch* (1975, HPD), das DFG-Projekt *Modalität in Lernervarietäten im Längsschnitt* (P-MoLL, Dittmar 2012) und das von der *European Science Foundation* finanzierte Projekt *Second Language Acquisition by Adult Immigrants (kurz ESF*, Perdue 1993). Auch die wissenschaftlichen Diskussionen, die die damaligen Untersuchungen ausgelöst haben, z. B. die Diskussion der Frage, welche didaktischen Konzepte damals diskutiert und bis heute weitergedacht oder wieder verworfen wurden, werden wenig bedacht. Eine historisch orientierte Aufarbeitung der Befassung mit Deutsch als Zweitsprache fehlt bisher weitgehend.[2] Hierzu einen Beitrag zu leisten, ist das Ziel dieses Buches. Es geht zurück auf ein gleichnamiges Symposium (*Blick zurück nach vorn*), welches im Juli 2018 an der Friedrich-Schiller-Universität Jena stattgefunden hat.[3]

Einerseits handelt es sich bei den Beiträgen um einen historischen Rückblick, ein Stück Wissenschaftsgeschichte, um die damaligen Projekte und Initiativen der Geschichtsvergessenheit zu entreißen; andererseits sollte der Rückblick mit der Frage verbunden sein, warum auch für die heutige und zukünftige Forschung bzw. für heutige und zukünftige pädagogische Maßnahmen ein Blick auf die damalige Forschung gewinnbringend sein könnte, auch wenn sich die Migrationssituation und die äußeren Rahmenbedingungen nicht unerheblich verändert haben.

---

**2** Eine Ausnahme bzw. Ansätze zu einer solchen Auseinandersetzung stellen Barkowsi 2003 für die Anfänge, Oomen-Welke 2017 und Reich 2017 für die weitere Entwicklung dar.
**3** Dieses Symposium wurde von Bernt Ahrenholz anlässlich des Abschlusses seiner ‚offiziellen' Dienstzeit an der Universität Jena veranstaltet.

Ein Merkmal der damaligen Forschung und Entwicklungsarbeit war sicherlich, dass allenthalben Neuland betreten wurde. Die Bildungslandschaft war damals zudem vielfach im Umbruch begriffen; es wurden neue Universitäten gegründet, neue wissenschaftliche Disziplinen generiert und neue schulpolitische und didaktische Konzepte erarbeitet.

Wissenschaftsgeschichte ist immer auch Geschichte der beteiligten Wissenschaftlerinnen und Wissenschaftler, deren wissenschaftliche Neugier oder didaktisches Engagement auch nicht frei ist von den jeweiligen historischen Rahmenbedingungen und ihren persönlichen Interessen. Daher wurde den Beitragenden auf dem Symposium wie auch für dieses Buch vorgeschlagen, auf Wunsch ihre eigenen biographischen Motive mit zum Thema zu machen. In dem Einladungsschreiben hieß es entsprechend:

> Der Rückblick könnte (...) gerne ein doppelter sein. Da es mir kein Zufall zu sein scheint, dass diese Forschung in einer gesellschaftlichen Umbruchsituation (Erfahrung der Generation der sogenannten 68er, der politische Aufbruch in der Bildungspolitik, das politische Klima an den Hochschulen, die westdeutsche Migrationsgeschichte), fände ich auch einen persönlichen Rückblick interessant. Was hat Sie/euch als WissenschaftlerInnen an der Thematik interessiert, wie kam es zu der intensiven Beschäftigung mit der Spracherwerbssituation von Arbeiterinnen und Arbeitern und deren Kindern?

Während des Colloquiums *Ein Blick zurück nach vorn* gab es für die einzelnen Beiträge einen umfassenden und stimulierenden Austausch unter den Beiträgern und Beiträgerinnen. Viele der zahlreichen Anmerkungen und Kommentare fanden schließlich Eingang in die schriftliche Version der Beiträge.

Die mitwirkenden Wissenschaftler sind den meisten Leserinnen und Lesern vermutlich dem Namen nach bekannt. Dennoch möchte der Band diese Kolleginnen und Kollegen auch dadurch würdigen, dass sie in einer Kurzbiographie dargestellt werden. Hierzu wurden sie gebeten, einen knappen biographischen Abriss, eventuell auch mit weiteren Literaturverweisen zu neueren Arbeiten, zu verfassen. Es versteht sich von selbst, dass dieser biographische Zugang nur als *eine* Option vorgeschlagen wurde. Einige sind dem gefolgt oder fanden diesen Zugang sogar besonders wichtig, andere haben die biographischen Anteile eher kurz gehalten.

Der Band skizziert den historischen Kontext mit Schwerpunkt auf den 1970er und 1980er Jahren und zieht Verbindungen zu Perspektiven für die heutige Zeit. Es ist nicht einfach, eine Reihenfolge der Beiträge bei sich inhaltlich und zeitlich überlappenden Projekten und unterschiedlichen Arten der Darstellung der Beitragenden zu finden. Da es sich jedoch um selbstgewählte Formen und Schwerpunkte handelt, macht dies aber vielleicht auch einen Reiz bei der Lektüre aus.

Im folgenden Beitrag skizzieren **Bernt Ahrenholz, Norbert Dittmar, Beate Lütke und Martina Rost-Roth** den gesellschaftlichen Rahmen, in dem Zweitspracherwerbsforschung und eine entsprechende Zweitsprachdidaktik entstanden. Hierzu wird zunächst die Geschichte der Migration mit Schwerpunkt auf den 1970er und 1980er Jahren dargestellt, wobei auch Bezüge auf die Zeit vor und während des 2. Weltkrieges und die Zeit bis heute erläutert werden. Dann werden die Entwicklungen in der Sprachwissenschaft erörtert und wie sich die ersten Projekte zum Zweitspracherwerb formierten. Im letzten Teil dieses Abschnitts werden die sprachdidaktischen Konsequenzen, die für DaF und DaZ gezogen wurden, gezeigt und die Entwicklungen bis heute skizziert.

**Wolfgang Klein** thematisiert in seinem Beitrag das *Heidelberger Projekt Pidgin Deutsch*, dessen Leiter er von 1973–1979 war. Er berichtet, wie es zum dem Heidelberger Projekt kam und was seine besonderen wissenschaftlichen Erkenntnisse waren. Er thematisiert hierbei aber auch die persönlichen Voraussetzungen der Team-Mitarbeiter und Mitarbeiterinnen und er schildert auch, wie sich die Arbeit mit anderen Prinzipien des heute als privat angesehenen Lebens mischten. Es handelt sich hier zugleich um einen sehr persönlichen, andererseits aber auch gesellschaftspolitische Rahmenbedingungen reflektierenden Beitrag.

**Norbert Dittmar**, damals Mitarbeiter im Heidelberger Projekt, wählt eher einen biographischen Ansatz, in dem er beispielhaft zeigt, wie sich das politische Klima an den Hochschulen und der Gesellschaft auf wissenschaftliche Biographien auswirken konnte. Er schildert, was ihn an den neu entstehenden Disziplinen Soziolinguistik, Pragmatik und Zweitspracherwerbsforschung, zu denen er wesentlich beigetragen hat, reizte. Auch das Projekt P-MoLL, das die Entwicklung von Modalität bei polnischen und italienischen Lernern im Längsschnitt untersuchte, wird insbesondere in Bezug auf die Datenerhebung dargestellt. Er beschreibt die Leistung empirischer Daten in diesen Gebieten und was zu seinem lebenslangen Engagement in diesen Bereichen geführt hat.

Da es in den 1970er Jahren zunächst fasst gar kein spezifisches Lehrmaterial gab, entwickelte **Hans Barkowski** zusammen mit Ulrike Harnisch und Sigrid Kumm sehr früh eigene Materialien für den Sprachunterricht in der Fabrik. In einem Gespräch mit Bernt Ahrenholz stellt Hans Barkowski diese Arbeit dar, die sowohl in ein Handbuch (*Handbuch für den Deutschunterricht mit Arbeitsmigranten*, Barkowski, Harnisch & Kumm 1980) als auch in Folgepublikationen einging. Das Handbuch enthält mit zahlreichen Unterrichtsbeispielen auch eine Diskussion wichtiger Prinzipien der Arbeit mit ausländischen ArbeiterInnen. Das Handbuch wie auch dessen theoretische Fundierung in der *Kommunikativen Grammatik* und Folgeprojekte wie die Fernseh- und Videoreihe *Korkmazlar* sind Gegenstand des Gesprächs, in dem auch das eigene

Tun als Lehrer und Wissenschaftler mit dem eigenen politischen Engagement in den Kontext der Zeit gestellt werden.

**Wilhelm Grießhaber** thematisiert die Lehrwerkssituation für den Bereich *Deutsch für ausländische Arbeiter (DfaA)*, wie es in den 1970er Jahren hieß, und stellt einen Ansatz in einem Unterrichtsprojekt für portugiesische ArbeiterInnen vor. Hierfür arbeitet er zunächst die Besonderheiten von DaZ gegenüber DaF heraus und stellt im Anschluss an Barkowski (1980 und 1986) vier Gruppen von Lehrwerkstypen mit Beispielen dar. Dem werden auch eigene Erfahrungen in einem alternativen Sprachlehrprojekt gegenübergestellt und anhand von Rollenspieltranskripten diskutiert.

**Ulrich Steinmüller** berichtet von der *Lernstatt im Wohnbezirk* als einem alternativen Lehr-Lernkonzept ausgerichtet vorwiegend für Erwachsene, an dem er in den 1970er Jahren mitgearbeitet hat. Es schließt an ähnliche in Betrieben umgesetzte Konzepte an, insbesondere die *Lernstatt im Betrieb*. Die Arbeit in den Wohnbezirken setzt einerseits auf die Begegnung mit deutschen Muttersprachlern und anderen ausländischen Arbeitskräften, andererseits auf eine radikale Selbstbestimmung und Problemorientierung. Mit Hilfe der *Themenzentrierten Interaktion* sollten selbstbestimmte Lösungen gefunden werden. Es sind keine Sprachkurse im engeren Sinne, sondern Formen sozialer Interaktion, in denen Sprachlehrkräfte höchstens als ‚Experten‘ herangezogen werden können. Steinmüller sieht in der Lernstatt ein Modell, das auch heute noch eingesetzt werden könnte und sollte.

**Ingelore Oomen-Welke** beschreibt ihren Weg von eigenen Schulerfahrungen über das Studium und den Ansatz von Mehrsprachigkeit bis hin zur Tätigkeit als Lehrerin, die erstmals ihren konkreten Kontakt mit ausländischen Schülerinnen und Schülern zur Folge hatte. Die Tätigkeit als Lehrerin führte dann zu einer Professur für Sprachdidaktik an verschiedenen Pädagogischen Hochschulen in Baden-Württemberg. Kennzeichnend für ihren Weg ist die konstante Befassung mit dem Interesse der Schülerinnen und Schüler an Sprache, mit Vielsprachigkeit und Sprachvergleich sowie einem Interesse an Wortschatzarbeit – 1980 wie heute. Über Jahrzehnte sorgte sie zudem v. a. im Symposium Deutschdidaktik, aber auch in anderen, z. T. europäischen und afrikanischen Kontexten dafür, dass Deutsch als Zweitsprache bei Schülerinnen und Schülern und Studierenden anderer Länder und Ausgangssprachen Beachtung fand und findet.

**Jochen Rehbein** schildert das ‚Krefelder Modell‘. Er reflektiert, wie Bedeutungen von Kindern erlernt werden, wenn sie zweisprachig sind. Am Beispiel von zweisprachigen Schülerinnen und Schülern resümiert er, wie Bedeutungen entweder in der Ausgangssprache (hier Türkisch) oder in der Zweitsprache (Deutsch) erlernt werden und kommt aufgrund einer vielseitigen Datenlage zu dem Ergebnis, dass es sich hierbei um einen Wechselprozess handelt. Er kommt zu dem

Schluß, dass beidseitige Förderung notwendig ist, Förderung der Herkunftssprache auch gleichzeitig Förderung der Zweitsprache bedeutet und Mehrsprachigkeit (optimal) nur im Wechselprozess erworben werden kann.

Abschließend erläutert **Konrad Ehlich** die Situation mit Blick auf den gesamteuropäischen Kontext. Er beschreibt und analysiert Entwicklungen in der Sprachwissenschaft, die sich in der Germanistik bzw. Indogermanistik zeigen, und fokussiert insbesondere einen eurozentristischen Schwerpunkt der Linguistik. Vor diesem Hintergrund setzt er sich mit der Entstehung von Deutsch als Fremdsprache und schließlich Deutsch als Zweitsprache dezidiert auseinander.

Der Sammelband wird abgerundet durch Biographien der Beitragenden. Diese sind anders gehalten als sonst im wissenschaftlichen Bereich üblich: Die Autoren und Autorinnen wurden gebeten, hier ergänzend zu ihren Beiträgen, persönlichere Aspekte in den Vordergrund zu stellen. So sind die biographischen Darstellungen durch unterschiedliche Schwerpunktsetzungen geprägt. Manche wählten eher den persönlichen autobiographischen Weg, der die Berufslaufbahn bestimmte, andere eher gesamtgesellschaftliche Perspektiven. Insgesamt handelt es sich um einen Sammelband, der verschiedene Sichtweisen auf die Zeit der 1970er und 1980er Jahre und den höchst unterschiedlichen Verlauf von Schwerpunkten und Arbeitsfeldern der Beteiligten erlaubt. Hierdurch eröffnet der ‚Blick zurück nach vorn‘ auch unterschiedliche Perspektiven auf damals und heute!

# Literatur

Barkowski, Hans (1982): *Kommunikative Grammatik und Deutschlernen mit ausländischen Arbeitern*. Königstein: Scriptor.

Barkowski, Hans (2003): 30 Jahre Deutsch als Zweitsprache – Rückblick und Ausblick. Info DaF 30, H. 6. 521–540.

Barkowski, Hans & Fritsche, Michael u. a. (1986, 1. Aufl. 1978, 2. Aufl. 1980): *Deutsch für ausländische Arbeiter. Gutachten zu ausgewählten Lehrwerken*. Mainz: Manfred Werkmeister.

Barkowski, Hans; Harnisch, Ulrike & Kumm, Sigrid (1980): *Handbuch für den Deutschunterricht mit Arbeitsemigranten*. Königstein/Ts.: Scriptor.

Bernstein, Basil (1964): Elaborated and restricted codes: Their social origins and some consequences. *American Anthropologist*, H. 66. 55–69.

Bernstein, Basil (1971): *Class, codes and control*. London: Routledge & Kegen Paul.

Clyne, Michael (1968): Zum Pidgin-Deutsch der Gastarbeiter. *Zeitschrift für Mundartforschung* 35, 130–139.

Decker-Ernst, Yvonne (2018): *Deutsch als Zweitsprache in Vorbereitungsklassen. Eine Bestandsaufnahme in Baden-Württemberg.* Baltmannsweiler: Schneider Verlag Hohengehren.

Decker-Ernst, Yvonne & Oomen-Welke, Ingelore (2019): *1000 Wörter. Basiswortschatz Deutsch für die Grundschule. Wortschatzvermittlung in Erst- und Zweitsprache.* Stuttgart: Fillibach bei Klett.

Dittmar, Norbert (2012): Das Projekt „P-MoLL". Die Erlernung modaler Aspekte des Deutschen als Zweitsprache: eine gattungsdifferenzierende und mehrebenenspezifische Längsschnittstudie. In: Ahrenholz, Bernt (Hrsg.): *Einblicke in die Zweitspracherwerbsforschung und ihre methodischen Verfahren.* Berlin/Boston: de Gruyter.

Ehlich, Konrad (1980): Fremdsprachlich Handeln: Zur Pragmatik des Zweitspracherwerbs ausländischer Arbeiter. *Deutsch lernen* 1/80, 21–37.

Ehlich, Konrad (1981): Spracherfahrungen. Zu Spracherwerbsmöglichkeiten und -bedürfnissen ausländischer Arbeiter. In: Nelde, Peter H.; Extra, Guus; Hartig, Mathias & de Vriendt, Marie-Jeanne (Hrsg.): *Sprachprobleme bei Gastarbeiterkindern.* Tübingen: Narr, 23–40.

Grießhaber, Wilhelm (2017): Migration und Linguistik. In: Di Venanzio, Laura; Lammers, Ina & Roll, Heike (Hrsg.): *DaZu und DaFür – Neue Perspektiven für das Fach Deutsch als Zweit- und Fremdsprache zwischen Flüchtlingsintegration und weltweitem Bedarf.* Göttingen: Universitätsverlag, 31–52.

Heidelberger Forschungsprojekt „Pidgin-Deutsch" (1975): *Sprache und Kommunikation ausländischer Arbeiter. Analysen, Berichte, Materialien.* Kronberg/Ts: Scriptor.

Klein, Wolfgang (1984): *Zweitspracherwerb. Eine Einführung.* Frankfurt/M. Athenäum.

Labov, William (1970): *The Study of Language in its Social Context. Studium Generale* 19.

Luchtenberg, Sigrid (1981): Zur Unterrichtsgestaltung bei türkischen Jugendlichen in der Berufsschule. *Ausländerkinder. Forum für Schule und Sozialpädagogik* 6 1981 (6), 65–79.

Meier-Braun, Karl-Heinz & Weber, Reinhold (Hrsg.) (2013): Migration und Integration in Deutschland. Begriffe – Fakten – Kontroversen. Bonn: Bundeszentrale für politische Bildung. In: Meier-Braun, Karl-Heinz & Weber, Reinhold (Hrsg.) (2017): *Deutschland Einwanderungsland. Begriff – Fakten – Kontroversen.* Stuttgart: Kohlhammer.

Meyer-Ingwersen, Johannes; Neumann, Rosemarie & Kummer, Matthias (1977): *Zur Sprachentwicklung türkischer Schüler in der Bundesrepublik.* Kronberg/Ts.: Scriptor.

Oomen-Welke, Ingelore (2017): Zur Geschichte der DaZ-Forschung. In: Becker-Mrotzek, Michael & Roth, Hans-Joachim (Hrsg.): *Sprachliche Bildung. Grundlagen und Handlungsfelder.* Bd. 1. Münster, New York: Waxmann (Sprachliche Bildung 1). 55–76.

Perdue, Clive (Hrsg.) (1993): *Adult Language Acquisition: Cross-Linguistic Perspectives.* Cambridge: Cambridge University Press.

Reich, Hans H. (2017): Geschichte der Beschulung von Seiteneinsteigern im deutschen Bildungssystem. In Becker-Mrotzek, Michael & Roth, Hans-Joachim (Hrsg.): *Sprachliche Bildung. Grundlagen und Handlungsfelder.* Bd. 1. Münster, New York: Waxmann. 77–94.

Bernt Ahrenholz, Norbert Dittmar, Beate Lütke,
Martina Rost-Roth

# Migration, Zweitspracherwerbsforschung und Sprachdidaktik. Gesellschaftliche und wissenschaftliche Rahmenbedingungen für ein neues Feld wissenschaftlicher Forschung und praxisbezogener Initiativen in den 1970er und 1980er Jahren

## 1 Migration in die BRD und die Entwicklung der (Kultur-)Wissenschaften

### 1.1 Migration: Anwerbeabkommen, Anwerbestopp und weitere politische Entwicklungen

Migration ist in Europa wie in anderen Regionen ein gängiges Phänomen in der Geschichte. Dies gilt auch für Migrationen nach Deutschland.[1] In unserem Zusammenhang ist die Situation in der BRD seit den Anwerbeabkommen in den 1950er und 1960er Jahren relevant, da sie in besonderer Weise die damaligen gesellschaftlichen Verhältnisse verändert haben und bis heute verändern. Die Anwerbung aus dem Ausland war keineswegs neu. In der Weimarer Republik und vor dem zweiten Weltkrieg gab es zahlreiche ausländische Arbeitskräfte (für einen Überblick über die Zeit zwischen dem 1. und 2. Weltkrieg vgl. Oltmer 2013 sowie Haberl 1992a: 189 ff.). So gab es z. B. ab 1938 eine Anwerbung italienischer Arbeiter, die dann mit dem Bruch des deutsch-italienischen Bündnisses 1943 als Zwangsarbeiter weiterarbeiten mussten. Zusammen mit tausenden von Zwangsarbeitern aufgrund von Kriegsgefangenschaft wurden etwa

---

1 Vgl. Osterhammel 2011: 183–252 für einen breiteren Überblick; für einen anschaulichen Überblick zu Deutschland vgl. den bebilderten Katalog der Ausstellung *Zuwanderungsland Deutschland. Migrationen 1500 bis 2005*, hrsg. von Beier-de Haan (2005).

---

**Anmerkung:** Bernt Ahrenholz hat die Gliederung und einzelne Absätze geschrieben und entworfen. Martina Rost-Roth hat maßgeblich den ersten Abschnitt – Migration und (Kultur)wissenschaften – geschrieben, Norbert Dittmar den zweiten Abschnitt – Zweitspracherwerbsforschung – und Beate Lütke den dritten Abschnitt – Sprachdidaktik.

https://doi.org/10.1515/9783110715538-002

26,6 % (Haberl 1992a: 191) der industriellen Produktion durch sog. ‚Fremdarbeiter‘, meist Kriegsgefangene erwirtschaftet, die als Zwangsarbeiter eingesetzt wurden.

Ab 1955 führten die Anwerbeabkommen in der BRD zu einer wachsenden Zahl an Wanderarbeitern. Anwerbeabkommen wurden 1955 mit Italien abgeschlossen, 1960 mit Spanien und Griechenland, 1961 mit der Türkei, 1963 mit Marokko, 1964 mit Portugal, 1965 mit Tunesien und 1968 mit Jugoslawien. Der Aufenthalt der Arbeitskräfte sollte begrenzt sein. Zunächst kamen nur relativ wenige Italiener in die BRD, ab 1961, dem Jahr des Mauerbaus, stieg die Zahl stark an und erreichte 1979 einen Höhepunkt mit 1.965.800 Arbeitnehmern (Haberl 1992a: 196). Dies war zudem auch darauf zurückzuführen, dass sich mit mit der Gründung der Europäischen Wirtschaftsgemeinschaft (EWG 1957, später EG) neue Möglichkeiten für italienische Arbeitskräfte ergaben, eigenständig eine Arbeit in der BRD aufzunehmen.[2] Ausländische Arbeitskräfte kamen allerdings nicht nur über die Anwerbeverfahren, es gab auch Absprachen mit deutschen Firmen, die nicht an dem Verfahren beteiligt waren oder es kamen Arbeitskräfte als Touristen, die dann als Arbeitsmigranten blieben. So kamen ca. 50 % der spanischen Arbeitskräfte nicht über das Anwerbeverfahren, das vom Franco-Regime kontrolliert wurde, denn politisch Unliebsame sollten nicht ausreisen dürfen (Kolb 2013a: 59 f.).

Über das Anwerbeverfahren sollten Arbeitskräfte nur für einen kurzen Zeitraum eine Arbeitserlaubnis erhalten (Höchstdauer: 5 Jahre) und dann durch neue ersetzt werden. Dieses Rotationsverfahren sollte den Wunsch nach dauerhaftem Verbleib in der BRD unterbinden. Gleichzeitig erwies es sich aber auch aus Sicht der Industrie als unproduktiv, Arbeitskräfte immer wieder neu einarbeiten zu müssen. Tatsächlich hatten viele Arbeitskräfte zunächst auch den Wunsch, nur eine begrenzte Zeit zu bleiben, und es kam zu einer hohen Fluktuation. Oltmer (2013:39) spricht davon, dass vom Ende der 1950er Jahre bis 1973,

---

2 Die Situation in der DDR soll ausgeklammert werden, da die Aufnahme der Vertragsarbeiter anderen Bedingungen unterlag und die Zahl der ausländischen Arbeitskräfte sehr begrenzt war. Bis in die späten 1970er Jahre betrug die Zahl noch unter 20.000 Ausländische Arbeitnehmer (in der DDR benutzte man den sozialistischen Begriff ‚Arbeiter‘). Bis 1989 waren es in der DDR rund 175.200 Ausländer, davon ca. 90.000 Ausländische Arbeitnehmende (die höchste Zahl in der DDR). Vietnamesen stellten mit ca. 60.000 die größte Gruppe dar, 15.500 kamen aus Mosambik (http://www.migration.online.de/data/0125-ausländer_in_der_ddr_1989_nach Nationalitäten_in-zahlen.jpg). Sie waren trotz des Anspruchs einer ‚Internationalen Solidarität‘ weitgehend ghettoisiert. Zudem gab es keine Familienzusammenführung, Schwangerschaften führten zur erzwungenen Rückkehr bzw. es wurde zum Schwangerschaftsabbruch gedrängt (vgl. Weiss 2013). In der DDR gab es zudem keine wissenschaftliche Beschäftigung mit dem Zweitspracherwerb der ausländischen Arbeiter; das 1968 gegründete Herder-Institut befasste sich vor allem mit Fragen von Deutsch als Fremdsprache und dessen Vermittlung.

dem Jahr des Anwerbestopps, ca. 14 Millionen Arbeitskräfte in die BRD gekommen sind, von denen etwa 11 Millionen wieder in ihre Herkunftsländer zurückkehrten; Schönwalder (2005: 106) berichtet, dass sich rund ein Viertel der bis 1973 beschäftigten Arbeitskräfte auf Dauer ansiedelte.

Mit der wachsenden Zahl der ausländischen Arbeitskräfte setzte sich für diese etwa ab 1963 die Bezeichnung ‚Gastarbeiter' und auch ‚Gastarbeiterkinder' zunehmend durch.[3] Sie entspricht dem allgemeinen Verständnis einer Arbeitstätigkeit auf Zeit, grenzt sich aber auch bewusst von dem im Nationalsozialismus verwendeten Begriff ‚Fremdarbeiter' ab, der allerdings auch noch in geringerem Umfang Verwendung fand (z. B. auch in Literatur und Filmen). In Bezug auf die Sprachkompetenzen findet sich z. T. auch die Bezeichnung „Gastarbeiterdeutsch" („GAD"). Die Bezeichnung „Gastarbeiter" wurde jedoch wegen zunehmender Kritik an dem Widerspruch von ‚Gast-Sein' und ‚arbeiten' weitgehend aufgegeben.

Die Motivation, nach Deutschland zu kommen, bestand bei den meisten darin, Geld zu verdienen, während sie in den Herkunftsländern u. U. von Arbeitslosigkeit bedroht oder betroffen waren beziehungsweise schlechter bezahlte Arbeiten ausübten. Dies galt insbesondere für die Türken. Der Beginn ihrer Zuwanderung wird mit dem Abkommen 1961 datiert, sie stellten zunächst die größte Gruppe der Zuwanderer dar. 1961 bis 1973 nahmen 2,7 Millionen am sog. ‚Berufseignungstest' und der ‚Gesundheitsprüfung' teil, 750.000 bis 1 Million (genauere Zahlen gibt es leider nicht) kamen nach Deutschland (Thelen 2013: 65). Aber es gab auch andere Gründe in der BRD zu arbeiten. So gab es in Portugal mit der Diktatur Salazars ab Anfang der 1930er Jahre bis 1974 auch politische Motive das Land zu verlassen. Zwischen 1961 und 1974 führten zudem die nun einsetzenden Kolonialkriege in Afrika zu einem enormen Anstieg der Auswanderungszahlen. Insbesondere junge Männer flohen vor dem 1967 auf vier Jahre ausgeweiteten Militärdienst in der portugiesischen Armee. Man schätzt, dass insgesamt 62 % aller portugiesischen Migranten illegal ausreisten. Nach der erfolgreichen „Nelkenrevolution" im Sommer 1974, die die Militärdiktatur Salazars beendete, kehrte ein Großteil der portugiesischen GastarbeiterInnen nach Portugal zurück (Kolb 2013a: 200 f.). Auch in Griechenland führte die Militärdiktatur (1967 bis 1974) zu Ausreisen aus politischen Gründen (Koktsidou 2013). 1973 waren es bereits 408.000 Migranten. Man schätzte die Zahl dann auf rund 1 Million, wovon aber ein großer Teil nach dem Ende der Diktatur wieder

---

**3** Eine Abfrage im DWDS ergibt erste Verwendungen des Begriffs ‚Gastarbeiter' im Jahr 1963 (ebenso DEREKO), erste Publikationen finden sich ab 1964, häufiger aber erst in den 1970er Jahren.

zurückkehrte. Während die Zahl dann abnahm, nahm sie danach mit der Wirtschaftskrise wieder zu.

Auch nach der Unterzeichnung des Abkommens mit Jugoslawien stieg die Zahl der ausländischen Arbeitskräfte stark an; von 1970 bis 1971 stellten die Jugoslawen den stärksten Anteil an „Gastarbeitern" in der BRD. Anders als im Falle der Portugiesen und Spanier zeigten viele Jugoslawen in den 1980er Jahren das Interesse, möglichst lange in der BRD zu bleiben. Grund dafür war das 1980 in Jugoslawien eingeführte „Programm zur ökonomischen Stabilisierung", das – auf der Grundlage seiner sozialistischen Orientierung – Nachteile für die aus dem Ausland zurückkehrenden Arbeiter implizierte (vgl. Haberl 1992b). Nach dem politischen Zerfall Jugoslawiens in mehrere (neu gegründete) Nationalstaaten kamen u. a. in den 1990er Jahren und zu Beginn des neuen Jahrhunderts 52.000 Arbeitsmigranten aus Kroatien und Bosnien-Herzegowina in das wiedervereinte Deutschland (Kilgus 2013:72). Neben der Rückwanderung der portugiesischen ‚GastarbeiterInnen' ist die der spanischen ein markantes Merkmal einer zum Abschluss gelangenden ersten Migrationswelle in die BRD. Nach 36 Jahren Franco-Diktatur fand Spanien nach dem Tod des Caudillo im Jahre 1975 seinen Weg in die Demokratie bzw. parlamentarische Monarchie. Der überwiegende Anteil der spanischen Arbeitnehmer und Arbeitnehmerinnen kehrte in der zweiten Hälfte der siebziger Jahre zurück nach Spanien.[4]

Der Zeitraum 1973 (Anwerbestop)[5] bis 1989 (Fall der Mauer) stellt somit, was die erheblichen Veränderungen in der ethnischen und sozialen Struktur der in der ‚alten' BRD lebenden Arbeitsmigranten angeht, einen klaren Einschnitt dar, der auch als Übergang zu einer weiteren Phase der Migrationsverhältnisse ab etwa 1990 zu verstehen ist. Auch die Bezeichnung ‚ausländische Arbeitnehmer' und ‚ausländische Kinder' etc. verlor mit der Einführung der Möglichkeit, unter bestimmten Bedingungen die deutsche Staatsangehörigkeit zu erhalten (2000), an Aussagekraft.[6] Schließlich sprach man vor allem von Arbeitsmigranten bzw. Arbeitsmigrantinnen und Migration (Knortz 2008), später

---

**4** Über detaillierte ethnographische Angaben zum Fall der spanischen „GastarbeiterInnen" in Heidelberg in der zweiten Hälfte der siebziger Jahre verfügt das Archiv des Heidelberger Forschungsprojektes (s. Klein i. d. Bd.).

**5** Faktisch verließen bis 1973 ca. 75 % der ausländischen Arbeiter der ersten Generation die BRD wieder. Die Zahl der ausländischen Beschäftigten betrug im Jahr 1973 2,5 Millionen, im Jahr 1985 nur noch 1,6 Millionen (aber auch die Zahl der erwerbstätigen Bevölkerung in der BRD sank) (Seifert 2012).

**6** Zudem änderte sich im Jahre 2000 das Recht für Staatsangehörigkeit z. B. dahingehend, dass Kinder von Eltern mit anderer Staatsangehörigkeit bei bestimmten Voraussetzungen auch die deutsche Staatsangehörigkeit haben können.

ab 2005 auch von Personen mit Migrationshintergrund, um insbesondere auch die weitere Bevölkerung einzubeziehen.[7]

Mit dem Vollzug der Wiedervereinigung veränderten sich auch die Parameter der Arbeitsmigration. Zunächst wurden Kriterien der Aufnahme in die BRD kritisch diskutiert. Es gab viel Skepsis gegenüber ArbeitsmigrantInnen, große Ablehnung, vielfach Ghettoisierung. Nur langsam zeichneten sich Änderungen in den Wohnlagen ab, es gab z. T. auch mehr Kontakt mit den Nachbarn. Insgesamt ist jedoch kennzeichnend, dass die einzelnen Gruppen z. T. auch sehr unterschiedlich behandelt wurden und werden. Hier spielten und spielen nicht zuletzt auch das Aussehen und der religiöse Hintergrund eine Rolle (z. B. Aufwertung der Italiener, Abgrenzung gegenüber Türken und ‚Arabern‘, Unauffälligkeit von Polen, Kopftücher und Verschleierung von Frauen, Hautfarbe etc. sowie allgemeinere politische Hintergründe).

Verbunden mit Glasnost und der Auflösung der Sowjetunion und Veränderungen in anderen sozialistischen Staaten kommen zahlreiche Russlanddeutsche, Bukowiner und Donauschwaben (Nordrumänien), Polendeutsche aus Schlesien, Böhmen-/Sudentendeutsche aus der Tschechei nach Deutschland. Eigentlich handelt es sich um eine Immigration motiviert durch Arbeitssuche und den Wunsch nach besseren sozialen und familiären Lebensverhältnissen. Viele bekamen auch aufgrund der noch gültigen ‚Blut- und Bodengesetze‘ rasch einen deutschen Pass. 1990 kam die höchste Zahl an Aussiedlern (mit 397.000 Personen) nach Deutschland. Aussiedler und Spätaussiedler (ab 1993 so bezeichnet) kamen großenteils mit der Auffassung muttersprachlich ‚einwandfrei‘ deutsch zu sprechen; allerdings mussten sie feststellen, dass ihre mit den jeweiligen Ausgangssprachen vermischten Deutschvarietäten (sogenannte ‚Außendialekte‘) im Alltagsleben nicht verstanden wurden. Sie wurden wie Ausländer wahrgenommen, es gab zunächst keine soziokulturelle Integration (vgl. auch Tröster 2013). Eine gewisse Aufmerksamkeit zogen auch die neu eingewanderten Gruppen der Sinti und Roma auf sich (Matter 2013). Die Erwerbsprobleme dieser Gruppen – anders als in Italien – schlugen sich aber in der Zweitspracherwerbsforschung nicht nieder.

---

7 Zum Verständnis des Begriffes Migrationshintergrund: „Nach der Definition des Statistischen Bundesamtes zählen nun alle Ausländerinnen und Ausländer, alle über die Grenzen Deutschlands zugewanderten Personen (mit Ausnahme der Flüchtlinge und Vertriebenen während und nach dem Zweiten Weltkrieg) sowie alle Personen mit mindestens einem ausländischen, zugewanderten oder eingebürgerten Elternteil zu den Personen mit Migrationshintergrund." (https://www.bpb.de/politik/grundfragen/deutsche-verhaeltnisse-eine-sozialkunde/138012/geschichte-der-zuwanderung-nach-deutschland-nach-1950?p=all, 29.6.2020). Heute sind es um die 26 % – davon rund 17 % mit Migrationserfahrung, 9 % ohne Migrationserfahrung.

## 1.2 Einwanderungsland Deutschland?

Die zunehmend komplexe und kritische sozialpolitische Gemengelage der Familien mit Nachwuchs in der zweiten und dritten Generation führten zu dem immer dringenderen Bedürfnis in der politischen Debatte, eine klare Antwort auf die Frage zu geben, ob Deutschland sich als Einwanderungsland zu verstehen habe oder nicht. Die Koalition der Sozialdemokraten und Grünen unter Schröder bekannte sich 2005 zu dem Status als „Zuwanderungsland". Das sogenannte ‚Blut- und Bodengesetz' wurde geändert, die Bedingungen der Einwanderung, des Aufenthalts in Deutschland und der Einbürgerung in die deutsche Gesellschaft wurden gesetzlich neu geregelt (Zuwanderungsgesetz, i. e. Gesetz zur Steuerung und Begrenzung der Zuwanderung und zur Regelung des Aufenthalts und der Integration von Unionsbürgern und Ausländern). Die gesellschaftlichen Folgen des Familiennachzugs beschäftigten die Politik des Bundes und der Kommunen erheblich in den ersten zwanzig Jahren nach der Wiedervereinigung.[8]

Ohne hier auf migrationssoziologische Einzelstudien eingehen zu können, stellt sich die sozialpolitische Entwicklung der Migration nach und in Deutschland in den ersten zwanzig Jahren des 21. Jahrhunderts folgendermaßen dar: Mit der sozialpolitischen und gesetzlichen Verortung Deutschlands als ‚Zuwanderungsgesellschaft' (2005) konnten Arbeitsmigranten aus den Partnerstaaten der EU ohne Anträge auf Aufenthalt in Deutschland arbeiten. Große Bedeutung erlangte aber die zunehmend drängende Immigration nach Europa (und insbesondere nach Deutschland) von Migranten aus Afrika und aus den arabischen Ländern (Migration u. a. infolge des ‚arabischen Frühlings'). Dem gesellschaftskonstituierenden Parameter *Migration* im Rahmen des Themas „Ein Blick zurück nach vorn" eine angemessene Bedeutung zuzuweisen, heisst, die herrschenden Einstellungen gegenüber der „Migration" in den 1970er und 1980er Jahren mit denen zwischen 2005 und 2020 vergleichend in Rechnung zu stellen. In den siebziger Jahren bestanden große Hoffnungen, die sozialen Verhältnisse grundlegend zu reformieren, Konflikte langfristig zu lösen, soziale Gerechtigkeit weltweit zum Maßstab des Handelns zu machen. Die Folgen der Migration wurden als Herausforderung verstanden, ausländischen Arbeitskräften eine möglichst umfassende soziale Integration zu ermöglichen. Sehr viele

---

**8** Obwohl einigen sehr schnell klar geworden war, dass die Beschäftigung ausländischer Arbeiter – und dann auch Arbeiterinnen – zu einer dauerhaften Einwanderung führen dürfte, wurde diese von den führenden politischen Parteien meist abgelehnt. Erst 2005 wurde mit dem Zuwanderungsgesetz der Weg Richtung Einwanderung geöffnet, und erst dann wurde aufgrund der demographischen Entwicklung gehäuft über eine Einwanderungspolitik nachgedacht.

Deutsche waren auch ‚lebensweltlich‘ zu einer solchen Integration bereit, da sie beispielsweise die meisten der betroffenen Länder wie etwa Italien, Spanien, Griechenland, auch die Türkei als Touristen aus dem Urlaub kannten. Das änderte sich mit Beginn des neuen Jahrhunderts. Mit den nun zahlreich zuwandernden Arabern, Asiaten und Afrikanern gab es in der Regel weniger Gemeinsamkeiten. Fehlende Solidarität mit diesen Migranten und Migrantinnen, die meist aus Kriegsgebieten, aus Regionen bitterer Armut kamen, führte schnell zur ‚Entfremdung‘: Die gewichtige Zunahme der Muslime und der z. T. von dieser Gruppe ausgehenden Terroranschläge weltweit verschlechterten auch das einst eher gute Verhältnis mit den türkischen Migranten. Die meisten Deutschen waren – im Unterschied zu den 1960er und 1970er Jahren – immer weniger motiviert, sich mit den Hintergründen der Migration zu befassen. Im Osten Deutschlands, in den neuen aus der DDR hervorgegangenen Bundesländern, die eine soziokulturelle Kohabitation mit Migranten nicht kannten, entstand das Gefühl einer sozialen Überfremdung. Die negativen Folgen der weitläufigen Migration kamen weltweit, insbesondere ab 2015, in der EU und in Deutschland in den Fokus der gesellschaftspolitischen Konflikte. Gab es im auslaufenden Jahrhundert weithin einen Optimismus, soziale Verhältnisse dauerhaft zu verbessern, Armut zu verringern, Kriegsherde zu beseitigen, friedlich enger zusammenzurücken, zeigten neu ausbrechende Rivalitäten, Kriege mit unvorstellbar hohen Opferzahlen (Afghanistan, Syrien, Libyen u. a.), dass die angestrebten weltweiten Verbesserungen gar nicht oder nicht hinreichend stattfanden.

Als Fazit kann gesehen werden, dass die europäischen Länder, einschließlich Deutschland, der Migration überwiegend ablehnend oder skeptisch gegenüberstehen, die allgemeine Tendenz ist ‚Abschottung‘ und Distanzwahrung – und damit auch Besitzstandswahrung. So liegt der Schwerpunkt der sprachsoziologischen Forschungen und der sprachdidaktischen Maßnahmen auf Integration der bereits in Deutschland lebenden Familien und ihres Nachwuchses. Wir sollten daher den „Blick zurück" als Herausforderung annehmen, die damaligen mit den heutigen Bedingungen reflektierend und ‚konstruktiv nach Kursänderungen ausschauend‘ zu vergleichen und abzugleichen – wir wollen Anregungen für einen mutigen Blick nach vorn präsentieren!

## 1.3 Entwicklung der (Kultur-)wissenschaften

Sozial- und Geisteswissenschaften, die sich mit Migrationsfragen befassen, sind von 1965 bis 1975, durch Aufbruchsstimmung und Reformfreudigkeit gekennzeichnet. Insbesondere die Rede von Willy Brandt in seiner Regierungserklärung vom 29.10.1969 hat hier mit der Maßgabe „Mehr Demokratie wagen" ein

Zeichen gesetzt. Unter dem Einfluss der Studentenbewegung galt es, eine höhere gesellschaftliche Partizipation der jüngeren Bevölkerung zu erreichen. Die Senkung des aktiven und passiven Wahlrechts (auf 18 bzw. 21 Jahre) war ein deutliches Signal hierfür.

An den Universitäten wurde vielfach die Partizipation über die Einführung der Drittelparität, also der Beteiligung der Statusgruppen Professoren, Mittelbau und Studierende zu je einem Drittel in den z. T. neuen Selbstverwaltungsorganen der Universitäten und Gesamthochschulen geschaffen. Der zunächst von der Studentenbewegung immer wieder beklagte Bildungsnotstand fand auch in der Politik Widerhall und führte zur Neugründung einer Reihe von Universitäten und v. a. auch Gesamthochschulen, hier zunächst häufig mit dem Schwerpunkt Lehrerbildung. Diese Neugründungen führten zur Einstellung zahlreicher junger Wissenschaftler und gingen oft einher mit einem lehrspezifischen Wandel des Wissenschaftsbetriebes: Seminare statt Vorlesungen, Einbeziehung der Studierenden in die inhaltliche Gestaltung der Lehre, Projektstudium, Durchführung interdisziplinärer Projekte oder der einphasigen Juristenausbildung (z. B. in Bremen). Insbesondere eine interdisziplinäre Ausrichtung (z. B. durch die ,Hessische Rahmenrichtlinien') stand vielfach im Zentrum und fand z. T. auch Ausdruck in der neuen Hochschularchitektur (Beispiel: die Universitäten Konstanz und Bielefeld).

Um die finanziellen Barrieren beim Hochschulzugang für die akademische Ausbildung junger Menschen aus weniger begüterten Familien zu verringern, wurde 1971 das ,Bundesausbildungsförderungsgesetz' *(BAföG)* verabschiedet.

Die Studentenbewegung mit ihrem Höhepunkt der Auseinandersetzung um 1968 führte zu einer starken Politisierung vieler gesellschaftlicher Bereiche. In diesem Zusammenhang wurden auch Arbeiter aus einer anderen Sicht betrachtet, sie wurden als revolutionäre Subjekte gesehen und Gastarbeiter als industrielle Reservearmee. An den Hochschulen änderten sich entsprechend auch die Inhalte in Lehre und Forschung. In den Geistes- und Sozialwissenschaften erfuhren die Themen ,Migration', ,Migranten und ihre Familien' sowie ,Migrantenkinder' große Aufmerksamkeit. Ausschreibungen für die mit solchen Themen befassten Mitarbeiter- und Professorenstellen erfolgten insbesondere in den neuen Fachgebieten: Soziolinguistik, Ausländerpädagogik, Deutsch als Fremdsprache und dann Deutsch als Zweitsprache im Rahmen der bestehenden Fachbereiche, z. B. Germanistik, Pädagogik, Angewandte Psychologie, Soziologie. Viele der migrationsbezogenen Lehr- und Forschungsaktivitäten in den späten 1960er und frühen 1970er Jahren können parallel durchaus auch als ,außerhalb der herrschenden universitären Interessen' liegende akademische Aktivitäten bezeichnet und der ,außerparlamentarischen Opposition' zugeordnet werden. Die neuen Inhalte mussten auf den bürokratischen Ebenen der Universitäten erst durchgesetzt werden. Das konnte nur mit einem den legitimen Interessen großen Nachdruck verleihenden Engagement gelingen. Heute sind die neu geschaffenen Strukturen funktionsfähig. Die Interessenlage hat sich jedoch stark verändert.

Der Verlagerung des gesellschaftspolitischen Fokus von der Rotation der erwachsenen GastarbeiterInnen auf die angemessene soziale Integration der Familien mit Migrationshintergrund entspricht auch die Neuorientierung der Zweitspracherwerbsforschung, die sich in den letzten 20 bis 30 Jahren immer stärker auf Kinder und Jugendliche konzentrierte.[9]

# 2 Zweitspracherwerbsforschung[10]

In den späten 1960er Jahren erschienen programmatische Artikel zur Konzeption von Lernersprachen als ‚interlinguale' Gebrauchssysteme. Die Auffassung von zweitsprachlichen Erwerbsprozessen als ‚Lernervarietäten'[11] führte in den 1970ern zu den Gründungsjahren der Zweitspracherwerbsforschung. In seinem Buch „Applied Linguistics" und in Aufsätzen hatte Pit Corder (1967) den methodisch bedeutsamen Unterschied zwischen zwei Arten von Fehlern hervorgehoben: ‚errors of performance' (Irrtümer, die in der spontanen Rede mehr oder weniger zufällig als Abweichungen von den üblichen Gebrauchsmustern auftreten, bezeichnet als ‚mistakes') und ‚errors of competence', die für eine bestimmte Stufe der sprachlichen Entwicklung systematisch sind. Die ‚errors of competence' müssten auf der Grundlage einer kommunikationstauglichen ‚Interlanguage' systematisch untersucht werden. Forderungen in diesem Sinne erhoben gleichzeitig,

---

**9** Vgl. z. B. Dittmar & Şimşek 2017, die die wesentlichen Veröffentlichungen zur Zweisprachigkeit von Kindern und Jugendlichen aufführen.

**10** Am 2. November 2019 bat mich Bernt Ahrenholz in unserem letzten Gespräch, die Koredaktion des Rahmenbeitrags zu dem Band „Ein Blick zurück nach vorn" für den Bereich „Zweitspracherwerbsforschung" zu übernehmen. Ich stütze mich im folgenden auf seine Notizen, die ich in seinem Sinne und auf dem Hintergrund geteilter Werte ausformuliere.

**11** Der Begriff ‚Varietät' spielte beim Aufkommen soziolinguistischer Fragestellungen in den sechziger Jahren eine zunehmend bedeutende Rolle. *Wer* den Begriff *wann* einführte, ist bisher nicht untersucht worden. Der sachkundigste Überblick findet sich in Berruto (2004: 188), der den Begriff so erläutert: „Der vortheoretisch beobachtenden allgemeinen Erfahrung ist bekannt, daß eine und dieselbe Sprache verschieden gesprochen (und z. T. geschrieben) wird, in Abhängigkeit von Sprecher, Umstand, Zeit und Ort, oder, allgemeiner, von den spezifischen sozialen Bedingungen, in denen sie verwendet wird. Jede dieser verschiedenen Spielarten, in denen eine historisch-natürliche Sprache in Erscheinung tritt, kann man zweckmässigerweise mit dem Namen *Varietät* bezeichnen."

aber unabhängig voneinander, auch Nemser (1969) und Selinker (1971). Die Forderung nach Interlanguageanalysen entstand nicht zufällig im angloamerikanischen Forschungskontext. Detaillierte, höchst erfolgreiche Untersuchungen zum Erstspracherwerb auf der Folie von Quer- und Längsschnittuntersuchungen in Nordamerika nach dem zweiten Weltkrieg führten zur Entwicklung der neuen Subdisziplin Psycholinguistik, für die in den Niederlanden in den 1980er Jahren ein Max-Planck-Institut (MPI) gegründet wurde.

## 2.1 Die siebziger Jahre: Umbruch in der Linguistik und Aufkommen der Zweitspracherwerbsforschung

Die Hinwendung zur Analyse von Lernervarietäten ist allerdings stark verbunden mit einem paradigmatischen Umbruch in der Linguistik der 1960er und 1970er Jahre. Fast gleichzeitig mit dem Entstehen einer expliziten Sprachtheorie (Chomsky 1964) entstanden bedeutende Arbeiten zur gesprochenen Sprache und zur sprachlichen Variation (siehe Dittmar zur Soziolinguistik 1973, zur Pragmatik bzw. Ordinary Language Philosophy, s. Wunderlich 1970 und zur Sprachlehrforschung s. Barkowski 2003).

Der Umbruch in der Sprachlehrforschung, der in der Hinwendung zu einer lernerzentrierten und funktionalen Sprach*lern*forschung bestand, war einerseits paradigmaintern (Angewandte Linguistik), andererseits gesellschaftspolitisch motiviert. Die Migration in die BRD nach dem 2. Weltkrieg ist ein wesentlicher gesellschaftspolitischer Anstoss für diese Forschung, die zunächst praxis- und sprachlehrbezogen einsetzte (großer Bedarf an Deutsch als Fremdsprache *DaF*). Die herkömmlichen DaF-Methoden konnten jedoch auf die in der Regel wenig alphabetisierten (bildungsfernen) ‚Gastarbeiter' der großen Einwanderungswellen in den 1950ern und 1960ern nicht angewandt werden. Es fehlte an soziolinguistischer Grundlagenforschung zum ausgangsprachlichen Varietätengebrauch dieser Gastarbeiter; ebenso fehlte es an Kenntnissen zur zielsprachlichen Varietät ihrer alltäglichen Kontakte und zu den arbeits- und alltagsspezifischen Bedingungen der Aneignung zielsprachlicher Äußerungen. Valide empirische Forschung, vernachlässigt im Nachkriegsdeutschland, war vonnöten. Disziplinen übergreifendes forschungsspezifisches Leitthema der 1970er Jahre war ja: *Wie kann eine ‚sozial' engagierte Forschung dazu beitragen, die schlechten Lebensverhältnisse der unteren sozialen Schichten zu verbessern?* Die Herausforderung im Falle der zunehmend nach Westdeutschland strömenden Immigranten war ihr geringer Bildungsstand. Die meisten ‚Gastarbeiter' hatten keine oder nur geringe Schulbildung, verfügten in der Regel nur über mündliche Kenntnisse einer regionalen oder sozialen Varietät in ihrer Muttersprache; insgesamt waren sie zu unzureichend alphabetisiert, um im Bereich DaF (Angebot an gebildete Lerner) erfolgreich an Sprachkursen teilzunehmen. Um für diese Zielgruppe erfolgreiche Lehrmethoden zu entwickeln, musste man *mehr* wissen über (1) den Lernprozess selber, d. h. wie man im Unterricht auf im Alltag erlernte (elementare) Äußerungsroutinen eine alltagstaugliche grammatische und stilistische Kompetenz aufbauen (psycholinguistische Aufgabe) und (2) Hintergrundkenntnisse über das soziale Milieu der Lerner für den Lernprozess fruchtbar machen kann (soziolinguistische Herausforderung).

Ein fünfjähriger Schwerpunkt der DFG von 1975 bis 1980 (Angewandte Linguistik, sprachlehr- und -lernbezogene Projekte) widmete sich insbesondere diesen beiden Fragestellungen. Wissenschaftsgeschichtlich ist der Zeitpunkt der Schwerpunktbildung nicht zufällig. Gesellschaftspolitische wie disziplininterne (theoretisch-methodische) Faktoren waren von ausschlaggebender Bedeutung:

– Die Erstspracherwerbsforschung (Psycholinguistik) machte in den USA in den 1960er Jahren große Fortschritte (Querschnitts- und Längsschnittuntersuchungen, s. Slobin 1979).
– Erfolge oder Mißerfolge im Erwerb zweiter Sprachen auf die systemischen Kontraste zwischen zwei Sprachen zurückzuführen (=Kontrastivhypothese), wurden als Theorie und Methode falsifiziert; in zahlreichen Studien wurde die Beschreibungs- und Erklärungsadäquatheit widerlegt.
– Das neue Paradigma legt die ,Interlanguagehypothese' zugrunde (s. Corder 1967, Nemser 1969, Selinker 1971). Umfangreich dokumentiert ist das neue Forschungsfeld in Gutfleisch, Rieck & Dittmar (1979/80).
– Im Prozess des Lernens (alltägliche vs. unterrichtliche Kommunikation) stehen die Eigenschaften des jeweils erworbenen Niveaus mit den ausgangs- und zielsprachlichen Normen in ständiger Interaktion; der Lernprozess durchläuft eigenständige systemische Zwischenstufen in Richtung Zielsprache, wobei Syntax, Morphologie, Phonologie und Semantik auf unterschiedliche Weise betroffen sein können. Fortschritte in einer Domäne der zielsprachlichen Grammatik können von Rückschritten in einer anderen Domäne begleitet sein. Muttersprachliche und zielsprachliche Eigenschaft haben zu einem Zeitpunkt X in der Regel ein völlig verschiedenes Gewicht. Nur Lernprozessdokumentationen können Lernpfade rekonstruieren und die Güte des Lernerfolgs bewerten.
– Erst jetzt, 60 Jahre *post factum*, wird erkannt, dass die Globalisierung schon mit den riesigen Migrationsströmen in die USA, nach Europa, in die westlichen und ,reicheren' Länder beginnt. Mit den großen Einwanderungswellen in die USA nach dem zweiten Weltkrieg sieht sich die Didaktik des Englischen als Zweitsprache der Herausforderung ausgesetzt, adäquate Unterrichtskurse für Lerner mit sehr unterschiedlichen interimsprachlichen

Kenntnissen anzubieten. Erklärungsstarke Felduntersuchungen fehlen. Verschiedene Studien in den 1960er Jahren (vor allem in Kanada) zeigen, dass sich Lerner bei der Arbeit und in der Freizeit elementare Basisvarietäten aneignen, die in etwa das Niveau von bekannten Pidgin- und Kreolsprachen haben (Schumann 1978). Im Zusammenhang mit den ‚schwarzen‘ Gettos, die in den USA in der ersten Hälfte des 20. Jahrhunderts entstanden waren und zu einer stigmatisierten ‚Nonstandard‘-Varietät des ‚Black English‘ führten, kam eine soziolinguistisch motivierte Renaissance der Beschreibung und Erklärung von Pidgin- und Kreolsprachen auf. Zwischen den simplifizierten Strukturen der Pidgin- und Kreolsprachen und den rudimentären Lernervarieäten der Immigranten wurden zahlreiche Ähnlichkeiten sichtbar. Die soziolinguistischen Rekonstruktionen von Bickerton (1975) und die Feldforschungen von Schumann (1978) stellen innovative Variationsbeschreibungen dar. Bodeman und Ostow (1975) wenden diese Ansätze auf die Lernervarietäten der Immigranten in der BRD an. Dass es sich bei diesen Lernervarietäten um eine Art „Pidgin-Deutsch" handelte, hatte erstmalig Clyne (1968) so benannt. Allerdings waren die hier und da im Alltag aufgegriffenen Beispiele noch keine systematischen empirischen Belege. Im „Heidelberger Projekt ‚Pidgin Deutsch‘" (HPD) (1975; 1977) bezeichnet der Begriff eine elementare Varietät, mit der einfache referenzielle und informative Bedürfnisse in unpersönlichen Kontaktverhältnissen verbalisiert werden können (auf das HPD nehmen die Beiträge von Klein und Dittmar in diesem Band ausführlich Bezug).

Dem Umbruch in den beteiligten Disziplinen gemeinsam ist eine Hinwendung zur Analyse des Lernerfolgs in der spontanen Gestaltung der mündlichen Rede und eine ausgeprägte empirische Orientierung in Bezug auf Spracherwerb, zum Teil auch ein neuer Fokus auf den Lerner statt auf Lehrkräfte oder Lehrmethoden und die entsprechenden Theorien. Ähnliches gilt auch für die angloamerikanische Forschung (vgl. z. B. Oller & Richards 1973). Die *erwachsenen* Lerner standen im Zentrum dieser Forschung. Wichtig dabei waren u. a. die damals viel rezipierten Untersuchungen von Krashen (1978) zur Kontrollinstanz des Lernens (‚monitoring‘). Krashen unterschied zwischen den *kognitiv* Lernenden (sogenannte *overuser* der Kontrollinstanz) und den *pragmatisch* in der alltäglichen Kommunikation Lernenden (*underuser* der Kontrollinstanz). Erstere kontrollieren ihre Äußerungsproduktion sorgfältig und reden nur, wenn sie sich relativ sicher sind, dass ‚die Grammatik stimmt‘. Sie sind *Risikovermeider* in der Alltagskommunikation. Sie wollen möglichst viel ‚richtig‘ machen. Letztere werden von ihren Mitteilungs- und Interaktionsbedürfnissen getragen. Sie setzen auf kommunikativen Austausch; *sich überhaupt verständigen* ist ihnen wichtiger als die Einhaltung der grammatischen Normen der Zielsprache. Leitende brandneue Frage war in der Forschung der achtziger Jahre: welche Strategien nutzen die (erwachsenen) Lerner, um ihr zielsprachliches Interlanguagesystem aufzubauen, voranzutreiben und zu stabilisieren?[12] Gelingen konnte eine solche Forschung nur durch genaue Beobachtungen zum *Gebrauch* der Zielsprache: Empirisches ‚Know-how' war gefordert, d. h. der *Sprachgebrauch* musste auf der Basis aufgezeichneter und transkribierter Spontansprachdaten erfasst werden (s. exemplarisch Heidelberger Projekt Pidgindeutsch 1975, Meisel 1977). Kennzeichnend ist eine *Hinwendung zum Lerner* (Gutfleisch, Rieck & Dittmar 1979: 105; Barkowski 2003), was für die didaktische Forschung damals weitgehend neu war (siehe Kasper 1975).

Das führt uns zu der wissenssoziologischen Frage: Zu welchem (ungefähren) Zeitpunkt lässt sich die Zweitspracherwerbsforschung als eine institutionell anerkannte Forschungsaktivität verstehen? Dieser Frage geht Dittmar (2004) in seinem Beitrag zur Forschungsgeschichte der Soziolinguistik nach. Über elektronische Medien wurden 2.500 Einträge zur Soziolinguistik (Institutionsgründungen, Sammelbände, Aufsätze, Kongresse, Workshops, Promotionen) nach *Clustern* (Merkmalbündeln) geordnet. Im Cluster 2 wurden Arbeiten / Aktivitäten zu den Stichwörtern ‚Ausländer', ‚Migration', ‚Switching' (einschlägige Untersuchungen zum Sprachwechselverhalten), ‚Türken' (zahlenmäßig gewichtigste Gruppe der Immigranten in die BRD) und ‚Zweisprachigkeit' erfasst. Im Zeitraum der 1970er Jahre finden wir 19 Einträge (Tendenz steigend zum Ende des Jahrzehnts), 128 Einträge sind es bereits in den 1980ern (stark vertreten die Kategorien ‚Ausländer', ‚Türken') und 80 Einträge (Tendenz leicht abnehmend) in den 1990er Jahren (hier nehmen die Arbeiten zu Jugendlichen und Kindern deutlich zu). Die meisten Einträge beziehen sich auf Veröffentlichungen zu dem soziolinguistisch relevanten Thema *Sprache und Kommunikation ausländischer Arbeiter.*

In den 1970er Jahren gehen die Beschreibungen von Eigenschaften der Lernervarietäten Hand in Hand mit den (ersten) soziologischen Untersuchungen zu lebensweltlichen Verhältnissen der ‚Gastarbeiter' (Geiselberger 1972). Im Rahmen der Anwerbeabkommen wurden die Arbeiter direkt an bestimmte Arbeitsplätze vermittelt. Dort stand ihnen häufig ein Wohnplatz in Baracken auf oder nahe dem jeweiligen Firmengelände zu – pro Zimmer gab es mehrere Einzel- oder Doppelbetten. Für die notwenige sprachliche Verständigung am Ar-

---

**12** Im Hintergrund stand die didaktische Frage: Wie können wir *angemessen* den ungesteuerten mit dem gesteuerten Spracherwerb verbinden? Wie lässt sich der Spracherwerb optimal steuern?

beitsplatz wurde häufig ein Kollege mit Deutschkenntnissen als Dolmetscher eingesetzt. Oft wurden Arbeitsabläufe auch im Film vorgeführt. Der Rückgriff auf die Zielsprache Deutsch war dann minimal. Es zeigte sich jedoch im Arbeitsleben, dass die sprachlichen Anforderungen höher waren als von den Firmen zunächst angenommen; so wurde der Ruf nach effizienter Sprachvermittlung laut. Die Gewerkschaften setzten – je nach Region verschieden – Maßnahmen zum Spracherwerb während der Arbeitszeit durch (siehe HPD 1975). Der Bedarf an sprachdidaktisch umsetzbaren Einsichten in den ‚normalen‘ Prozess des Spracherwerbs war groß.

Die Befassung mit dem Erwerb des Deutschen durch Arbeits(im)migranten setzt in der BRD mit dem 1968 erschienen Aufsatz „Zum Pidgin-Deutsch der Gastarbeiter" von Michel Clyne (1968) ein (s. a. Gutfleisch, Rieck & Dittmar 1979 und HPD 1975). In diesem soziolinguistischen Beitrag wurden Sprachverwendungsroutinen (-stereotypen) von ausländischen ArbeiterInnen erstmals informell beschrieben. Basis sind an verschiedenen Arbeitsstellen erstellte Tonbandaufnahmen von fünf Arbeitern und zehn Arbeiterinnen mit den Ausgangssprachen Spanisch, Griechisch, Türkisch und Slowenisch. Clyne interviewte die SprecherInnen zu den Themen ‚Arbeit‘ und ‚Tagesablauf‘, von einigen SprecherInnen liegen auch Bildbeschreibungen vor. Die Aufenthaltsdauer reichte von einem Monat bis zu acht Jahren mit einem Durchschnitt von vier Jahren. Ziel war es

> festzustellen, von welchen Teilen der deutschen Sprache die Gastarbeiter Gebrauch machen und auf welche sie verzichten, inwiefern diese Erscheinungen bei Sprechern verschiedener Muttersprachen übereinstimmen und wie die Verständigung mit Deutschsprachigen verläuft.
> (Clyne 1968: 130)

Zusammenfassend charakterisiert Clyne den Sprachgebrauch als „Behelfssprache", die „mehr oder weniger" einer Pidginsprache entspricht (Clyne 1968: 139). In Bezug auf ihr Zustandekommen wird auch beobachtet, dass die Muttersprachler in der Interaktion stark vereinfachte, dem Pidgin ähnliche Sprachformen verwenden.

Clyne (1968) griff in seinen Beschreibungen auf eine Oberflächensyntax zurück – entgegen den Erwartungen Ende der sechziger Jahre, innovativ das generative Chomskysche Modell (‚Tiefenstruktur‘) zu nutzen. Oberflächensyntaxen waren der Gegentrend zur modischen Transformationsgrammatik. Am Sprachgebrauch im gesellschaftlichen Kontext interessierte Linguisten benutzten oft die anwendungsbezogene strukturalistische Grammatik von Halliday (1970), mit der sich Äußerungen im Kontext konkret syntaktisch-semantisch beschreiben ließen (z. B. Register). Hallidays Konzeption wurde auch in Untersuchungen zum restringierten und elaborierten Kode verwendet (vgl. Dittmar 1973). Hallidays formal-semiotische Grammatik galt als solide und explizit und wurde für Performanzbeschreibungen bevorzugt angewandt. Über den *Edinburgh Course in Applied Linguistics* (Allen & Corder 1974, 3 Bände) erfuhr sie, u. a. im Bereich des Fremdsprachenerwerbs, Anerkennung und Beliebtheit. Was nun den Zweitspracherwerb von Gastarbeitern betrifft, so wurde der Begriff „Pidgin" in Anlehnung an Clyne (1968) von dem Heidelberger Forschungsprojekt auf das Deutsch von Gastarbeitern angewandt. Neutraler wäre der Begriff ‚Lernervarietät' gewesen, der den sprachlichen Lernprozess *in nuce* abbildet. Mit der Anwendung des Begriffs wollte das Heidelberger Team jedoch die durchweg negativen lernabträglichen sozialen Bedingungen hervorheben, mit anderen Worten: die große *soziale Distanz* zu der umgebenden Zielsprachgemeinschaft, die die Entwicklung von Pidgindeutschvarietäten begünstigten. In welcher wissenschaftspolitischen Perspektive das HPD-Team soziolinguistische Methoden zur Anwendung brachte, wird in dem Beitrag von Dittmar (in diesem Band) reflektiert. Anlage, methodische Durchführung der Beschreibungen und einschlägige Erkenntnisse der 5-jährigen Studie finden sich in informativer Dichte in dem Beitrag von Wolfgang Klein (in diesem Band). Was die Ergebnisse des Heidelberger Projektes anbelangt (vgl. zu Details den Beitrag von Klein in diesem Band), so sind folgende Aspekte Meilensteine in der weiteren Forschung geworden:

– umfassende (kontextfreie) Übergangsgrammatiken von Lernervarietäten zu schreiben anstelle der Analyse einzelner Variablen;

– die empirische Vernetzung von korpuslinguistisch ausgewerteten Interviewdaten mit Sprachgebrauchsdaten der teilnehmenden Beobachtung.[13] *Evidenz* ist im Sinne Karl Poppers empirisch nachweisbar (und kritisierbar);

– die Operationalisierung der wichtigsten sozialen Faktoren, die den Verlauf des Deutscherwerbs bestimmen (wie *Alter bei Einreise, Einfluss der Muttersprache Italienisch vs. Spanisch, Kontakt während der Arbeit und in der Freizeit, Aufenthaltsdauer, Geschlecht* u. a.);

– die Erhebung von Kontaktdaten zur lokalen (regionalen) Varietät der Zielsprache (Dialektaufnahmen mit vorderpfälzischen SprecherInnen), die den Lernern im Alltag Modell stehen;

– linguistisch gesehen war die *Syntax* der Lernervarietäten die Schlüsselvariable in den L2-Analysen der 1970er Jahre. Während das Projekt ZISA von

---

**13** Die Interviewdaten wurden *quantitativ* ausgewertet (vgl. Klein & Dittmar 1979). Die Daten der teilnehmenden Beobachtung wurden *lebensweltlich-qualitativ* beschrieben. Die unterschiedlichen Auswertungen ergänzen einander und dokumentieren einen tieferen Erkenntnisgewinn der Untersuchungen. Außer Kallmeyer et al. (1974, soziolinguistische Beschreibung der mannheimer Stadtmundart) sind mir keine neueren Untersuchungen zum Zweitspracherwerb bekannt, die eine Kombination von quantitativen und qualitativen Methoden bieten, sehr zum Nachteil der neueren Forschung!.

Jürgen Meisel (Meisel, Clahsen & Pienemann 1981) ausgewählte Konstituenten der Wortstellung analysierte[14], wählte das vorausgehende HPD die Syntax der Varietätengrammatik als zentralen Angelpunkt, um von dieser Grundlage ausgehend morphologische und semantische Varianten zu beschreiben. Die beiden erwähnten Projekte hatten und haben den größten Einfluss auf die weitere L2-Forschung ausgeübt, was hier als rezeptionsgeschichtliche Tatsache und nicht als Werturteil der AutorInnen zu verstehen ist.

Weitere für die 1970er Jahre repräsentative Arbeiten finden sich in den Sammelbänden bzw. Sonderheften der Zeitschriften *Zeitschrift für Literaturwissenschaft und Linguistik* (1975); *Linguistische Berichte* 64 (1979); Molony, Zobl & Stölting (1977) und Cherubim (1979). Erwerbsfolgen wurden syntaktisch ausgelotet, die dabei mehr oder weniger ‚mitschwingende' Morphologie und Semantik als Parallelprozesse miterfasst. Die empirischen Untersuchungen der 1970er Jahre dokumentieren paradigmawertige Fortschritte in der L2 Forschung:
- Lernervarietäten werden als prozessuale selbständige Systeme mit sprachebenenspezifischen Übergängen von einem zum nächsten Lernstadium beschrieben.
- Die interlingualen Lernstadien werden auf der Basis von Querschnittsstudien in relativer Zeit (Labov 1970) erfasst, d. h. Lerner werden zu unterschiedlichen Zeitpunkten ihrer Lernergeschichte (oder -karriere) mit ihrem jeweiligen elementaren, mittleren oder fortgeschrittenen zielsprachlichen Niveau dokumentiert, um relevante Parameter des Entwicklungsprozesses zu simulieren. Bezogen auf das HPD Projekt ergab dieses Vorgehen z. B., dass die Aufenthaltsdauer der Lerner im Gastland *keine signifikante* Rolle spielte, der *Kontakt in der Freizeit* und *am Arbeitsplatz* aber *signifikant* waren.
- Methodische Innovationen traten bereits in den achtziger Jahren in Erscheinung. In ihrer Untersuchung sprachlicher Markierungen der temporalen Gestaltung narrativer Diskurse führten von Stutterheim & Klein (1987) den *konzeptorientierten* Ansatz ein. Neben den üblichen morphosyntakti-

---

14 Im Rahmen von ZISA wurden auch Längsschnittbeobachtungen gemacht. Clahsen (1984), Mitglied des ZISA Projektes, untersuchte die Wortstellung von zwei spanischen und einem portugiesischen Informanten (Alter: Anfang zwanzig) über einen Zeitraum von zwei Jahren. Insgesamt wurden longitudinale Aufnahmen von insgesamt 12 spanischen, italienischen und portugiesischen InformantInnen (meist jüngere, aber auch einige wenige ältere) gemacht. Aber auch der ZISA Mitarbeiter Manfred Pienemann (1981) hat Ergebnisse zu Längsschnittstudien vorgelegt, die sich auf Kinder von Gastarbeitern beziehen. Problem dieser Längsschnittstudien ist allerdings, dass unregelmässige Zeitintervalle für die Erhebung gewählt wurden und keine Angaben zur Qualität des Datenmaterials und dessen Erhebung gemacht werden.

schen Markierungen (= Tempus) wurden lexikalisch-semantische und pragmatische Prinzipien der (diskursiven) Organisation temporaler Bedeutung in ihrer erwerbsspezifischen Relevanz erfasst. Dieser Ansatz wurde später auch im ESF-Projekt praktiziert (siehe unten).

– Es gibt auch eine *pragmatische* Sicht auf die Lernervarietäten. Hinnenkamp (1989) sieht sie als unterschiedliche Ausprägungen der *interkulturellen Kommunikation* und untersucht ihre ‚Stilisierungen' (unter Berücksichtigung prosodischer Muster) im sozialen Kontext. In seinen Untersuchungen schließt er auch den Status und die soziale Rolle der Ausgangssprache (‚Türkisch') im öffentlichen Raum ein. Welche Rolle spielen Hinweisschilder auf Türkisch im öffentlichen Raum der Großstädte? Solche Hinweise finden sich ausschließlich als *Verbote*. Was die türkischen Migranten auf KEINEN Fall dürfen, wird ‚streng' gesagt – was sie zu ihrem eigenen Vorteil wissen sollten / könnten, wird dagegen nicht mitgeteilt – im Unterschied zu entsprechenden Hinweisen für deutsche Muttersprachler.

Mit diesen Fortschritten wurden aber auch die Schwächen augenfällig. Lernprozesse konnten über Querschnittsbeobachtungen in relativer Zeit *simuliert*, aber nicht wirklich *kausal* erklärt werden. Daher führte das zu Beginn der 1980er Jahre neugegründete Max-Planck-Institut in Nijmegen (Niederlande) über insgesamt etwa 10 Jahre eine auf den (typologischen) Vergleich von Erwerbsprozessen zentrierte (longitudinale) *Paneluntersuchung* im europäischen Rahmen durch, die Aufschluss über lernerspezifische Entwicklungen über einen Zeitraum von etwa 3 Jahren geben sollte[15]. Die Anlage der Untersuchung und wesentliche Ergebnisse werden von Wolfgang Klein in diesem Band wiedergegeben. Wir beschränken uns hier nur auf die besondere Rolle dieser bisher größten Untersuchung zum Erwerb zweier Sprachen durch Erwachsene verschiedener Ausgangssprachen in der Geschichte der Zweitspracherwerbsforschung am Ende des 20. Jahrhunderts in Europa.

## 2.2 Zweitspracherwerbsprofile erwachsener Migranten im europäischen Vergleich: das ESF- und das P-MoLL-Projekt

Die Datenaufnahme des in den achtziger Jahren durchgeführten und von der European Science Foundation (ESF) finanzierten longitudinalen Projektes nahm mehrere Jahre in Anspruch; es folgten mehr als 5 Jahre der Datenauswertung bis

---

15 Siehe hierzu auch die vorangehenden Anmerkungen zum ZISA-Projekt.

zur Veröffentlichung der 6 Bände (ab 1992), die die Ergebnisse zu den 6 Arbeits-
bereichen darstellen[16]: „(a) Äußerungsstruktur" (vgl. dazu Klein & Perdue 1992),
(b) „Ausdruck des Raumes" (Becker & Carroll 1997), (c) „Ausdruck der Zeit" (Dietrich u. a. 1995), (d) „lexikalische Entwicklung" (Dietrich 1998), (e) „Mißverständnisse und ihre Behebung" (Bremer 1997) und schließlich (f) „Feedback- Verhalten"
(Allwood 1993). Die typologisch vergleichende Längsschnittstudie untersuchte,
wie Lerner der Ausgangssprachen PUNJABI, ITALIENISCH, TÜRKISCH, ARABISCH,
SPANISCH und FINNISCH (typische Muttersprachen von Gastarbeitern in Europa)
die Zielsprachen ENGLISCH, DEUTSCH, NIEDERLÄNDISCH, FRANZÖSISCH UND SCHWEDISCH
erlern(t)en. Dabei galt: je 4 Sprecher *einer* Ausgangssprache wurden untersucht in Bezug auf die Erlernung zweier verschiedener Zielsprachen. Für die Ausgangssprache SPANISCH wurden die Zielsprachen SCHWEDISCH und FRANZÖSISCH
gewählt. Ähnlich wurde bei den weiteren Sprachpaaren vorgegangen (Ausgangssprache TÜRKISCH in Bezug auf die Zielsprachen DEUTSCH und NIEDERLÄNDISCH). Alle
6 Wochen (im Durchschnitt) wurden Aufnahmen gemacht. Nach einem vorher
festgelegten Schlüssel wurden in einer festen Reihenfolge unterschiedliche Texttypen erhoben wie z. B. *Wegbeschreibung, Erzählung, Bericht, Verkaufsgespräch,
Argumentation.* Das Durchlaufen der Erhebung von Daten zu vorgegebenen
Reihenfolgen von Texttypen wurde *Zyklus* genannt. Drei *Zyklen* umfasste die
Längsschnittstudie. Die bedeutendsten Ergebnisse wurden erzielt für die Untersuchung der *Äußerungsstruktur* (Beschreibung der syntaktisch-semantischen Ela-
boration <i> auf dem Wege zur Basisvarietät, <ii> die Basisvarietät, <iii> von der
Basisvarietät zur Zielsprache) sowie die Erlernung der Konzepte ZEIT (Verbalisierung der *Vor-, Gleich-* und *Nachzeitigkeit*) und RAUM (Repertoire der *deiktischen*
und *referentiellen* Ausdrucksgestalten). Typologisch gesehen zeigen die Daten im
Vergleich erhebliche Ähnlichkeiten und Unterschiede im Erwerb der konzeptuellen Ausdruckssysteme. Die Ergebnisse sind komplex und hochdifferenziert. Wir
verweisen auf die oben genannten themenspezifischen Sammelbände, die neben
den Detailuntersuchungen auch überblicksartige Zusammenfassungen enthalten
(siehe zu den Details auch den Beitrag von Klein i.d.Bd.). Diese breitangelegte
Untersuchung vollzog modellartig den Paradigmenwechsel zu Längsschnittstudien im L2-Erwerb. Gleichzeitig dokumentiert sie eine effiziente, gelungene europäische Zusammenarbeit in der Forschung. In diesem Sinne markiert sie den
höchsten und differenziertesten Kenntnisstand der L2-Forschung zu Erwachsenen im auslaufenden Jahrhundert.

---

**16** Diese und weitere bibliographische Angaben zu dem ESF-Projekt finden sich auch in der
Bibliographie des Beitrages von Wolfgang Klein in diesem Band.

Dem ESF Projekt assoziiert war von 1985 bis 1990 das DFG Projekt „P-MoLL" („Modalität von Lernervarietäten im Längsschnitt'), das sich dem Erwerb des Konzeptes MODALITÄT in der Zielsprache DEUTSCH durch Lerner mit den Ausgangssprachen POLNISCH und ITALIENISCH widmete. Wie acht polnische Informanten und eine italienische Lernerin grammatische und pragmatische Wege der Modalisierung erlernen, wurde vor allem am Beispiel der Modalverben, modaler Adverbiale und Partikeln untersucht (vgl. Dittmar 2012 und i.d. Bd., sowie die detaillierte Studie von Ahrenholz 1998). Anhand unterschiedlicher gattungsspezifischer Aufgaben für einzelne polnische und italienische Lerner in einer ausführlichen Längsschnittstudie, die – wie im ESF Projekt – in drei ‚Erhebungszyklen' dokumentiert wurden, konnten elementare, mittlere und zielsprachennahe Niveaus der Modalisierung isoliert werden (siehe Dittmar 2012). Der großen Vielfalt alltagsbezogener interaktiver Aufgaben war es zu verdanken, dass per Video und Tonband ein breites Spektrum modaler Eigenschaften elizitiert werden konnte, das über diese hinaus auch texttypische Verbalisierungsweisen hervortreten ließ.

## 2.3 Fazit zur Zweitspracherwerbsforschung

Drei Jahrzehnte L2 Forschungsgeschichte lassen drei distinktive Phasen erkennen:
- *1960er Jahre*: Die Entdeckung des *Interlanguage*-Charakters der Lernersprachen; die Beschreibung der von der Zielsprache abweichenden Eigenschaften als Lernstadien mündet in die Perspektive, die Analyse von Lernervarietäten als dringendes Desideratum der Forschung herauszustellen. Anglo-amerikanische Autoren (u. a. Nemser, Corder, Selinker) schlagen empirische Untersuchungen zu *interlanguages* (Lernervarietäten) vor.
- *1970er Jahre*: Durchbruch der empirischen Untersuchung von Lernervarietäten (*Querschnittsstudien*); die variablen sprachlichen Eigenschaften von Lernervarietäten werden auf mehreren Ebenen in Abhängigkeit von außersprachlichen Variablen (des sozialen Kontextes oder der psychologischen Sprachverarbeitung) beschrieben und erklärt (erste systematische Ergebnisse). Typisch für diese Phase ist das HPD mit soziolinguistischem Schwerpunkt. Real existierende *interlanguages* werden in ihrer grammatischen Variabilität in Abhängigkeit von außersprachlichen (meist sozialen) Parametern beschrieben und erklärt. Das soziale Umfeld der Lerner wird in Form von Protokollen und ethnographischen Beobachtungen zu den (*formelleren*) Interviewdaten in eine erklärende Perspektive gebracht.
- *1980er Jahre*: Längsschnittstudien mit der psycholinguistischen Fokussierung auf Ausdrucksrepertoires für kognitive Konzepte (*Raum, Zeit, Modalität*). Der

einzelne Lerner und seine lernspezifischen Sprachverarbeitungskapazitäten stehen im Zentrum. Typologische Vergleiche isolieren ähnliche und unterschiedliche Eigenschaften der erlernten Varietäten im Prozess der Aneignung einer spezifischen Zielsprache.

Die Studien dieser ersten Phasen der L2 Forschung beziehen sich auf Erwachsene. In den Jahrzehnten ab 1990 stehen dagegen der Zweispracherwerb von Kindern und Jugendlichen (zweite, dritte Generation) sowie die Didaktik zweisprachiger Kommunikation im Vordergrund.

# 3 Sprachdidaktik: Zur Entwicklung des Faches Deutsch als Zweitsprache (DaZ)

Der Fokus der folgenden Ausführungen richtet sich auf die Anfänge der DaZ-Didaktik an Bildungsinstitutionen. Der Schwerpunkt der Ausführungen liegt somit auf sprachdidaktischen Entwicklungen der 1970er und 1980er Jahre, einer Zeit, die auch als kommunikativ-pragmatische Wende in Linguistik und Sprachunterricht bezeichnet wird.[17] Die Anfänge des Faches Deutsch als Zweitsprache und seiner Didaktik sind eng mit den Konsequenzen der Migrationsprozesse verknüpft.

Wenn Barkowski (1993a: 86) zu Beginn der 1990er Jahre von einer noch ‚jungen Geschichte' des Faches spricht, so meint er damit erste Forschungen zum Deutsch als Zweitsprache-Erwerb erwachsener MigrantInnen und ihrer Kinder in den siebziger Jahren. Insbesondere Kinder mit „nichtdeutschen Muttersprachen" sieht Barkowski als „vernachlässigte Gruppe" an und benennt die Unterstützung von ihrem Zweitspracherwerb und schulische Förderung als dringenden Handlungsbedarf. Die staatlichen Versäumnisse kritisiert er als „bildungspolitisch skandalös" und fordert eine längst „überfällige Reform der Schulstruktur", die eine „chancengerechte Versorgung von Migranten- und Flüchtlingskindern" ermögliche (Barkowski 1993: 86). Vorschläge innerhalb der geforderten Strukturreform betreffen u. a. die Förderung von Herkunfts- und Zweitsprache im Sinne einer „bilinguale[n] Sprachenentwicklung", diesbezügliche Änderungen im Fächerkanon und Stundenplan, eine darauf abgestimmte Auswahl von Lehrkräften und eine „methodisch-didaktisch[e]" Ausrichtung im

---

17 Für einen Überblick über neuere DaZ-didaktische Entwicklungen von 2009 bis 2019 vgl. Lütke (2020).

Sinne einer „bilingualen Perspektive", deren pädagogisch-theoretischen Rahmen die Interkulturelle Pädagogik bilde (Barkowski 1993a: 86).

Hüllen (1981: 103) beschreibt unter Verweis auf Weinrich (1978) Inhalte und Disziplinen, die zu Beginn der 1980er Jahre in dem Fach Deutsch als Zweitsprache vereint wurden und sich primär an dem Bedarf von DeutschlernerInnen orientierten: Hierzu gehörten die kontrastive Linguistik, eine Auseinandersetzung mit Fachregistern und deutschen Fachsprachen, deutsche Landeskunde und der Umgang mit Literatur. In der Praxis wurden curriculare Entwicklungen und die Organisation von Sprachkursen durch den 1974 gegründeten „Sprachverband – Deutsch für ausländische Arbeitnehmer e.V." vorangetrieben (vgl. zu den Entwicklungen ausführlich Reich 2010: 62–66). In Orientierung an diesen Themen entstanden auch erste konzeptionelle und curriculare Ideen in Bezug auf den Deutschunterricht 'für ausländische Arbeitnehmer' sowie mit der Genese des Faches verbundene (bildungs-)politische Implikationen (Barkowski 2003: 523). Diese Entwicklung wirkte sich auch auf den Unterricht der Kinder der zugewanderten Familien aus. Die Kinder der in den 1950er und 1960er Jahren angeworbenen 'Gastarbeiter' wurden bis in die siebziger Jahre zunächst ohne besondere Fördermaßnahmen in den Regelklassen beschult (Pommerin-Götze 2010). Pommerin-Götze merkt hierzu kritisch an, dass „Herkunftskultur" und „muttersprachliche Ressourcen (...) in dieser Zeit nicht nur nicht genutzt, sondern systematisch ausgeblendet" worden seien; als Folgen deklarierte sie u. a. eine „hohe Zahl an Schulabgängern ohne qualifizierten Schulabschluss", die dieser Gruppe entsprangen (Pommerin-Götze 2010: 1139). Bildungskonzepte der achtziger Jahre reagierten auf diese problematische Praxis und erprobten die Einführung einer schulischen Förderung der Herkunftssprachen parallel zum Regelunterricht. Das Ziel bestand darin, familiär erworbene alltagssprachliche L1-Kompetenzen um bildungs- und fachsprachliche Register in der L1 zu erweitern und weiterhin den kulturellen Hintergründen der SchülerInnen Rechnung zu tragen. Dass dies nicht auch im gemeinsamen Unterricht mit SchülerInnen der Mehrheitsgesellschaft passierte und darüber hinaus keine Fördermaßnahmen in der Zweitsprache umgesetzt wurden, sieht Pommerin-Götze als eine zentrale Ursache für Segregationstendenzen bzw. einen Rückzug in den „„Schonraum' der Ethnie" in den folgenden Jahren (Pommerin-Götze 2010: 1139; vgl. auch Horn 1988: 110). Einhergehend mit der Tendenz, das sogenannte Rotationsprinzip zugunsten eines Integrationsprinzips[18] aufzugeben, veränderten sich

---

18 Am Beginn der Anwerbung ausländischer Arbeitskräfte wurde im Sinne des sogenannten Rotationsprinzips davon ausgegangen, dass ein temporärer Aufenthalt und eine Arbeitsphase in Deutschland auch dem wirtschaftlichen Aufschwung des Herkunftslandes zugutekämen, wenn die Arbeitskräfte nach der Rückkehr dort eigene Geschäfte gründeten (vgl. Hüllen 1981: 100).

die Bezeichnungen der Arbeitskräfte von „*Gastarbeiter[n]*" zu „*ausländische Arbeiter*" oder „*Arbeitsmigranten*" (Hüllen 1981: 100). Die Bezeichnungen der Kinder und Jugendlichen orientierten sich am jeweiligen Aufenthaltsstatus, wie z. B. „Kinder ausländischer Arbeitnehmer", „Aussiedlerkinder" oder „Kinder von Asylsuchenden" (Engin 2010: 1085).[19] Hüllen (1981: 100) beschrieb das damalige Lebensumfeld der MigrantInnen als segregativ („isolated pockets in German society"), da den dort lebenden Minderheiten nur geringer Kontakt zur deutschsprachigen Mehrheitsbevölkerung möglich war. Diese Art der Segregation bildete einen ungünstigen Kontext für den ungesteuerten L2-Erwerb Erwachsener, die deshalb weniger fortgeschrittene und ‚pidginisierte' L2-Kompetenzen erwarben. Im Gegensatz dazu kamen deren schulpflichtige Kinder im Unterricht mit der L2 auch als formelles Register in Kontakt und entwickelten eine eigene Motivation, die Zielsprache zu erwerben sowie eigenständige Akkulturationsinteressen (vgl. Hüllen 1981: 100).

Universitär wurde das Fach DaZ zunächst vornehmlich im Kontext der Erziehungswissenschaften respektive der ‚Ausländerpädagogik' verortet und erst seit den 1980er Jahren, so Baur & Schäfer (2010: 1074), zeichneten sich zunehmend germanistische Schwerpunkte ab.[20] Einhergehend mit einem Perspektivwechsel in den Erziehungswissenschaften und einer „gescheiterten Assimilationspolitik bzw. Ausländerpädagogik", wie Pommerin-Götze kritisch zuspitzt (2010: 1139), wurde DaZ im Laufe der neunziger Jahre mit der Interkulturellen Pädagogik verknüpft (vgl. Baur & Schäfer 2010: 1074), in der Gemeinsamkeiten anstelle von Unterschieden (wie in der Ausländer- und Assimilationspädagogik) betont und anti-rassistische Denkweisen gefordert wurden (vgl. zu weiteren Merkmalen Pommerin-Götze 2010: 1139). Dass jedoch auch der zweisprachliche Kompetenzausbau eine systematische Berücksichtigung im Bildungssystem und in der Lehrkräfteausbildung finden müsste, wurde zwar schon zu Beginn der achtziger Jahre postuliert (vgl. Steinmüller 1982), eine breitere Aufmerksamkeit hat dieses Desiderat aber erst im neuen Jahrtausend im Nachhall der großen

---

Nachdem sich dieses Konzept – so Hüllen – als unrealistisch erwiesen habe, sei zunehmend das Integrationsprinzip zum Tragen gekommen.

**19** Mit dem Beginn des 21. Jahrhunderts rückte die Bezeichnung Kinder und Jugendliche „mit Migrationshintergrund" in den Vordergrund, eine Bezeichnung, die bis heute umstritten ist und je nach Fachkontext durch stärker sprachbezogene Bezeichnungen (Kinder/Jugendlicher anderer Erstsprache, anderer Herkunftssprache, mit Deutsch als Zweitsprache) ersetzt wird.

**20** Die anfänglich primär pädagogische Schwerpunktsetzung weisen Baur & Schäfer (2010: 1075) einer bildungsadministrativen Einflussnahme zu, die die pädagogischen Anforderungen an Integrationsprozesse zunächst höher als den sprachbezogenen Bedarf der Zugewanderten bewertete.

Schulleistungsstudien und der darin aufgezeigten sprach- und bildungsbezogenen Nachteile von SchülerInnen mit Migrationshintergrund erfahren.[21] Steinmüller (1982) wies schon früh darauf hin, dass Lehrkräfte, die Zweitsprachlernende unterrichten, über Wissen über den Zweitspracherwerb, Sprachstandsdiagnose und über die sprachlichen Besonderheiten der schulischen Lehrmaterialien verfügen müssen:

> Das bedeutet für den deutschen Lehrer dieser Kinder, daß er sich ein Bild von ihren Sprachkenntnissen machen muß, bevor er überhaupt einen sinnvollen Zweitsprachenunterricht beginnen kann: er muß die Lernvoraussetzungen in diesem Bereich klären, indem er den Sprachzustand und die Kommunikationsfähigkeit seiner Schüler analysiert und so die individuelle Übergangsvarietät jedes einzelnen Schülers erkennt. Der Lehrer muß daher über ausreichende Kenntnisse im Umgang mit linguistischen Analyse- und Beschreibungsverfahren verfügen, und er muß – neben Sprach- und Kommunikationstheorie – im Bereich des Spracherwerbs fundiert ausgebildet sein, sowohl für den Erst- als auch für den Zweitspracherwerb. Diese Forderung enthält sowohl eine Aufforderung zur Gestaltung des Lehrangebots für Lehrerstudenten als auch eine Forderung nach Verbesserung der Lehrerfortbildung in diesem Bereich. (Steinmüller 1982: 13)

Steinmüller zählt in diesem Zitat bereits einige curriculare Schwerpunkte auf, die sich 2007 in den Inhaltsbeschreibungen der Berliner DaZ-Module der universitären Lehrkräftebildung wiederfinden, z. B. Wissen über den Erst- und Zweitspracherwerb oder die Kenntnis von Diagnoseinstrumenten. Weiterhin setzte er mit der These, nicht nur Deutsch-, sondern auch Fachlehrkräfte stünden in der Verantwortung, die für den Unterricht „jeweils erforderlichen sprachlichen Mittel (...) explizit und themenbezogen zu vermitteln" und seien in diesem Sinne nicht nur Fachlehrer, sondern „zugleich auch Sprachlehrer" (Scharnhorst & Steinmüller 1987: 9) einen Impuls, der erst in der Nach-PISA-Debatte um Sprachbildung und -förderung aufgegriffen wurde (vgl. z. B. als erste einschlägige Publikation Ahrenholz 2010).

Der Fachdiskurs zu Deutsch als Zweitsprache hat sich seit Mitte der 1970er Jahre u. a. aufgrund des komplexen Bedingungsgefüges des L2-Erwerbs notwendigerweise zunehmend interdisziplinär entwickelt: Zweitspracherwerbsforschung, Soziolinguistik, Deutsch als Fremdsprache, Sprachdidaktik, Erziehungswissenschaften (Bildungsforschung, Migrationspädagogik), Psychologie und So-

---

21 Durch die Bildungsstudien der ausgehenden neunziger Jahre und der ersten beiden Jahrzehnte des 21. Jahrhunderts ist die Notwendigkeit, das zweitsprachliche Lernen von Kindern und Jugendlichen im schulischen Kontext systematisch zu verankern, immer stärker in den Fokus der wissenschaftlichen Community und der allgemeinen Öffentlichkeit gerückt; vgl. zu Entwicklungen in den letzten zehn Jahren Lütke (2020: 101–102). Dies betrifft insbesondere die für das fachliche Lernen notwendigen bildungs- und fachsprachlichen Register.

ziologie forschten und forschen im Bereich Deutsch als Zweitsprache. Zweitsprachdidaktische Ansätze haben sich aus der Dynamik dieses Feldes heraus entwickelt und sind dementsprechend im Wandel begriffen. Ihre Ursprünge liegen in Impulsen der frühen Zweitspracherwerbsforschung, der Sprachlehr- und -lernforschung und der Fremdsprachendidaktik der 1970er und 1980er Jahre.

## 3.1 Gesteuerter L2-Erwerb in den 1970er und 1980er Jahren

An der sich in den 1970er Jahren entwickelnden Sprachlehr- und -lernforschung zeigt sich das zunehmende Interesse an der „Theorie und Praxis des Sprachlernens und der Sprachförderung" im Kontext der Bereiche Deutsch als Zweit- und Fremdsprache (Rost-Roth 2017: 85). Dies bildete eine Voraussetzung für eine empirisch begründete Sprachdidaktik und Unterrichtsforschung sowie für die universitäre Institutionalisierung des Faches und damit in Zusammenhang stehende Fragen, wie z. B. zur Professionalisierung von Lehrkräften (vgl. Rost-Roth 2017: 86–87). 1973 wurde ein DFG-Schwerpunktförderprogramm „Sprachlehrforschung" eingerichtet, das auch unterrichtsbezogen ausgerichtet war und in Teilprojekten den gesteuerten L2-Erwerb zugewanderter Erwachsener und Kinder untersuchte (vgl. Bausch 1983). In diesem Schwerpunktprogramm wurden im Rahmen des Schwerpunkts „Gastarbeiterforschung" von 1974 bis 1981 verschiedene Projekte zum Bereich Deutsch als Fremdsprache für „Gastarbeiter" gefördert, von denen sich zwei auf den Sprachunterricht mit Erwachsenen richteten und zwei weitere auf deren schulpflichtige Kinder mit griechischer und türkischer Herkunftssprache (vgl. Baur & Schäfer 2010: 1074). Ein Interesse bestand in diesem Zusammenhang auch darin, eine empirische Grundlage für Sprachunterricht mit zugewanderten Menschen zu schaffen (vgl. Becker, Steckner, & Thielicke 1978). In den beiden Projekten, die sich auf erwachsene Sprachlernende bezogen, wurde im Sinne einer Theorie-Praxis-Verzahnung auf der Basis soziologischer, lerntheoretischer, pädagogischer und linguistischer Theorien sowie unter Einbezug von Unterrichtspraxis ein Sprachvermittlungsmodell für zugewanderte Arbeitnehmer entwickelt (vgl. Barkowski, Harnisch & Kumm 1980 und Barkowski i. d. Bd.); ein weiteres Projekt verfolgte den Ausbau kommunikativer Handlungskompetenz bei nicht-erwerbstätigen Frauen mit der L1 Türkisch und entwickelte ein Lehrkonzept, das sich an den Bedarfen dieser Gruppe orientierte (vgl. Gürkan, Laqueur & Szablewski 1986).

Im Berliner Projekt (vgl. u. a. Barkowski, Harnisch & Kumm 1980) wurde ein didaktisches Szenario für DeutschlernerInnen aus dem Arbeitermilieu mit der L1 Türkisch, die aus nicht-akademischen Hintergründen kamen, entwickelt und erprobt. Der Ansatz basierte auf der Annahme, dass soziale Bedürfnisse und daraus entspringende kommunikative Notwendigkeiten den L2-Erwerb begünstigen (Hüllen 1981: 105). Relevante Sprechakte (u. a. Vergleiche ziehen, eine Meinung ausdrücken, Zusammenhänge begründen, Bedingungen formulieren) wurden in authentische Sprachgebrauchssituationen eingebettet, wie z. B. einen Arztbesuch, Diskussion mit dem Vermieter oder eine Beschwerde in einem Kaufhaus formulieren. Die Lerneinheiten basierten auf audiovisuellen Impulsen, Pantomimen und Rollenspielen. Grammatische Regeln wurden in dem Konzept nicht verbalisiert, aber als graphische Visualisierung angeboten. Ein zentrales Ziel bestand darin, auf diese Weise Unterschiede in der Bildungsbiographie und den Kompetenzen der L2-Lernenden zu nivellieren (vgl. Hüllen 1981: 105). Die Lernfortschritte wurden anhand von Rollenspiel-Lernerdaten evaluiert und zeigten in großen Teilen die gleichen Verläufe wie z. B. im Heidelberger Forschungsprojekt (vgl. Klein und Dittmar i. d. Bd.).

Zwei weitere Projekte richteten sich auf die Kinder der Zugewanderten und untersuchten u. a. die Sprache der Kinder im Kontext bilingualen Fachlernens (vgl. Rost-Roth 2017: 92): Im Zentrum standen DaZ-Lernende mit der L1 Türkisch, die Physikunterricht zunächst auf Türkisch in Kombination mit DaZ-Unterricht und im weiteren Verlauf schließlich als deutschsprachigen Fachunterricht mit auf sie abgestimmten Vokabelerklärungen erhielten (vgl. Meyer-Ingerwesen 1978). Die Orientierung auf unterrichtlich gesteuerten Zweitspracherwerb zog eine Vielzahl von Untersuchungen nach sich, die zunächst häufig „weniger umfassend angelegt" waren und „einen engen Schulbezug" hatten (Ahrenholz 2017: 108 f., mit einem Forschungsüberblick über den L2-Erwerb von Kindern und Jugendlichen bis in das aktuelle Jahrzehnt). Im Fokus der damaligen Forschung standen u. a. schriftliche und mündliche Texte von Kindern mit der L2 Deutsch und darin realisierte grammatische und lexikalische Phänomene mit einer Diskussion von Transferphänomenen, vgl. z. B. Kuhs (1987) zu Kindern mit der L1 Griechisch; Pfaff (1984) zu Kindern mit der L1 Griechisch und Türkisch; Oomen-Welke (1987) zu Kindern mit der L1 Türkisch; Becker (1988) zu mündlichen Daten zweier Jugendlicher mit der L1 Türkisch im Längsschnitt und Steinmüller & Isgören (1992) zu Sprachbiographien. Exemplarisch für den damaligen Forschungsstand zum gesteuerten L2-Erwerb von Kindern und Jugendlichen sei auf den Sammelband Apeltauers (1987a) hingewiesen, der empirische Beiträge u. a. aus einer Ringvorlesung Ringvorlesung für Studierende des Studiengangs „Lehrer für Kinder mit fremder Muttersprache" der Johannes Gutenberg Universität in Mainz/Germersheim zusammenstellt. Reich beschreibt die Zielsetzung der Ringvorlesung folgendermaßen:

> Bewusst sollte damit die Qualifikation für den Unterricht als Bestandteil einer wissenschaftlichen Entwicklung aufgefasst und dargestellt werden, die die einfache Entgegensetzung von Fremdsprachendidaktik und Muttersprachendidaktik überwindet und durch das Erar-

beiten differenzierterer Typologien von Sprachlernsituationen (mit je unterschiedlichen biographischen, sprachlichen und sozialen Merkmalen) zur Erkenntnis allgemeiner Gesetzmäßigkeiten des Sprache-Lernens vorzudringen verspricht.                 (Reich 1987: 10)

Reich weist bereits hier auf die Notwendigkeit hin, ausgehend von der Berücksichtigung der unterschiedlichen Erwerbskontexte von Erst-, Zweit- und Fremdspracherwerb eine Theorie des Sprachlernens zu entwickeln, die die Grundlage sprachdidaktischer Entscheidungen sein muss (vgl. zur Abgrenzung der Disziplinen DaF und DaZ auch Reich 2010: 66 f.). 23 Jahre später steht das Desiderat der Theoriebildung immer noch im Raum: Reich schlägt eine theoretische Verzahnung von Deutsch als Fremd- und Deutsch als Zweitsprache vor, die es ermögliche, eine Vielzahl von Situationen zwischen ‚typisch fremdsprachlichem‘ und ‚typisch zweitsprachlichem‘ Erwerb und Gebrauch zu umfassen; die Theorie müsse „präzise genug sein, um diese Situationen auch in ihrer Unterschiedlichkeit beschreiben und erklären zu können“ (Reich 2010: 66).

Die empirischen Forschungsbeiträge in Apeltauers Sammelband (1987a) betreffen u. a. interne und externe Faktoren des schulischen Sprachlernens (bei Letzterem Beschulungsmodelle, sozioökonomischer Hintergrund, politische Rahmenbedingungen), erwerbsbezogene Untersuchungen (Rolle der L1 bei der Textverarbeitung, Fehleranalyse an einem Schülertext, Indikatoren der Sprachstandsbestimmung) und unterrichtspraktische Ableitungen (Eignung von Lehrwerken, Sprachlernspielen und Umgang mit heterogenen Lerngruppen) (vgl. Apeltauer 1987b: 5). In dem einleitenden Forschungsüberblick weist Apeltauer anhand von Forschungsergebnissen zur Rolle der L1 beim Lernen einer Zweitsprache darauf hin, dass Kinder, die eine L2 lernten, nicht „notwendig benachteiligt“ seien (1987b: 11), weil sie – er bezieht sich dabei auf sogenannte „balancierte Bilinguale“ – aufgrund ihrer „metalinguistischen Fertigkeiten“ Vorteile gegenüber einsprachig Aufwachsenden zeigten. Damit stößt er schon hier die nationale Debatte um einen „bilingual advantage“ an (vgl. z. B. Karmiloff-Smith, Majumder & Martin 2003) und betont die identitätsstärkende Rolle der L1. In seinem Fazit hebt er die Spezifik formeller Kommunikation hervor, die entbunden von der Lebenswelt im Gegensatz zu sprecherbezogenen informellen Kontexten das, „*was* gelehrt wird“, also die Lerninhalte, in den Vordergrund stelle; zudem werde in schulischen Inhalten die Kultur der „Minoritäten-Kinder“ vernachlässigt (Apeltauer 1987b: 21). Er kritisiert die Grammatikorientierung des formalen Sprachunterrichts, die Ausschnitthaftigkeit vorliegender Sprachstandserhebungsverfahren, den der audiolingualen Methode entnommene *Pattern Drill* sowie die mangelnde Berücksichtigung authentischer Kommunikation (Apeltauer 1987b: 22). Seine Vorschläge beziehen sich auf das Ermöglichen informeller (z. B. spielerischer) Lernsituationen, in denen kommunikative Notwendigkeiten, Peer-Interaktion, eine sprachhandlungsbezogene Feedback-Praxis und eine Orientierung am ‚natürlichen' L2-Erwerb leitend sind (vgl. Apeltauer 1987b: 21f., 25f.). In Apeltauers Ausführungen, aber auch in der Sichtung der anderen empirischen Beiträge des Bandes fällt auf, dass die Forschung zu aktuell diskutierten offenen Fragen damals ihren Anfang nahm, z. B. zur Rolle der L1 bei der Textrezeption (vgl. Rehbein 1987), zum Umgang mit Fehlern (vgl. Kuhs 1987) und zum Problemfeld Diagnostik (vgl. Apeltauer 1987b). In den letzten Jahren hat sich die Forschung insbesondere im Bereich Diagnostik intensiviert, gleichwohl bestehen nach 33 Jahren immer noch deutliche Forschungsdesiderate in den 1987 aufgerufenen Forschungsfeldern (vgl. Lütke 2020: 108f.).

## 3.2 DaZ-Didaktik in den 1970er und 1980er Jahren: der kommunikativ-pragmatische Ansatz

DaZ-didaktische Überlegungen orientierten sich bis in die siebziger Jahre (und sind in großen Teilen auch heute noch davon beeinflusst) an Impulsen der Fremdsprachendidaktik und an fremdsprachlichen Erwerbshypothesen.

In einem Studienbuch Henricis (1986) lässt sich die enge Verknüpfung von DaZ und Fremdsprachendidaktik anhand der Buchkapitel gut nachvollziehen: Zu den Schwerpunkten des Faches zählt Henrici (1986: 6) Zweitsprachenerwerb und Fremdsprachenlernen, Methoden des gesteuerten Zweitsprachenerwerbs (eine Darstellung der verschiedenen Lehrmethoden), Bedeutungserwerb und Bedeutungsvermittlung (Fragen der Wortschatzauswahl, der Gliederung und Vermittlung des Wortschatzes), Progressionen, Grammatik im Fremdsprachenunterricht, Umgang mit Texten, Lehrmaterialien und ihre Analyse sowie Sprachstandsfeststellung (Tests und Sprachstandsdiagnosen). Zur Veranschaulichung der Vorschläge Henricis wird das Kapitel zum Umgang mit Texten beschrieben, in dem Henrici anhand von alltagsbezogenen Zeitungstexten (z. B. „Für viele ist Urlaub ein Fremdwort", Henrici 1986: 259) lesestrategische Vorgehensweisen veranschaulicht, Bezüge zum Herkunftsland herstellt („Und wie ist es in *Ihrem* Land?"), Vorschläge zur vernetzten Wortschatzarbeit anbietet und Aufgabenbeispiele für die Überprüfung des Textverständnisses aufführt (z. B. „Was ist richtig? Kreuze an:", Henrici 1986: 260–263). Unter Bezug auf Neuner (1981) empfiehlt Henrici sprachhandlungsbezogene Anwendungsaufgaben wie „Rollenspiele mit sprachlichen Hilfen", „Auf einen Sachverhalt reagieren: mit einer Stellungnahme, einem Kommentar, einem Brief usw." (Henrici 1986: 265) und stellt über die Textsorte ‚Zeitungstext' einen Alltagsbezug her. Literarischen Texten weist Henrici gegenüber solchen „Alltagstexte[n]" eine nachgeordnete

Rolle für den Zweitspracherwerb zu.[22] Einen Diskussionspunkt – auch im Hinblick auf interkulturelle Erziehung (vgl. Horn 1988: 110) – bildet die Frage nach der Beschäftigung mit den Herkunftssprachen und -kulturen. Henrici (1986: 55) weist dieser Thematisierung einen Platz im Herkunftssprachenunterricht zu (vgl. dagegen Oomen-Welke 1991).

Es zeigte sich schnell, dass etablierte unterrichtliche Praktiken des fremdsprachlichen DaF-Lernens nicht zu „dem erhofften Resultat" bei Zweitsprachlernenden bzw. „ausländische[n] Arbeitnehmer[n]" führten (Barkowski 2003: 523). Barkowski führt dies auf die Unterschiedlichkeit der Lernvoraussetzungen von DaF- und DaZ-Lernenden zurück, die er insbesondere am sozialen Hintergrund der LernerInnen, deren (fehlenden) Sprachlernerfahrungen und aus kontrastiver Perspektive an der verwandten oder entfernten Typologie der Herkunftssprache festmacht (Barkowski 2003: 523). Die große Diversität der LernerInnen und die sozialisationsbedingte Heterogenität ihrer Sprachlernvoraussetzungen stellte den Sprachunterricht in den ausklingenden 1970er und in den 1980er Jahren vor Herausforderungen, die zu einer Abkehr von traditionellen fremdsprachendidaktischen Methoden führte. Auch wenn in dieser Zeit hauptsächlich vom Lernen der deutschen Sprache als Fremdsprache gesprochen wird, entwickelt sich in dieser Zeit das Bewusstsein dafür, dass das Fach DaZ zwar aus der fremdsprachlichen Fachkultur hervorgeht, der DaZ-Erwerb aber deutlich anderen Bedingungen unterliegt, wie z. B. Reich (1976) in seinem Aufsatz „Deutsch ist doch keine Fremdsprache!" schon früh betont.

Deutschunterricht für Erwachsene wurde häufig von großen Firmen für deren Arbeitskräfte angeboten; weiterhin engagierten sich Gewerkschaften, Stiftungen wie z. B. die Carl-Duisberg-Gesellschaft und Kirchen in diesem Bereich (Hüllen 1981: 101). Gleichwohl wurde bis zur Einführung der Integrationskurse im Jahr 2005 eine uneinheitliche Sprachförderung für erwachsene Zugewanderte umgesetzt. Während Alphabetisierungskurse für Erwachsene mit deutscher Erstsprache seit dem Beginn der siebziger Jahre in Deutschland und Österreich zunehmend angeboten wurden, gab es erst seit Mitte der achtziger Jahre auch vereinzelte Angebote für Zugewanderte (vgl. Ritter 2010: 1116). Alphabetisierung als Element von Sprachkursen wurde 1986 in die Förderrichtlinien des Sprachverbands Deutsch für ausländische Arbeitnehmer e.V. aufgenommen, nachdem bei vielen Lernenden (insbesondere Frauen) mangelnde Lese- und Schreibkom-

---

**22** Vgl. dagegen Weinrich (1978), der den Einsatz literarischer Texte bereits in einer frühen Phase des Sprachunterrichts als sinnvoll ansieht, weil diese die Phantasie anregten und das Interesse der Lernenden für die andere Kultur förderten.

petenzen festgestellt wurden (Ritter 2010: 1116). Daran anschließend folgte die Entwicklung von Kursmodellen, Unterrichtskonzepten und Materialien.

Steinmüller (1979) leitete aus einem ursprünglich in der Industrie für ihre Arbeiter entwickelten Sprachkursformat die sogenannte „Lernstatt im Wohnbezirk" ab, deren Ziel, so Steinmüller, im Ausbau alltagsbezogener Problemlösekompetenzen bestehe, an die notwendigerweise auch der Ausbau kommunikativer Kompetenzen geknüpft sei. Als Arbeitsform wurde die Projektmethode eingesetzt, in der eigenständig und unter der moderierenden Begleitung durch eine Lehrkraft ein themenbezogenes Handlungsziel (z. B. Jugendliche gründen eine Fußballmannschaft, stellen eine Zeitung her oder drehen einen Videofilm) verfolgt wird (Steinmüller 1979: 53 und Steinmüller i. d. Bd.). Sprache wird hierin durch Handlung erworben:

> Das didaktische Konzept dieser Bemühungen basiert auf der Theorie der kommunikativen Tätigkeit, die zwischen gesellschaftlichem Handeln und zwischenmenschlicher Kommunikation eine dialektische Beziehung sieht: gesellschaftliche Kooperation wird durch kommunikative Tätigkeit ermöglicht, kommunikative Tätigkeit ergibt sich aber erst aus dem Zwang zu gesellschaftlicher Kooperation. (Steinmüller 1979: 53)

Die Beschulung von Kindern und Jugendlichen war schon damals in der Hoheit der Bundesländer verankert, sodass es keine einheitlichen Konzepte für den Unterricht mit den schulpflichtigen Kindern der zugewanderten ArbeitnehmerInnen gab. 1983 erschien die erste Handreichung für die schulische Deutschförderung „Empfehlungen für den Unterricht ausländischer Schüler Deutsch als Zweitsprache", die bis in die 2000er Jahre Anwendung fand (Engin 2010: 1090). Die Curricula zielten auf jahrgangsbezogene Lese- und Schreibkompetenz, grammatische Kenntnisse und auf kommunikative Fähigkeiten ab; dazu kamen Vorschläge für kontrastive Vergleiche zwischen der deutschen Sprache und verschiedenen Herkunftssprachen.

Hüllen (1981: 101–102) beschreibt vier Schulkontexte, in denen schulpflichtige Kinder und Jugendliche Deutsch lernten:[23] Neben Deutsch als Zweitsprache-Unterricht durch Deutschlehrkräfte, die zumeist nicht die Herkunftssprachen der SchülerInnen beherrschten, gab es Herkunftssprachenunterricht durch Lehrkräfte aus den Herkunftsländern, die eigens für diese Aufgabe vom deutschen Staat angeworben wurden. Dieser Herkunftssprachenunterricht wurde angereichert mit geographischen, historischen sowie kulturellen Themen des Her-

---

23 Eine systematische sprachliche Frühförderung, wie sie seit Beginn des 21. Jahrhunderts für den Elementarbereich zunehmend umgesetzt wird, gab es in den letzten Jahrzehnten des 20. Jahrhunderts noch nicht. Kindergärten dienten der Betreuung und verfolgten keinen gezielten sprachlichen Bildungsauftrag.

kunftslandes. Sport, Kunst und teils auch Englisch als Fremdsprache wurden in Gruppen aus Zugewanderten und SchülerInnen der Mehrheitsgesellschaft unterrichtet. Dies wurde als möglich erachtet, weil die L2-bezogenen Unterschiede zwischen den Gruppen – so die Annahme – in diesen Fächern keine größere Rolle spielten (Hüllen 1981: 102). Fachunterricht wie Physik, Chemie und Biologie wurde in beiden Sprachen unterrichtet, vormittags für beide Gruppen auf Deutsch und nachmittags für die zugewanderten SchülerInnen auch in der L1. Hüllen problematisiert aus damaliger Sicht den gemeinsamen Unterricht und hebt die Einrichtung von „Vorbereitungsklassen" für zugewanderte SchülerInnen positiv hervor, welche zum damaligen Zeitpunkt einen Zeitraum von zwei bis sechs Jahren umfassen konnten. Als Gründe für einen separierten Unterricht verweist er auf den geringen Schulerfolg der L2-Gruppe, deren seltenere Teilnahme an Kindergartenangeboten und die niedrigeren Übergangsraten in eine Ausbildung (vgl. demgegenüber kritisch Pommerin-Götze 2010).

Zu Beginn der siebziger Jahre wurde Deutsch für Zugewanderte wie andere Fremdsprachen unterrichtet, d. h. es dominierte die audiolinguale bzw. audiovisuelle Methode mit einem Schwerpunkt auf grammatischer Progression und sehr allgemeinen kommunikativen Settings. Methodenorientierte Überblicke (vgl. z. B. Knapp & Oomen-Welke 2017: 183–186; Rösler 2012: 65–94) schlagen einen Bogen von der seit dem 19. Jahrhundert angewandten direkten Methode bzw. Reformmethode als Reaktion auf die schriftsprachlich ausgerichtete Grammatik-Übersetzungsmethode, über die audiolinguale und audiovisuelle Methode (1950/1960er-Jahre) bis zum kommunikativ-pragmatischen Ansatz in den auslaufenden siebziger und achtziger Jahren, der im engen Zusammenhang mit seinem pädagogischen Rahmenkonzept, dem interkulturellen Ansatz, gesehen wurde (vgl. Rösler 2012: 67).[24] In der chronologischen Folge der methodischen Ansätze spiegle sich das „Spannungsfeld zwischen Systematik und Kommunikation", so Knapp & Oomen-Welke (2017: 184). Einen Pol bildet hierin die formale Orientierung des Unterrichts am Sprachsystem bzw. seiner Grammatik, den anderen Pol eine Befähigung zum Sprachgebrauch bzw. die kommunikativen Bedürfnisse der L2-Lernenden.[25] Die sprachdidaktische Entwicklung verläuft von einer ausschließlich schriftsprachlich verankerten sprachformalen grammatischen Methodenorientierung (in der Grammatik-Übersetzungsmethode) hin zur Ausbildung mündlicher kommunikativer Kompetenzen mit einer verstärkten Lerner-

---

**24** Zur Methodendiskussion und damit einhergehenden – auch terminologischen – Entwicklungen vgl. Rösler (2012: 65–67).

**25** Heutzutage findet sich diese Debatte in Verbindung mit der Übernahme fremdsprachendidaktischer Konzepte des *Focus on Form(s)* und *Focus on Meaning* in der DaZ-Didaktik (vgl. Pagonis 2015).

orientierung bzw. einer „Wende zum Lernerbezug" in den 1980er Jahren (Rösler 2012: 5, vgl. zu Merkmalen der direkten Methode ausführlich Rösler 2012: 60–70).

Mit den Möglichkeiten zunehmender Technisierung des Sprachunterrichts gewinnt die audiolinguale Methode[26] in den fünfziger und sechziger Jahren an Bedeutung. Ausgehend von einem behaviouristischen Lernverständnis wird Spracherwerb als Training verstanden, worin durch „Pattern Drills" und grammatische Übungen vorwiegend einer grammatischen Progression gefolgt wird (Knapp & Oomen-Welke 2017: 184). Im Vordergrund steht die Schulung von Sprechen und Hören unter Einsatz technischer Geräte und Sprachlabors. Die Kritik an der audiolingualen (und audiovisuellen) Methode richtete sich gegen die mangelnde Authentizität der Lernsettings, die mit künstlichen Dialogen – Rösler (2012: 72) spricht hier von „als Dialoge verkleidete[n] Grammatikpräsentationen" – arbeiteten und aufgrund strukturalistischer Einflüsse vornehmlich satz- bzw. äußerungsbezogen betrachtet wurden.

Vor diesem Hintergrund entwickelte sich seit Mitte der siebziger Jahre die kommunikativ-pragmatisch motivierte DaZ-Didaktik. Darin bildete nicht mehr die grammatische Progression Ausgangspunkt und Ziel didaktischer Entscheidungen, sondern der Ausbau kommunikativer Kompetenzen und die Bedürfnisse der Lernenden. Im Zentrum standen somit nicht Morphologie und Syntax in Äußerungen und Sätzen, sondern pragmatisches Sprachhandeln und die Realisierung von Mitteilungsabsichten in möglichst authentischen Gesprächen und Texten (vgl. Knapp/Oomen-Welke 2017: 184): „Man geht von Sprechhandlungen in Situationen aus und ordnet diesen die grammatischen Inhalte zu", im Sinne einer „kommunikativen Grammatik" (Barkowski 1993b). Leitend war das Ziel, dass sich Zweitsprachlernende im von der L2 bestimmten Alltag orientieren können (Rösler 2012: 76). Damit einher geht ein grundsätzlich kommunikativ ausgerichteter, medial-mündlicher und -schriftlicher Textbegriff.

An einer Kritik Hüllens (1981: 102), dass nur wenige Lehrkräfte die L1 ihrer SchülerInnen beherrschten und in der Lage seien kontrastiv zu unterrichten, wird deutlich, dass der kontrastive Ansatz und somit die Rolle der L1 für das L2-Lernen als sprachdidaktisch wichtiges Thema verstanden wurde. So fordert auch Rehbein (1987: 165 f.) eine schulische Berücksichtigung der Herkunftssprachen für das zweitsprachliche Lernen sowie eine Beforschung und Thematisierung der L1 in der universitären Ausbildung. Diese Mehrsprachigkeits- bzw.

---

26 Die audiovisuelle Methode ist ebenfalls auf die Ausbildung mündlicher Kompetenzen ausgerichtet und betont im Vergleich zur audiolingualen Methode noch einmal stärker die Rolle visueller Medien für das Fremdsprachenlernen (Rösler 2012: 81). Sie wird in diesem Kapitel aufgrund ihrer deutlichen Überschneidungen mit der audiolingualen Methode nicht gesondert beschrieben.

Herkunftssprachenorientierung ist in Ergänzung zu dem kommunikativ-pragmatischen Ansatz zu sehen.[27]

Beispielhaft für die Mehrsprachigkeitsorientierung kann die Gründung der
Staatlichen Europa-Schule Berlin im Jahr 1992 angesehen werden, die als Modellversuch positive Impulse für eine mehrsprachigskeitsorientierte Bildung im
Sinne einer Zwei-Wege-Immersion anbot und so eine bilinguale Schulstruktur
schuf (vgl. Göhlich 1998, Steinmüller 1998). Steinmüller (1983: 37) führt zu dem
in den achtziger Jahren mit einem deutsch-türkischen Schulversuch beginnen-
den Programm aus, eins der Hauptziele sei „die Förderung der kulturellen Identität der ausländischen (...) Schüler". Das Berliner Europa-Schulmodell hat
seitdem – wenn auch nur für wenige Sprachen – Bestand und wurde zuletzt im
Schuljahr 2017/18 und 2018/19 durch zwei neue Standorte erweitert.

## 3.3 Kommunikativ ausgerichtete Lehrmaterialien

Im kommunikativ-pragmatischen Ansatz spielen alltagsrelevante Sprachlernsituationen eine wichtige Rolle. Deshalb wurden Lernumgebungen entwickelt, in
denen die Lernenden selbstbestimmt, extrinsisch und intrinsisch motiviert die
Zweitsprache erwerben sollten; entscheidende Sozialformen waren hierin Projektarbeit und Formen des kooperativen Arbeitens (vgl. Rösler 2012: 8). Diese
sogenannten 'progressiven Konzepte' orientierten sich an Ideen offenen Unterrichts, Lernerautonomie und Selbstbestimmung (vgl. ursprünglich Rogers
1969). Dementsprechend wurden auf den Ausbau kommunikativer Kompetenzen ausgerichtete Lehrwerke konzipiert. Solche Lehrwerke gingen, so Rösler
(2012: 86), über die reine Orientierung an sprachlichen Lerngegenständen hinaus und legten den Schwerpunkt auf sprachliches Handeln und Mitteilungsabsichten (vgl. z. B. Barkowski, Harnisch & Kumm 1980). Hierbei wurde ein neuer
Progressionsbegriff angelegt, in dem Grammatik lediglich in instrumenteller
Funktion im Rahmen einer kommunikativen, situativen und intentionalen Progression erworben werden sollte. Rösler (2012) und Baur & Schäfer (2010)
heben z. B. die Bedeutung des Lehrwerks „Übungstypologie zum kommunikati-

---

[27] Ein Beispiel für eine bilinguale deutsch-türkische Grammatik entwickelten Aksoy, Grießhaber, Kolu-Zengin & Rehbein (1992), in der Strukturen in alltäglichen Kontexten integriert in
authentischen Texten gelernt werden (Themen sind u. a. Arbeitsamt, Vorstellungsgespräche,
Feste, Teezubereitung). Unterstützt wird das grammatische Lernen von Fachbegriffen durch
bildliche Symbole. Das Lehrwerk basiert auf der Idee, Sprachvergleiche als Schlüssel zur deutschen Sprache nutzen (vgl. Grießhaber 1995).

ven Deutschunterricht" (Neuner, Krüger & Grewer 1981) hervor. Es richte sich auf einen „schrittweisen Aufbau der Kommunikationsfähigkeit" (Baur & Schäfer 2010: 1082), wobei ausgehend von Übungen zu Verstehensleistungen, über Einheiten zur Ausbildung von Mitteilungsfähigkeit auf die Entfaltung freier Äußerungen hingeführt werde.[28] Die Lehrwerke sollten erwachsene Migranten befähigen, kommunikative Situationen im Alltag und am Arbeitsplatz zu bewältigen. Im Zentrum standen weniger grammatische Richtigkeit und formelle Schriftsprache, sondern die Bewältigung des kommunikativen Alltags. Wie auch in der von Steinmüller (1979 und Steinmüller i. d. Bd.) beschriebenen „Lernstatt im Wohnbezirk" wurde Projektarbeit eine hohe Bedeutung für das darin beiläufig stattfindende Sprachlernen zugewiesen. Ein anderes relevantes Format bildeten Rollenspiele und Simulationen (vgl. Grießhaber 1987 mit Rollenspielen zu Einstellungsgesprächen und Grießhaber i. d. Bd.). Wilms (1979) beschreibt das Potenzial von Projektarbeit für den Sprachunterricht mit Kindern und führt Kriterien an, die bei der Planung und Beurteilung von Projekten herangezogen werden können; insbesondere sei eine lebensweltliche und themenzentrierte Situierung maßgeblich (z. B. Familie oder Schule). Dementsprechend setzen auch sprachdidaktische Konzepte für Kinder auf eine Situierung in der Lebenswelt, vgl. z. B. Eggers (1988) für das gemeinsame Lernen in der Regelklasse und Eggers (1992) mit Vorschlägen für die Primar- und Sekundarstufe. Auch sie sind in ihrer Progression sprachhandlungsbezogen ausgerichtet, wie z. B. das Material Rabitschs (1981), das von der Grundschule bis zur Hauptschule zunehmend formellere Sprachhandlungskontexte vorschlägt. Sie betonen aber auch die Notwendigkeit einer langfristigen und diagnosebasierten Sprachförderung (vgl. z. B. Eggers 1988: 17–21, Steinmüller 1983) sowie der Evaluation des eigenen Unterrichts (vgl. z. B. Hölscher 1993: 46 f.). Oomen-Welke (1991: 26) eröffnet mit der „differentiellen Deutschdidaktik" eine erste fachdidaktische Perspektive. Sie gibt Hinweise zum Unterricht mit Kindern, die Deutsch als Zweitsprache erwerben und weist auf strukturelle Probleme bei deren Beschulung hin (z. B. wurden Kinder Asylsuchender nicht auf Deputate angerechnet). Sie betont weiterhin die Notwendigkeit für Lehrkräfte, sich auch über Lerntraditionen in den Herkunftsländern zu informieren (Oomen-Welke 1991: 22) und stößt bereits früh die Diskussion zum Rollenverständnis und subjektiven Theorien von Lehrkräften mehrsprachiger Lerngruppen an (Oomen-Welke 1991: 23). Aus Erkenntnissen der ethnographischen Forschung aus den USA leitet sie die Notwendigkeit ab, vielfältige Interaktionsmöglich-

---

28 Mit der Entwicklung neuer Lehrwerke wurden auch Kriterien für die Lehrwerksanalyse zur Verfügung gestellt (vgl. u. a. Barkowski et al. 1980; Eggers 1984; Henrici 1986: 278–290).

keiten mit Kindern der Zielgesellschaft zu schaffen, und zeigt Vorteile von Team-Teaching auf (Oomen-Welke 1991: 25). Ihre Mehrsprachigkeitsorientierung zielt auf die Einbindung von Texten aus anderen Kulturen sowie auf eine Ausbildung von Sprachaufmerksamkeit, wobei Grammatik situationsbezogen integriert werden soll (Oomen-Welke 1991: 34 und Oomen-Welke i. d. Bd.).

## 3.4 Fazit

Die vorangegangenen Ausführungen machen deutlich, dass aktuelle Entwicklungen wie die Wertschätzung und Einbindung migrationsbedingter Mehrsprachigkeit im Unterricht, die Diskussion über Herkunftssprachenunterricht, die intensive Auseinandersetzung mit zielgruppenangemessener Diagnostik, Sprachhandlungskompetenz als Ziel, heterogenitätssensibler Unterricht und situiertes lernerorientiertes Sprachlernen sowie Qualitätsentwicklung und Professionalisierungsforschung (auch zu mehrsprachigkeitsbezogenen Überzeugungen von Lehrkräften) ihren Anfang in den 1970er und 1980er Jahren nahmen. In der Rückschau mag überraschen, dass trotz der engagierten Forderungen an die Bildungspolitik und der Forschungs- und Entwicklungsarbeit der damals tätigen WissenschaftlerInnen vierzig Jahre später immer noch deutliche Desiderate in dem Bereich Deutsch als Zweitsprache zu verzeichnen sind (vgl. Lütke 2020: 108 f.). Sind heutzutage aufgrund der empirischen Bildungsforschung zu Schulleistungen von Kindern und Jugendlichen mit Migrationshintergrund vermehrt Entwicklungen im Bereich der frühen und schulbezogenen Sprachförderung und Diagnostik zu verzeichnen, hat sich der Bereich der Erwachsenenbildung vor dem Hintergrund, dass damals so starke Impulse gesetzt wurden, trotz der Einführung systematischer Sprachförderung und Alphabetisierung im Kontext der seit 2005 etablierten Integrationskurse eher wenig weiterentwickelt. Auch lässt die vielfach anzutreffende (schul)leistungsbezogene Argumentation in der heutigen Zeit das gesellschaftspolitische Engagement der damaligen WissenschaftlerInnen teilweise vermissen.

# Literatur

Ahrenholz, Bernt (1998): *Modalität und Diskurs: Instruktionen auf deutsch und italienisch. Eine Untersuchung zum Zweitspracherwerb und zur Textlinguistik.* Tübingen: Stauffenburg Verlag.
Ahrenholz, Bernt (2010): *Fachunterricht und Deutsch als Zweitsprache.* Tübingen: Narr.

Ahrenholz, Bernt (2017): Zweitspracherwerbsforschung. In: Ahrenholz, Bernt & Oomen-Welke, Ingelore (Hrsg.): *Deutsch als Zweitsprache*. Baltmannsweiler: Schneider Hohengehren, 102–120.

Aksoy, Aydan; Grießhaber, Wilhelm; Kolcu-Zengin, Serpil & Rehbein, Jochen (1992). *Lehrbuch Deutsch für Türken – Türkler için Almanca ders kitabı. Eine praktische Grammatik in zwei Sprachen. iki dilli uygulamalı Almanca*. Hamburg: Signum.

Allwood, Jens (1993): Feedback in Second Language Acquisition. In: Perdue, Clive (ed.): *Adult language acquisition: cross-linguistic perspectives. Volume II: The results*. Cambridge: Cambridge University Press.

Apeltauer, Ernst (1987a): *Gesteuerter Zweitspracherwerb – Voraussetzungen und Konsequenzen für den Unterricht*. München: Hueber.

Apeltauer, Ernst (1987b): Indikatoren zur Sprachstandbestimmung ausländischer Schulanfänger. In: Apeltauer, Ernst (Hrsg.): *Gesteuerter Zweitspracherwerb. Voraussetzungen und Konsequenzen für den Unterricht*. München: Max Hueber, 9–52.

Barkowski, Hans (1993a): Deutsch als Zweitsprache. *Deutsch als Fremdsprache* 2, 86–87.

Barkowski, Hans (1993b): *Kommunikative Grammatik und Deutschlernen mit ausländischen Arbeitern*. Königsstein/Ts.: Scriptor.

Barkowski, Hans (1995): Prinzipien interkulturellen Lernens und ihre Bedeutung für die Vermittlung des Deutschen als Zweitsprache. In: Dittmar, Norbert und Rost-Roth, Martina (Hrsg.): *Deutsch als Zweit- und Fremdsprache*. Frankfurt a. M.: Peter Lang, 271–282.

Barkowski, Hans (2003): 30 Jahre Deutsch als Zweitsprache – Rückblick und Ausblick. *Informationen Deutsch als Fremdsprache*, 30. Jahrgang/6, 521–540.

Barkowski, Hans; Fritsche, Michael; Göbel, Richard; v.d. Handt, Gerhard; Harnisch, Ulrike; Krumm, Hans-Jürgen; Kumm, Sigrid; Menk, Antje-Katrin; Nikitopoulos, Pantelis & Werkmeister, Manfred (1980/1982): *Deutsch für ausländische Arbeiter. Gutachten zu ausgewählten Lehrwerken*. Königstein/Ts.: Scriptor.

Barkowski, Hans; Harnisch, Ulrike & Kumm, Sigrid (1980): *Handbuch für den Deutschunterricht mit ausländischen Arbeitern*. Königstein/Ts.: Scriptor.

Baur, Rupprecht S. & Schäfer, Andrea (2010): Der Faktor ‚Lehren‘ im Bedingungsgefüge des Deutsch-als-Zweitsprache-Unterrichts. In: Fandrych, Christian; Hufeisen, Britta; Krumm, Hans-Jürgen & Riemer, Claudia (Hrsg.): *Deutsch als Fremd- und Zweitsprache. Ein internationales Handbuch*. Berlin, Boston: De Gruyter. 2, 1073–1085.

Bausch, Karl-Richard (1983): *Koordinierungsgremium im DFG-Schwerpunkt Sprachlehrforschung*. Tübingen: Narr.

Becker, Angelika (1978): Theoretische-empirische Fundierungen der Unterrichtspraxis für ausländische Arbeiter – aufgezeigt am Beispiel von 3 Forschungsprojekten. *Jahrbuch Deutsch als Fremdsprache 4*. Heidelberg: Julius Groos, 201–219.

Becker, Angelika (1988): *Reference to Space*. Straßbourg: European Science Foundation.

Becker, Angelika & Carroll, Mary (1997): *The Acquisition of Spatial Relations in a Second Language*. Amsterdam: Benjamins.

Becker, Angelika; Steckner, Wolfram & Thielicke, Elisabeth (1978). Theoretische-empirische Fundierungen der Unterrichtspraxis für ausländische Arbeiter – aufgezeigt am Beispiel von 3 Forschungsprojekten. *Jahrbuch Deutsch als Fremdsprache 4*. Heidelberg: Julius Groos, 201–219.

Beier-de Haan, Rosemarie (Hrsg.) (2005): *Zuwanderungsland Deutschland. Migrationen 1500–2005*. Wolfratshausen: Edition Minerva.

Berruto, Gaetano (2004): Sprachvarietät – Sprache (Gesamtsprache – Historische Sprache). *Soziolinguistik. Ein internationales Handbuch zur Wissenschaft von Sprache und Gesellschaft*. 2. Auflage, Teilband 1, de Gruyter: Berlin, 188–200.

Bialystok, Ellen M., Majumder, Shilpi & Martin, Michelle M. (2003): Developing phonological awareness: Is there a bilingual advantage? *Applied Psycholinguistics* 24, 27–44.

Bickerton, Derek (1975): *Dynamics of a creole system*. Cambridge: University Press.

Bialystok, Ellen;, Majumder, Shilpi & Martin, Michelle M. (2003). Developing phonological awareness: Is there a bilingual advantage? *Applied Psycholinguistics*, 24, 27–44.

Bodemann, Michael Y. & Ostow, Robin. (1975): Lingua Franca und Pseudo Pidgin in der Bundesrepublik: Fremdarbeiter und Einheimische im Sprachzusammenhang. *Zeitschrift für Literaturwissenschaft und Linguistik 18*, 122–146.

Bremer, Katharina (1997): *Verständigungsarbeit: Problembearbeitung und Gesprächsverlauf zwischen Sprechern verschiedener Muttersprachen*. Tübingen: Narr.

Braun-Meier, Karl-Heinz & Weber, Karl-Heinz (2017): *Deutschland Einwanderungsland*, Stuttgart: Kohlhammer.

Braun-Meier, Karl-Heinz; Weber, Reinhold (2013): *Migration und Integration in Deutschland. Begriffe – Fakten – Kontroversen*, Stuttgart: Bundeszentrale für politische Bildung, Kohlhammer.

Bundeszentrale für politische Bildung (2020): Bevölkerung mit Migraitonshintergrund I. (https://www.bpb.de/nachschlagen/zahlen-und-fakten/soziale-situation-in-deutschland/61646/migrationshintergrund-in-deutschland/61646/migrationshintergrund-i; 12.10.2020).

Cherubim, Dieter (Hrsg.) (1979): *Fehlerlinguistik. Beiträge zum Problem der sprachlichen Abweichung*. Tübingen: Niemeyer.

Chomsky, Noam (1964): *Aspects of the Theory of Syntax*. Cambridge/Mass (MIT Press).

Clahsen, Harald (1984): The Acquisition of German Word Order: A Test Case for Cognitive Approaches to L2 Development. In: Roger W. Andersen (ed.): *Second Languages. A Cross-Linguistic Perspective*. London, Tokyo: Newbury House Publishers, 219–242.

Clyne, Michael (1968): Zum Pidgin der Gastarbeiter. *Zeitschrift für Mundartforschung 35*, 130–139.

Corder, Pit (1967): Significance of learner's errors. *IRAL* 5; 162–169.

Dietrich, Rainer (1995): L2-Zeit. In: Handwerker, Brigitte (Hrsg.): *Fremde Sprache Deutsch*. Tübingen: Gunter Narr Verlag. 25–63.

Dietrich, Rainer (1998): Communicating with Few Words. An Empirical Account of the Second Language Speaker's Lexicon. In: Dietrich, Rainer & Graumann, Carl-Friedrich (eds.): *Language Processing in Social Context*. Amsterdam: Elsevier Science Publisher, 233–276.

Dittmar, Norbert (1973): *Soziolinguistik. Exemplarische und kritische Darstellung ihrer Theorie, Empirie und Anwendung. Mit kommentierter Bibliographie*. Frankfurt a.M.: Athenäum Fischer Taschenbuch Verlag.

Dittmar, Norbert (2004): Forschungsgeschichte der Soziolinguistik. In: Ammon, Ulrich; Dittmar, Norbert; Mattheier, Klaus J. & Trudgill, Peter (eds.): *Soziolinguistik. Ein internationales Handbuch zur Wissenschaft von Sprache und Gesellschaft*, Bd. 1, Berlin u. New York: de Gruyter. 698–720.

Dittmar, Norbert (2012): Das Projekt "P-MoLL". Die Erlernung modaler Konzepte des Deutschen als Zweitsprache: Eine gattungsdifferenzierende und mehrebenenspezifische Längsschnittstudie. In: Ahrenholz, Bernt (Hrsg.) (2012): *Einblicke in die Zweitspracherwerbsforschung und ihre methodischen Verfahren*. Berlin/Boston: de Gruyter, S. 99–123.

Dittmar, Norbert (1979) (zusammen mit Becker, Angelika/ Klein, Wolfgang): Sprachliche und soziale Determinanten im kommunikativen Verhalten ausländischer Arbeiter. In: Quasthoff, Uta (ed.): *Sprachstruktur -Sozialstruktur*. Königstein: Scriptor. 158–192.

Dittmar, Norbert & Şimşek, Yazgül (2017): Das Deutsch von Migranten. In: Deutsche Akademie für Sprache und Dichtung/Union der deutschen Akademien der Wissenschaften (Hrsg.): *Vielfalt und Einheit der deutschen Sprache. Zweiter Bericht zur Lage der deutschen Sprache*. Tübingen: Stauffenburg, 191–246.

Allen, John Patrick Brieley & Corder, Pit (eds.) (1975): *Edinburgh Course in Applied Linguistics*, 3 Bände, Oxford University Press.

Eggers, Clemens (1984): *Lehrwerkanalyse und curriculare Planung*. Mainz: Johannes-Gutenberg-Universität.

Eggers, Clemens (1988): *Darko und Sven – Inge und Ayse. Gemeinsam lernen. Deutsch als Zweitsprache in der Regelklasse*. Heinsberg: Agentur Dieck.

Eggers, Clemens (1992): *Ziel- und Zweitsprache Deutsch. Anfangsunterricht im Primar- und Sekundarbereich*. Heinsberg: Agentur Dieck.

Engin, Havva (2010): Curriculumentwicklung und Lehrziele Deutsch als Zweitsprache im vorschulischen und schulischen Bereich. In: Fandrych, Christian; Hufeisen, Britta; Krumm, Hans-Jürgen & Riemer, Claudia (Hrsg.): *Deutsch als Fremd- und Zweitsprache. Ein internationales Handbuch*. Berlin, Boston: De Gruyter. 2, 1085–1095.

Geiselberger, Siegmar, (Hrsg.) (1972): *Schwarzbuch ausländische Arbeiter*. Frankfurt am Main.

Göhlich, Michael (Hrsg.) (1998): *Europaschule – Das Berliner Modell*. Neuwied: Luchterhand.

Grießhaber, Wilhelm (1987): *Rollenspiele im Sprachunterricht. Authentisches und zitierendes Handeln*. Tübingen: Narr.

Grießhaber, Wilhelm (1995): Zweisprachige Lehrwerke für Deutschlerner. In: Dittmar, Norbert & Rost-Roth, Martina (Hrsg.): *Deutsch als Zweit- und Fremdsprache*. Frankfurt/M.: Lang, 283–302.

Gürkan, Ülkü; Laqueur, Klaus & Szablewski, Petra (1986): *Aus Erfahrung lernen: Handbuch für den Deutschunterricht mit türkischen Frauen*. Mainz: CM.

Gutfleisch, Ingeborg; Rieck, Bert-Olaf & Dittmar, Norbert unter Mitarbeit von Ellen Bialystok, Craig Chaudron und Maria Fröhlich (1979): Interimsprachen- und Fehleranalyse, Teilkommentierte Bibliographie zur Zweitspracherwerbsforschung 1967–1978, Teil I *Linguistische Berichte 64*, 105–142, Teil II *Linguistische Berichte 65*, 1980, 51–79.

Haberl, Othmar Nikola (1992a): Ansätze zur Überwindung des Blockdenkens in Südosteuropa seit Ende der 70er Jahre. *Südosteuropa-Mitteilungen* (32):104–118.

Haberl, Othmar Nikola (1992b): *Politische Deutungskulturen: Festschrift für Karl Rohe*, Baden-Baden: Nomos.

Halliday, M. A. K. (1970): Language structure and language function, in: Lyons, John (ed.) (1970): *New Horizons in Linguistics*. Harmondsworth, 140–165.

Heidelberger Forschungsprojekt ‚Pidgin-Deutsch' (1975): *Sprache und Kommunikation ausländischer Arbeiter. Analysen, Berichte, Materialien*. Kronberg/Ts.: Scriptor Verlag.

Heidelberger Forschungsprojekt ‚Pidgin-Deutsch' (1977): *Der ungesteuerte Erwerb des Deutschen durch spanische und italienische Arbeiter*. Osnabrücker Beiträge zur Sprachtheorie, Beiheft 2.

Henrici, Gert (1986): *Studienbuch: Grundlagen für den Unterricht im Fach Deutsch als Fremd- und Zweitsprache (und anderer Fremdsprachen)*. Paderborn, München, Wien, Zürich: Ferdinand Schöningh.

Hinnenkamp, Volker (1989): *Interaktionale Soziolinguistik und Interkulturelle Kommunikation. Gesprächsmanagement zwischen Deutschen und Türken*. Berlin: de Gruyter.
Hölscher, Petra (1993): Didaktisch-methodische Aspekte für den Unterricht mit Sprachanfängern in Deutsch als Zweitsprache. In: Hölscher, Petra & Rabitsch, Erich (Hrsg.): *Methoden-Baukasten. Deutsch als Fremd- und Zweitsprache*. Frankfurt/M.: Cornelsen Scriptor, 22–47.
Horn, Dieter (1988): Review Henrici, Gert – Grundlagen für den Unterricht im Fach Deutsch als Fremd- und Zweitsprache (und anderer Fremdsprachen) (1986). *Elsevier* 16(1),108–110.
Hüllen, Werner (1981): Teaching German as a Second Language in Germany: Bilingualism in the Federal Republic. *Studies in Second Language Acquisition* 3(2), 97–108.
Kasper, Gabriele (1975): Die Problematik der Fehleridentifizierung. Ein Beitrag zur Fehleranalyse im Fremdsprachenunterricht. *Manuskripte zur Sprachlehrforschung* Nr. 9, Heidelberg.
Kilgus, Martin (2013): Migranten aus dem ehemaligen Jugoslawien. In: Meier-Braun, Karl-Heinz & Weber, Reinhold (Hrsg.): *Migration und Integration in Deutschland. Begriffe – Fakten – Kontroversen*. Stuttgart: Bundeszentrale für politische Bildung, 71–74.
Klein, Wolfgang, & Norbert Dittmar (1979): *Developing Grammars. The. Acquisition of German Syntax by Foreign Workers*. Berlin: Springer.
Klein, Wolfgang & Perdue, Clive (1992): Framework. In: Klein, Wolfgang & Perdue, Clive, in cooperation with Carroll, Mary; Coenen, Josée; Deulofeu, José; Huebner, Thom and Trévise, Anne (eds.): *Utterance Structure. Developing Grammars Again*. Amsterdam, Philadelphia: John Benjamins, 11–59.
Knapp, Werner & Oomen-Welke, Ingelore (2017): Didaktische Konzepte für Deutsch als Zweitsprache. In: Ahrenholz, Bernt & Oomen-Welke, Ingelore: *Deutsch als Zweitsprache*. Baltmannsweiler: Schneider Hohengehren, 179–198.
Knortz, Heike (2008): *Diplomatische Tauschgeschäfte. „Gastarbeiter" in der westdeutschen Diplomatie und Beschäftigungspolitik 1953–1973*, Köln: Böhlau.
Koktsidou, Anna (2013): Migranten aus Griechenland. In: Meier-Braun, Karl-Heinz & Weber, Reinhold (Hrsg): *Migration und Integration in Deutschland. Begriffe – Fakten – Kontroversen*, Stuttgart: Bundeszentrale für politische Bildung, 61–64.
Kolb, Arnd (2013): Migranten aus Italien. In: Meier-Braun, Karl-Heinz & Weber, Reinhold (Hrsg): *Migration und Integration in Deutschland. Begriffe – Fakten – Kontroversen*, Stuttgart: Bundeszentrale für politische Bildung, Kohlhammer, 55–58.
Kolb, Arnd (2013a): Migranten aus Portugal. In: Meier-Braun, Karl-Heinz & Weber, Reinhold (Hrsg.): *Migration und Integration in Deutschland. Begriffe – Fakten – Kontroversen*. Stuttgart: Bundeszentrale für politische Bildung, Stuttgart, 68–70.
Krashen, Stephen D. (1978): Individual Variation in the use of the monitor. In: Ritchie, W.C., (Hrsg.): *Understanding Second and Foreign Language Learning: Issues and Approaches*. Rowley, Mass.: Newbury House, 175–183.
Kuhs, Katharina (1987): Fehleranalyse am Schülertext. In: Apeltauer, Ernst (Hrsg.): *Gesteuerter Zweitspracherwerb. Voraussetzungen und Konsequenzen für den Unterricht*. München: Max Hueber, 173–206.
Labov, William (1970):The study of language in its social context. *Studium Generale 23*: 30–87. Revised as Ch. 8 of Sociolinguistic Patterns.
Linguistische Berichte (1979): *Themenheft Zweitspracherwerb*, hrsg. von Norbert Dittmar, Heft 64.
Lütke, Beate (2020): Deutsch als Zweitsprache. Ausgewählte Schwerpunkte der didaktischen Diskussion 2009–2019. *Fremdsprachen Lehren und Lernen* 49 (2), 98–113.

Matter, Max (2013): Sinti und Roma. In: Meier-Braun, Karl-Heinz & Weber, Reinhold (Hrsg.): *Migration und Integration in Deutschland. Begriffe – Fakten – Kontroversen*, Stuttgart: Bundeszentrale für politische Bildung, 83–88.

Meisel, Jürgen (1977): The Language of Foreign Workers in Germany. In: Molony, Carol; Zobl, Helmut & Stölting, Winfried (Hgg.) *German in contact with other languages / Deutsch in Kontakt mit anderen Sprachen*. Kronberg/Ts.: Scriptor, 184–212.

Meisel, Jürgen, Clahsen, Harald & Pienemann, Manfred (1981) On determining developmental stages in natural second language acquisition. *Studies in Second Language Acquisition* 3, 109–135.

Meyer-Ingerwesen, Johannes (1978): Fachorientierter Deutschunterricht in einer türkischen Vorbereitungsklasse. *Jahrbuch Deutsch als Fremdsprache* 4. Heidelberg: Julius Groos, 171–183.

Molony, Carol; Zobl, Helmut & Stölting, Winfried (Hrsg.) (1977): *Deutsch im Kontakt mit anderen Sprachen*. Kronberg/Ts: Scriptor.

Müller, Hermann (1974): *Ausländerkinder in deutschen Schulen*. Stuttgart: Klett.

Nemser, William (1969): Approximative systems of foreign language learners. In: Filipovic, Rudolf (ed): *The Yugoslav-Croatian-English Contrastive Project*. Studies 1. Zagreb, 3–12.

Neuner, Gerhard; Krüger, Michael & Grewer, Ulrich (1981): *Übungstypologie zum kommunikativen Deutschunterricht*. Berlin, München: Langenscheidt.

Oller, John W. & Richards, Jack C. (1973): *Focus on the Learner: Pragmatic Perspectives for the Language Teacher*. Rowley, Mass.: Newbury House.

Oltmer, Jochen (2013): Anwerbeabkommen. In: Meier-Braun, Karl-Heinz & Weber, Reinhold (Hrsg.): *Migration und Integration in Deutschland. Begriffe – Fakten – Kontroversen*. Stuttgart: Bundeszentrale für politische Bildung, Stuttgart, 38–41.

Oomen-Welke, Ingelore (1987): Türkische Grundschüler erzählen und schreiben *da macht der raus – Er riß den Baum raus. OBST* 36(87), 110–132.

Oomen-Welke, Ingelore (1991): Veränderte Lernsituation in der multikulturellen Gesellschaft: Perspektiven und Konsequenzen für den Deutschunterricht. *Schweizer Schule* 81(7–8), 17–35.

Oomen-Welke, Ingelore & Krumm, Hans-Jürgen (2004): Sprachenvielfalt – eine Chance für den Deutschunterricht. *Fremdsprache Deutsch* 31, 5–13.

Osterhammel, Jürgen (2011): *Die Verwandlung der Welt. Eine Geschichte des 19. Jahrhunderts*. München: C.H. Beck.

Pagonis, Giulio (2015): Zur Eignung von expliziter Formfokussierung in der DaZ-Vermittlung. In: Klages, Hana & Pagonis, Giulio (Hrsg:): *Linguistisch fundierte Sprachförderung und Sprachdidaktik: Grundlagen, Konzepte, Desiderate*. Berlin: De Gruyter, 141–172.

Pfaff, Caroll W. (1984): On Input and Residual L1 Transfer Effects in Turkish and Greek Children's German. In: Anderson, Roger (Hrsg.): *Second Languages*. Rowley, MA: Newbury House, 271–298.

Pienemann, Manfred (1978): Deutsch als Fremdsprache für ausländische Arbeiterkinder. *Studium Linguistik* 6, 23–38.

Pienemann, Manfred (1981): *Der Zweitspracherwerb ausländischer Arbeiterkinder*. Bonn: Bouvier.

Pommerin-Götze, Gabriele (2010): Interkulturelle Erziehung. In: Fandrych, Christian; Hufeisen, Britta; Krumm, Hans-Jürgen & Riemer, Claudia (Hrsg.): *Deutsch als Fremd- und Zweitsprache. Ein internationales Handbuch*. 2. Band. Berlin, Boston: De Gruyter, 1138–1144.

Rabitsch, Erich (1981): *Deutsch als Zweitsprache für Kinder ausländischer Arbeitnehmer*. Donauwörth: Ludwig Auer.

Rehbein, Jochen (1987): Diskurs und Verstehen. Zur Rolle der Muttersprache bei der Textverarbeitung in der Zweitsprache. In: Apeltauer, Ernst (Hrsg.): *Gesteuerter Zweitspracherwerb. Voraussetzungen und Konsequenzen für den Unterricht.* München: Max Hueber, 113–172.

Reich, Hans H. (1976): Deutsch ist doch keine Fremdsprache! – Ausbildungsgänge für Lehrer ausländischer Kinder an deutschen Schulen. *Neusprachliche Mitteilungen* 29, 10–16.

Reich, Hans H. (1976a): Zum Unterricht in Deutsch als Fremdsprache. In: Hohmann, Manfred (Hrsg.): *Unterricht mit ausländischen Kindern.* Düsseldorf: Pädagogischer Verlag Schwann, 149–184.

Reich, Hans H. (1987): Vorwort: In: Apeltauer, Ernst (Hrsg.): *Gesteuerter Zweitspracherwerb. Voraussetzungen und Konsequenzen für den Unterricht.* München: Max Hueber, 7–8.

Reich, Hans H. (2010): Entwicklungen von Deutsch als Zweitsprache in Deutschland. In: Fandrych, Christian; Hufeisen, Britta; Krumm, Hans-Jürgen & Riemer, Claudia (Hrsg.): *Deutsch als Fremd- und Zweitsprache. Ein internationales Handbuch.* 1. Band. Berlin, Boston: De Gruyter: 63–71.

Ritter, Monika (2010): Alphabetisierung in der Zweitsprache Deutsch. In: Fandrych, Christian; Hufeisen, Britta; Krumm, Hans-Jürgen & Riemer, Claudia (Hrsg.): *Deutsch als Fremd- und Zweitsprache. Ein internationales Handbuch.* 2. Band. Berlin, Boston: De Gruyter.

Rogers, Carl R. (1969): *Freedom to learn. A view of what education might become.* Colombus, Ohio: Charles E. Merrill.

Rösler, Dietmar (2012): *Deutsch als Fremdsprache. Eine Einführung.* Berlin, Heidelberg: J. B. Metzler.

Rost-Roth, Martina (2017): Die Sprachlehr- und -lernforschung und die empirische Erforschung des Fremd- und Zweitsprachunterrichts. In: Ahrenholz, Bernt & Oomen-Welke, Ingelore (Hrsg.): *Deutsch als Zweitsprache.* Baltmannsweiler: Schneider Hohengehren, 85–101.

Scharnhorst, Ulrich & Steinmüller, Ulrich (1987): Fachsprachen als Lehr- und Lernhindernisse im Unterricht mit ausländischen Schülern. *Info zur pädagogischen Arbeit mit ausländischen Kindern* 12, 57–78.

Schönwalder, Karin (2005): Migration und Ausländerpolitik in der Bundesrepublik Deutschland. Öffentliche Debatten und politische Entscheidungen. In: Beier-de Haan, Rosemarie (Hrsg.): *Zuwanderungsland Deutschland. Migrationen 1500–2005*, Wolfratshausen: Edition Minerva, 106–119.

Schumann, John J. (1978): *The pidginization process.* Rowley, Mass.: MIT Press (Phil. Diss.).

Seifert, Wolfgang (2020): Geschichte der Zuwanderung nach Deutschland nach 1950. *Deutsche Verhältnisse. Eine Sozialkunde*, hrsg. von der Bundeszentrale für politische Bildung.

Selinker, Larry (1971): The psychologically relevant data of second-language learning. In: Pimsleur, Paul &. Quinn, Terence (eds.): *The Psychology of Second Language Learning.* Papers from the 2nd International Congress of Applied Linguistics, Cambridge, 8–12 Sept. 1969. Cambridge, 35–43.

Slobin, Dan I. (1979): *Psychlinguistics.* Glenview, Ill: Scott-Foresman, 2d edition.

Steinmüller, Ulrich (1979): Lernstatt im Industriebetrieb und im Wohnbezirk. *Deutsch lernen* 3, 45–59.

Steinmüller, Ulrich (1982): Normprobleme im Sprachunterricht ausländischer Schüler. *Zielsprache Deutsch* 2, 11–18.

Steinmüller, Ulrich (1983): Förderung des Zweitspracherwerbs ausländischer Kinder: Konzepte und Erfahrungen an der 2. O. (Gesamtschule) in Berlin-Kreuzberg. *Zielsprache Deutsch* 3, 37–47.

Steinmüller, Ulrich (1998): Deutsch als Zweitsprache, Deutsch als Partnersprache. In: Michael Göhlich (Hrsg.): *Europaschule – Das Berliner Modell. Beiträge zu Zweisprachigem Unterricht, Europäischer Dimension, Interkultureller Pädagogik und Schulentwicklung.* Neuwied: Luchterhand, 77–86.

Steinmüller, Ulrich & Isgören, Havva (1992): Spracherwerbsbiographien. *Sprachreport* 8 (2–3), 34–36.

Stutterheim, Christiane von & Wolfgang Klein (1987): A Concept-Oriented Approach to Second Language Studies. In: Pfaff, Carol W. (ed.): *First and Second Language Acquisition Processes*, Cambridge, MA.: Newbury House, 191–205.

Thelen, Sibylle (2013): Migranten aus der Türkei. In: Meier-Braun, Karl-Heinz & Weber, Reinhold (Hrsg.): *Migration und Integration in Deutschland. Begriffe – Fakten – Kontroversen,* Stuttgart: Bundeszentrale für politische Bildung, 64–67.

Tröster, Irene (2013): (Spät-)Aussiedler – „neue, alte Deutsch". *Migration und Integration in Deutschland. Begriffe – Fakten – Kontroversen.* Stuttgart: Bundeszentrale für politische Bildung, 78–80.

Weinrich, Harald (1978): Deutsch als Fremdsprache – Konturen eines Faches. *Jahrbuch Deutsch als Fremdsprache* 5. Heidelberg: Julius Groos, 1–13.

Weiss, Karin (2013): Migranten in der DDR und in Ostdeutschland. In: Meier-Braun, Karl-Heinz & Weber, Reinhold (Hrsg.): *Migration und Integration in Deutschland. Begriffe – Fakten – Kontroversen,* Stuttgart: Bundeszentrale für politische Bildung, 42–44.

Wilms, Heinz (1979): Sprachvermittlung und Projektarbeit. *Deutsch lernen* 4, 11–27.

Wunderlich, Dieter (1970): Die Rolle der Pragmatik in der Linguistik. *Der Deutschunterricht* 22(4), 5–41.

Zeitschrift für Literaturwissenschaft und Linguistik (1979): *Sprache ausländischer Arbeitnehmer,* hrsg. von Wolfgang Klein, Heft 18.

Wolfgang Klein

# Das „Heidelberger Forschungsprojekt Pidgin-Deutsch" und die Folgen

*die mîne gespilen wâren, die sint træge unt alt*
*vereitet is daz velt, verhouwen ist der walt*
*wan daz daz wazzer fliuzet als ez wîlent flôz*
Walther von der Vogelweide

## 1 Eine Vorbemerkung

Es ist nun 46 Jahre her, dass das ‚Heidelberger Projekt Pidgin-Deutsch (HPD) auf den Weg gebracht wurde. Das ist ein Jahr mehr als die Lebenszeit Friedrich Schillers. Die rosenlippigen Studentinnen und die tatendurstigen Studenten jener Tage sind nun würdige Damen und Herren im gesetzten Alter, und man ist sich selber fremd geworden. Aber in meiner Erinnerung steht vieles klar, als sei es gestern gewesen. Am Anfang stand ein Seminar „Soziolinguistik", das ich im Wintersemester 1972 am Germanistischen Seminar in Heidelberg gehalten habe. Darin ging es im Wesentlichen um die Arbeiten von Basil Bernstein in England („Codetheorie") und von William Labov („Language in the Inner City") in den USA – dies unter linguistischen Aspekten zum einen, zum andern aber, damals war es gar nicht anders möglich, im Hinblick auf die soziale Benachteiligung durch die Sprache. Da ist einmal eine Studentin, Angelika Kratzer, aufgestanden und hat gefragt, wieso wir uns in diesem Seminar eigentlich mit den Verhältnissen in England und den USA befassen und nicht mit den sprachlichen und sozialen Unterschieden hierzulande. Das war eine gute Frage, aus der sich alsbald eine lebhafte Diskussion unter den Anwesenden – Spartakisten, Maoisten, sonstige Kommunisten, versprengte Linksliberale, politisch Laue – entspann. Der Gedanke, dass bei uns die Klassengegensätze nicht ebenso krass seien wie in Bernsteins England fand wenig Anklang, eher schon, dass es bei uns keine schwarzen Ghettos gebe wie in Labovs New York. Einigkeit bestand jedoch darüber, dass es bei uns eine gesellschaftliche Gruppe gibt, die nicht nur, aber auch aufgrund ihrer Sprache benachteiligt ist – die rund vier Millionen „Gastarbeiter", die damals in der Bundesrepub-

---

**Anmerkung:** Ich danke Bernt Ahrenholz und Martina Rost-Roth für hilfreiche Kommentare und Bernt für ein bewegendes Gespräch im Juli 2019.

https://doi.org/10.1515/9783110715538-003

lik Deutschland lebten. Das Seminar auf sie auszurichten, wäre jedoch wenig sinnvoll gewesen, weil es über ihre Sprache mit einer Ausnahme (Clyne 1968) keinerlei Forschung gab. Nach dem Seminar kamen einige Studenten zu mir und sagten, dass man ja selber eine solche Untersuchung machen könnte. Und mit ihnen fing es an.

Die Erinnerung ist wählerisch, sie löscht vieles, schreibt manches um, mischt es mit anderen Erinnerungen, harmonisiert es und legt über alles, oder das meiste, einen milden Glanz. Man kann ihr nicht trauen. So habe ich zur Vorbereitung auf diesen Beitrag die alten Akten hervorgesucht und gelesen. Es ist dies eine eigentümliche Erfahrung, es ist, als würde man nach vielen Jahren einen Packen mit alten Liebesbriefen aufmachen und lesen: *ja, genau, so war es; das hatte ich ganz vergessen; wie schön war es – oder hätte es gewesen sein können; und dann war es irgendwie vorbei.* Dieser Rückblick ist eine Verbindung von privaten Erinnerungen mit einem nüchternen Bericht aus diesen alten Akten, insbesondere dem abschließenden, umfangreichen Schlussbericht an die Deutsche Forschungsgemeinschaft, die das Vorhaben über fünf Jahre, von 1974–1979, gefördert hat.[1] Dieser Bericht wurde nie veröffentlicht, ist aber nun dank Bernt Ahrenholz unter www.daz-portal.de zugänglich.

## 2 Die Leute

Das Heidelberger Projekt wurde von Wolfgang Klein konzipiert und geleitet. Aber die harte Arbeit haben die übrigen Mitarbeiter getan. Dies waren:

Angelika Becker (1.4.1974–30.6.1979)　Norbert Dittmar (1.4.1974–31.12.1978)
Ingeborg Gutfleisch (1.1.1976–30.1.1979)　Margit Gutmann (1.6.1975–31.12.1979)
Gertrud Meyer (1.4.1974–31.5.1975)　Bert-Olaf Rieck (1.4.1974–30.6.1979)
Gunter Senft (1.1.1976–28.2.1978)　Wolfram Steckner (1.4.1974–30.6.1979)
Elisabeth Thielicke (1.4.1974–30.6.1979)　Wolfgang Wildgen (1.9.1974–31.12.1975)
Petra Ziegler (1.4.1974–31.12.1975)

Bei allen Publikationen wurde Sorge getragen, sie tunlichst auch unter dem Namen ihrer wirklichen Verfasser erscheinen zu lassen; viele Arbeiten sind

---

[1] Formal handelt es sich um zwei aufeinander folgende Projekte, von denen das erste vom 1.4.1974–31.12.1977 im DFG-Schwerpunkt „Sprachlehrforschung" gefördert wurde, das zweite vom 1.1.1978 bis zum 30.6.1978 im Normalverfahren. Inhaltlich und personell bilden sie jedoch eine Einheit, als die sie auch in der wissenschaftlichen Öffentlichkeit gesehen wurden: das

auch als „Heidelberger Forschungsprojekt Pidgin-Deutsch" überschrieben; die einzelnen Anteile wurden dann meist zu Beginn genannt.

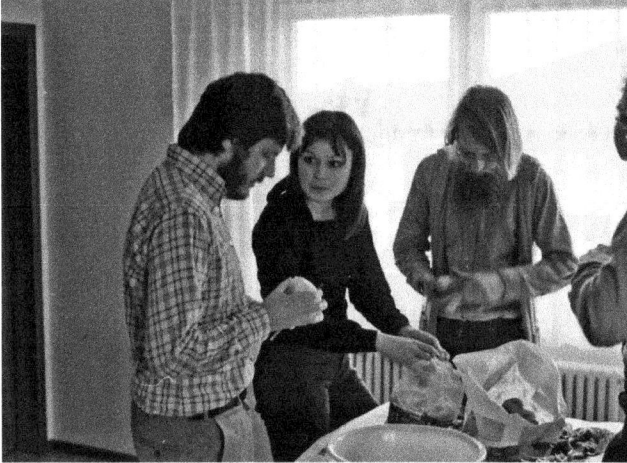

**Fotos:** Kamera von Wolfgang Klein.

*Heidelberger Forschungsprojekt Pidgin-Deutsch,* kurz *HPD.* Dieser Name, unter dem auch viele gemeinsame Veröffentlichungen erschienen sind, ist nicht ganz glücklich, denn die Lernersprachen der ausländischen Arbeiter sind natürlich keine kolonialen Pidgins. Da er aber nun einmal eingeführt war, wurde er auch beibehalten. – Für einen Dank ist es nie zu spät: wir danken der Deutschen Forschungsgemeinschaft, vor allem aber dem für die Linguistik zuständigen Referenten Manfred Briegel ganz herzlich für ihre Unterstützung.

Auf einer Tagung im April 1979 bemerkte William Labov, es sei ihm kein Projekt bekannt, bei dem der Gedanke der Zusammenarbeit so gut verwirklicht sei wie das Heidelberger Forschungsprojekt Pidgin-Deutsch. In der Tat war die Zusammenarbeit über die Jahre meist sehr gut und durch hohe Solidarität gekennzeichnet; dazu hat nicht zuletzt beigetragen, dass sich die Gruppe regelmäßig für drei Tage in ein Haus im fernen Odenwald zurückgezogen und alles, die Ziele, die Schwerpunktsetzung, das Vorgehen, die Analyse und auch, was man zum Abendessen kochen sollte, gründlich diskutiert hat.

# 3 Der Hintergrund

Das Projekt ging, wie erwähnt, aus einer von Wolfgang Klein geleiteten studentischen Arbeitsgruppe hervor, die von November 1972 bis Ende 1973 bestand und bis Sommer 1973 bereits eine Reihe von Interviews mit ausländischen Arbeitern durchgeführt hatte. Die dabei gewonnenen Erfahrungen gingen in einen ersten im August 1973 gestellten Antrag an die DFG ein; an der Ausarbeitung war bereits Norbert Dittmar, damals noch in Konstanz, beteiligt.

Die beiden wichtigsten Einsichten dieser Vorbereitungsphase waren, dass es auf der einen Seite zwar leicht, aber letztlich unbefriedigend ist, aufgrund einzelner Beobachtungen darüber zu fabulieren, was denn die Sprache ausländischer Arbeiter ist und welche Schwierigkeiten und sozialen Nachteile sich für sie daraus ergeben, und auf der anderen, dass solide Fakten zu ermitteln, auf deren Grundlage sich wissenschaftlich haltbare Aussagen machen lassen, eine gewaltige Aufgabe ist. Das würde nicht einfach werden.

Zu dieser Zeit waren uns abgesehen von dem schon genannten kurzen Aufsatz von Michael Clyne (übrigens ein guter Ratgeber in späteren Phasen), von dem wir die Bezeichnung „Pidgin-Deutsch" übernommen haben, weder Untersuchungen zur Sprache der ausländischen Arbeiter noch zum ungesteuerten Spracherwerb Erwachsener überhaupt bekannt. Auch international gab es nur wenige Studien zum Zweitspracherwerb außerhalb der Schule, und diese wenigen galten fast ausnahmslos Kindern. In dieser Hinsicht wurde mit unserem Vorhaben Neuland betreten. Es ist daher kein Zufall, dass das Projekt bei den meisten Vertretern der Sprachlehrforschung auf Skepsis, ja Ablehnung stieß, obwohl ein Bemühen um wissenschaftliche Fundierung des Sprachunterrichts ohne Kenntnis der Prinzipien, nach denen man eine Sprache „auf natürliche Weise", d. h. durch den alltäglichen Kontakt mit ihren Sprechern und nicht gesteuert durch eine spezifische Unterrichtsmethode, absurd erscheint. Der Sprachunterricht, wie immer man ihn gestaltet, ist stets

**Fotos:** Kamera von Wolfgang Klein.

der Versuch, einen natürlichen Prozess zu optimieren, und dazu sollte man diesen natürlichen Prozess kennen. Für das HPD war dies ein ganz zentraler Gedanke, freilich einer, der weder damals noch in der Folge in der Fremd-sprachdidaktik sonderlich fruchtbar wurde. So wurde denn auch das Projekt nach drei Jahren im DFG-Schwerpunkt „Sprachlehrforschung" nicht verlän-gert, wohl aber im Normalverfahren weitergefördert.

Ein zweiter wichtiger Hintergrundaspekt ist die damalige Lage der Linguistik in der Bundesrepublik allgemein. Sie hatte damals gegenüber der tradierten, vor allem philologisch orientierten sprachwissenschaftlichen Tradition einen großen Aufschwung genommen, der durch dreierlei Entwicklungen bestimmt war: (1) die

Anwendung formaler Methoden bei der Beschreibung der Sprache; dies gilt für die generative Grammatik, die formale Semantik wie auch für die Computerlinguistik, (2) die lebhafte, teils politisch motivierte Soziolinguistik-Diskussion, insbesondere der Bernsteinschen vom restringierten und elaborierten Code, und (3) das Aufkommen von linguistischer Pragmatik und Konversationsanalyse, in gewisser Weise das gerade Gegenstück zur „formalen" Linguistik. All diese Richtungen waren wichtig, keine hat jedoch Methoden geliefert, die ohne weiteres auf den Spracherwerb ausländischer Arbeiter anwendbar waren.

Ein dritter Punkt, ohne den Konzeption und spezifische Probleme des Projektes nicht verständlich sind, war, dass in der Germanistik die Erforschung von Eigenschaften des gesprochenen Deutsch bis dahin keinen großen Stellenwert hatte. Wissenschaftler wie Zwirner, Bethge, Ruoff, die mit authentischen Tonbandaufnahmen gearbeitet haben, standen am Rande, und ihre Arbeiten beschränken sich weitgehend auf den lautlichen Bereich. Die erste größere Ausnahme war die von Hugo Steger geleitete verdienstvolle Freiburger Arbeitsstelle „Gesprochene Sprache". Aber auch die wenigen damals vorliegenden Untersuchungen hatten weder etwas mit Erwerbsprozessen noch mit „Reduktionssprachen" und ihren spezifischen Problemen zu tun. So konnte sich das Projekt auch hier kaum auf Vorarbeiten stützen. Dies gilt nicht nur in methodischer Hinsicht, sondern auch in inhaltlicher: für den Spracherwerb ausländischer Arbeiter ist im Allgemeinen nicht die kodifizierte Hochsprache – weithin eine „ausgesprochene Schriftsprache" – maßgeblich, sondern die Sprache der sozialen Umgebung, die von den Lernenden alltäglich erfahren wird und die sie sich aneignen müssen. In unserem Fall war dies der in und um Heidelberg gesprochene rheinfränkische Dialekt, das Kurpfälzisch, bzw. eine Alltagssprache, die irgendwo zwischen dem Dialekt und dem Hochdeutschen steht. Niemand hatte aber bis dahin die gesprochene Sprache Heidelberger Arbeiter untersucht. Den wenigen älteren dialektgeographischen Arbeiten konnte man nichts dazu entnehmen, wie die Verbstellung, der Aufbau nominaler Komplexe, die Auslassung des Subjektes („Kumm glei") in dieser Sprachform gehandhabt werden. Das müsste man aber wissen, wenn man beschreiben will, wie ausländische Arbeiter sich in der alltäglichen Kommunikation diese Sprachform aneignen. Wir waren daher gezwungen, solche Untersuchungen selbst durchzuführen, um die nötige Vergleichsbasis zu haben. Auch dies war für das Projekt ein prägender Gedanke: wenn man den Zweitspracherwerb verstehen will, geht es nicht darum, Fehler gegenüber einer gesetzten Norm zu ermitteln, sondern es geht darum zu erfassen, wie sich die Lerner mit ihrer sozialen Umgebung verständigen und sich dabei fortwährend deren Sprechweise annähern. Ihre Art zu sprechen ist zu jeder Zeit strukturell eine eigene „Sprache", eine Lernervarietät, wie wir später sagten, und der Spracherwerbsprozess ist ein Durchgang durch eine Reihe solcher Lernervarietäten, die sich allmählich dem Ziel angleichen.

Erst vor diesem Hintergrund wird deutlich, vor welche Aufgaben sich das Projekt gestellt sah. Anregungen für die empirische Arbeit konnten am ehesten der in dieser Hinsicht am weitesten fortgeschrittenen amerikanischen Soziolinguistik sowie der Bilingualismusforschung, vielleicht auch der Konversationsanalyse entnommen werden. In theoretischer Hinsicht wurde versucht, die von der damaligen Transformationsgrammatik gesetzten Standards an Präzision, Explizitheit und Formalisierung zu halten, ohne aber inhaltliche Grundannahmen der generativen Linguistik – die ja gerade für den „idealen Sprecher in einer völlig homogenen Kommunikationsgemeinschaft" konzipiert ist –, zu übernehmen. Zugleich erschien es uns wichtig, pragmatische Aspekte einzubeziehen, denn sonst lässt sich nicht verstehen, wie sich Sprachformen aus der Alltagskommunikation heraus entwickeln und an die tatsächlich gesprochene Sprache der sozialen Umgebung angleichen.

Wenn ich heute, 46 Jahre später, darüber nachdenke, so scheint mir das Bemerkenswerteste an dem Heidelberger Forschungsprojekt Pidgin-Deutsch der „holistische Ansatz": wir wollten einfach alles, und zwar so, dass es auch einen praktischen Nutzen hätte, als Hilfe für die ausländischen Arbeiter in ihrem Alltag, als Grundlage für eine Verbesserung des Sprachunterrichts. Immerhin wollten wir nicht alles sofort. Das Programm, so wie es im ersten Antrag entwickelt wurde, war sehr breit, vermessen breit angelegt, aber es war doch selektiv. Was dann folgte, waren partielle Entfaltungen dieses Programms.

# 4 Was wir tun wollten und was getan wurde

Im ersten Antrag an die DFG waren drei Zielkomplexe angegeben, nämlich erstens „Linguistische Analyse des Sprachverhaltens", zweitens „Analyse der sozialen Situation", und drittens „Pädagogische Implikationen". Die Bedeutung dieser drei Zielkomplexe wurde innerhalb der Arbeitsgruppe unterschiedlich gewichtet. Einigen ging es vor allem um den „Praxisbezug", anderen vor allem um die linguistische Analyse; Einigkeit bestand aber darin, dass alle drei wichtig wären. Die folgende Darstellung des Programms, großenteils eine direkte Wiedergabe des im Antrag selbst Gesagten, ist relativ detailliert, und zwar deshalb, weil mir beim Durchlesen aufgefallen ist, wie viel davon auch heute noch zu tun nützlich wäre.

## 4.1 Linguistische Analyse des Sprachverhaltens

Sie sollte in drei Teilbereichen erfolgen, von denen der dritte allerdings von Anfang an in seiner Bedeutung nachgeordnet war.

### (1) Der Prozess der Deutscherlernung

(a) Was waren die Voraussetzungen: Ausgangssprache und, soweit feststellbar, Grad ihrer Beherrschung; Grad der Bildung (Lesen, Schreiben)?
(b) Lassen sich bestimmte, regelmäßig zu beobachtende Phasen dieses Prozesses unterscheiden? Gibt es hier markante individuelle Unterschiede?
(c) Wovon hängen Dauer und Verlauf dieses Prozesses und der unterschiedliche Grad ihrer Beherrschung ab? Wie ist die Sprache der Arbeitskollegen? Wird viel in der Muttersprache gesprochen? Welche dialektalen Einflüsse zeigen sich?
(d) Wo und in welchem Umfang wirkt sich mangelnde Sprachbeherrschung negativ aus?
(e) Werden explizit Versuche zur Verbesserung der Sprachfertigkeit gemacht (Kurse)?
(f) Wie stark ist die Motivation, Deutsch zu lernen?
(g) Wo liegen die Hauptschwierigkeiten, Deutsch zu lernen? (phonologisch? syntaktisch? Flexion?)

Diese Fragen waren exemplarisch gemeint – keine präzisen Forschungsthemen, sondern eher Suchanleitungen.

### (2) Beschreibung der Übergangsgrammatiken bzw. -kompetenzen

In der generativen Grammatik in ihren verschiedenen Spielarten wird aus heuristischen Gründen von einem idealen Sprecher in einer völlig homogenen Kommunikationsgemeinschaft ausgegangen; das mag für manche Zwecke eine sinnvolle Idealisierung sein. Für soziolinguistische Untersuchungen ist sie aber sinnlos und musste zurückgenommen werden; es kommt ja gerade auf die Unterschiede an. Dazu gab es damals bereits einige Vorschläge, u. a. von William Labov, David DeCamp oder in Deutschland Siegfried Kanngießer (vgl. dazu Klein 1975). Auf dieser Grundlage sollte speziell für unsere Untersuchungen ein „Arbeitsmodell" entwickelt werden, das einesteils nicht hinter das Niveau der damaligen theoretischen Linguistik zurückfallen sollte, sich aber anderseits möglichst gut für die Beschreibung großer Mengen empirischer Daten eignet.

**(3) Spezifisches kommunikatives Verhalten**

(a) Gibt es spezielle, ritualisierte Formen der Gesprächseröffnung, der Intervention durch Gesprächspartner, der Überleitung zu neuen Themen, des Gesprächsabschlusses?
(b) Gibt es spezifische Erzählstile? Wie werden z. B. autobiographische Ereignisse dargestellt?
(c) Welche Formen der Über- oder Untertreibung finden sich? Wie drücken sich Wertungen aus? Wie wird argumentiert; ‚logisch' unter beständigem – explizitem oder implizitem – Rekurs auf als akzeptiert geltende Weltbilder?
(d) Welche Anredeformen werden verwendet?
(e) Dazu hieß es im Antrag: „Solche Fragen – auch dieser Katalog ist natürlich nur exemplarisch – können, so interessant sie auch sein mögen, wahrscheinlich aus Zeitgründen nur kursorisch behandelt werden." Das reflektiert die anfängliche Gewichtung; im Verlauf des Projektes hat sich das Interesse jedoch deutlich in diese Richtung verschoben, auch wenn sich das nur begrenzt in Veröffentlichungen niedergeschlagen hat.

## 4.2 Analyse der sozialen Situation

Diese Analyse war nicht als Selbstzweck gedacht, sondern als Folie für die linguistische Analyse und bezog sich demnach nur auf Aspekte, die dafür von Belang sind.
(a) Woher kommen die Informanten, d. h. aus welchem Land, welcher Gegend dort und, was wichtiger ist, aus welcher sozialen Umwelt?
(b) Mit wem haben sie täglich Umgang? Wie sind ihre Familien- und Gruppenstrukturen?
(c) Wie lange sind sie wo gewesen (Mobilität zuhause, in anderen Ländern, in Deutschland)?

## 4.3 Pädagogische Implikationen

Das Projekt hatte nicht das unmittelbare Ziel, einen „Deutschkurs für Gastarbeiter" zu entwickeln. Dazu reichten einerseits die beantragte Projektdauer und -ausstattung nicht aus, und andererseits wäre dazu eine Zusammenarbeit mit Experten des Fremdsprachenunterrichts erforderlich gewesen. Dies hätte man allenfalls in einem Anschlußprojekt machen können. Praktisches Ziel des Projekts – im Gegensatz zum rein wissenschaftlichen – war es vielmehr, Richtlinien für die Entwicklung von Sprachlehrverfahren aufzustellen, die empirisch und theoretisch fundiert sind. Dazu muss man einfach wissen, wie der Spracherwerbsprozess von Erwachsenen von Natur aus läuft. Die Menschen haben Zehntausende von Jahren auch als Erwachsene weitere Sprachen gelernt, ohne dass man darin unterrichtet hat, und auch heute geschieht dies in vielen Ländern der Erde. An der Art und Weise, wie sie dabei verfahren, muss sich der Sprachunterricht ausrichten; dies war, es wurde schon erwähnt, eine leitende Annahme des HPD von Anfang an.

## 4.4 Was wurde umgesetzt?

Das Programm hatte etwas Maßloses, es hätte selbst dann etwas Maßloses gehabt, wenn die in Absatz 3 geschilderte Ausgangslage besser gewesen wäre. So wurde denn auch nicht alles durchgeführt, manches gar nicht in Angriff genommen. Ich fasse die wesentlichen Punkte kurz zusammen, näheres findet sich in den Abschnitten 6 und 7:

Zu (1)     „Der Prozess der Deutscherlernung": Die dort genannten Fragen wurden umfassend, wenn auch sicher nicht erschöpfend behandelt.

Zu (2)     „Beschreibung der Übergangsgrammatiken" bzw. -kompetenzen: Dieser Bereich war – zumindest in meinen Augen – ein Glanzstück des Projekts: Es wurde ein eigenes, präzises und leicht anwendbares Grammatikmodell, die probabilistische „Varietätengrammatik", entwickelt, und mithilfe dieses Verfahrens wurden die Übergangsgrammatiken exakt beschrieben, vgl. dazu die ausführliche Darstellung in Klein (1974) und Klein & Dittmar (1979, Kap. 2, 3 und 7). Leider wurde dieser Bereich in der allgemeinen Wahrnehmung oft mit den Ergebnissen des Projekts selbst gleichgesetzt. Das ist zum einen ganz falsch, und zum andern insofern unglücklich, als zumindest damals solche präzise, aber doch sehr zahlenlastige Verfahren weder in der allgemeinen Linguistik noch gar in der Spracherwerbsforschung im Trend lagen.

Zu (3)     „Spezifisches Kommunikationsverhalten": Von den vier oben genannten Teilbereichen wurde nur der (b) („Erzählungen") ausführlich behandelt; siehe dazu Wildgen (1977, 1978), Dittmar & Thielicke (1979), Becker, Dittmar & Klein (1978). Punkt (a) („turn taking") wurde in den beiden Anfangsjahren gleichfalls ausführlich behandelt, dann aber nicht mehr weiter verfolgt. Punkt (c) („Argumentation") wurde nicht bearbeitet, weil kein geeignetes Verfahren zur Analyse *realer* Argumentationen zur Verfügung stand, in der Spätphase des Projektes wurde ein solches Verfahren tatsächlich entwickelt und an Argumentationen unter Deutschen erprobt (Miller & Klein 1981, Klein 1980) es konnte jedoch nicht mehr auf Argumentationen unter Beteiligung unserer Informanten angewandt werden. Punkt (d) („Anredeformen") erwies sich nach ersten Beobachtungen als wenig ergiebig.

Zu (4–6)  „Analyse des sozialen Hintergrundes": Dies erwies sich als relativ einfach; die Daten, die dabei erhoben wurden, sind in die einzelnen Veröffentlichungen eingegangen.

Zu den Pädagogischen Implikationen: Fragen des Sprachunterrichts für ausländische Arbeiter, insbesondere aber der Umsetzung linguistischer Ergebnisse haben die Projektmitglieder einen großen Teil ihrer Arbeitskraft gewidmet, übrigens auch der konkreten praktischen Hilfe bei sprachlichen Problemen der Informanten. Dies hat sich in einer Reihe von Aufsätzen, vor allem aber in den „Riflessioni sui presupposti e le basi linguistiche di un corso die tedesco per emigranti italiani in la Repubblica Federale Tedesca" (HPD 1978) niedergeschlagen. Insofern ist dieser Bereich des Programms sehr intensiv bearbeitet worden. Dennoch hat es nicht zu den Resultaten geführt, die wir uns erhofft haben; ich komme darauf in Abschnitt 7 zurück.

# 5 Die Daten und die Informanten

Das Projekt war stark empirisch ausgerichtet; deshalb kam guten Daten ein sehr hohes Gewicht zu. Entsprechend sorgfältig wurde ihre Erhebung vorbereitet und durchgeführt; dabei hat uns Bill Labov ausführlich beraten (vgl. dazu im Einzelnen HPD 1975a, Abschnitt 3). Geplant waren zwei komplementäre Arten der Datengewinnung, teilnehmende Beobachtung und Interviews. Beides wurde verwirklicht; darüber hinaus wurden später zusätzliche Daten erhoben, und zwar durch Interviews mit Heidelberger Dialektsprechern, durch Zweitinterviews mit einem Teil der Informaten zwei Jahre nach dem Erstinterview und durch einfache Übersetzungen und Satzwiederholungen.

## 5.1 Teilnehmende Beobachtung

Wie in Abschnitt 4 ausgeführt, sollten unter anderem Aufschlüsse über das kommunikative Verhalten, die Art der Sprachkontakte und ihre Intensität, schließlich die spezifischen Verständigungsschwierigkeiten ausländischer Arbeiter gewonnen werden. Das geht nur, wenn man sich in ihre normalen Kontaktbereiche begibt und dort ihr Sprachverhalten beobachtet, und zwar so, dass sie durch die Anwesenheit des Beobachters möglichst nicht beeinflusst werden. Eine solche teilnehmende Beobachtung ist schwierig und war bis dahin bislang in der Linguistik unüblich; unseres Wissens war dies das erste sprachwissenschaftliche Projekt in der Bundesrepublik, das sie systematisch verwandte; leider sind ihm auch nicht viele nachgefolgt. Wir entschieden uns für drei wichtige Kontaktbereiche

- Arbeitsplatz: ein Mitarbeiter arbeitete vier Wochen lang in einer Maschinenfabrik, eine Mitarbeiterin zwei Wochen als Hilfsarbeiterin in einer Tiefkühlfirma; an beiden Stellen arbeiteten Deutsche und Ausländer miteinander;
- Freizeit: eine Mitarbeiterin arbeitete vier Wochen als Kellnerin in einer Gaststätte, in der vorwiegend ausländische Arbeiter verschiedener Nationalität verkehrten;
- Eine Mitarbeiterin arbeitete drei Wochen lang als (scheinbare) Sachbearbeiterin auf der Ausländerbehörde – etwas, das in jenen Jahren noch möglich war, heute sicher keine Behörde mehr tun würde.

Teilnehmende Beobachtungen sind nicht zuletzt deshalb schwierig, weil sie ihrem Wesen nach nur schwach vorstrukturiert sein können. Deshalb wurden für jeden einzelnen Beobachter je nach Besonderheiten des Bereichs „Zeitstichproben" festgelegt, an denen er sich auf bestimmte Aspekte konzentrieren wollte. Weiterhin wurde ein „Beobachtungsleitfaden" ausgearbeitet, in dem die einzelnen zu beobachtenden Ereignisse (z. B. Interaktionsanlass, Form der Gesprächseröffnung, verwendete Varietät) systematisiert wurden. Die einzelnen Beobachtungen wurden sofort nach Feierabend, im Fall der Ausländerbehörde auch während der Arbeit aufnotiert.

Diese „Tagebücher" bilden die Datenquelle aus der teilnehmenden Beobachtung. Sie waren so umfangreich, dass sie nur zu Teilen ausgewertet werden konnten (vgl. dazu HPD 1975, Kapitel 4 und 5). Sie waren aber darüber hinaus aus zwei anderen Gründen wichtig: (a) Erst durch die teilnehmende Beobachtung erhielten die Mitarbeiter ein realistisches Bild von der Art der Sprachkontakte, in denen sich nahezu der gesamte Spracherwerb ausländischer Arbeiter vollzieht, und (b) sie erlauben uns, die Authentizität der Interviewdaten zu beurteilen, da ein Teil der Beobachteten später interviewt wurde; so konnte ihr scheinbar unbeobachtetes Sprachverhalten mit dem in einer Beobachtungssituation verglichen werden. Das Ergebnis war erstaunlich: Es war bei den Betroffenen nach unserem Urteil *nicht* unterschiedlich. Die Interviewdaten konnten daher als Spiegel ihrer tatsächlichen Sprachbeherrschung angesehen werden. Dieser Befund war für die Arbeit des Projekts eminent wichtig. *Wir sehen es als zentrales methodisches Ergebnis unseres Projektes an, dass eine Untersuchung des ungesteuerten Spracherwerbs ohne kontrollierende teilnehmende Beobachtung fehlgeleitet ist.*

## 5.2 Interviews

In der teilnehmenden Beobachtung sind gewöhnlich keine Sprachaufnahmen möglich – weder legal noch moralisch. Wir sind aber für die meisten Analysen auf Sprachaufnahmen angewiesen. Deshalb waren als zweite Datenquelle Interviews vorgesehen. Sie hatten zwei Aufgaben:

(a) Sie sollten uns qualitativ hochwertige Aufzeichungen möglichst spontaner Sprache der Informanten liefern.

(b) Sie sollten uns Hintergrundinformationen über die Informanten liefern – Herkunft, Ausbildung, Zeit der Einreise und andere.

Die erste Aufgabe schloss streng standardisierte Interviews aus. Das Sprachverhalten ist umso natürlicher, je weniger der Sprecher auf sein eigenes Sprachverhalten achtet, je stärker er an dem, was gesagt wird, engagiert ist, und je kompetenter er sich beim Gesprächsgegenstand fühlt. Die Interviews hatten daher die Form vorsichtig gesteuerter Gespräche über Themen, von denen wir annahmen, dass sie die Informanten interessierten. Deshalb wurden zunächst fünf Probe-Interviews durchgeführt, aufgrund deren die eigentlichen Interviews dann geplant wurden.

Interviewt wurden spanische und italienische erwachsene Arbeiter und Arbeiterinnen. Da ein Interview etwa zwei Stunden dauern sollte und 100 Stunden Sprachaufnahmen das Äußerste schien, was im Projekt ausgewertet werden konnte – es erwies sich dann immer noch als zuviel –, wurde das Sample auf je 24 begrenzt. Alle waren nach ihrem 18. Lebensjahr in die Bundesrepublik gekommen. Keiner gehörte zu den etwa 5 % ausländischer Arbeiter, die Sprachunterricht erhalten haben. Alle hatten ihren Aufenthalt ganz oder weitaus überwiegend in der Gegend von Heidelberg zugebracht.

Die Interviews wurden stets in der Wohnung des Informanten durchgeführt; dabei waren oft Familienmitglieder anwesend. Gewöhnlich waren zwei, manchmal drei Mitglieder des Projekts beteiligt, von denen eines für die Aufzeichnung zuständig war. Ein Interview dauerte eineinhalb bis vier Stunden und bestand gewöhnlich aus drei Phasen:

– Präinterview (es diente der Kontaktaufnahme und der informellen Erläuterung des Vorhabens; dabei wurde nicht auf die sprachliche Seite abgehoben, sondern es wurde auf das soziale Interesse verwiesen; dies entsprach auch den Fragen),

– Hauptinterview (zielgerichtetes Gespräch mit dem Informanten, angelehnt an einen vorbereiteten Gesprächsleitfaden),

– Postinterview (zwanglose Unterhaltung mit dem Informanten und Vertiefung des Kontakts).

Alle drei Phasen wurden mit einem Tonbandgerät aufgezeichnet. Das Gespräch sollte möglichst seiner Eigendynamik folgen. Die Interviewer versuchten, die folgenden Themen anzuschneiden, sobald sich die Gelegenheit bot; auf keinen Fall sollten die einzelnen Themen „abgefragt" werden:
- Herkunft, individuelle und soziale im Heimatland,
- Übersiedlung in die BRD (Gründe, Zeitpunkt, besondere Umstände),
- Situation am Arbeitsplatz,
- Wohn- und Familiensituation,
- Freizeitbeschäftigung,
- Unfall und Krankheit,
- Rückkehrabsichten.

Das ließ sich in aller Regel auch zwanglos verwirklichen, denn, wie sich in den Probe-Interviews und bei der teilnehmenden Beobachtung gezeigt hatte, sind all dies Themen, die ausländische Arbeiter interessieren und im Alltag beschäftigen. In einem Fall geriet ein Informant so sehr über die Gewerkschaft in Rage, dass er – nach Fingerzeig auf den Kassettenrekorder und dem Hinweis, dass wir es hinterher übersetzen könnten – sich seinen Verdruß in einer langen spanischen Suada von der Seele redete.

Unmittelbar nach einem Interview wurde von den Interviewern gemeinsam ein „Situationsprotokoll" ausgefüllt, das Angaben über die Beteiligten, ihr Verhalten und sonstige Umstände enthielt. Sobald als möglich, spätestens nach einigen Tagen wurde das gesamte Interview abgehört, die Sozialdaten wurden registriert, und es wurde ein „Abhörprotokoll" mit Hinweisen auf besonders interessante oder problematische Stellen angefertigt.

Für die weitere Auswertung mussten die Tonbandaufnahmen transkribiert werden. Dazu musste eine phonetische Umschrift verwendet werden. Die Sprachformen ausländischer Arbeiter – zumal in den Anfangsstadien – in gewöhnlicher deutscher Orthographie wiederzugeben, liefe auf eine Karikatur hinaus, insbesondere wenn sie auf den deutschen Standard hin „umgeschrieben" werden. Dann lässt sich oft nur noch ungefähr erahnen, was die Sprecher tatsächlich gesagt haben. Wir haben zu diesem Zweck eine vereinfachte Lautschrift verwendet, die großenteils den gewöhnlichen IPA-Zeichen entspricht, aber einige durch solche ersetzt, die auf der Schreibmaschine verfügbar waren. Heute könnte man zu diesem Zweck eine Computerschrift mit den IPA-Symbolen verwenden; damals war das noch nicht möglich. Es erwies sich rasch als ausgeschlossen, das gesamte Material zu transkribieren (niemand, der einmal versucht hat, auch nur zwei Stunden dieser Sprachform zu transkribieren, wird dies bezweifeln). Deshalb wurden aus jedem Hauptinterview etwa 15 Minuten ausgewählt. Bei der Auswahl wurde so vorgegangen, dass längere zusammenhängende Passagen der Informanten

(Darstellung von Problemen, Erzählungen persönlicher Erfahrungen, ausführliche Antworten auf Fragen u. ä.) unter Berücksichtigung ihres informativen Werts, ihrer Ungezwungenheit und ihrer Bedeutung für eine spätere Erzählanalyse zusammengestellt wurden. Auf rasche Frage-Antwort-Folgen wurde nach Möglichkeit verzichtet, weil sie voller Ellipsen sind und daher ein ganz falsches Bild von den Satzstrukturen liefern würden. Diese transkribierten Texte bilden die Grundlage für den Großteil der linguistischen Analyse. Ein kurzer Ausschnitt findet sich weiter unten in Abschnitt 7.7. Längere Beispiele stehen in HPD (1975, 135–146) in HPD-Lautschrift und in gewöhnlicher IPA-Lautschrift in Klein & Dittmar (1979, 108–112 und 138–143).

## 5.3 Interviews mit Heidelberger Dialektsprechern: die Zielvarietät

Der Prozess des Zweitspracherwerbs bewegt sich auf eine Zielvarietät zu. Der Fortgang der Entwicklung spiegelt sich daher im sich verringernden Abstand von dieser Zielvarietät wider; die einzelnen Informanten kommen ihr unterschiedlich nahe, sie repräsentieren gleichsam Wegmarken dieses Prozesses. Wenn es gelingt, den jeweiligen Stand zahlenmäßig zu erfassen, kann man den Fortgang sogar messen.

Beim üblichen Sprachunterricht ist die Zielvarietät die gesetzte Norm, so wie sie in den gängigen Grammatiken und Wörterbüchern der deutschen Schriftsprache festgehalten ist. Beim ungesteuerten Spracherwerb ist es hingegen die Sprache der Lernumgebung, also des jeweiligen sozialen Umfeldes. Ausländische Arbeiter lernen normalerweise kein Schriftdeutsch, jedenfalls nicht in ihrer aktiven Sprachbeherrschung. In unserem Fall war die Zielvarietät die gesprochene Alltagssprache von Heidelberg und Umgebung. Über diese Sprache gab es seinerzeit fast keine wissenschaftlichen Untersuchungen, die für unsere Zwecke verwendbar gewesen wären (das hat sich bis heute nicht geändert). Der Verlauf des Spracherwerbs wird aber nur gegen den Hintergrund dieser Zielvarietät verständlich; das gilt für praktisch alle Bereiche von der Phonetik über die Morphologie zur Syntax und zur Lexik. Deshalb haben wir 1976 und 1977 zwölf Heidelberger Dialektsprecher aus dem sozialen Umfeld der ausländischen Arbeiter in gleicher Weise wie die ausländischen Arbeiter interviewt; es wurden lediglich aus naheliegenden Gründen teils verschiedene Themen gewählt. Die Interviews wurden von zwei Mitarbeitern durchgeführt, die selbst Heidelberger Dialekt sprechen. Transkription und Analyse erfolgten in gleicher Weise wie bei den ausländischen Informanten.

## 5.4 Zweitinterviews

Eine Schwäche in der Konzeption des Projektes war zweifellos, dass es als reine Querschnittanalyse angelegt war. Bei allen praktischen Vorteilen eines Querschnitts – jedenfalls wenn er gut gewählt ist – ist es zwar möglich, den Abstand der einzelnen Sprecher von der Zielvarietät zu bestimmen. Es ist aber nicht möglich, die Entwicklung bei *ein und demselben Sprecher* über einen längeren Zeitraum zu verfolgen, sondern lediglich die verschiedenen Sprecher unter ähnlichen Bedingungen. Für Längsschnittuntersuchungen bräuchte man aber nicht nur weitaus mehr Zeit und Mittel; es ist auch in der Praxis extrem schwierig, die sich entwickelnde Sprache ein und desselben Arbeiters regelmäßig über einen längeren Zeitraum aufzuzeichnen. Um diesem Mangel zumindest durch eine gewisse Kontrolle abzuhelfen, haben wir zwei Jahre nach dem ersten Interview die noch erreichenbaren spanischen Sprecher erneut interviewt; dies waren 19 von den ursprünglich 24. Dass nicht auch für die noch erreichbaren italienischen Informanten ein Zweitinterview gemacht wurde, hatte Zeitgründe; schön wäre es sicher gewesen. Das Zweitinterview war im Prinzip so angelegt wie das erste, sieht man davon ab, dass die Themen leicht geändert waren und die Situation durch die bereits bestehenden Sozialkontakte von Anfang an entspannter waren und man auch über Sprachliches reden konnte. Es gab aber noch einen weiteren Unterschied. Bei der Analyse der Erstinterviews hat sich oft gezeigt, dass die Lerner formal korrekte Formen in einer offenkundig falschen Bedeutung verwenden, z. B. *muss* + Infinitiv als Futur („ich werde heiraten"); siehe dazu unten Abschnitt 6.6. Eine blinde Analyse nach dem deutschen Standard führt daher völlig in die Irre. Um dies und überhaupt die Bedeutungen, die Lerner mit bestimmten Formen verbinden, systematisch untersuchen zu können, reichen Interviews daher oft nicht aus, weil man in ihnen wenig Kontrolle darüber hat, was der Sprecher ausdrücken *will* oder auszudrücken vermeint. Deshalb haben wir für die 19 Nachinterviewten kurze Texte auf Spanisch und Deutsch vorbereitet, die eine Anzahl von Konstruktionen vor allem zum Tempusgebrauch und zu Modalverben enthielten. Die Informanten wurden gebeten, diese Texte mündlich zu übersetzen. Ebenso haben wir sie gebeten, einige gewöhnliche deutsche Sätze nachzusprechen. Diese Daten sind natürlich nicht mehr spontan; aber sie liefern wertvolle Hintergrundinformationen für die semantische und morphologische Analyse.

## 5.5 Daten über die Informanten

Wenn jemand eine fremde Sprache lernt, so bringt er (a) bestimmte individuen-spezifische Voraussetzungen mit, und (b) es müssen ihm sprachliche Äußerungen der Zielvarietät zugeführt werden, auf deren Grundlage er dann aufgrund seiner individuellen Voraussetzungen seine jeweiligen Lernervarietäten ausbildet. Zu (a) zählen insbesondere die Erstsprache (oder frühere Sprachen allgemein), das Alter bei der Einreise, die Schulbildung, die in der Heimat erworbene berufliche Qualifikation, und vielleicht auch das Geschlecht. Zu (b) zählen Art und Intensität des Kontakts mit Deutschen am Arbeitsplatz wie in der Freizeit, die Wohnsituation (privat, Wohnheim) und die Aufenthaltsdauer. All diese Faktoren wurden skaliert und für sämtliche Informanten ermittelt, dies meist aus den Interviews, teils auch über allerlei Umwege. Details dazu finden sich in HPD (1976, 286–299).

## 5.6 Zusammenfassung

Ich habe all dies relativ ausführlich behandelt, teils um eine rechte Vorstellung von Zielen und Vorgehensweise des Projektes zu geben, teils aber auch, weil ich meine, dass man daraus nach wie vor einiges lernen kann. Das Projekt hatte zuviel und zuwenig Daten. Nur ein geringer Teil dessen, was erhoben wurde, konnte tatsächlich ausgewertet werden. Wie die Verhältnisse sind, werden sie auch nie ausgewertet werden; angesichts der gewaltigen Schwierigkeiten, einigermaßen zuverlässige und hochwertige Daten zum ungesteuerten Spracherwerb zu bekommen, ist dies sicher eine Verschwendung von Zeit und Geld. Wenn man den gesamten Erwerbsprozess von erwachsenen Arbeitern in den Griff bekommen möchte, müsste man hingegen sehr viel mehr Daten haben: 48 von damals rund 4.000.000 ausländischen Arbeitern ist nämlich nicht viel, zumal die meisten nur einmal aufgenommen wurden, nur zwei Sprachen berücksichtigt sind und zweifellos eine Fülle weiterer kausaler Faktoren als die in Abschnitt 5.5 genannten eine Rolle spielt.

Das Fazit ist, dass ein Projekt von der Größe des HPD bestenfalls eine Schneise ist, die man in das damals fast völlig unerforschte Gebiet des ungesteuerten Zweitspracherwerbs schlagen konnte. Anderes musste folgen, oder hätte folgen müssen.

# 6 Einige Ergebnisse

Das Projekt hat eine Fülle von Ergebnissen erbracht, deren Kurzdarstellung allein für den Bereich „Linguistische Analyse" im Abschlussbericht gut 60 Seiten füllt. Im Folgenden greife ich in knapper Form einige typische heraus.

## 6.1 Phonetik/Phonologie

Hier mussten wir uns auf einige exemplarische Untersuchungen bei spanischen Informanten beschränken. Schon ein erstes Abhören der Daten zeigt, dass die Lautgestalt der Lernerformen einer starken Entwicklung unterliegt; zu Beginn ist sie oft so abweichend, dass sie für einen Deutschen nur schwer, wenn denn überhaupt verständlich ist, beispielsweise [χaʀ] für „Harz", [əsna] oder auch [nap] für das relativ häufige Wort „Schnaps" (die phonetische Notation ist grob). Generell geht die Entwicklung nicht zur hochdeutschen, sondern zu einer dem regionalen Dialekt angeglichenen Form. Es zeigt sich jedoch, dass eine tatsächliche Angleichung an diesen Dialekt sehr spät erfolgt. Dies lässt darauf schließen, dass die Lautentwicklung sehr lange von Prinzipien bestimmt wird, für die relative feine Differenzierungen in den Varietäten des Deutschen irrelevant sind. Die Befunde legen die Annahme nahe, dass die „perceptual saliency" ein entscheidender Faktor ist. Starke Differenzen werden, weil perzeptuell leichter erfassbar, relativ rasch abgebaut. Die größte Lernschwierigkeit stellen somit im lautlichen Bereich der perzeptuell schlechter erfassbaren *geringen* Unterschiede dar. Bevor man in das Problem gerät, etwas richtig auszusprechen, muss man es zuerst einmal richtig gehört haben. Dies steht in klarem Gegensatz zu seinerzeit gängigen Annahmen der „kontrastiven Grammatik". Näheres findet sich in Klein (1976) und ausführlicher in Tropf (1983).

## 6.2 Morphologie

Der Erwerb der Flexionsmorphologie (nur um diese geht es hier) ist ein Lieblingskind des Sprachunterrichts und auch der einschlägigen Forschung zum gesteuerten Zweitspracherwerb. Das hängt zum einen damit zusammen, dass sie in den gängigen Grammatiken umfassend dargestellt ist, und zum andern damit, dass man „Fehler" leicht zählen kann: nicht *tragte*, sondern *trug*, nicht *sug*, sondern *sagte*. Das Problem beim ungesteuerten Spracherwerb – eigentlich sogar bei jedem Spracherwerb – ist nun aber, dass die Lerner keine Flexionstabellen lernen, sondern man muss lernen, wie etwas ausgedrückt wird. Sie müssen beispielsweise auszudrücken lernen, dass es nicht um eine, sondern um mehrere Personen oder Sachen geht, oder dass das Geschehen vor der Sprechzeit liegt: *die Flexionsmorphologie zu lernen, heißt, die Verbindung von Morphemen mit bestimmten Bedeutungen zu lernen.* Was nun die Lerner in unserem konkreten Fall angeht, so ist durchaus nicht ausgemacht, ob in der Sprache ihrer sozialen Umgebung, immer dieselben Kategorien ausgedrückt werden wie in der deutschen Standardsprache. Wenn also jemand immer schön *trug* und *sagte* etc. sagt, so bedeutet das überhaupt nicht, dass er die deutsche Flexionsmorphologie beherrscht. Es ist zwar nicht sehr wahrscheinlich, dass z. B. die Heidelberger Dialektsprecher eine andere Kategorie von Pluralität haben als die Spanier oder Italiener; aber es ist keineswegs klar, ob die unterschiedlichen Verbformen in Erzählungen persönlicher Erlebnisse eher einen Aspekt oder ein Tempus zum Ausdruck bringen. Man darf daher nicht nur die Variation in den Formen betrachten, sondern man muss untersuchen, wie sie beispielsweise zeitliche und räumliche Relationen, Pluralität oder Modalität zum Ausdruck bringen. Dazu muss man freilich noch andere Möglichkeiten, solche Kategorien auszudrücken, als Flexionsmorpheme einbeziehen, beispielsweise Adverbien oder Präpositionen. Wir haben dies in späten Phasen des Projekts auch systematisch in Angriff genommen.

Selbst wenn man sich auf den in dieser Hinsicht relativ einfachen Fall der Numerusmarkierung beim Nomen beschränkt, ergeben sich praktische Probleme dadurch, dass man dafür mehr Daten braucht, als wir hatten. Man benötigt nämlich viele Belege *derselben* lexikalischen Einheit; das war aber bei unseren 15 Minuten Transkription nur selten der Fall. Wir haben dennoch beispielhaft die Numerusmarkierung bei sechs Informanten untersucht – je drei Italiener und Spanier auf syntaktisch anfänglichem, mittlerem und fortgeschrittenem Niveau. Dabei haben sich klar die folgenden Tendenzen abgezeichnet:

(1) Der Singular wird erwartungsgemäß nicht markiert.
(2) Beim Plural unterscheiden sich Italiener und Spanier, wie ja auch die Pluralbildung in beiden Sprachen verschieden ist:
  (a) Unabhängig vom syntaktischen Niveau verwenden die Italiener drei Bildeweisen, und zwar: unmarkiert; Markierung durch Schwa; Markierung durch [n], eventuell verbunden mit Schwa.
  (b) Bei den Spaniern gibt es erhebliche Unterschiede nach syntaktischem Niveau: auf Anfängerniveau wird der Plural nicht markiert, bei mittlerem finden sich zwei, bei fortgeschrittenem drei nicht ganz einheitliche Möglichkeiten.

Dies sind, wie gesagt, Tendenzen. Man kann aber mit einiger Sicherheit sagen, dass den Lernern die Pluralflexion kein Herzensanliegen ist; sie taucht lange nicht auf, und wo sie auftaucht, ist sie einfach. Das ist keine Ausnahme. Schon eine erste Durchsicht der Daten zeigt, dass die Flexionsmorphologie durchgehend spät erworben wird, wenn denn überhaupt. Das kann zwei Ursachen haben: möglicherweise ist die Flexionsmorphologie für die Kommunikation vergleichsweise belanglos und wird daher sehr spät oder gar nicht gelernt, wie ja auch bestimmte syntaktische Konstruktionen oder bestimmte Wörter nicht gelernt werden, weil sie für die Kommunikation nicht wichtig sind; oder aber die Flexionsmorphologie ist besonders ‚lernresistent‘, jedenfalls dann, wenn man sie aus dem Input, der Sprache der sozialen Umgegung also, herausdestillieren muss. Die morphologische Analyse sieht nicht sehr ertragreich aus. Für mich zumindest war sie jedoch ein Augenöffner, was den Spracherwerb angeht. Die Flexionsmorphologie wird in ihrer Wichtigkeit für die Verständigung völlig überschätzt; sie ist zu einem nicht geringen Teil rein dekorativ. Das gilt nicht nur für Lernervarietäten, sondern auch für die Standardsprache. Schließlich hat man wenig davon, dass man zwischen *ein rotes Buch, ein roter Hut, der rote Hut, den roten Hut, mit einem roten Hut, mit rotem Hut, ohne roten Hut* unterscheidet, wo ein Engländer einfach immer *red* sagt. Dasselbe gilt für die Genusunterscheidung: viele Sprachen kommen sehr gut ohne aus. Man kann daraus allerdings nicht den Schluss ziehen, dass man im Unterricht keine Flexionsmorphologie oder keine Genusunterscheidung lehren muss. Auch wenn sie für die Kommunikation eher unwichtig ist, stechen Verstöße sofort ins Auge; sie kennzeichnen den Sprecher als jemanden, der es nicht kann.

## 6.3 Syntax I: Konstituenten

In diesem Bereich hat das Projekt nach meiner – nicht von allen geteilten – Ansicht die bedeutendsten Ergebnisse erzielt. Auf der Basis von je 100 Sätzen pro Sprecher wurde eine umfangreiche Varietätengrammatik ausgearbeitet, d. h. eine präzise, formale Beschreibung des jeweiligen syntaktischen Lernstadiums aller Informanten (wobei die Wortstellung jedoch separat beschrieben wurde, siehe Abschnitt 6.4). Die Grundidee besteht darin, (a) alle auftretenden Regeln durch eine gemeinsame Grammatik – in unserem Fall eine sehr einfache Phrasenstrukturgrammatik – zu beschreiben, und (b) jede Regel für jeden Sprecher je nach Vorkommenshäufigkeit durch eine Zahl zwischen 0 und 1 zu *gewichten*: 1 bedeutet dabei „ist obligatorisch“, 0 bedeutet „kommt nicht vor“, und das syntaktische Niveau zeigt sich als Unterschied zwischen diesen beiden Extremen, dies im Vergleich mit den entsprechenden Werten für die Heidelberger Dialektsprecher. Diese „dynamische Grammatik“ ist vollständig wiedergegeben in Klein & Dittmar (1979, Kapitel 7).

Die Varietätengrammatik ist eine sehr klare, explizite und präzise Methode; sie ist allerdings nicht sehr anschaulich, und eigentlich genauer, als man es gerne hätte (etwas, was nach meiner im Laufe der Jahre gereiften Ansicht auch für andere Bereiche der formalen Linguistik, sei es in der Syntax oder in der Semantik, gilt). Im Folgenden sind die zentralen Ergebnisse in sechs sich ein wenig überschneidenden Punkten zusammengefasst. Es ist zu beachten, dass Wörtern wie „überwiegend, relativ stark" usw. eine präzise Grundlage haben: hinter jedem dieser Ausdrücke steht eine genaue Zahl; so bildet beispielsweise der schwächste Lerner 71 % seiner Propositionen ohne ein grammatisches Subjekt.

1.  Propositionen
    (a) Propositionen werden zunächst überwiegend ohne Verb und Subjekt gebildet.
    (b) Der am weitesten fortgeschrittene Lerner bildet seine Propositionen *immer* mit Verb oder Copula und explizitem Subjekt. (Man erinnere sich daran, dass ein pronominales Subjekt im Italienischen und Spanischen ausgelassen werden kann).
2.  Verbalphrase
    (a) Das lexikalische Verb wird vor der Kopula und den Modalverben erlernt. Das Auxiliar wird nach diesen dreien erlernt. Sehr spät erst erst werden komplexe Konstruktionen gebildet, in denen Modalverben und Auxiliare zusammen mit einem lexikalischen Verb oder der Kopula auftreten.
    (b) Als Ergänzungen des Verbs treten in der frühen Lernphase überwiegend *eine* Nominalphrase bzw. eine Adverbialphrase auf. Mit fortschreitendem Niveau werden dann mehrere solcher Phrasen verbunden (ist nicht verwunderlich).
3.  Nominalphrase
    (a) Lexikalische Nominalphrasen gehen pronominalen voraus, Nominalsätze kommen, wenn überhaupt, sehr spät.
    (b) Anfangs finden sich ausschließlich einfache Nomina. Die ersten Erweiterungen sind Quantoren und Numeralia. Sie treten zunehmend zugunsten von Artikeln, Demonstrativ- und Possessivpronomina zurück.
    (c) Attribute werden anfangs ausschließlich als – meist unflektierte – Adjektive realisiert. Attributive Propositionalphrasen und Relativsätze treten erst spät auf.
4.  Adverbiale
    (a) Adverbiale werden im Anfangsstadium fast ausschließlich als reine Nominalphrasen realisiert. Bei vorangeschrittenen Lernern verschwinden sie zugunsten von einfachen Adverbien, Präpositionalphrasen und Adverbialsätzen.

5. Präpositionalphrasen
   (a) Präpositionalphrasen in adverbieller Funktion treten vor solchen in attributiver Funktion auf.
   (b) Lexikalische Präpositionalphrasen kommen vor pronominalen.
6. Subordinationen

In klarer Reihenfolge kommen Adverbialsätze (früh), dann Nominalsätze (spät) und schließlich Relativsätze (sehr spät). Während Adverbialsätze im Anfangs- und im ersten Zwischenstadium beschleunigt entwickelt werden, weisen Nominal- und Relativsätze zunächst eine mäßige bis retardierte Entwicklung auf, werden aber im fortgeschrittenen Stadium stark ausgebaut.

Man kann den Ausbau von Äußerungen etwa so zusammenfassen. Zunächst bestehen Sätze aus unerweiterten oder geringfügig erweiterten Nominalen und Adverbialen. Dann werden zunehmend lexikalische Verben angewandt, Sätze werden mit Subjekt gebildet, erste Pronomina verwendet. Das Verb wird durch Nominale und Adverbiale erweitert, die ihrerseits zunehmend komplexer werden. Nominalphrasen in adverbieller Funktion werden zunehmend durch präpositionale ersetzt. Adverbialsätze, die Kopula, Modalverben, pronominale Präpositionalphrasen in adverbieller Funktion und nominale Präpositionphrasen in attributiver Funktion stehen etwa in der Mitte der Entwicklung. Spät bzw. sehr spät erst gelangen Regeln zur Bildung von Auxiliaren sowie zur Erweiterung von Verben bzw. der Kopula um Modalverben und Auxiliare zur Anwendung. Ebenfalls spät bzw. sehr spät wird die Bildung von Nominal- und Relativsätzen sowie der restlichen Präpositionalphrasen gelernt.

Wir haben die genauen Werte der einzelnen Informanten zu den entsprechenden der Heidelberger Dialektsprecher in Bezug gesetzt. Dieser Vergleich, zu dem man die einzelnen Gewichtungen angeben müsste (vgl. dazu Klein & Dittmar 1978, Kapitel 7), macht die progressive Annäherung an die Zielvarietät plastisch.

Diese informelle Beschreibung lässt vieles unbestimmt, was in der Varietätengrammatik selbst sehr präzise ausbuchstabiert ist. Man muss sich ergänzend vorstellen, dass, wie in Abschnitt 6.2 ausgeführt, die gesamte Flexionsmorphologie zu Anfang völlig fehlt und nur sehr langsam aufgebaut wird.

## 6.4 Syntax II: Wortstellung

Unsere Analysen der Wortstellung konzentrierten sich auf die Position des Verbs in deklarativen Haupt- und in Nebensätzen; für Fragesätze und Imperativsätze war die Zahl der Belege zu gering. Wir haben alle Informanten nach Komplexität der Konstituentenstruktur in sechs Gruppen eingeteilt und sie mit den Heidelberger Sprechern verglichen. Das Ergebnis ist beklagenswert komplex und lässt sich nicht auf einige einfache Regeln bringen. Die in Meisel, Clahsen & Pienemann (1981), Clahsen, Meisel & Pienemann (1983) beschriebenen Abfolgen in der Satzstruktur finden sich in unseren Daten nicht. Einer der Gründe für das komplexe Bild ist, dass die Verben (und Copulae) am Anfang nicht als finit markiert sind. Im Deutschen verhalten sich aber finite und nicht-finite Verben unterschiedlich. Genau besehen gibt es im Deutschen – und so auch im Heidelberger Dialekt – keine Erst-, Zweit- und Endstellung des *Verbs*, sondern der *finiten* Komponente des Verbalkomplexes, während die lexikalische Komponente des Verbalkomplexes am Ende steht, sofern nicht beide zu einem Wort verschmolzen sind; in letzterem Fall ist die Finitheit für die Position maßgeblich. Ein zweiter Grund ist, dass sich offensichtlich andere als rein syntaktische Faktoren stark geltend machen, insbesondere die Informationsstruktur. Das ist aus heutiger Sicht keine neue Erkenntnis, hat aber in den seinerzeit herrschenden linguistischen Vorstellungen nur eine geringe Rolle gespielt.

Eine ganz zentrale Einsicht aus all diesen – hier nur umrissenen – Befunden war daher, dass man die Vorstellung einer „reinen Syntax", wie man sie etwa durch Phrasenstrukturgrammatiken oder auch Transformationsgrammatiken darstellt, aufgeben muss zugunsten einer Vorstellung, bei der sehr unterschiedliche Prinzipien der Äußerungsstruktur miteinander interagieren; dazu zählen nicht nur kategoriale Eigenschaften wie „ist ein Nomen, ist ein lexikalisches Verb usw.", sondern auch semantische Faktoren sowie die – ihrerseits komplexe – Informationsstruktur; all dies wirkt eng zusammen mit der sich erst allmählichen Entwicklung der Finitheit. Es war diese Einsicht, die in den Nachfolgeprojekten (siehe dazu Abschnitt 8) zu einer anderen Betrachtungsweise geführt hat.

## 6.5 Abhängigkeit des Syntaxerwerbs von außersprachlichen Faktoren

Die Varietätengrammatik charakterisiert jeden der 48 Informanten nach dem syntaktischen Entwicklungsstand und damit nach seinem Abstand von der Zielvarietät – der Sprachform der Heidelberger Dialektsprecher. Um ein einfaches Vergleichsmaß zu haben, wurden die acht wichtigsten Regeln – d. h. jene, die am häufigsten belegt sind und die stärksten Unterschiede zeigen – zu einem Kennwert, einem „syntaktischen Index", zusammengeführt. Dieser Wert wurde mit den neun in Abschnitt 5.6 genannten Faktoren wie Einreisealter, Herkunft

usw. in Bezug gesetzt. Dabei ergaben sich folgende, hier der Stärke nach geord-
nete Korrelationen[2]:

1. Kontakt mit Deutschen in der Freizeit   0.64
2. Einreisealter                           0.57
3. Kontakt mit Deutschen am                0.53
   Arbeitsplatz
4. Berufliche Qualifikation                0.42
5. Dauer des Schulbesuchs                  0.35
6. Aufenthaltsdauer                        0.28
7. Geschlecht                              n. s.
8. Muttersprache                           n. s.
9. Wohnsituation                           0.44

Geschlecht und Muttersprache haben nach unseren Ergebnissen also keinen nen-
nenswerten Einfluss auf die syntaktische Entwicklung. Das ist zumindest im Falle
der Muttersprache erstaunlich; aber vielleicht sind sich Italienisch und Spanisch
zu ähnlich. Der hier ans Ende gestellte Faktor „Wohnsituation" korreliert sehr
stark mit dem Faktor „Kontakt in der Freizeit" – es ist also wohl nicht die Wohnsituation als solche, sondern der damit zusammenhängende Sozialkonkakt.

An diesen Ergebnissen ist dreierlei bemerkenswert:

1. Der Kontakt in der Freizeit ist wichtiger als der Kontakt am Arbeitsplatz.
   Dies steht in klarem Gegensatz zu Angaben der ausländischen Arbeiter
   selbst, denen zufolge sie am Arbeitsplatz am meisten Deutsch lernen.
2. Das Einreisealter spielt eine sehr große Rolle; man beachte, dass alle Lerner
   bei der Einreise weit jenseits der Pubertät waren, d. h. eine klar umgrenzte
   „critical period" kann diesen Befund nicht erklären. Wir haben auch keine
   sonstige Erklärung dafür. Man lernt halt zunehmend schlechter.
3. Die Aufenthaltsdauer ist relativ unwichtig. Das bestätigt sich auch in vielen
   Einzelfällen. So haben z. B. zwei Informanten, den gleichen Entwicklungsstand, obwohl der eine zur Zeit des Interviews 8 Monate, der andere über
   sechs Jahre in Deutschland war; beide hatten, wie alle untersuchten Informanten, keinen Unterricht. Eine genauere Analyse zeigte, dass die Aufenthaltsdauer nur in den ersten beiden Jahren eine gewisse Rolle spielt;
   danach wird sie von anderen Faktoren in den Hintergrund gedrängt.

---

**2** Als Maß wurde der sogenannte $\eta$-Koeffizient verwendet, der sich besonders gut für Korrelationen zwischen unabhängigen topologischen Variablen (den neun Faktoren) und metrischen
Variablen (dem syntaktischen Index) eignet. Genauere Angaben und eine ausführliche Diskussion finden sich in HPD (1976, Kapitel 6).

Es ist natürlich nicht auszuschließen, dass es noch andere Faktoren gibt, die wir nicht erfasst haben.

## 6.6 Lexikalische Entwicklung

Es war geplant, die Entwicklung einzelner geschlossener Wortklassen einerseits und die einzelner semantischer Bereiche in den offenen Wortklassen anderseits zu untersuchen. Was plant man nicht alles. Weder in der Erstspracherwerbsforschung noch in den vielen Arbeiten zum Spracherwerb in der Schule gab es seinerzeit Modelle, auf die man sich bei der Analyse unserer Daten hätte stützen können. Wir haben immerhin eine Reihe von Studien zu Personalpronomina, Präpositionen, Satznegation, Modalverben, Verben der Fortbewegung und Verben der Sinneswahrnehmung durchgeführt. Im folgenden werden exemplarisch die Ergebnisse zu den Modalverben und den Personalpronomina zusammengefasst, dies vor allem im Hinblick darauf, was man daraus für die weitere Forschung lernen kann (oder zumindest, was ich daraus gelernt habe).

### 1 Modalverben

Untersucht wurde das Vorkommen der sechs Modalverben *wollen, können, müssen, sollen, mögen, dürfen* in denselben 100 Sätzen pro Sprecher (auch der Heidelberger Dialektsprecher), die der syntaktischen Analyse zugrunde lagen. Die Lerner wurden dabei nach dem Grad ihrer Annäherung an die Heidelberger Sprecher gemäß dem syntaktischen Index in vier Gruppen I–IV eingeteilt. Es ergab sich, dass *sollen, mögen, dürfen* in allen Gruppen, auch den Heidelbergern, selten sind oder – dies in den schwächeren Lernergruppen I und II – gar nicht vorkommen. Hingegen sind *wollen, können, müssen* in I und II zwar auch noch selten, werden dann aber sehr häufig. Dies gilt besonders für *müssen*; dabei wird die Bedeutung – wie auch bei *wollen* – etwas weiter gefasst als im Deutschen. Die Details dazu finden sich in Dittmar (1979). Hier will ich nur auf ein Faktum eingehen, dass in meinen Augen zu den Schlüsselerkenntnissen unserer Analysen zählt.

Im Verlauf eines Gesprächs mit einem spanischen Informanten (Gruppe III) fiel den Interviewern der häufige und oft schwer verständliche Gebrauch von *muss* auf. Sie baten daher den Informanten um eine Übersetzung ins Spanische,

die er – zur Erleichterung der Verständigung – spontan gab. Für die fünf links
(hier der Einfachheit halber in Orthographie) aufgeführten Sätze gab er die folgenden spanischen Äquivalente:

(1) ich muss gesehen      –     yo lo he visto (ich habe es/ihn gesehen)
(2) ich muss fragen       –     yo digo (ich sagte (es))
(3) ich muss arbeiten     –     yo trabajo siempre (ich arbeite immer)
(4) ich muss nachhause   –     yo tengo que ir a mi casa (ich muss zu
     gehen                         meinem Haus gehen)
(5) ich muss zurück nach   –     yo volveré a Espana (ich werde nach Spanien
     Spanien                      zurückkehren)

Nur bei (4) entspricht sein Gebrauch von *muss* der üblichen deutschen Bedeutung; in (1) entspricht es (annähernd) einem Perfekt, in (2) einem Präteritum,
und in (3) vielleicht einer habituellen Verwendung. Angesichts des Umstands,
dass der Lerner ansonsten überhaupt keine Tempusmarkierung, ja, überhaupt
keine Verbflexion hat, ist es vielleicht auch völlig redundant.

Wir haben daraufhin sämliche Vorkommen von *müssen* durchgesehen und
seine Bedeutung aus dem Kontext zu erschließen versucht. Dabei zeigt sich in der
Tat vor allem bei Gruppe III eine große Häufigkeit, weit höher als bei den Dialektsprechern, und eine sehr globale Bedeutung. Zu dieser Zeit beginnen die Lerner
auch finite Verbformen zu verwenden. Es liegt daher der Gedanke nahe, dass die
Lerner so ihre mangelnde Beherrschung der Verbflexion kaschieren: *ich muss fragen* klingt perfekt, auch wenn es nicht bedeutet, was es zu bedeuten scheint.
Dafür spricht auch, dass die erste und die dritte Person Singular bei *müssen* gleich
ist und das finale *-t* in der zweiten Person in gesprocher Sprache nicht sehr salient
ist, sodass vielleicht der gesamte Singular als formgleich wahrgenommen wird. In
der Tat haben alle 88 Vorkommen in den drei unteren Lernergruppen die Form
[mus], gelegentlich auch [musə]. Das gibt der Annahme eine gewisse Plausibilität.

Wenn das in der Tat so ist, dann folgt daraus etwas sehr Wichtiges: *Man
darf formal völlig richtige Äußerungen nicht nach dem Augenschein beurteilen
(„closeness fallacy"), insbesondere nicht nach ihrer äußerlichen Ähnlichkeit zur
Zielvarietät: sie täuschen, aus welchen Gründen auch immer, manchmal eine
Sprachkompetenz vor, die nicht vorhanden ist. Es ist nicht so, wie es scheint.*

## 2 Personalpronomina

Im Rahmen der syntaktischen Analyse wurde auch die Entwicklung der Personalpronomina innerhalb der Nominalphrasen erfasst; jedoch wurde dort nicht
zwischen den einzelnen Pronomina unterschieden. Wir haben daher zusätzlich

den Gebrauch der Pronomina nach Person, Numerus und Kasus differenziert analysiert. Die wichtigsten Befunde waren die folgenden (ausführlich siehe dazu Klein & Rieck 1982):

(a) Die Wörter *ich* und *du* zählen zu den am frühesten erworbenen Wörtern überhaupt (nicht direkt überraschend).

(b) Die entsprechenden Pluralformen werden in den ersten Lernstadien oft durch die Singularformen ersetzt (schon eher überraschend).

(c) Akkusativformen sind bis auf die fortgeschrittensten Lerner sehr selten, während sich Dativformen auch in der unteren Hälfte finden.

(d) Die Pronomina der dritten Person fehlen in den unteren Zweitdritteln des Samples weitgehend bis völlig. Gelegentlich verwendet wird nur eine undifferenzierte Form des Subjektpronomens (*er*).

Beobachtungen dieser Art orientieren sich stark an der Art und Weise, wie die deutschen Personalpronomina in den gängigen Grammatiken beschrieben werden. Wir haben die Untersuchung später wiederholt, diesmal (a) mit stärkerem Fokus auf die deiktische oder anaphorische *Funktion* der Personalpronomina, (b) unter Einbezug der „d-Pronomina" (*er, sie es* vs. *der, die, das*), die gerade in der gesprochenen Sprache eine große Rolle spielen, und (c) unter Auswertung der spontanen Übersetzungen sowie einiger „Nachsprechtests", bei denen die Informanten gebeten wurden, einen deutschen Satz nachzusprechen; diese ergänzenden Daten waren nicht sehr systematisch erhoben worden, erwiesen sich aber auch so als sehr aufschlussreich. Was sich dabei ergeben hat, war weitaus interessanter. Es zeigt sich nämlich, dass die Informanten nicht einfach „Pronomina auslassen", sondern dass sie in ihren Varietäten kleine Systeme der deiktischen und anaphorischen Referenz aufbauen und dann allmählich verfeinern. Man kann die wesentlichen Befunde so zusammenfassen:

(a) Das deiktische System des Sprecherbezugs und des Hörerbezugs wird sehr früh erworben, allerdings undifferenziert nach Singular und Plural. Gelernt werden die Singularformen, diese allerdings seltsamer Weise in zwei Varianten: *ich – bei mir, du – bei dir*. Die Funktion dieser „*bei*-Formen" ist nicht eindeutig zu bestimmen. Es sind jedoch normalerweise keine Ortsangaben. Vielmehr scheint es so, dass der im Spanischen und Italienischen übliche Kontrast zwischen Nullform und explizitem Pronomen in der Lernersprache nachgespielt wird.

(b) Über die anderen deiktischen Formen kann man aufgrund dieser Daten nichts sagen. Aus anderen Quellen (teilnehmende Beobachtung) wissen wir jedoch, daß *das* auch frühzeitig deiktisch vorkommt; von den übrigen Formen der Deixis finden sich [dɔ:] „da, hier" und [jɛts] „jetzt" gleichfalls sehr früh. Man kann daher sagen, daß das elementare deiktische System der Lernervarietäten aus den Formen *ich, bei mir, du, bei dir, do und jätz* besteht.

(c) In den frühen Lernstufen werden die anaphorischen Pronomina ausschließlich durch *das* vertreten. Die übrigen anaphorischen Formen werden sehr spät und sehr rudimentär erlernt. Selbst die besten Sprecher bleiben deutlich hinter der Zielvarietät zurück.

(d) Die fehlenden anaphorischen Pronomina werden zum Teil, jedoch nicht völlig durch Wiederholung von Nomina ersetzt. Dieser Gebrauch wird allmählich abgebaut, aber von allen Sprechern (mit einer Ausnahme) wesentlich stärker genutzt als von den Dialektsprechern.

Auffällig ist, dass die Anaphorik spät und lückenhaft gelernt wird. Zwar sind anaphorische Elemente in den Ausgangssprachen Spanisch und Italienisch oft nicht obligatorisch; aber dies trifft zum einen auch auf die Pronomina der 1. und 2. Person Singular zu, und die werden gelernt, und es gilt zum zweiten meist nur für anaphorische Pronomina in Subjektfunktion; gerade die werden aber noch am ehesten gelernt. Letzteres kann nicht daran liegen, daß die betreffenden Formen in der Zielsprache nicht vorkommen; manche sind zwar tatsächlich selten; aber es werden auch häufig vorkommende schwer oder gar nicht gelernt. Ebenso kann es nicht an ihrer mangelnden Bedeutung liegen; es mag zwar sein, daß Anaphern oft kommunikativ weniger wichtig sind als z. B. Verben, aber viele Äußerungen sind ohne sie weithin unverständlich.

Diese Untersuchung, so lückenhaft die Resultate auch sind, war zumindest für mich ein Wendepunkt in der Art und Weise, wie man den ungesteuerten Spracherwerb betrachten soll:

> Man soll nicht danach suchen, was fehlt, auch nicht vorrangig danach, was anders ist als in der Zielsprache, sondern danach, wie die Lerner ihr eigenes System organisieren und wie ein solches System in ein anderes übergeht. Aus dieser Perspektive ist die Zielsprache letztlich nichts als ein Grenzfall einer Lernervarietät.

Unsere Studien zur Entwicklung des Lexikons waren erklärtermaßen nicht wie bei der Syntax flächendeckend gedacht, sondern sie hatten eher den Charakter von Sondierungen. Ihr Erkenntniswert liegt daher in meinen Augen nicht so sehr in den Einzelergebnissen, obwohl es die durchaus gegeben hat, sondern darin, dass sie eine andere Betrachtungsweise des gesamten ungesteuerten Spracherwerbs nahelegen. Bei dieser Betrachtungsweise geht es nicht darum, Abweichungen von der Zielsprache zu ermitteln, sondern darum, die Art und Weise zu verstehen, wie die Lerner in einer gegebenen Lernsituation ihre Sprachform organisieren, wie sie in sich systematische Lernervarietäten entwickeln und allmählich ausbauen. Dies war der Keim zu der Idee der „Basic Variety" (Klein & Perdue 1997, siehe dazu Abschnitt 8).

## 6.7 Kommunikatives Verhalten

Alle bisher skizzierten Ergebnisse beziehen sich auf das Repertoire an Ausdrucksmitteln, das die Lerner entwickeln, es ist „Systemlinguistik", wie man damals gerne gesagt hat. Das Repertoire zu lernen, ist aber nicht das Ziel der Lerner, sondern es ist etwas, was sich dabei ergibt – jedenfalls nicht, wenn man so lernt wie unsere ausländischen Arbeiter. Sie lernen aus der Kommunikation mit Deutschen für die Kommunikation mit Deutschen. Diese Kommunikation zu untersuchen, war daher, wie in 4.1 (3) gesagt, ein wesentliches Ziel des Projekts. Dazu wurden zum einen die Daten aus der teilnehmenden Beobachtung ausgewertet; die Ergebnisse finden sich in HPD (1975, 60–111) ausführlich dargestellt. Zum anderen haben wir autobiographische Erzählungen aus den Interviewdaten untersucht. Diese Wahl hatte drei Gründe:

- solche Erzählungen sind nicht allzu kompliziert, und sie sind verbreitet; es ist eine normale Fähigkeit, persönliche Begebenheiten erzählen zu können, sei es in einfacher, sei es in sehr elaborierter, schon fast kunstvoller Form;
- in unseren Daten fanden sich sehr viele solcher Erzählungen;
- es gibt eine praktisch gut anwendbare Analysetechnik: Labov & Waletzky (1968).

Im Folgenden wird anhand eines Beispiels gezeigt, welche sozialen und kommunikativen Konsequenzen ein stark eingeschränktes sprachliches Repertoire auf eine solche Erzählung – in diesem Fall eher das Bemühen um eine solche Erzählung – hat. Der Erzähler, den wir hier Pascual nennen, ist Spanier; er nimmt unter den 48 Informanten auf der Skala syntaktischer Fertigkeiten den drittletzten Rang ein. Die meisten seiner Äußerungen, nämlich 68 %, haben kein Verb, und nur die Hälfte ein Subjekt – d. h. eine Nominalphrase, die man am besten als ein solches Subjekt interpretiert. Soweit Verben vorkommen, sind sie nicht flektiert, haben aber meist (91 %) eine Ergänzung, und zwar entweder eine Nominal- oder Adverbalphrase. Erstere besteht meist (57 %) aus einem einfachen Nomen oder einem Pronomen. Erweiterungen bestehen aus Zahlwörtern, Quantoren (*viel, alles*) oder einem unbestimmten Artikel (den man vielleicht auch als Zahlwort deuten kann). Subordinationen treten nicht auf. Adverbialphrasen bestehen weitgehend aus einfachen Adverbien oder Quantoren (*oft, immer*). In seinen 100 Sätzen kommt nur einmal eine Präposition vor.

Das Interview fand in seiner Unterkunft, einem Wohnheim statt, wo er unter spanischen Kollegen lebt. Bevor die folgende Passage einsetzt, hatte sich der Interviewer (I) schon über eine Stunde mit Pascual (P) und einem spanischen Freund (F) unterhalten. Pascual hat gerade eine Flasche Wein angeboten; das erinnert ihn offenbar an ein Erlebnis beim Zoll auf der Einreise von der Schweiz nach Deutschland (seine Äußerungen sind hier in einer etwas vereinfachten IPA-version wiedergegeben – die Vokale sind durchweg offen; [...] sind Erläuterungen, die Satzzeichen sollen das Verständnis etwas erleichtern):

P  [lacht]

F               en la duana, en la duana

I                                          ja, Zoll

P  sɛn pakɛtə, sɛn pakɛtə, gu:, a: [acht] pakɛtə mɛa. uai drais [32] marko

F                                                      zvaiundraisi

un fufsiç ain    kolɛga abə fufsiç

P                          a: pakɛtə, a: pakɛtə, a: pakɛtə mɛa sɛn ma-, sɛn

pakɛtə ni:

I                        ist gut, ja, ist frei

P                                      tɔ [Zoll] ja – a: pakɛtə mɛa, əuai drai

I  zweiundreißig Mark

P                          uaidraisi: marko [kurze Pause]

P  fiə pakɛtə fiə marko    ainə pakɛtə[3] fiə marko [gemeint ist: 4 Pakete zu je 4 Mark]

I  Er hat das bezahlt?

F                          dɛs bətsal svaiədraisiç [er hat 32 bezahlt]

I  zweiunddreißig Mark, er hat 18 Pakete gebracht

P                                  marko a: pakɛtə uaidraisə

I  Zehn sind frei, und für die acht hat er 32 Mark bezahlen müssen [aha!]

P  sɛn pakɛtə flai, oa [oder/aber?] no mɛa, a: pakɛtə mɛa uaidraisə marko y yo digo    [und

ich sagte] „rau   [rauche/brauche?] tabako y bai polisai dice [sage]   „nai nai bəsal"

I  Welche Polizei?

P                  doitʃə, doitʃə

I                          Wo?

P                              basə   basə   basə   [Basel]

I  Aussteigen, Kofferraum, Kofferraum gucken?

---

**3** Hier sieht man, dass er zwar die deutsche Pluralform „Pakete" verwendet; das ist aber keine Pluralmarkierung – es gibt keine Opposition zwischen „Paket" und „Pakete".

P                                    ja, alə, alə como se llama? [wie heißt
das?] taʃə,        alə, ja „taʃə" [macht im Falsett die Entdeckerfreude der Polizei nach]
I   gucken?
P                 kukə, kukə
I   Gauner!
P                 gauna, ja, alə taʃə, alə trenta dos marcos mas [nochmal 32 Mark]

Was er zum Ausdruck zu bringen versucht, ist, wie die deutsche Polizeit ihn er-
tappt hat, als er mehr Pakete Zigaretten als erlaubt über die Grenze zu schmug-
geln versuchte und dafür 32 Mark Zollgebühren zahlen musste. Dafür reicht sein
Wortschatz natürlich nicht aus, und das lässt sich in diesem Fall auch durch Ges-
ten und die Hilfe der anderen Anwesenden nur begrenzt ausgleichen.

Dies ist ein extremes Beispiel, das aber schlagend die kommunikativen Probleme der ausländischen Arbeiter selbst in einer von Wohlwollen bestimmten
Kommunikationssituation vor Augen führt. Seine Erlebnisse zu erzählen ist P
ein Bedürfnis. aber seine geringen Sprachfertigkeiten wirken sich auf das Verhalten der Angesprochenen so aus, dass sie ihre Interpretationsbemühungen allmählich aufgeben und die Kommunikation mit den Lernern aufgeben. Alle von
uns untersuchten Erzählungen mit Ausnahme der ganz fortgeschrittenen sind
durch ähnliche Probleme gekennzeichnet. Die „Normalform" einer persönlichen
Erzählung im Sinne von Labov & Waletzky lässt sich daher gar nicht durchhal-
ten, auch wenn sich das im Lauf der weiteren Entwicklung schrittweise verbessert. Ausführliche Analysen weiterer, komplexerer Erzählungen finden sich in
Dittmar & Thielicke (1979) und in Wildgen (1977, 1978).

# 7 Pädagogische Implikationen

Es war ein erklärtes Ziel des Projektes – für einige der Mitarbeiter sogar das wichtigste – über die Erforschung des ungesteuerten Spracherwerbs hinauszugehen
und einen Beitrag zur Verbesserung der Sprachfähigkeiten ausländischer Arbeiter
zu leisten. Dieses Ziel wurde nicht erreicht, so wie wir uns das vorgestellt hatten.
Bevor ich auf die Gründe komme, sei zuächst darauf verwiesen, dass das Projekt
eine ganze Reihe von Aufsätzen dazu veröffentlicht hat: Dittmar & Wildgen (1975,
1977), Becker, Steckner & Thielicke (1978), Dittmar (1978), Dittmar & Rieck (1978).
Insbesondere hat es in einer längeren Arbeit (HPD 1978b) aufgrund der Forschungsergebnisse wie auch praktischer Erfahrungen – eine Reihe von Mitarbeitern
hat Sprachunterricht für spanische und italienische Arbeiter erteilt – Rahmenbedingungen für einen Sprachkurs entwickelt. Man kann also nicht sagen,

das dieses Projektziel vernachlässigt worden wäre. Dass es nicht so verwirklicht wurde, wie es wünschenswert gewesen wäre, hat äußere und innere Gründe.

Es war vorgesehen, das Projekt in der zweiten Phase (ab 1978) stärker an Fragen der didaktischen Umsetzung auszurichten. Ein entsprechend konzipierter Antrag vom September 1979 ist jedoch von den Gutachtern des Schwerpunkts „Sprachlehrforschung" – und zwar mit nachvollziehbaren Gründen – abgelehnt worden. Der oben erwähnte Rahmenplan (HPD 1978) ist in der Zeit zwischen Vorlage und Ablehnung des Antrags ausgearbeitet worden. Daraufhin hat das Projekt einen veränderten Neuantrag vorgelegt, der im Mai 1978 im Normalverfahren bewilligt wurde. Ein wesentlicher Umstand war dabei sicherlich, dass weite Teile der Sprachlehrforschung damals und, wenn mich der Eindruck nicht trügt, auch heute nicht auf diese Gruppe von Sprachlernern ausgerichtet sind. Letzteres hat sich rasch gezeigt, als sich seit 2015 viele mit viel Enthusiasmus, aber wenig Erfolg darum bemüht haben, Migranten die Grundkenntnisse der deutschen Sprache zu vermitteln.

Es soll auch nicht verschwiegen werden, dass der Projektleiter bei der Gewichtung von wissenschaftlichen und praktischen Zielen eine etwas andere Auffassung als die meisten sonstigen Mitarbeiter hatte. Dies betrifft nicht die grundsätzliche Vorstellung, dass es übergeordnetes Ziel sein sollte, eine Grundlage für einen effizienten Sprachunterricht zu schaffen, und auch nicht die Tatsache, dass der Stand der Forschung dies zumindest damals nicht zuließ. Es betrifft vielmehr die Frage, welche Konsequenzen man aus dieser Tatsache ziehen muss – mehr Grundlagenforschung oder stärkere Hinwendung zur Praxis? Ich komme auf diese Frage zum Schluss dieses Rückblicks noch einmal zurück.

# 8 Die Folgen

## 8.1 Resonanz

Das Heidelberger Forschungsprojekt Pidgin-Deutsch wurde viel gelobt und viel kritisiert. Für manche – nicht nur die Mitarbeiter – hat es einen fast legendären Status. Unter den kritischen Einwänden ist vor allem zu vermerken, dass der Ausdruck „Pidgin" aus mehr als einem Grunde fehlleitend war und dass es als Querschnittuntersuchung angelegt war, also nicht den Verlauf beim einzelnen Lerner nachgezeichnet hat. Der Lernfortschritt lässt sich so nur global als Annäherung zur Zielvarietät erfassen. Beide Einwände sind berechtigt.

Keinen großen Anklang hat die „Varietätengrammatik" gefunden, also der Versuch, formal präzise Grammatiken so fluid zu machen, dass sie auch Entwicklungen erfassen können, und dies in beliebiger Genauigkeit. Man könnte sagen, dass damals die Zeit nicht reif war. Aber sie ist auch nicht reif geworden, weil die Linguistik allgemein ganz andere Wege gegangen ist – die generative Grammatik späterer Zeiten war nicht mehr an formalen Grammatiken interessiert, und dort, wo formale Modelle verwendet werden, wie in der Semantik oder Computerlinguistik, geht es nicht um Entwicklungen, sondern um statische Vorstellungen von Sprache. Schade.

Das Projekt hat sich nach heutigen Standards nicht gut vermarktet: es wurde eine Menge veröffentlicht, aber das ist eher nebenher passiert. Keiner der Beteiligten war von dem Wunsch getrieben, in „top journals" zu publizieren und möglichst oft zitiert zu werden. Die Motive waren wissenschaftliche Neugier und der Wunsch, etwas Nützliches für Menschen zu tun, die sprachlich benachteiligt sind, beides bei den beteiligten Mitarbeitern in etwas unterschiedlicher Gewichtung. So sollte es nach meiner Ansicht auch heute noch in der Sprachforschung sein. Ist es aber nicht.

## 8.2 Folgeprojekte (ESF)

Der zentrale Gedanke des Heidelberger Projektes war es, den Spracherwerb Erwachsener in seinem natürlichen Umfeld zu untersuchen, also dort, wo er nicht durch einen bestimmten, mehr oder minder erfolgreichen Unterricht gesteuert wird. Sich in einer Sprache zu verständigen, gleich ob es die erste, die zweite oder die dritte ist, lernt der Mensch aber von Natur aus. Der Sprachunterricht, ohnehin in der Geschichte der Menschheit eine späte Erscheinung, kann lediglich versuchen, diesen natürlichen Prozess zu optimieren. Dazu muss man verstehen, wie der Mensch von Natur aus Sprachen lernt, und dazu muss man eben den ungesteuerten Spracherwerb untersuchen.

Mit diesem Gedanken hat das Projekt wenig Nachfolger gefunden. Bis heute befassen sich fast alle Untersuchungen des Zweitspracherwerbs Erwachsener damit, wie sich der Unterricht auswirkt. Dafür gibt es zumindest drei Gründe. Erstens ist es die natürliche Betrachtungsweise des Lehrers; der Sprachunterricht ist ein normativer Prozeß, und der Lehrer hat dafür Sorge zu tragen, daß der Schüler der Norm, so wie sie in den Grammatiken und den Wörterbüchern kodifiziert ist, so nahe kommt wie möglich. Daher muss ermittelt werden, wo und warum ein Schüler dieses Ziel verfehlt, beispielsweise indem man „Fehler" zählt und als mehr oder minder gravierend bewertet. Es ist zum zweiten aber auch die natürliche Sehweise all jener, die eine Fremdsprache im Unterricht lernen mussten – und das heißt eines jeden Sprachforschers. Sich von dieser Rotstift-Perspektive zu lösen, ist sehr schwer. Da ist eine Sprache, die in allen wesentlichen Eigenschaften klar festgelegt ist, man muß sie lernen, und man hat es, anders als beim Erwerb der Muttersprache, nicht so recht geschafft. Diese normative Erfahrung ist ohne Zweifel auch prägend für die Art und Weise, wie der normale Sprachwissenschaftler seinen Gegenstand betrachtet – die „Sprache" ist ein in sich geschlossenes, strukturell wohldefiniertes Wissenssystem. Zum dritten, und dies ist nach meiner Einschätzung der mit Abstand wichtigste Grund, erleichtert die „Ziel-Abweichung-Blickweise" dem Forscher seine Arbeit ungemein. Sie liefert ihm einen klaren Maßstab an die Hand, mit dem man Produktion und Verstehen des Lernenden messen kann – die Zielsprache, genauer gesagt, das, was anerkannte Grammatiken und Wörterbücher über diese Zielsprache sagen. Gemessen werden die Unterschiede zwischen dem, was der Lerner tut, und dem, was die festgelegten Normen der Zielsprache verlangen. Die klassische Methode der Zweitspracherwerbsforschung ist daher nach wie vor eine mehr oder minder subtile Verfeinerung des Rotstifts: Abweichungen werden kodiert, gezählt, statistisch ausgewertet und zu irgendwelchen Faktoren in Bezug gesetzt. Man zählt beispielsweise, wie oft spanische und wie oft französische Lerner des Englischen das Subjektpronomen auslassen („pro drop") oder wie oft sie eine solche Auslassung für fehlerhaft halten; ergibt sich dabei ein signifikanter Unterschied, so wird dies traditionell als Transfer oder, in generativer Sichtweise, als unvollkommenes Neusetzen eines Parameters gedeutet. Eine Alternative dazu ist, einzelne Abweichungen zu betrachten und zu erklären, wie sie zustandekommen, d. h. quantitatives Hypothesen-Testen läßt sich durch qualitative Betrachtungen ergänzen oder ersetzen; die zugrundeliegende Perspektive ist dieselbe. Bei weitem die meisten empirischen Untersuchungen zum Zweitspracherwerb gehen so vor, und dies entspricht auch durchaus etablierten wissenschaftlichen Standards. Allerdings besagen diese Untersuchungen wenig über das menschliche Sprachvermögen und das, was es leistet, wenn es unter normalen Bedingungen arbeitet. Im Unterricht wird dieses Vermögen nämlich auf einen Input angewandt, der dem Lernenden in didaktisch mehr oder minder sinnvoll aufbereiteter Form zugänglich gemacht wird. Solche Untersuchungen messen die Eigenschaften der menschlichen Sprachverarbeitung in einem dafür höchst untypischen Kontext, und sie messen zugleich den Effekt einer bestimmten Unterrichtsmethode. Daher erklären sie bestenfalls, wo und weshalb unsere spezies-spezifische Fähigkeit Sprachen zu lernen, unter ganz besonderen Bedingungen nicht funktioniert; sie tragen damit allenfalls indirekt etwas dazu bei, die spezifischen Gesetzlichkeiten des Spracherwerbs und die Beschaffenheit des menschlichen Sprachvermögens, das diesen Gesetzlichkeiten zugrunde liegt, zu verstehen.

Wenn man verstehen will, was tatsächlich die naturgegebenen Fähigkeiten sind, mit deren Hilfe man von Natur aus eine zweite Sprache lernt, dann muss man sie „im Feld" und nicht am grünen Tisch untersuchen. Das ist schwierig, und die Erfahrungen im Heidelberger Projekt haben es deutlich gezeigt; ein einziger Blick auf den – nun freilich besonders elementaren – Text in Abschnitt 6.7 führt es plastisch vor Augen. Dennoch haben sich einige auf diesen Weg gemacht, beispielsweise in dem von Jürgen Meisel geleiteten Projekt ZISA (siehe Meisel u. a. 1981, Clahsen u. a. 1983) oder etwas später von Stutterheim (1986). Mit Abstand das umfassende, direkt vom HPD inspirierte Vorhaben war das Projekt „Second language acquisition of adult immigrants", das von 1982 bis 1988 in fünf europäischen Ländern (England, Frankreich, Deutschland, Niederlande, Schweden) durchgeführt wurde. Eine zusammenfassende Darstellung, in der auch die insgesamt sechs Arbeitsgruppen und das konkrete Vorgehen beschrieben sind, findet sich in Perdue (1993). Finanziert wurde es von der *European Science Foundation* (ESF, Strassburg) und dem *Max-Planck-Institut für Psycholinguistik* in Nijmegen; bei letzterem lag auch die Gesamtleitung.

Anders als das HPD war das „ESF-Projekt", wie es nach dem Hauptmäzen meist genannt wird, von Anfang an längerfristig und mit insgesamt etwa 20 Mitarbeitern (die Zahl schwankte etwas) weitaus umfassender angelegt; es konnte daher sprachvergleichend und longitudinal vorgehen. Es wurde versucht, durch eine geschickte Verbindung von Ausgangssprachen (L1) und Zielsprachen (L2) die dadurch bedingte Variation möglichst gut zu kontrollieren. Dies führte zu folgender Verbindung:

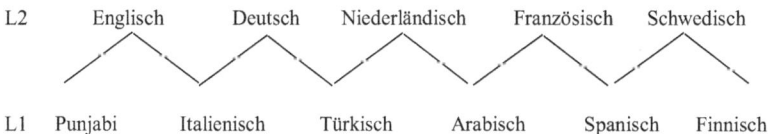

| L2 | Englisch | Deutsch | Niederländisch | Französisch | Schwedisch |
|----|----------|---------|----------------|-------------|------------|
| L1 | Punjabi | Italienisch | Türkisch | Arabisch | Spanisch | Finnisch |

Die Lerner waren erwachsene ausländische Arbeiter, die zu Beginn der Datenaufnahme möglichst keine oder allenfalls minimale Sprachkenntnisse in der L2 aufwiesen. Für jede Verbindung von L1 und L2 wurden jeweils vier solcher Lerner, insgesamt also 40, über zweieinhalb Jahre hinweg beobachtet. Es wurden Daten sehr unterschiedlicher Art erhoben; den Kern bilden Tonbandaufzeichnungen aus regelmäßigen Treffen im Abstand von maximal sechs Wochen. Diese Aufzeichnungen wurden verschriftlicht, auf Computer aufgenommen und nach verschiedenen Gesichtspunkten analysiert. Die Analyse konzentrierte sich auf sechs Themen: (a) Äußerungsstruktur (vgl. dazu Klein & Perdue 1992), (b) Ausdruck des Raumes (Becker & Carroll 1997), (c) Ausdruck der Zeit (Dietrich u. a. 1995), (d) lexikalische Entwicklung (Dietrich 1998) (e) Mißverständnisse und ihre Behebung (Bremer u. a. 1997) und schließlich (f) ‚feedback'- Verhalten. Im Folgenden beschränken wir uns auf den ersten dieser Bereiche, den Aufbau von Äußerungen, also das, was im HPD mit der Varietätengrammatik und flankierenden Untersuchungen unternommen worden war. Hier sind wir nach den Heidelberger Erfahrungen etwas anders vorgegangen. Die Grundidee war, möglichst wenig Annahmen vorab zu machen, insbesondere nicht die, dass die Äußerungen der Lerner schlechte Reproduktionen der Zielsprache sind, sondern möglichst unvoreingenommen zu schauen, wie die Lerner ihre Äußerungen „bauen" – was sind die elementaren Einheiten, wie werden sie zu komplexeren zusammengesetzt. Die Leitfrage war daher:

> *Was kennzeichnet die Struktur einer Lernervarietät zu einem gegebenen Zeitpunkt, und wie und warum geht diese Varietät nach einer bestimmten Zeit in eine andere über?*

Auf diese beiden Fragen gibt es keine einfache Antwort. Ein zentraler Befund ist jedoch, dass alle erwachsenen Lerner, gleich welcher Ausgangs- und Zielsprache, nach einer gewissen, von Fall zu Fall unterschiedlichen Zeit eine strukturell relativ geschlossene, in sich weitgehend konsistente Sprachform ausbilden – die *Basisvarietät* (*basic variety*). Diese Sprachform reich offenkundig für viele kommunikative Bedürfnisse aus. Für etwa ein Drittel der Lerner ist sie zugleich auch die Endstufe ihrer Entwicklung: die Basisvarietät „fossiliert" in struktureller Hinsicht; was weiter ausgebaut wird, ist lediglich der Wortschatz. Die übrigen Zweidrittel der Lerner weichen diese Varietät wieder auf und entwickeln sie allmählich in Richtung Zielsprache weiter, wobei kein Lerner der hier ja immerhin über drei Jahre beobachteten Gruppe diese ‚Endvarietät' erreicht. Man kann den Entwicklungsgang demnach in Frühstufen, Basisvarietät und Ausbaustufen gliedern. Sie lassen sich etwas vereinfacht wie folgt kennzeichnen:

A. *Vom Nullpunkt zur Basisvarietät.* Die frühen Lernervarietäten reflektieren die ersten Versuche des Lerners, aus dem, was er aus dem Input herausbrechen kann, einen gewissen Sinn zu machen. Relativ unabhängig von Ausgangs- und Zielsprache lassen sie sich durch fünf durchgängige Eigenschaften kennzeichnen (s. auch Perdue 1996):

(a) Sie sind ‚lexikalisch', d. h. sie bestehen aus einfachen Nomina, Adjektiven, Verben (dies seltener) und einigen wenigen Partikeln (insbesondere der Negation, meist in der satzwertigen Form *nein*).

(b) Oft werden lexikalische Einheiten oder ganze Konstruktionen aus der Muttersprache übernommen.

(c) Es gibt keine funktionale Morphologie, weder beim Nomen noch beim Verb. Dies schließt nicht aus, dass gelegentlich flektierte Formen auftreten; aber entweder gibt es dann nur eine solche Form (etwa die dritte Person

Singular), oder es gibt verschiedene Formen, aber diese werden in freier Variation benutzt.

(d) Wo Verben auftauchen, werden sie gleichsam wie ‚Nomina' benutzt – d. h. es gibt keine oder allenfalls anfängliche Anzeichen der strukturierenden Rolle von Verben, etwa im Sinne einer Rektion nominaler Argumente. Man kann daher von einem *nominalen Äußerungsaufbau* reden.

(e) Komplexe Konstruktionen sind weithin auf feste Wendungen beschränkt. Wo sie gelegentlich frei konstruiert werden, folgen sie eher pragmatischen als im engeren Sinne syntaktischen Prinzipien (etwa ‚neue Information folgt alter Information').

(f) Die frühen Lernervarietäten sind extrem kontextabhängig; diese Kontextabhängigkeit wird aber selten, etwa in Form anaphorischer Elemente, markiert; davon ausgenommen sind einige Deiktika wie *ich, du*, die früh auftauchen.

Auf dieser Entwicklungsstufe lassen sich kaum nennenswerte Einflüsse aus dem Erstsprachwissen auf die Struktur lernersprachlicher Äußerungen beobachten; einen massiven Transfer gibt es freilich in Phonologie und Lexikon. Ein typisches Beispiel für diese Entwicklungsstufe ist der folgende Ausschnitt, der aus dem von Norbert Dittmar geleiteten Projekt P-Moll stammt, das polnische und italienische Deutschlerner untersucht hat (Ahrenholz 2007, Skiba 1989):

> *das frau weg zuhause*
> *das frau problem*
> *einsam*
> *und essen weg*
> (Schumacher & Skiba 1992)

Ein gutes Beispiel wäre im Übrigen auch der in Abschnitt 6.7 zitierte Text des spanischen Lerners Pascal aus dem HPD-Projekt.

B. *Basisvarietät*. Die meisten Lerner schreiten recht schnell zur Basisvarietät weiter – einer vergleichsweise gut strukturierten Sprachform, die in der Tat viele Züge mit Pidgins teilt. Mit den frühen Lernerstufen hat die Basisvarietät das Fehlen flektierter Formen gemeinsam. Der Unterschied liegt – abgesehen von einem größeren lexikalischen Reichtum unter Einschluß einiger Funktionswörter – im Wesentlichen darin, dass die einzelnen Äußerungen nach klaren strukturellen Prinzipien aufgebaut sind. Eine solche Äußerung besteht im Wesentlichen aus einem Verb in einer Grundform (nicht unbedingt der Infinitiv) sowie einer Anzahl von diesem regierter Argumente. Die Basisvarietät ist daher durch einen *verbalen Äußerungsaufbau* gekennzeichnet. Sowohl die Struktur der einzelnen Argumente wie die des ganzen Satzes wird von einer Anzahl von

Prinzipien bestimmt, die von Ausgangs- und Zielsprache relativ unabhängig zu sein scheinen. Dabei interagieren phrasale, semantische und pragmatische Faktoren in flexibler Weise; diese wurde ausführlich in Klein & Perdue (1997) beschrieben; wir geben auch hier ein kurzes Beispiel:

> *allora* samstag
> abend ich mein freund essen in restaurant
> *un* flasche wein
> eine portion spaghetti
> eine fisch
> *poi* tanzen + in diskothek tanzen + damen
> hause schlafen
> (Italienischer Lerner, Dietrich u. a. 1995: 79 f)

C. *Von der Basisvarietät zu Zielsprache.* Etwa ein Drittel der Lerner bleibt auf der Ebene der Basisvarietät stehen; die weitere Entwicklung beschränkt sich auf den Ausbau des Wortschatzes und die effektivere, kontext- und situationsangepaßte Verwendung der Basisvarietät. Bei den übrigen Lernern schreitet die Entwicklung in sehr unterschiedlicher Form voran. Der wesentliche Schritt ist der Erwerb der Finitheit, der drastische Konsequenzen für die Struktur der Äußerung hat. Man kann daher von *finitem Äußerungsaufbau* reden. Die Entwicklung der Lerner, die sich auf diesen Weg machen, ist sehr uneinheitlich und stark durch idiosynkratische Eigenschaften der Sprache geprägt, die in der sozialen Umwelt üblich ist. Ein typisches Beispiel aus diesem Teil der Entwicklung ist das folgende:

> ich war in dem park
> dann sie kommt zu mir
> dann ich verstehe garnix
> aber deutsch
> wann sie sieht mich
> dann fragt mir ‚wo bist du'
> wir gehen jede tag hier
> dann sie will nach hause gehen
> (Türkische Lernerin, Dietrich et al. 1995)

Das ESF-Projekt war und ist bis heute die umfassendste Untersuchung des ungesteuerten Zweitspracherwerbs überhaupt; bemerkenswert ist übrigens, dass es in den USA kaum vergleichbare Studien gibt (eine Ausnahme ist z. B. Huebner 1983). In verschiedenen europäischen Ländern bildete sich eine Anzahl weiterer Arbeitsgruppen, die teils mit denselben, teils mit eigenen Daten arbeiteten, etwa in Berlin (Norbert Dittmar, Roman Skiba, Bernt Ahrenholz), in Pavia (Anna Giacalone Ramat, Marina Chini), in Bergamo (Giuliano Bernini), um nur drei zu nennen; so bildete sich nach Abschluss des eigentlichen ESF-Projektes ein europaweites Netzwerk, das weiterhin vom Max-Planck-Institut in Nijmegen koordiniert wurde und das bis etwa 2010 bestand; viele der ursprünglichen Arbeitsgruppen arbeiten jedoch bis heute weiter. Die Veröffentlichungen lassen sich kaum noch überschauen; schon um die Jahrtausendwende waren es über tausend. Eine gute Vorstellung vermitteln die Sammelbände von Giacalone Ramat & Crocco Galeas (1995), Klein (1996), Jordens & Lalleman (1996), Dittmar & Giacalone Ramat (1999), Wegener (1998), Hendriks (2005), Ahrenholz (2012) und Watorek, Benazzo & Hickmann (2012).

Dieser Forschungsstrom geht weit über das hinaus, was im HPD geplant war, und erst recht darüber hinaus, was dort erreicht worden ist. Aber es war der Keim.

# 9 Schluss

*In magnis et voluisse sat est.*

Ich glaube nicht, dass es in großen Dingen schon reicht, sie gewollt zu haben. Ich glaube aber, dass man eigentlich zufrieden sein sollte, einen Teil erreicht zu haben. Oder zumindest das zu glauben. Das HPD und die von ihm inspirierten Nachfolgeprojekte haben in meinen Augen mehr zum Verständnis dessen beigetragen, wie Erwachsene eine zweite Sprache lernen, als alle anderen Bemühungen in diese Richtung; es ist aber bei weitem nicht genug.

Mir selbst hat es auch die Augen in ganz anderer Hinsicht geöffnet, nämlich der, dass wir bei der Analyse der Sprache in den Fesseln einer alten, vom Griechischen und Lateinischen geprägten Tradition befangen sind, die uns einen freien Blick auf das verstellt, was tatsächlich der Fall ist. Seit den Zeiten der antiken Grammatiker gelten die beiden verbalen Kategorien Tempus und Aspekt als die beiden fundamentalen Ausdrucksmittel der Zeit in der Sprache, und die Zahl der Veröffentlichungen dazu ist Legion. Nun waren manche unserer Sprecher – nicht Pascual aus Abschnitt 6.7, sondern jene, die sich auf der Ebene der Basisvarietät befinden – sehr gute Geschichtenerzähler. Sie haben aber gar keine oder allenfalls eine rudimentäre Verbflexion. Offenbar braucht man weder Tempus noch Aspekt, sie sind allenfalls eine Hilfe. Deshalb muss der so wichtige Ausdruck der Temporalität in der Sprache ganz anders funktionieren und ganz anders betrachtet werden: man sollte nicht untersuchen, wie das Tempus-Aspekt-System gemäß Grammatik gelernt wird, sondern wie die Sprecher ausdrücken, wann etwas passiert, ob es früher, später oder gleichzeitig als ein anders Geschehen liegt, wie lange es gedauert hat und wann es abgeschlossen oder aber im Verlauf war. Und derlei gilt nicht bloß für die Temporalität. Man sollte sich als Linguist an die Maxime Wittgensteins halten, der in den *Philosophischen Untersuchungen* (§ 66) sagt: „Denk nicht, sondern schau!".

Zum nicht Erreichten unter dem Gewollten zählt sicher, was das Projekt zur Verbesserung des Sprachunterrichts für ausländische Arbeiter beigetragen hat. Dazu wurde bereits in Abschnitt 7 einiges gesagt, und ich will es hier nicht wiederholen. Vor allem will ich es auch nicht beschönigen. Auf der anderen Seite frage ich mich, in welchem Maß die Tausende und Abertausende von Aufsätzen und Büchern über den Sprachunterricht, die seither erschienen sind, dazu beigetragen haben, dass Kinder und Erwachsene nun fremde Sprachen besser lernen als früher. Weiß das jemand?

# Literatur

Ahrenholz, Bernt (2007): *Verweise mit Demonstrativa im gesprochenen Deutsch: Grammatik, Zweitspracherwerb und Deutsch als Fremdsprache*. Berlin: de Gruyter.

Ahrenholz, Bernt (Hrsg.) (2012): *Einblicke in die Zweitspracherwerbsforschung und ihre methodischen Verfahren*. Berlin: de Gruyter.

Becker, Angelika & Carroll, Mary (1997): *The Expression of Spatial Relations in a Second Language*. Amsterdam: Benjamins.

Becker, Angelika; Dittmar, Norbert & Klein, Wolfgang (1978): Sprachliche und soziale Determinanten im kommunikativen Verhalten ausländischer Arbeiter. In: Quasthoff, Uta (Hrsg.): *Sprachstruktur – Sozialstruktur: Zur linguistischen Theorienbildung*. Kronberg/Ts.: Scriptor, 158–192.

Becker, Angelika; Steckner, Wolfgang & Thielicke, Elisabeth (1978): Theoretisch-empirische Fundierung der Unterrichtspraxis für ausländische Arbeiter – aufgezeigt am Beispiel von drei Forschungsprojekten. In: Wierlacher, Alois (Hrsg.): *Deutsch als Fremdsprache*, Bd. 4., Heidelberg: Groos, 201–219.

Bremer, Katharina; Roberts, Celia; Vasseur, Marie Therese; Simonnot, Margaet & Broeder, Peter (1997): *Achieving Understanding. Discourse in Intercultural Encounters*. London: Longman.

Carroll, Mary, Dietrich, Rainer & Storch, Georg (1982): *Learner Language and Control*. Frankfurt: Lang.

Clahsen, Harald; & Meisel, Jürgen, & Pienemann, Manfred (1983): *Deutsch als Zweitsprache. Der Spracherwerb ausländischer Arbeiter*. Tübingen: Narr.

Clyne, Michael (1968): Zum Pidgin-Deutsch der Gastarbeiter. *Zeitschrift für Mundartforschung* 35, 130–139.

Dietrich, Rainer (1998): Communicating with Few Words. An Empirical Account of the Second Language Speaker's Lexicon. In: Dietrich, Rainer & Graumann, Carl-Friedrich (eds.): *Language Processing in Social Context*. Amsterdam: Elsevier Science Publisher, 233–276.

Dietrich, Rainer; Klein, Wolfgang & Noyau, Colette (1995): *Temporality in a Second Language*. Amsterdam: Benjamins.

Dittmar, Norbert (1979): Fremdsprachenerwerb im sozialen Kontext. Das Erlernen von Modal-verben. *In Zeitschrift für Literaturwissenschaft und Linguistik* 33, 84–103.

Dittmar, Norbert & Giacalone Ramat, Anna, (eds.) (1999): *Grammatik und Diskurs/Grammatica e discorso. Studi sull' acquisizione del italiano e del tedesco/Studien zum Erwerb des Deutschen und Italienischen.* Tübingen: Stauffenburg.

Dittmar, Norbert; Klein, Wolfgang (1975): *Untersuchungen zum Pidgin-Deutsch spanischer und italienischer Arbeiter in der Bundesrepublik. Ein Arbeitsbericht. In Jahrbuch für Deutsch als Fremdsprache* 1. Heidelberg: Groos 170–194.

Dittmar, Norbert & Rieck, Bert-Olaf (1976a): Syntaktische Merkmale des Pidgin-Deutsch ausländischer Arbeiter. *Grazer Linguistische Studien* 3, 36–53.

Dittmar, Norbert & Rieck, Bert-Olaf (1976b): Reihenfolgen im ungesteuerten Erwerb des Deutschen durch ausländische Arbeiter. In Dietrich, Rainer (Hrsg.): *Aspekte des Fremdsprachenerwerbs.* Kronberg: Scriptor, 119–145.

Dittmar, Norbert & Rieck, Bert-Olaf (1977): Datenerhebung und Datenauswertung im Heidelberger Forschungsprojekt „Pidgin-Deutsch ausländischer Arbeiter". In: Hess-Lüttich, Ernest & Lundt, Andre (Hrsg.): *Soziolinguistik und Empirie.* Frankfurt/M: Lang, 59–69.

Dittmar, Norbert & Rieck, Bert-Olaf (1978): Zum Sprachunterricht für ausländische Arbeiter. In: Kühlwein, Wolfgang & Radden, Günter (Hrsg.): *Sprache und Kultur.* Tübingen: Narr, 161–202.

Dittmar, Norbert & Thielicke, Elisabeth (1979): Der Niederschlag von Erfahrungen auslän-discher Arbeiter mit dem institutionellen Kontext des Arbeitsplatzes in Erzählungen. In: Soeffner, Hans-Georg (Hrsg.) (1979): *Interpretative Verfahren in den Sozial- und Textwissenschaften.* Stuttgart: Metzler, 65–103.

Dittmar, Norbert & Wildgen, Wolfgang (1975): Empirische Grundlagen des Sprachunterrichts für Arbeitsimmigranten. In: Arbeitsgemeinschaft der katholischen Studenten- und Hochschulgemeinden (Hrsg.): *Materialien zum Projektbereich ausländische Arbeiter*, Heft 11, 77–86.

Dittmar, Norbert & Wildgen, Wolfgang (1978): Empirische Grundlagen des Sprachunterrichts für Arbeitsimmigranten. In: Arbeitsgemeinschaft der katholischen Studenten und Hochschulgemeinden (Hrsg.): *Materialien zum Projektbereich „Ausländische Arbeiter",* Heft 11. 32–38.

Giacalone Ramat, Anna & Crocco Galeas, Grazia (eds.) (1995): *From Pragmatics to Syntax: Modality in Second Language Acquisition.* Tübingen: Narr.

Heidelberger Forschungsprojekt „Pidgin-Deutsch" (1975a): *Sprache und Kommunikation ausländischer Arbeiter. Analysen, Berichte, Materialien.* Kronberg/Ts: Scriptor.

Heidelberger Forschungsprojekt „Pidgin-Deutsch" (1975b): Zur Sprache ausländischer Arbeiter. *Zeitschrift für Literaturwissenschaft und Linguistik* 5, 8–121.

Heidelberger Forschungsprojekt „Pidgin-Deutsch" (1976): *Untersuchungen zur Erlernung des Deutschen durch ausländische Arbeiter.* Germanistisches Seminar der Universität Heidelberg.

Heidelberger Forschungsprojekt „Pidgin-Deutsch" (1977a): Transitional grammars in the acquisition of German by Spanish and Italian workers. In: Meisel, Jürgen (ed.): *Langues en contact – Pidgins – Creoles – Languages in contact.* Tübingen: Narr, 167–183.

Heidelberger Forschungsprojekt „Pidgin–Deutsch" (1977b): Aspekte der ungesteuerten Erlernung des Deutschen durch ausländische Arbeiter. In Molony, Carol, Zobl, Helmut & Stölting, Winfried (Hrsg.): *German in contact with other languages / Deutsch im Kontakt mit anderen Sprachen.* Kronberg: Scriptor, 147–183.

Heidelberger Forschungsprojekt „Pidgin-Deutsch" (1977c): *Die ungesteuerte Erlernung des Deutschen durch spanische und italienische Arbeiter. Eine soziolinguistische Untersuchung.* (Osnabrücker Beiträge zur Sprachtheorie, Beiheft 2). Osnabrück [auch in französischer und englischer Übersetzung bei der UNESCO Paris].

Heidelberger Forschungsprojekt „Pidgin-Deutsch" (1978): *Riflessioni sui i presuppositi e le basi linguistiche di un corso di tedesco per emigrati italiani nella Repubblica Federale Tedesca. ISFOL e ME/DI SVILUPPO.* Monografia progettuale 3. Roma/Milano.

Heidelberger Forschungsprojekt „Pidgin-Deutsch" (1978a): *Zur Erlernung des Deutschen durch ausländische Arbeiter: Wortstellung und ausgewählte lexikalisch-semantische Aspekte.* Heidelberg: Germanistisches Seminar.

Heidelberger Forschungsprojekt „Pidgin-Deutsch" (1978b): The aquisition of German syntax by foreign migrant workers. In: Sankoff, David (ed.): *Linguistic variation: models and methods.* New York: Academic Press, 1–22.

Hendriks, Henriette, (ed.) (2005): *The Structure of Learner Varieties.* Berlin: De Gruyter.

Huebner, Thom (1983): *A Longitudinal Analysis of the Acquisition of English.* Ann Arbor: Karoma.

Jordens, Peter & Lalleman, Josien (eds.) (1996): *Investigating Second Language Acquisition.* Berlin: de Gruyter.

Klein, Wolfgang (1974): *Variation in der Sprache.* Kronberg: Scriptor.

Klein, Wolfgang (Hrsg.) (1975): *Sprache ausländischer Arbeiter.* Göttingen: Vandenhoek.

Klein, Wolfgang (1976): Der Prozeß des Zweitspracherwerbs und seine Beschreibung. In: Dietrich, Rainer (Hrsg.): *Aspekte des Fremdspracherwerbs.* Kronberg: Scriptor, 100–118.

Klein, Wolfgang (1980): Argumentation und Argument. *Zeitschrift für Literaturwissenschaft und Linguistik*, 38/39, 9–57.

Klein, Wolfgang, Hrsg. (1996): *Zweitspracherwerb.* Stuttgart: Metzler.

Klein, Wolfgang & Dittmar, Norbert (1979): *Developing Grammars.* Heidelberg: Springer.

Klein, Wolfgang & Perdue, Clive (1992): *Utterance Structure.* Amsterdam: Benjamins.

Klein, Wolfgang & Perdue, Clive (1997): *The Basic Variety, or Couldn't Natural Languages be Much Simpler? Second Language Research* 13, 301–347.

Klein, Wolfgang & Rieck, Bert-Olaf (1982): Der Erwerb der Personalpronomina im ungesteuerten Spracherwerb. *Zeitschrift für Literaturwissenschaft und Linguistik*, 45, 35–71.

Labov, William & Waletzky, Joshua (1968): Narrative Analysis. In: Helm, June (ed.): *Essays on the Verbal and Visual Arts.* Seattle: University of Washington Press, 12–44.

Meisel, Jürgen, Clahsen, Harald & Pienemann, Manfred (1981): On determining developmental stages in natural second language acquisition. *Studies in Second Language Acquisition* 3, 109–135.

Miller, Max & Klein, Wolfgang (1981): Moral argumentations among children: A case study. *Linguistische Berichte*, 74, 1–19.

Perdue, Clive (ed.) (1993): *Adult Language Acquisition: Crosslinguistic Perspectives.* Cambridge: Cambridge University Press (2 Bände).

Perdue, Clive (1996): Pre-Basic Varieties: The first stages of second language acquisition. *Toegepaste Taalwetenschap in Artikelen* 55, 135–149.

Regan, Vera (ed.) (1998): *Contemporary Approaches to Second Language Acquisition in Social Context.* Dublin, University College Dublin Press.

Rieck, Bert-Olaf (1979): Fehler beim ungesteuerten Zweitspracherwerb ausländischer Arbeiter. In Cherubim, Dieter (Hrsg.): *Fehlerlinguistik.* Tübingen: Narr, 43–60.

Rieck, Bert-Olaf (1989): *Natürlicher Zweitspracherwerb bei Arbeitsimmigranten: eine Langzeituntersuchung.* Frankfurt/M: Lang.

Rieck, Bert-Olaf & Senft, Ingeborg (1978): The situation of foreign workers in the Federal Republic of Germany. In: Dittmar, Norbert; Haberland, Hartmut; Skuttnab-Kangas, Tove & Teleman, Ulf (Hrsg.): *Papers from the first Scandinavian-German Symposium on the language of immigrant workers and their children.* Roskilde: Rolig, 85–98.

Schumacher, Magdalene & Skiba, Romuald (1992): Prädikative und modale Ausdrucksmittel in den Lernervarietäten einer polnischen Migrantin. Eine Longitudinalstudie. *Linguistische Berichte* 142, 451–476.

Skiba, Romuald (1989): Funktionale Beschreibung von Lernervarietäten: Das Berliner Projekt P-MoLL. In: Reiter, Norbert (ed.): *Sprechen und Hören: Akten des 23. Linguistischen Kolloquiums*, Berlin. Tübingen: Niemeyer, 181–191.

Stutterheim, Christiane von (1986): *Temporalität in der Zweitsprache: Eine Untersuchung zum Erwerb des Deutschen durch Türkische Gastarbeiter.* Berlin: De Gruyter.

Tropf, Herbert (1983): *Variation in der Phonologie des ungesteuerten Spracherwerbs.* Phil. Diss., Universität Heidelberg.

Watorek, Marzena; Benazzo, Sandra, & Hickmann, Maya (eds.) (2012): *Comparative Perspectives on Language Acquisition: A Tribute to Clive Perdue.* Bristol: Multilingual Matters.

Wegener, Heide (Hrsg.) (1998): *Eine zweite Sprache lernen. Empirische Untersuchungen zum Zweitspracherwerb.* Tübingen: Narr.

Wildgen, Wolfgang (1977): Narrative Strukturen in den Erzählungen ausländischer Arbeiter. In: Klein, Wolfgang (Hrsg.) (1977): *Methoden der Textanalyse.* Heidelberg: Quelle und Meyer, 100–108.

Wildgen, Wolfgang (1978): Zum Zusammenhang von Erzählstrategie und Sprachbeherrschung bei ausländischen Arbeitern. In: Haubrichs, Wolfgang (Hrsg.) (1978): *Erzählforschung 3.* Göttingen: Vandenhoek, 380–411.

# Wolfgang Klein

## Vita

(Foto: privat)

Geboren am 3.2.1946 in Spiesen (Saarland), 1965–1970. Studium der Germanistik, Romanistik, Philosophie in Saarbrücken, dort 1970 promoviert mit einer computerlinguistischen Arbeit; 1970–1972 Mitarbeiter im SFB „Elektronische Sprachforschung" in Saarbrücken; 1972 Habilitation an der Neuphilologischen Fakultät der Universität Heidelberg und bis 1976 Professor (C3) am dortigen Germanistischen Seminar; 1976–1980 Professor (C4) am Deutschen Seminar der Universität Frankfurt, von 1977–1980 teilweise beurlaubt zur Mitarbeit an der Max-Planck-Projektgruppe „Psycholinguistik" in Nijmegen; 1980 Gründungsdirektor (mit Pim Levelt) des Max Planck-Instituts für Psycholinguistik ebendort; 2015 emeritiert. 1996 Leibniz-Preis der Deutschen Forschungsgemeinschaft; seit 1994 Mitglied der Berlin-Brandenburgischen Akademie der Wissenschaften, seit 1995 Mitglied der Deutschen Akademie für Sprache und Dichtung. Seit 1998 Leitung des „Digitalen Wörterbuchs der Deutschen Sprache" an der Berlin-Brandenburgischen Akademie der Wissenschaften (www.dwds.de). Etwa 300 Aufsätze und Bücher zu vielerlei Themen (www.mpi.nl/people/klein-wolfgang).

Mein Vater war ein Förster, und das Dorf, in dem ich geboren bin und bis 1970 gelebt habe, ist auf drei Seiten von Wäldern umgeben. Keiner meiner Ahnen außer einem Onkel hat je studiert, den Onkel habe ich nie kennengelernt, weil er schon 1943 gefallen ist. Auch meinen Vater habe ich nie kennengelernt, weil er schon zwei Wochen nach meiner Geburt verstorben ist, Kriegsfolgen. So bin ich im Haushalt eines Bergmanns aufgewachsen, deren es damals im Saarland viele gab. Das waren jene, die tagaus tagein 400 oder 800 Meter die Grube hinuntergefahren sind und dann in einem Stollen, manchmal 100 Meter lang und so hoch wie ein Tisch, das schwarze Gold abgebaut haben. Ich erzähle all dies hier, weil es meine Sicht auf die Sprache ausländischer Arbeiter geprägt hat, an deren erste ich mich noch gut erinnere, „Itaker", die bei der Arbeit manchmal gesungen haben. Man weiß daher von Innen, wie Arbeiter miteinander kommunizieren, und das ist oft nicht so, wie es sich die akademische Soziolinguistik vorstellt. Man weiß, wie es ist, wenn die eigene Sprache ein wenig verachtet wird, in meinem Fall ein massives „Platt" (Hochdeutsch aktiv zu gebrauchen habe ich erst mit 10 Jahren gelernt), und man weiß, wie es ist, wenn die eigene Sprache von der Obrigkeit mit Misstrauen betrachtet wird, denn das Saarland hat bis 1957 de facto zu Frankreich gehört, wo man mit Sprachregelungen nicht zimperlich ist. So fehlt einem der Sinn für Sozialromantik, und man denkt, dass es vor allem darauf ankommt, am Ende des Monats noch genug Geld zum Essen zu haben, und gelegentlich etwas mehr. Und man ist dankbar dafür, dass man dank einer zähen Mutter nicht tagaus tagein 400 oder 800 Meter in die Grube hinunterfahren muss, um in einem Stollen, manchmal 100 Meter lang und so hoch wie ein Tisch, Kohlen abzubauen, sondern dass man stattdessen Wissenschaftler werden darf und eine sprachliche Lebenswelt, die man kennt, rein aus wissenschaftlicher Sicht von Außen betrachten kann. Aber man weiß noch, wie sie sich von Innen anfühlt.

Norbert Dittmar

# Die Anfänge der Zweitspracherwerbsforschung in der BRD: die Gemengelage des gesellschaftlichen Umbruchs (1960er und 1970er Jahre) in ihren Auswirkungen auf einen soziolinguistischen Aufbruch am Beispiel der Projekte HPD und P-MoLL

## 1 Blick zurück nach vorn: Sollten Rückblenden Einfluss haben auf die Zukunftsorientierung der Forschung?

«Das kommt drauf an» ist meine ausweichende Antwort. Wissenschaftsgeschichtlich motivierte Rückblenden dienen der Standortbestimmung der Forschung zu einem bestimmten Zeitpunkt (z. B. Dittmar 2004). Welche ‚Qualitäten' früherer Forschung übernommen oder aufgegeben werden sollten, hängt von den angelegten Kriterien ab. Es gibt forschungsspezifische Fortsetzungsraster, die an vorher Erreichtes anknüpfen oder davon unabhängig neue Wege einschlagen. Kuhn (1962) weist daraufhin, dass etablierte Paradigmen oft verlassen und erst nach Jahrzehnten, wenn überhaupt, wieder aufgegriffen werden. Laufende Forschungen zur *Artificial Intelligence* und zu neurologischen Grundlagen des Lernens unterstreichen die wachsende Evidenz, dass ganz anders geartete Parameter für die Erklärung der Vielfalt von Lernprozessen verantwortlich sein können. Ob wir uns dafür entscheiden, eher soziale Aspekte der Forschung in den Vordergrund zu stellen oder Lernprozesse von Individuen zum Schwerpunkt machen mit dem Argument, dass ein höheres Niveau an Erklärung erreicht wird, hängt oft, wenn auch indirekt, mit der öffentlichen Aufmerksamkeit zusammen. Weil die übergreifende, gesellschaftspolitische Gemengelage theoretische und methodische Fokussierungen in der Forschung wesentlich beeinflussen (siehe Habermas 1973), werde ich einige Reflexionen dem gesellschaftspolitischen *Umbruch* widmen, der *grosso modo* in dem Jahrzehnt 1965–1975 grundlegende Veränderungen an den deutschen Hochschulen einleitete. Diesem Umbruch folgte ein dynamischer *Aufbruch*, dem ich am Beispiel der L2(Zweitsprach-)Erwerbsforschung und ihrer soziolinguistischen Inspiration nachgehe.

https://doi.org/10.1515/9783110715538-004

Das Bindeglied zwischen gesellschaftspolitischer Großwetterlage und lebens-
weltlicher Kleingruppenforschung einerseits, umfangreicheren, aber schnittmen-
genoberflächlichen statistischen Daten und authentischen Einzelbeobachtungen
andererseits ist die *autobiographische Fallstudie*. Auf dem Hintergrund dieser
Ressourcen sollen die konkreten Wertsetzungen und Handlungsmaxime zweier
L2-Erwerbsprojekte reflektiert werden. Ob eine solche Rekonstruktion eine *Kor-
rektur* der aktuellen L2-Forschung herausfordert, hängt von den subjektiven Be-
findlichkeiten der jeweils in einen komplexen gesellschaftspolitischen Kontext
eingebundenen Forscherpersönlichkeiten ab. Was die Erwartungen an die Ergebnisse meiner Studie angeht, hier meine *captatio benevolentiae*: Die gesellschaftspolitische Großwetterlage der 1960er und 1970er Jahre ist so immens komplex,
dass ich die bekannten Ereignisse knapp darstelle und nur in Ausnahmefällen
Literatur zitiere.[1] Die autobiographische Fallstudie dokumentiert m. E. einen typischen exemplarischen Einzelfall. Ich gehe davon aus, dass viele Studierende meiner Generation (akademische WeggefährtInnen) meine Erfahrungen teilen.

*Last but not least*: der amerikanische Soziolinguist Dell Hymes (1973) hat in
„The scope of sociolinguistics“ für das eine bestimmte gesellschaftspolitische
Zeitspanne prägende Geschehen den Begriff „Zeitgeist“ gewählt – ohne ihn aller-
dings genauer zu fassen. Meinen eigenen Beobachtungen nach überspannen
und dominieren eine kleine Anzahl gesellschaftspolitischer Themen eine histori-
sche Periode, deren Dauer durch Anfangs- und Endpunkte isoliert werden kann.
Zwischen *grosso modo* 1965 und 1975, ein Umbruchjahrzehnt der westlichen
Demokratien, dominierten die Themen *Vietnam-Krieg* und *Chancengleichheit* –
Oberbegriffe, mit denen zahlreiche hyponyme Themen gleichzeitig relevant gesetzt wurden.

# 2 Umbruch – das Jahrzehnt 1965–1975

Die Neuorientierungen der Universitäten in den siebziger Jahren haben ihre
Wurzeln in den Konflikten und gesellschaftspolitischen Veränderungen in den
Sechzigern. Die *gesellschaftliche Großwetterlage* stellt sich so dar:
- ‚Kalter Krieg‘ zwischen der westlichen mehr oder weniger kapitalistischen
  und der östlichen sozialistischen (kommunistischen) Welt. Die Rivalität
  erfasst die meisten Bereiche des Lebens (*Leuchtturm*: der technologische

---

1 Damit möchte ich, bei einem so komplexen, von Historikern vielseitig bearbeiteten Thema,
ideologischen Auseinandersetzungen aus dem Wege gehen, die ohnehin für die engeren Ziele
dieses Beitrags nicht relevant sind.

Wettlauf auf die erste Landung auf dem Mond). Die deutsche (und europäische) Jugend (die Nachkriegsgeneration), entdeckt jenseits der Modelle USA und SU neue dritte Wege, insbesondere die Entwicklungen in China und Kuba. Alternative gesellschaftliche Projekte (z. B. die Bewegung der *Barfussärzte* in China) wurden als hoffnungsvolle gesellschaftliche Weiterentwicklungen wahrgenommen, die mit diesen neuen Entwicklungen verbundenen Opfer (z. B. während der chinesischen Kulturrevolution) wurden ignoriert. Vor diesem Hintergrund entstand ein weitverbreiteter Optimismus, gesellschaftliche Veränderungen voranzutreiben und den Fortschritt dauerhaft gestalten zu können. Die gesellschaftspolitische Abrechnung der jungen Nachkriegsgeneration mit der ,alten Nazigeneration' trug zur Glaubwürdigkeit der neuen Orientierungen bei: durch einen schonungslosen Bruch mit der Kriegsgeneration Energien zu mobilisieren, eine neue, gerechtere, friedensorientierte Gesellschaft zu schaffen. Die Konfrontation der Nachwuchs- mit der Kriegsgeneration nahm besonders scharfe Konturen in der Auffassung über *Autorität* Gestalt an. Bedingungsloser Gehorsam, Werte hierarchischer Befehlsgewalt wurden gebrandmarkt. Die Auswirkungen zeigten sich am deutlichsten im universitären Bereich. Für die Nachkriegsjugend stand der Wert im Vordergrund, volle eigene Verantwortung für sich selbst zu übernehmen, den elterlichen Vorgaben und Ratschlägen eher zu misstrauen, sich möglichst selbständig mit allen sozialen Bereichen des Lebens auseinanderzusetzen und in ihnen sachkundig zu handeln.

– *Schwächeln* die westlichen Demokratien? Das zum Ende des zweiten Weltkriegs erscheinende und die europäischen Nationen aufrüttelnde Buch *Die offene Gesellschaft* von Karl R. Popper weist den Weg zu einer lebenswerten, verfassungsrechtlich fundierten Demokratie. Eine Rückkehr zur *wahren* Demokratie ist gerade in der nazibelasteten BRD, die sich dazu noch mit dem innerdeutschen Konkurrenten DDR auseinandersetzen muss, von zentraler Bedeutung. Britische Sozialpädagogen um Basil Bernstein belegen empirisch, dass die unteren Schichten (definiert nach Einkommen, Beruf und Bildung) sprachlich benachteiligt sind, der Aufstieg in andere Schichten wird durch die Sprache verhindert. Popper geht davon aus, dass die Demokratie als *offene Gesellschaft* durchlässig ist. Bernstein und seine KollegInnen bestreiten das (vgl. z. B. Bernstein 1964, 1971). Sie weisen nach, dass die britische *lower working class* im Vergleich mit der bürgerlichen Mittelschicht über ein kleineres Lexikon und ein eingeschränkteres Repertoire syntaktischer Regeln verfügt. Der *restricted code* der *working class* stelle, unabhängig vom IQ, eine *Behinderung* der Chancengleichheit dar. Der defizitäre Sprachgebrauch verhindere soziale Durchlässigkeit – zentrales Wesensmerkmal der „offenen" Demokratie – und zementiere soziale Ungleichheit.

- Mitte der sechziger Jahre hatte Georg Picht sein Buch *Die deutsche Bildungs-katastrophe* (1965) veröffentlicht, das die Politiker stets in ihrem Diplomaten-koffer mitzuführen pflegten und die LehrerInnen auf dem Nachtschränkchen neben ihrem Bett zu liegen hatten. Picht mahnte Nachholbedarf der Schulen und Universitäten in allen Fächern und Disziplinen an. Naziinspirierte Schul-, Lehr- und Handbücher seien nur eine Seite der katastrophalen Zustände, die andere sei die Verstaubtheit der Inhalte – modernes Wissen sei defizitär. Pichts Argumente führten zu einem radikalen Überdenken der schulischen und universitären Lehr- und Lernformen. Die Bildungskatastrophe und die damit verbundenen Ausprägungen sozialer Ungleichheit, deren sprachliche Anteile der Sozialpsychologe Ulrich Oevermann (vgl. Dittmar 1973) anhand einer monumentalen empirischen Studie nachwies, waren eines der Haupt-gesprächsthemen der siebziger Jahre in intellektuellen, schulischen und uni-versitären Milieus.

Die *hochschulpolitische Gemengelage* an den Universitäten lässt sich vor diesem Hintergrund etwa so charakterisieren:
- Dominantes Thema der akademischen Jugend ist der *Vietnam*-Krieg. Die in den Medien mit detaillierter Präzision verbreiteten Bilder brutalen Tötens und menschenrechtsverachtender Grausamkeiten schockieren die jungen Studierenden. Das Kriegsthema ,Vietnam' wird in alle Hörsäle, Seminare, Vorlesungen, Kolloquien, Gremiensitzungen getragen, die Lehre politisiert. Die Positionierung der Dozenten zum Kriegsgeschehen wird zum Kriterium ihrer ,Duldung' durch die Studierenden. Kriegsdulder bzw. sich unpolitisch Gebende werden boykottiert, oft scharf angegriffen.
- Die Studierenden fordern eine Umkehrung der traditionellen gesellschaftli-chen und akademischen *Werte* ein. Ihr Fokus gilt der Frage: was kann die Wissenschaft dazu beitragen, dass Unterdrückte befreit, bildungsferne Mi-lieus gefördert, soziale Gerechtigkeit „nach unten" und Chancengleichheit (*au pied de la lettre*) praktiziert wird? Weil viele Dozenten diesen neuen Auflagen an Erarbeitung und Anwendung von Wissen nicht nachkommen (können), machen sich die Studierenden daran, sich das neue fachliche und methodische Wissen in Arbeitsgruppen selbst eigenverantwortlich zu erarbeiten. Sachkundige Gruppen werden rasch Autoritäten, die mit den herrschenden Autoritäten, den Dozenten, in Konflikt geraten. Herkömmli-che Autoritäten, die sich dem neuen Wertekanon gegenüber indifferent oder ablehnend verhalten, werden (scharf) kritisiert. An den Universitäten bildet sich eine Art ,anti-autoritäres' Verhalten heraus.
- Lässt man aber mal die Aspekte der *Politisierung* beiseite, so leiden die Uni-versitäten im Laufe der sechziger Jahre auffallend und zunehmend an feh-

lenden und schlecht ausgebildeten Lehrkräften, Überfüllung der Studiengänge (z. B. philologische Fächer wie Germanistik, Anglistik, Romanistik), Mangel an Räumlichkeiten, veraltetem Lehrstoff und überholten Methoden. Hinzu kommt ein zu dieser Zeit typisch deutsches Problem: Es gibt wieder auferstandene ‚Nazis' unter den Professoren, die Lehrmaterialien sind noch nicht entnazifiziert, die akademische *Vätergeneration* der jungen Studierenden verkörpert immer noch – unbewusst? – die alte *Untertanenmentalität* (exemplarisch: der Assistent trägt dem Professor – es handelte sich in der Regel um Männer – die Vorlesungsmappe in den Hörsaal). Und gerade *weil* vielen Studierenden dies bewusst war oder wurde, schauten sie über den nationalen Zaun hinaus, um zu erfahren, welche demokratischen Regeln z. B. in England, Frankreich oder den Vereinigten Staaten Geltung hatten. Nach Poppers Kriterien kamen die USA dem Modell der *offenen Gesellschaft* am nächsten. *The American Academic Style* gewann an Prestige.
- Wie die Krise der Fächer, z. B. der Germanistik, und der Universitäten im Einzelnen ausfiel, verfolge ich hier nicht weiter. Einiges davon wird jedoch indirekt sichtbar, wenn ich mich mit dem Aufbruch der akademischen Institutionen im Rahmen der Reformuniversitäten beschäftige.

## Ein Umbruchprofil: die eigene Biographie als Fallstudie

Nach Schütz & Luckmann (1979) handelt es sich im vorliegenden Fall um den ‚Idealtypus' eines Philologiestudenten im Rahmen des akademischen Umbruchs der sechziger Jahre.

Nach einer zweijährigen Bundeswehrzeit begann ND[2] sein Studium der Germanistik und Slavistik 1965 in Freiburg (Breisgau). Er wechselte 1966 zur Romanistik, nachdem ein Antrag auf ein Stipendium in der Sowjetunion abgelehnt worden war. Über Hugo Friedrich bekam er ein einjähriges Stipendium für das Studienjahr 1967/68 in Aix-en-Provence (Frankreich), das er mit einem bachelorähnlichen ‚diplôme' (D.U.E.L.) abschloss. Während dieser Zeit nahm er aktiv an den Studentenprotesten in Aix-Marseille teil. Zur Zeit der Rückkehr nach Freiburg wurde er in die Studienstiftung des deutschen Volkes aufgenommen.[3] Politisiert in Aix engagierte sich ND in der romanistischen Fachschaft. Obwohl

---

**2** Warum benutze ich im Folgenden nicht einfach die *ich*-Form? Indem ich auf mich selber als „ND" und „er" referiere, möchte ich mich zu einer disziplinierten „Beobachtungsperspektive" von außen anhalten.

**3** Das ist erwähnenswert, weil ND's Vater ihm aufgrund gravierender politischer Meinungsverschiedenheiten die Zahlung des monatlichen Studiengeldes verweigerte. ND konnte mit dem

er Hugo Friedrich Dank für die Förderung schuldig war, schloss er sich der Kritik an ihm durch die Fachschaft an. Hugo Friedrich galt als bester Romanist weit und breit, seinen Vorlesungen folgten im Schnitt 200 bis 300 Studierende. Allerdings konnten die Lehramtsstudierenden nicht von den Vorlesungen profitieren, da Hugo Friedrich über mehrere Semester nur *Dante* las (Dante I, II, III, IV etc.). Italienisch war aber kein Lehrfach. Den Mangel, den zahlreichen romanistischen Lehramtsstudierenden keine Vorlesung zur französischen Literatur zu bieten, kritisierte die Fachschaft heftig. Der von der Fachschaft zum Vortrag eingeladene Konstanzer Romanist Hans-Robert Jauss kritisierte Lehre und Forschung in Freiburg detailliert. Das überzeugte ND so, dass er, enttäuscht von den methodischen Ungereimtheiten der Literaturwissenschaft, zur Sprachwissenschaft wechselte, die mit dem linguistischen Jahrhundertwerk *Aspects of the Theory of Syntax* von Noam Chomsky (1965) eine attraktive moderne wissenschaftliche Perspektive bot. Viele Freunde und Weggefährten taten das gleiche. Den nach Berlin berufenen Linguisten Utz Maas und Helmut Lüdtke folgte er an die TU, wo die Anzahl der Linguistikstudierenden noch überschaubar war. Da ND an den hochpolitisierten Berliner Universitäten keine Ruhe für ein vertieftes fachwissenschaftliches Studium fand, ging er, sich an Jauss und seine Reformversprechen erinnernd, an die Universität Konstanz.[4] Dort schrieb er sich mit erstem Fach Sprachwissenschaft ein, Romanistik als zweites Fach. Das anti-autoritäre Verhältnis zu den Dozenten (lebendiger, spontaner und offener alltäglicher Austausch zu wissenschaftlichen Problemen), die kleine Zahl sehr interessierter Studierender, die Möglichkeiten der demokratischen Mitbestimmung (Drittelparität) und die Chance, einer bezahlten akademischen Tätigkeit nachzugehen (Hilfskraft, Tutorium, Bibliotheksmitarbeiter u. a.) machten das Studium attraktiv. Für ND, wie für viele seiner WeggefährtInnen, war das ein wahrer Aufbruch in neue faszinierende Welten wissenschaftlichen Arbeitens (*Leuchtturm*: interdisziplinäres Arbeiten). Die identitätsformenden Werte der Studentenbewegung – zwischen ständiger politischer Auseinandersetzung/Rechtfertigung und

---

Stipendium der Studienstiftung weiterstudieren; andernfalls hätte die Studienstiftung ihm das Stipendium NICHT ausgezahlt, da sein Vater über ein genügend hohes Einkommen verfügte.

**4** Das Studium der Germanistik an den herkömmlichen großen Universitäten wie Berlin, Köln, Münster, Freiburg, München (u. a.) war zu einem desolaten Massenbetrieb geworden. Das lag an den geburtenstarken Nachkriegsjahrgängen, deren Andrang die beschränkten Räumlichkeiten nicht standhielten. Erst ein großzügiger Ausbau der Universitäten an zahlreichen neuen Orten (z. B. in mehreren Städten des Ruhrgebiets) in den siebziger Jahren änderten dies. Reformuniversitäten wie (u. a.) Bielefeld, Konstanz, Regensburg ... sollten, sozusagen als *Vorreiter*, neue Modelle der Lehre und Forschung entwickeln, die von den anderen Universitäten übernommen werden konnten.

individueller Lust auf fachliches Wissen war die rechte Balance zu finden –
konnten hier bewahrt werden.

Als Hilfskraft für die *Linguistischen Berichte* (in Sachen Sprachwissenschaft
hochschulpolitisch aktiv), konnte sich ND erfolgreich dafür einsetzen, dass
auch studentische Meinungen zur Diskussion der neu zu gestaltenden sprachwissenschaftlichen Studiengänge in der BRD publiziert wurden. Als er dann
mit Gudula List (Psychologin) und Klaus Gloy (Soziologe) Anfang der siebziger
Jahre ein interdisziplinäres Tutorium Soziolinguistik durchführte, das von sehr
vielen Studierenden als eine Art alternative Lehrveranstaltung besucht wurde,
bot Peter Hartmann (Lehrstuhl Linguistik), darauf bedacht, unter den Studierenden als fortschrittlich zu gelten, an, dieses unter seiner ‚Schirmherrschaft'
als Seminar zu übernehmen. ND lehnte dies ab – nicht ohne dabei ins ‚Schwit-
zen' zu kommen aufgrund seiner autoritären Erziehung, schließlich war Peter
Hartmann Prof. und sein Chef. Das Akzeptieren hätte zur Folge gehabt, dass die
Studierenden sich wieder wie gehabt am Lehrstuhlinhaber orientiert hätten.
Dieses Beispiel steht für viele andere: die anti-autoritäre Haltung implizierte
*Diskussion auf Augenhöhe*. Über die Drittelparität[5] wirkte ND auch an Beru-
fungskommissionen mit. Die Studierenden lernten, hochschulpolitische Verant-
wortung zu übernehmen. Oft waren ihre Stimmen das *Zünglein an der Waage*,
sachkompetente, für die Probleme der modernen Universität aufgeschlossene
KollegInnen zu berufen.

Die siebziger Jahre in Konstanz waren für ND Jahre des *Aufbruchs*:
– alltäglicher fachwissenschaftlicher Austausch mit den DozentInnen ‚auf
  Augenhöhe' und in Gruppen war üblich;
– wissenschaftliche Leistung wurde strikt von hochschulpolitischer Meinung
  getrennt gesehen; letztere konnte in Gremien unter demokratischen Spiel-
  regeln zum Ausdruck gebracht werden;
– die interdisziplinären Arbeitsweisen eröffneten ein neues Fenster auf
  Erklärungen;
– mit der Drittelparität wurden die Studierenden in die hochschulpolitische
  Verantwortung einbezogen;
– das Interagieren in Kleingruppen erwies sich als effektive Arbeitsform;
– für Magister- und Doktorarbeiten konnten innovative und Disziplingrenzen
  überschreitende Themen gewählt werden.

---

5 Unter Drittelparität verstand man die Besetzung der universitären Selbstverwaltungsorgane
wie den Instituts- oder Fakultätsrat zu je einem Drittel aus der Professorenschaft, dem Mittelbau und den Studierenden.

Im Anschluss an meine Promotion über *Soziolinguistik* (Dittmar 1973) ging ich nach Heidelberg, um von 1975 bis 1979 als Mitarbeiter an dem ‚Projekt Pidgin-Deutsch', *Erlernung des Deutschen durch ausländische Arbeiter*, mitzuarbeiten.

# 3 Aufbruch I: das Heidelberger Projekt HPD und das Berliner Projekt P-MoLL

## 3.1 HPD (*H*eidelberger Projekt *P*idgin-*D*eutsch)

Die erfolgreich zur Soziolinguistik veröffentlichte Dissertation eröffnete mir die Stelle eines wissenschaftlichen Mitarbeiters für das Projekt ‚Der Erwerb des Deutschen durch ausländische Arbeiter' an der Universität Heidelberg unter der Leitung von Wolfgang Klein. Eine Übersicht über Anlage und exemplarische Ergebnisse des HPD findet sich unter HPD (1977), eine Gesamtsicht der Ergebnisse bieten Klein & Dittmar (1979) sowie weitere Eindrücke Klein (i. d. Bd.). Das Teilprojekt (unter weiteren Projekten) zum ersten Schwerpunkt der DFG zum Thema ‚Angewandte Linguistik' widmete sich einem Gegenstand, über den in den 1970er Jahren fast nichts bekannt war: den sprachlichen Regularitäten, nach denen eingewanderte Migranten einer fremden Muttersprache Deutsch lern(t)en. Dass ich selber und die beteiligten Mitarbeiter *diesen* Gegenstand attraktiv fanden, nicht aber z. B. die Puzzle-Arbeit eines sprachwissenschaftlichen Glasperlenspiels wie die *Syntax der trennbaren Verben im Deutschen* (z. B. nach dem generativen Ansatz), lässt schon ein erstes *ethisches Prinzip* erkennen, das die MitarbeiterInnen teilten als Voraussetzung eines wissenschaftlichen Engagements (siehe oben unter *Umbruch*):

– der Forschungsgegenstand sollte sich möglichst den Bedürfnissen sozial benachteiligter Menschen widmen;
– die Ergebnisse sollten, auf der Grundlage solider Beschreibungen, Missstände erklären und dazu beitragen, die Situation der Betroffenen zu verbessern.

Die unzureichenden Deutschkenntnisse der angeworbenen ‚Gastarbeiter' waren in der deutschen Öffentlichkeit überall präsent. Sprachkurse verfügten meist über keine geeigneten Lehrmethoden.

Es war ein dringendes soziales Desiderat, mehr zu wissen über die Aneignung des Deutschen in natürlichen Kontexten. Welche Eigenschaften machen das HPD über eine Rückblende aus der Perspektive 45 Jahre später hinaus heute *noch* oder *wieder* wissenschaftspolitisch interessant?

Die folgenden Gesichtspunkte setzen einige grundlegende Kenntnisse über das HPD voraus wie sie etwa in HPD (1975) und Becker, Dittmar & Klein (1979) dokumentiert sind:

– Soziolinguistische Orientierung
Warum wurde der Oberbegriff «Pidgin-Deutsch» anstatt «Lernervarietäten» gewählt?

Er konnotiert und unterstreicht den *sozialen* Erwerbskontext: *Arbeitssituationen*. Die elementaren Kontaktsprachen, die sich in Arbeits- und Wirtschaftskontexten der Kolonialisierung im 17. und 18. Jahrhundert herausgebildet hatten, entstanden in der Regel in der erzwungenen Kooperation von Herrschaft ausübenden Kolonisatoren (Engländer, Spanier, Portugiesen, Deutsche, Franzosen u. a.) und (unterworfenen) indigenen Gruppen der vorkolonialen Bevölkerung. Gesteuertes Lehren der kolonialen Fremdsprachen bezog sich im Kontext des Arbeitens nur auf den zweckbestimmten Vollzug von Aufträgen. Sprachkurse waren nicht vorgesehen. Das HPD sah hier soziolinguistische Parallelen in Bezug auf natürliches Lernen in *arbeitgeberdominierten* Arbeitskontexten. Für diese Kontexte war die Lernerfolgserwartung: *elementare* Sprachkenntnisse, die die Arbeitskooperation und den Auftragsvollzug sicherstellten.

Die Ende der 1960er und Anfang der 1970er Jahre aufkommende *Soziolinguistik*[6] sah Sprachgebrauch in Abhängigkeit vom sozialen Kontext. Arbeitsfunktionale Kommunikation führt zu einem elementaren lexikalisch dominierten Register. Die außersprachlichen Variablen, die soziologischen Untersuchungen entnommen wurden und die Variation in der Erlernung des Deutschen durch Migranten erklären sollten, waren (u. a.): Herkunft, Alter, Geschlecht, Familienstand, Bildung, Beruf, Aufenthaltsdauer, Kontakt am Arbeitsplatz und in der Freizeit.[7] Die Wahl soziolinguistischer Methoden war eine grundlegende theoretische wie methodische Entscheidung:
– die Sprachgebrauchsregularitäten wurden durch Parameter des sozialen Kontextes erklärt;
– die sprachlichen Regeln wurden häufig optional (mit bestimmten Häufigkeiten) und nicht kategorisch angewandt.

---

**6** Wie sich die Soziolinguistik im deutschen Wissenschaftsbetrieb entwickelte, habe ich in Dittmar (2004: 713–716) anhand quantitativer Daten beschrieben. Eine der erhobenen Kategorien (Cluster 2) ist dem Forschungsgegenstand ‚Sprache und Migration' gewidmet.
**7** Die Soziologie, Stiefkind der modernen Sozialwissenschaften in der jungen Nachkriegs-BRD, wurde in den 1970er Jahren zu einer Art Schwerpunktwissenschaft im Bereich der Geisteswissenschaften.

Mein Blick zurück hebt hervor: Die Soziologie, in den USA eine weitverbreitete moderne Wissenschaft, erlangte erst im Nachkriegsdeutschland der siebziger Jahre an Bedeutung. Das interdisziplinäre Verhältnis zur Linguistik entwickelte sich über Tagungen, Zeitschriftengründungen, Sammelbände und Seminare zu einer neuen dynamischen Teildisziplin (Dittmar 2004 im Detail). Die empirische Orientierung war eine Alternative zur fiktionalen philologischen Abgewandtheit von der gesellschaftspolitischen Gegenwart.

Die Soziolinguistik präsentierte sich gesellschaftsbezogen als *säkuläre Linguistik*: Aktuelle gesellschaftliche Probleme des Sprachgebrauchs (Minderheiten, Diglossie, Code-Switching u. a.) sollten untersucht und auf der Grundlage von Beschreibungen Wege zur praktischen Lösung sprachlicher Konflikte aufgezeigt werden.

– Variation

Mit dem Alleinstellungsmerkmal der generativen Grammatik, den ‚*native speaker* einer homogenen Sprachgemeinschaft' als Gegenstand der linguistischen Beschreibung zu deklarieren, löste Chomsky (1965) Kritik aus. Historische und dialektinteressierte Sprachforscher wendeten sich gegen den Ausschluss der *Variation* von validen Beschreibungen. Prominentester Vertreter dieser neuen – soziolinguistischen – Orientierung war William Labov (1970). Er operationalisierte ausgewählte linguistische Variablen und korrelierte deren Anwendungshäufigkeiten in spontanen Gesprächen mit soziologischen Parametern (z. B. Alter, Geschlecht, ethnischer Hintergrund u. a.). Mit seinem Buch *Sprachliche Variation* (1974) legte Wolfgang Klein eine alternative Beschreibungskonzeption für Variation vor: eine auf relevante Gebrauchsregeln bezogene Mehrebenengrammatik des Deutschen. Eine solche Grammatik wurde im HPD auf die Beschreibung von Lernervarietäten angewandt (siehe für Details Klein & Dittmar 1979). Dass wir für jede(n) Lerner(in) eine mehr oder weniger elaborierte ‚Pidgin-Grammatik' schreiben konnten, hat m. E. überzeugende soziolinguistische Vorteile: (a) den Lernern kann ein Profil zugeordnet werden, das die relevanten sprachlichen Fertigkeiten erfasst; (b) die profilgrammatische Beschreibung eignet sich als Input für didaktische Anwendungen.

– Empirie: Feldarbeit

Je 24 spanische und italienische erwachsene Lerner des Deutschen sollten nach einem flexiblen, spontan im Gespräch je nach situativer Angemessenheit umzusetzenden Plan in der Zweitsprache Deutsch interviewt werden. Die günstige Teilbarkeit der Zahl 48 ermöglichte viele verschiedene Korrelationen der lernerspezifischen Varietäten im Deutschen mit Herkunft (Spanien vs. Italien), Alter, Zeitpunkt der Einreise in die BRD, Geschlecht, berufliche Tätigkeit, Kontakt mit

Deutschen, um nur die wichtigsten Variablen zu nennen. Darüber hinaus wurden 12 Dialektsprecher aus Heidelberg und Umgebung interviewt, um die Lernervarietäten mit der lokalen Varietät des Alltagskontaktes zu vergleichen und aus der Distanz die Lernstufe im Deutschen zu ermitteln.

Das Meiste an dem Projekt war Neuland: Es musste eine Form gefunden werden, Regeln für den Sprachgebrauch zu schreiben; die Bündel von Regeln, die die Lerner anwendeten, mussten mit den aussersprachlichen Variablen korreliert werden; für die Feldarbeit mussten valide Techniken der Erhebung gefunden werden. Was die ersten beiden Punkte angeht, folgten wir einer innovativen theoretischen Vorgabe: dem Modell der Varietätengrammatik von Wolfgang Klein. Dass eine solche Grammatik ausformuliert vorlag, war eine bedeutende Voraussetzung für das Gelingen des Projektes. Die praktische Umsetzung der Feldarbeit war eine kreative Leistung der Gruppe.[8] Für die spezifischen Zwecke der Erhebung wurden eigene Gesprächsmaximen entwickelt, die sich von der amerikanischen Ethnographie inspirierten (Hymes 1973, Labov 1970, Gumperz 1982). Unser Vorgehen im Einzelnen ist ausführlich beschrieben in Dittmar (1978).

Aus der Distanz von mehr als 40 Jahren möchte ich zurückblickend hervorheben: Welche Genugtuung, nach Jahren philologischer Heruminterpretiererei an fiktiven Texten ohne klare Methoden und Anwendungsmöglichkeiten nun handwerklich empirisch tätig sein zu können – schrittweise ein Stück der sozialen Realität genauer zu erfassen und Erkenntnisse über lebensweltliche Verhältnisse zu gewinnen. So wie Kochen eine handwerkliche Tätigkeit ist, die der notwendigen Nahrungsaufnahme und die Bestellung des Gartens dem heimischen Wohlfühlen dient, hatten die Arbeiten eine logische Folge und praktische Ziele: Erstellen der Tonbandaufnahmen, Transkription, syntaktische Analyse eines repräsentativen Ausschnitts der Daten, Korrelationen erstellen zwischen dem syntaktischen Profil eines jeden Sprechers mit den sozialen (außersprachlichen) Variablen. Anhand der Reihenfolgen, in denen die Lerner unseres Samples Regeln des Deutschen erworben haben, konnten gezielte Hilfen für einen angemessenen zeitsparenden gesteuerten Erwerb gegeben werden.

Den *Blick zurück* spiegele ich nun *ethisch* nach *vorn*: Die Art und die Besonderheiten derjenigen Sprecher, die ich transkribiert habe, haben sich mir zutiefst eingeprägt; ich konnte darüber, vor dem Hintergrund eines eigenen sicheren Sprachgefühls, ein kompetentes Urteil abgeben. Die Regeln für die 100 Sätze, die ich syntaktisch für jeden meiner transkribierten Sprecher handschriftlich analy-

---

8 Leiter des Projektes war Wolfgang Klein. Kernmitglieder des Projektes waren Angelika Becker, Norbert Dittmar, Ingeborg Gutfleisch, Margit Guttmann, Bert-Olaf Rieck, Wolfram Steckner und Elisabeth Thielicke. Wolfgang Wildgen arbeitete etwa zwei Jahre im Projekt mit.

siert habe, sind in meinem Gedächtnis präsent. Aufgrund der selbst getätigten Detailanalyse habe ich sehr genaue Vorstellungen darüber, was ein Sprecher X mit seinem Baukasten an Regeln anfangen kann. Das ist etwa so wie der Unterschied zwischen Fußgänger und Autofahrer: der Fußgänger flaniert rund um den Gendarmenmarkt und kennt alle Einzelheiten, der Autofahrer kennt die Modalitäten der Verkehrswege und Parkplätze, alles andere nur grob. Das Ergebnis (der damaligen Syntaxanalyse) kann heute mit einem Syntaxprogramm sehr viel schneller erzielt werden. Es fehlt dann aber – nach meinen Beobachtungen – der einprägsame Erfahrungsbereich dessen, was ein Sprecher mit seinem Repertoire anstellen und bewirken kann. Auf der Grundlage des *handwerklichen Vollzugs der Arbeit* sind die Kenntnisse über einen Sprecher differenzierter und nachhaltiger. Es ist m. E. daher ratsam, dass man die Performanz der Sprecher heute nicht NUR per Programm beschreiben lässt, sondern wenigstens ein, zwei Sprecher selbständig segmentiert und analysiert, um die genannten wertvollen Erfahrungen zu machen.

– Das Verhältnis WissenschaftlerIn – InformantIn
Mit den Daten, die wir bei Informanten erheben, qualifizieren wir uns *akademisch*: wir veröffentlichen Ergebnisse in Zeitschriften, wir promovieren oder habilitieren uns damit, wir verbessern unseren Status im Rahmen wissenschaftlicher Institutionen. Die Informanten haben in der Regel nichts von ihrer Bereitschaft, sich z. B. interviewen zu lassen. Den Mitarbeitern des HPD war es ein großes Anliegen, dass die Informanten auch persönlich etwas von den Datenaufnahmen hatten. Wir boten ihnen einen kostenlosen Sprachkurs an, den auch viele besuchten. Wir setzten uns für die Belange der Migranten im öffentlichen Leben ein. Wir arbeiteten eng mit der spanischen Sozialarbeiterin zusammen, die sich um die Bedürfnisse der spanischen Migranten kümmerte. Unser Engagement ging so weit, dass wir beim Oberbürgermeister Zundel die Bereitstellung einer Wohnung für die kulturellen Bedürfnisse der spanischen Migranten und ihrer Familien am Wochenende forderten. Dieses Ziel konnte schließlich auf gemeindepolitischer Ebene erreicht werden. Wir gaben vielen unserer Informanten Hilfestellungen bei besonderen Problemen und Herausforderungen im Alltagsleben.

Zwischen uns und den Informanten entstand ansatzweise ein Vertrauensverhältnis. Den Mitgliedern des HPD war es wichtig, dass sich – forschungsethisch gesehen – ein Ausgleich herstellen ließ zwischen den Interessen ‚Datenbeschaffung‘ und ‚Unterstützung der sozialen Belange der betroffenen Migranten‘.

– Projektsitzungen
Sie waren so etwas wie die ‚Seele‘ des Projektes. Freude und Frust kamen für alle erlebbar in ihnen zum Ausdruck. Forschungsspezifisches Handeln war eine

Sache der Kooperation, NICHT der autoritären Weisungsbefugnis. Sachliche Autorität wurde geschätzt – sie zählte bei Entscheidungen. Fast ALLES – bei einem basisdemokratischen Gruppenverständnis – wurde in der Gruppe entschieden, natürlich in der Regel nach ausführlicher Diskussion. Klar, der Projektleiter hatte Sonderrechte; glücklicherweise informierte er jedoch stets über zu treffende verwaltungs- oder forschungsstrategisch wichtige Massnahmen. Die Gruppe veröffentlichte in den ersten Jahren unter dem Kollektivbegriff «HPD», wobei in einer Anmerkung die an der Veröffentlichung Beteiligten namentlich aufgeführt wurden. *Wer was wann wie* zu tun oder zu lassen hatte, wurde in der Gruppe entschieden. Gab es Einladungen, wurde von der Gruppe entschieden, wer sie auswärts (Tagung, Workshop, Vortrag in einem Seminar etc.) vertreten sollte. Das gleiche Procedere bei Veröffentlichungen. Obwohl die Ziele des Projektes nicht auf Anwendungsmöglichkeiten abgestellt waren, wurde es von den meisten als wichtig erachtet, konstruktive Möglichkeiten der Umsetzung unserer Ergebnisse in praktisches didaktisches Handeln aufzuzeigen. Projektsitzungen fanden fast wöchentlich statt. Die diskursive Auseinandersetzung mit jedem Problem führte zu einer differenzierten Entwicklung unserer argumentativen Kompetenzen.

Dass die Gruppensitzung der zentrale Ort der Auseinandersetzungen und Entscheidungen sein sollte, würde ich auch mit Blick *nach vorn* vertreten. Die medialen kooperativen Möglichkeiten, miteinander zu Entscheidungen zu kommen ohne physisch anwesend zu sein, sind heute groß. Entscheidungen können über webbasierte Plattformen abgestimmt werden – so kann man zeitraubende Projektsitzungen einsparen. Konsens oder Dissens in der Diskussion jedoch *face-to-face* zu erleben, halte ich für eine wichtige Voraussetzung guter Projektarbeit. Streit auszutragen, gegenseitiges Bemühen um Verständnis, Austausch von Argumenten, Kompromisse finden – all das halte ich auch in Zukunft für eine grundlegende soziale Aktivität in Projekten.

*Was*, resümierend und zurückblickend, kann das HPD an Erfahrungen *nach vorne* weitergeben?

In einer mediendurchherrschten dauernd sich verändernden Gesellschaft verschieben sich auch die forschungspolitischen Relevanzen. Im Schulterschluss mit anthropologischen und lebensweltlich-soziologischen Werten leite ich aus dem HPD *ethische Prinzipien* ab, die generationenübergreifend nachhaltige Wirkung haben sollten:

1. Die sozialen Belange der DatengeberInnen sollten angemessen berücksichtigt werden. Die Forschung wird sensibilisiert *nach unten*, sie dient der objektiv-offenkundigen Problemlage benachteiligter Gruppen. *Chancengleichheit* ist ein zentraler ethischer Wert, dem die Forschung Rechnung tragen sollte.

2. Anstatt nur Inputdaten zu beschaffen, die robotermässig von fertigen Programmen ausgewertet werden, ist ein human gesteuerter schrittweiser Vollzug der Feldarbeit und der Erstellung der Ergebnisse ein anthropologischer Vorteil, weil mit diesem Vollzug Erfahrungen verbunden werden, die die tatsächliche soziale Situation der Betroffenen nacherlebend und teilnehmend empfinden lassen. *In doing research* stellt sich ein mitleidendes, miterfahrendes Bewusstsein für die Probleme der betroffenen Gruppe heraus, was nachhaltig wirkt und praktische Schritte in Folge der Untersuchung(en) einfordert.

3. Die lebendige Diskussion aller ein Projekt betreffenden Fragen (Feldarbeit, Beschreibungen, Öffentlichkeitsarbeit, Verantwortlichkeiten, Verhältnis der Gruppenmitglieder zueinander u. a.) sollte face-to-face erfolgen. Gegenseitiges Abfragen von Meinungen, Konsensbildung und Koordinierung kooperativer Handlungsweisen können über die sogenannten *sozialen Medien* nicht wirklich angemessen (= Berücksichtigung von diskursmanifesten unterschiedlichen Meinungen) bewerkstelligt werden.

# 4 Aufbruch II: das Berliner Projekt P-MoLL (*Projekt Modalität von Lernervarietäten im Längsschnitt*)

Das DFG-Projekt P-MoLL, das ich von 1985 bis 1990 an der FU-Berlin durchführte, ist im Unterschied zur Querschnittstudie des HPD eine *Längsschnittstudie* mit 8 polnischen und 1 italienischen Lernerin über einen Erhebungszeitraum von etwa 3 Jahren. Beeinflusst von dem ESF-Projekt (siehe Becker 2012, Dittmar 2012 und Klein i. d. Bd.), das den Erwerb von 5 europäischen Zielsprachen durch SprecherInnen von 6 Ausgangssprachen längsschnittmäßig untersuchte, sollte mit dem *konzeptorientierten* Ansatz herausgefunden werden, wie LernerInnen grammatische, semantische und pragmatische Eigenschaften der Modalität erlernen (zum konzeptorientierten Ansatz vgl. Klein & von Stutterheim 1987). Im ESF-Projekt waren schon die Konzepte *Lokaliät, Temporalität* und *Finitheit* (u. a.) untersucht worden (vgl. Perdue 1993, Becker 2012). Während ich in Dittmar (2012) den theoretischen Ansatz und die methodische Durchführung des Projektes P-MoLL ausführlich dargestellt habe, soll in diesem Beitrag der Unterschied zum HPD und sein Potenzial an Suggestivität für die moderne Forschung fokussiert werden.

Das Heidelberger Projekt, der *Erstling* in der deutschen L2-Forschung, war eine auf möglichst repräsentative quantitative Daten der Erwerbsspanne angelegte Querschnittstudie. Die Untersuchung liefert in *apparent time* (Labov 1970) einen stichhaltigen, wenn auch hier und da groben Überblick über die das Niveau des Lernens positiv und negativ beeinflussenden Faktoren. Dieser Überblick war aber ein gerafftes, konstruiertes Ergebnis für einzelne Gruppen von Lernern. Dagegen sollten im Projekt P-MoLL die Lernfortschritte pro Individuum (anstatt pro Gruppe wie in dem HPD) in *Echtzeit* erfasst werden (*Längsschnitt*). Es handelte sich also wie häufig in Untersuchungen zum Erstspracherwerb um *qualitative Fallstudien*. Welche Regeln wann und wie erlernt wurden, sollte durch zwei- bis dreimonatige periodische Einzelaufnahmen im Abstand von 2 bis 3 Monaten dokumentiert werden.

Die Projektsitzungen selber waren weniger radikal basisdemokratisch wie beim HPD. Die Verteilung der Erhebungs- und Transkriptionsbelastung war wichtigster Gegenstand der Diskussion. Anders als beim HPD kam es auf eine regelhafte, langfristige *Betreuung* der Informanten über mehr als zwei Jahre an: ein guter Kontakt musste gepflegt werden, der natürlich auch viele Ratschläge und Hilfestellungen für die Informanten außerhalb der Erhebungskontexte einschloss. Die 1:1 Zuordnung *ForscherIn – InformantIn* war grundlegend, denn ein Abbruch der Längsschnittaufnahmen wäre ein herber Verlust gewesen.[9] Anders als beim HPD, das meist als *Kollektiv* auftrat und handelte, gab es zwei Interessengruppen im Projekt: diejenigen, die lediglich an der (sorgfältigen) Durchführung der Arbeit interessiert waren (und dafür ihr Gehalt bezogen) und denjenigen, die sich für das Schreiben von Aufsätzen und die Teilnahme an Tagungen engagierten. Am Anfang des Projektes veröffentlichten wir auch unter dem Kollektivnamen „Projekt P-MoLL", später waren es je einzelne oder mehrere ProjektmitarbeiterInnen, die namentlich in alphabetischer Reihenfolge aufgeführt wurden.[10] Im Rückblick war also das P-MoLL Projekt (hochschul-)politisch weniger anspruchsvoll als das HPD.

Die Erhebungen in Heidelberg fanden stets im privaten oder Wohnmilieu des/r jeweiligen Informaten/-in statt. Weil Verabredungen nicht immer eingehalten wurden, war die Datenaufnahme sehr viel mühsamer – oft mussten wir dreimal nacheinander die Person aufsuchen, bis wir erfolgreich waren. Anders

---

**9** Leider hat es solche Verluste gegeben – etwa wenn ein Informant eine neue Arbeit gefunden hatte oder umgezogen war oder den Partner/die Partnerin wechselte (u. a.). Der Verlust von zwei napolitanischen Informanten war allerdings am schmerzlichsten, da nur noch eine Informatin übrig blieb. Diese durchlief allerdings alle Zyklen und erlaubte ein perfektes Datenset zu erheben (s. zu weiteren Informationen Dittmar 2012). Über die italienische Lernerin FRANCA gibt es zahlreiche Veröffentlichungen von Bernt Ahrenholz und Norbert Dittmar (Dittmar 2012).
**10** Projektmitglieder waren Astrid Reich, Magdalena Schumacher, Romuald Skibà und Heiner Terborg. Im Kontext des Projektes haben außerdem aktiv mitgewirkt: Bernt Ahrenholz, Karin Birkner, Christine Dimroth und Martina Rost-Roth.

im P-MoLL-Projekt: ALLE Aufnahmen fanden zu ausgemachten Terminen in einem Raum der Freien Universität Berlin statt. Die polnischen Informanten waren zuverlässig – stets zur gebotenen Stunde da. Die napolitanischen Informanten dagegen manifestierten mittelmeerige Relativität: mal waren sie da, mal nicht, mal rechtzeitig, mal zu spät. Die Erhebungssituation an der Freien Universität wurde als *formaler Kontext* wahrgenommen: Ehrfurcht gegenüber den *Institutionen der Wissenschaft*; sicher spielte das Bewusstsein, in diesem Kontext in Tests und Experimenten gute Leistungen zu zeigen, eine wichtige Rolle.

Waren auch die HPD-Erhebungskontexte mit Tonbandaufnahmen informeller, weil wir die InformantInnen in ihrer häuslichen Umgebung aufsuchten, so gibt es doch einen die beiden unterschiedlichen Erhebungssituationen (*home* vs. Institution Universität) gleichmachenden *overriding effect*: die InformantInnen, die in den alltäglichen Arbeitskontexten in der Regel keine persönliche Resonanz erfuhren, standen (wie Stars) im Mittelpunkt der Aufnahmen. Sie genossen ihr Alleinstellungsmerkmal ‚unabdingbare DatengeberInnen' und widmeten sich mit Engagement der Lösung der kommunikativen Aufgaben. Der *surplus value* bei den universitären Aufnahmen war die zweiperspektivische Kameraführung: die Videoaufnahmen mit zwei Kameras (links & rechts) ermöglichten Analysen des gestischen und körperlichen Verhaltens aus zwei Perspektiven. Die InformantInnen kamen sich bei diesem Design wie in einem Film vor und gaben ihr Bestes. Die Treffen mit den ‚Gastarbeitern' im HPD nahmen den Charakter einer *Party* an, da wir meist Süssigkeiten und Früchte mitbrachten und uns, unseren InformantInnen zuwendend, mit ihnen in den Pausen und nach der Aufnahme in der Muttersprache unterhielten (was Deutsche sonst selten taten). Der Dank an die InformantInnen, über einen längeren Zeitraum an unserem Projekt mitzuwirken, bestand in einer finanziellen Belohnung von 20 DM pro Aufnahme. Darüber hinaus halfen wir bei Problemen im Alltagsleben. In meiner Erinnerung – je weiter sie zurückgeht, desto anfälliger für geschönte Interpretationen – fällt das Engagement *für*, die Resonanz *auf* die ‚Gastarbeiter' stärker aus. Mag sein, dass die Erfahrungen des *ersten* Projektes besonders markieren.

Aus dem Rückblick auf P-MoLL lässt sich neben Aufschlüssen über Modalität vor allem aus der Diversifizierung der kommunikativen Aufgaben lernen. Wie ich in Dittmar (2012: 108) dargelegt habe, wurden Aufnahmen für folgende *Diskurstypen* gemacht:

1. (K) freie Konversation führen
2. (E) Erzählen und Berichten
3. (M) Meinung äußern
4. (I) Instruktionen geben

5. (P) Probleme lösen
6. (D) Beschreibungen
7. (B) Wünsche und Absichten

Innerhalb der Konzepte (K, E, M, I, P, D und B) wurden verschiedene kommunikative Aufgaben gestellt, die dieselbe kommunikative Funktion erfüllten, in der thematischen Durchführung aber variierten. Unter „E" (Erzählung) wurden z. B. acht Aufgaben gestellt, unter ihnen *Erzählen* (a) eines Diebstahls, (b) eines Erlebnisses in der Kindheit, (c) eines Films, (d) eines Unfalls u. a. m. (Dittmar 2012, 108 f.).

Es stellte sich heraus, dass modale Ausdrücke (Modalverben, grammatischer Modus wie *das ist zweimal zu machen*, Partikeln wie z. B. *mal* in Instruktionen oder *ja, denn, doch* und Kombinationen in anderen Kontexten, um nur einige zu nennen) nicht nur diskursübergreifend (Modalverben), sondern auch *diskurstypspezifisch* (z. B. Partikeln) benutzt wurden. Das breite Spektrum der Diskurstypen zu erheben, stellte eine Herausforderung für das P-MoLL Projekt dar. Der konzeptspezifische querdiskursive Vergleich sprachlicher Mittel belohnte den elizitären Aufwand: nicht nur der modale, auch andere Ausdrucksbereiche zeigten diskursbedingte Anwendungsbeschränkungen (siehe u. a. Ahrenholz 1998). Ahrenholz untersuchte für Deutsch als Zweitsprache bei Italienern die Art der Modalisierung auf der Basis des Quaestio-Modells (Klein & von Stutterheim 1987). L2-Lerner greifen z. B. mehr auf Konstruktionen mit Modalverben zurück, während L1-Sprecher von der Quaestio, d. h. der grundlegenden Frage, die jedem Text im Prinzip unterliegt, ausgehen und sich eher auf implizite Modalisierung verlassen. Auch Dittmar & Ahrenholz (1995) befassen sich mit dem zweitsprachlichen Erwerb von modalen Mitteln im Längsschnitt. Rost-Roth untersuchte den (Nicht-)Erwerb der Modalpartikeln für polnische und italienische Lerner (Rost-Roth 1999). Rost-Roth (1998) zeigte für Argumentationen und Handlungsvorschläge, dass enge Verbindungen zwischen sprachlichen Mitteln der Realisierung und bestimmten Verwendungskontexten bestehen, die bislang noch nicht untersucht waren. Anhand der (Vergleichs-)Daten für muttersprachlichen Gebrauch zeigte sich, dass spezifische Verwendungsweisen von Modalität für bestimmte Diskurs- und Sprechhandlungstypen aufschlussreich waren.

Forschungszukünftig gewendet plädiere ich für diskurstypvergleichende Beschreibungen von einzelnen linguistischen Variablen oder Variablenclustern. Mindestens zwei Diskurstypen sollten kontrastiert werden. Projektdesignspezifische Zuschnitte auf Diskurstypen hängen natürlich von der Fragestellung der Untersuchung ab. Das scheint für L1 aber besonders auch für L2 von nicht zu vernachlässigender Bedeutung zu sein.

*Last and least*: Anders als im Falle HPD konnten wir mit P-MoLL keine lebendige linguistische Zusammenarbeit mit polnischen L2-ForscherInnen herstellen.

Einer der Gründe dafür ist die Tatsache, dass wir – ausgenommen ein polnischer Mitarbeiter – des umgangssprachlichen Polnischen nicht mächtig waren. Ein anderer Grund ist das Versäumnis, zu Beginn des Projektes mit polnisch interessierten Linguisten keinen gezielten Kontakt aufgenommen zu haben. Ich empfehle, solche Kontakte zu einer lebendigen (kritischen) Zusammenarbeit frühzeitig herzustellen.

Vom Heidelberger Projekt hatten wir übrigens die vergleichsbezogene Methode übernommen, sämtliche polnische Lerner in ihrer Muttersprache aufzunehmen, d. h. alle kommunikativen Aufgaben wurden neben der L2 Deutsch auch in den Muttersprachen Polnisch und Italienisch erhoben und transkribiert. Das POLNISCHE unserer ProjektinformantInnen war der Input für Studien (Beschreibungen) der Interferenzen Polnisch – Deutsch.

# 5 Was hat Bestand?

Fortschritt und Bestandswahrung stehen *faktisch* in der sozio- bzw. psycholinguistischen Forschung in einem dynamischen Wechselverhältnis zueinander. Ich frage daher vielmehr: Was *sollte* Bestand haben? Die folgenden ethischen Prinzipien berücksichtigen gesellschaftspolitische Erfahrungen in den siebziger Jahren:

- Projektmitglieder sollten Entscheidungen gemeinsam in argumentativ-kontroversen Diskussionen face-to-face finden. Dabei muss die Spanne möglicher Positionen auf einen gemeinsam getragenen und vertretbaren Kompromiss reduziert werden. Über diesen Modus des miteinander Argumentierens bildet sich ein stabiles demokratisches Verhalten in der Gestaltung verantwortlichen wissenschaftlichen Handelns heraus.
- Der Zweit- und Mehrsprachenerwerb gehört zu dem übergreifenden Bereich des individuellen und sozialen Lernens. Die Erkenntnisse sind in der Regel praxisrelevant. Die Forschung sollte die Anwendungsmöglichkeiten im wissenschaftlichen Zuschnitt des Projektes methodisch berücksichtigen. Dabei sollten die InformatInnen als DatengeberInnen respektiert und ‚belohnt‘ werden – vor allem, wenn sie von sozialer Ungleichheit bedroht sind.
- Ein Problem stellen die oft einseitig-engen testbezogenen Erhebungen sprachlicher Minimalperformanz dar (künstliche Testaufgaben, Nachsprechtests, minimalgrammatische Performanzelizitierungen u. a.). Dabei ist die Fragestellung – forschungsstrategisch – durchaus legitim. Solche Erhebungen sollten mit alternativen diskursspezifischen bzw. -bezogenen verglichen oder konfrontiert werden. Stimmen die Ergebnisse der kontextfreien mit der kontextsensitiven Erhebung tendenziell überein? Korrigiert letztere die erstere?

Der Blick auf modale Performanzstrukturen über die Erhebung unterschiedlicher mündlicher Textsorten hat unseren Blick auf die Kontextabhängigkeit der Rede geschärft. Ein Verfahren wie ‚Datenkreuzcheck' kann zu einer wichtigen Prüfung der qualitativen Datengüte führen, die sich hinter quantitativen Wohlgeformtheiten sprachlicher Oberflächen verbirgt.

– Einen unglaublich positiven Schub haben der L2-Forschung die ESF Projekte gegeben. Daten- und Erwerbsverlaufsvergleiche haben zu bedeutenden Erkenntnissen in der L2-Forschung beigetragen. Diese vergleichend motivierte europäische Kooperation sollte unbedingt fortgesetzt werden.

# 6 Die L2-Eulen *du troisième âge*

Die quantitativen und qualitativen Methoden entwickeln sich stets weiter – was nicht bedeutet, dass diese Entwicklungen immer einen *Fortschritt* sicherstellen. Veränderungen im Zugriff auf die Forschungsmethoden hängen immer von der Ethik der wissenschaftlich Handelnden ab. Es ist daher eher eine frohe Botschaft denn eine altersnostalgische Anregung, wenn ich für die wie mich *Zurückblickenden* für einen forschungsfrohen *Ausblick nach vorn* plädiere. (Noch dürfen sich die LeserInnen nicht entspannt zurücklehnen, wenn sie das ambivalente unwissenschaftliche Wort «Eulen» zur Kenntnis nehmen). Viele meiner KollegInnen und Kollegen sind nach dem Übergang von 65 in den (Un-) Ruhestand noch in der Stimmung, aktiv weiterforschen zu wollen. Sie könnten kleine Projektgruppen bilden, die ich mal informell die *L2-Eulen*[11] *du troisième âge* nennen möchte. Die Vorteile solcher kleinen Projektgruppen, deren Zusammenwirken ich mir in formellen (forschungszugewandten) und informellen (alltagsbezogenen) Gesprächen im Rahmen einer Art wissenschaftlicher Gemeinschaft vorstelle, sind u. a.:

– ähnlich motivierte L2-Interessierte tun sich zusammen;
– sie entscheiden sich aus freien Stücken für ein Thema (praktische Anwendung eingeschlossen), für das sie sich gerne forschend engagieren wollen;
– sie kooperieren miteinander auf Augenhöhe, die ‚Autorität' in der Universitätshierarchie fällt weg. Sie müssen auch nicht mehr im interuniversitären Konkurrenzkampf punkten, d. h. sie haben es nicht nötig, sich von ihren primären Forschungsaufgaben durch universitätsimmanente Prestigestrategien ablenken zu lassen;

---

11 *Eulen* gelten als die animalischen Repräsentanten der Weisheit – vielleicht auch, weil sie irgendwie (auch nach mythischen Vorstellungen) *weise* aussehen?

- sie arbeiten für etwas, das sie immer schon mal machen wollten, aber nie
  die Gelegenheit hatten, wirklich in Angriff zu nehmen, d. h. sie forschen
  nicht wegen Geld, nicht wegen einer Weiterqualifikation, nicht um einmal
  Erfahrungen in einem Projekt gemacht zu haben, nicht aus sonstigen op-
  portunen Gründen: die Sache selbst ist ihr Interesse. Es ist, wissenschaftlich gewendet, *l'art pour l'art*;
- selbstbestimmtes Forschen im Rahmen solidarischer Praktiken des Dialogi-
  sierens und gemeinsamen Handelns kann lustvolles, kreatives und frohes
  Schaffen sein!

Die Probleme sind (u. a.):
- es muss eine universitäre Instanz oder offizielles *Dach* geschaffen werden,
  unter dem solche Projekte einen legitimen Status haben. Es muss ein Gremium geben, das Bewerbungen für solche Projekte beurteilt (begutachtet).
  Ein solches Gremium könnte auch eine Stadtverordnetenversammlung sein.
  Wie stimulierend wären Projekte zur Zweisprachigkeit z. B. im Bezirk Kreuz-
  berg/Berlin Mitte!
- Die MitarbeiterInnen brauchen im allgemeinen kein Gehalt (bzw. es könnte
  nach Bedarf oder unterschiedlichen Grundvoraussetzungen gestaffelt vorgegangen werden), aber *Mittel* für die Durchführung ihrer Forschung (PC, technische Ausrüstung, Arbeitsmaterial, Teilnahme an Tagungen, u. a.).
- Sicher wird es nicht leicht sein, Arbeitsräume für die Projekte zu finden.
  Stadt- und Bezirksverwaltungen müssten eine Lösung finden. Auf reines
  ‚home office‘ zurückzugreifen, wäre auch aus den zuvor genannten Gründen (Diskussion und Argumentation face-to-face) nicht wünschenswert.
- Allerdings könnte unter jugendlichen Akademikern/Studierenden vor solchen Projekten die Angst der Arbeitsplatzkonkurrenz aufkommen. Es wäre
  daher sinnvoll, dass die inhaltsähnlichen Projekte einen inhaltlichen Ab-
  gleich schaffen und miteinander kooperieren.

Die Überlegungen in diesem Aufsatz mahnen in der fachbezogenen linguistischen Lehre an den Universitäten einen wissenschaftsgeschichtlichen Rückblick an, der die methodischen und theoretischen Positionen und Ergebnisse
früherer Forschungsetappen mit den entsprechenden Positionen der modernen
Forschung konfrontiert und aus diesem Vergleich konstruktive Schlüsse für das
eigene wissenschaftliche Handeln zieht. Aus dieser verarbeitenden Auseinandersetzung geht dann ein generationenübergreifend gereifter und geläuterter
*Blick nach vorn* hervor.

# Literatur

Ahrenholz, Bernt (1998): *Modalität und Diskurs. Instruktionen auf Deutsch und Italienisch. Eine Untersuchung zum Zweitspracherwerb und zur Textlinguistik.* Tübingen: Stauffenburg.

Becker, Angelika; Dittmar, Norbert; Klein, Wolfgang; Rieck, Bert-Olaf; Thielicke, Elisabeth & Wildgen, Wolfgang (1975): Zur Sprache ausländischer Arbeiter: Syntaktische Analysen und Aspekte des kommunikativen Verhaltens. *Zeitschrift für Literaturwissenschaft und Linguistik* (LiLi) 5, 18, 78–121. (= Heidelberger Forschungsprojekt „Pidgin-Deutsch").

Becker, Angelika; Dittmar, Norbert; Klein, Wolfgang (1979): Sprachliche und soziale Determinanten im kommunikativen Verhalten ausländischer Arbeiter. In: Quasthoff, Uta (Hrsg.): *Sprachstruktur – Sozialstruktur.* Königstein: Scriptor, 158–192.

Becker, Angelika (2012): Konzeptorientierte Ansätze: Der Ausdruck von Raum. In: Ahrenholz, Bernt (Hrsg.) *Einblicke in die Zweitspracherwerbsforschung und ihre methodischen Verfahren.* Berlin/Boston: de Gruyter.

Chomsky, Noam (1965): *Aspects of the theory of syntax.* Cambridge, Massachusetts: MIT Press.

Dittmar, Norbert (1973): *Soziolinguistik. Exemplarische und kritische Darstellung ihrer Theorie, Empirie und Anwendung. Mit kommentierter Bibliographie.* Frankfurt am Main: Athenäum Fischer.

Dittmar, Norbert (1978): Datenerhebung und Datenauswertung im Heidelberger Forschungsprojekt „Pidgin-Deutsch ausländischer Arbeiter". In: Bielefeld, Hans Ulrich, Hess-Lüttich, Ernest W. B. & Lundt, André (eds.): *Soziolinguistik und Empirie. Beiträge zum Berliner Symposium „Corpusgewinnung und Corpusauswertung".* Wiesbaden: Athenäum. 59–89.

Dittmar, Norbert (2004): Forschungsgeschichte der Soziolinguistik. In: Ammon, Ulrich; Dittmar, Norbert; Mattheier, Klaus J. & Trudgill, Peter (eds.): *Soziolinguistik. Ein internationales Handbuch zur Wissenschaft von Sprache und Gesellschaft,* Bd. 1. Berlin/New York: de Gruyter. 698–720.

Dittmar, Norbert (2012): Das Projekt „P-MoLL". Die Erlernung modaler Aspekte des Deutschen als Zweitsprache: eine gattungsdifferenzierende und mehrebenenspezifische Längsschnittstudie. In: Ahrenholz, Bernt (Hrsg.): *Einblicke in die Zweitspracherwerbsforschung und ihre methodischen Verfahren.* Berlin/Boston: de Gruyter.

Dittmar, Norbert & Ahrenholz, Bernt (1995): The Acquisition of Modal Expressions and Related Grammatical Means by an Italian Learner of German in the Course of 3 Years of Longitudinal Observation. In *From Pragmatics to Syntax. Modality in Second Language Acquisition,* edited by Anna Giacalone Ramat & Grazia Crocco Galèas. Tübingen: Narr, 1995, 197–232.

Gumperz, John J. (1982): *Language and social identity.* Cambridge. (Cambridge University Press) (=Language and Interactional Sociolinguistics 2).

Habermas, Jürgen (1973): *Erkenntnis und Interesse.* Frankfurt am Main: Suhrkamp.

Heidelberger Projekt «Pidgin-Deutsch» (1975): *Sprache und Kommunikation ausländischer Arbeiter.* Kronberg/Ts.: Scriptor.

Heidelberger Projekt «Pidgin-Deutsch» (1977): *Die ungesteuerte Erlernung des Deutschen durch spanische und italienische Arbeiter. Osnabrücker Beiträge zur Sprachtheorie,* Beiheft 2.

Hymes, Dell (1973): The Scope of Sociolinguistics. In: Shuy, Roger W. (Hrsg.) *Report of the Twenty-third Annual Round Table Meeting on Linguistics and Language Studies.* Washington D.C., 313–333.

Labov, William (1970): The Logic of Nonstandard English. In: Alatis, James E. (Hrsg.): *Report of the 21rst Annual Round Table Meeting on Linguistics and Language Studies*. Washington/ DC, 1–43.

Klein, Wolfgang (1974): *Sprachliche Variation. Ein Verfahren zu ihrer Beschreibung*. Kronberg/ Ts.: Scriptor.

Klein, Wolfgang & Dittmar, Norbert (1979): *Developing grammars. The acquisition of German syntax by foreign workers*. Heidelberg/New York: Springer.

Klein, Wolfgang & von Stutterheim, Christiane (1987): Quaestio und referentielle Bewegung in Erzählungen. *Linguistische Berichte* (109):163–183.

Kuhn, Thomas S. (1962): *The Structure of Scientific Revolutions*. Chicago: Chicago Univ. Press.

Perdue, Clive (Hrsg.) (1993): *Adult Language Acquisition: Cross-Linguistic Perspectives*. Cambridge: Cambridge University Press.

Popper, Karl R. (1957): *Die offene Gesellschaft und ihre Feinde*. Bern: Francke.

Picht, Georg (1965): *Die deutsche Bildungskatastrophe*. München: DTV.

Rost-Roth, Martina (1998): Modalpartikeln in Argumentationen und Handlungsvorschlägen. In: Harden, Theo & Hentschel, Elke (Hrsg.): *Particulae particularum. Festschrift zum 60. Geburtstag von Harald Weydt*. Tübingen: Stauffenburg, 293–324.

Martina Rost-Roth, Martina (1999): Der Erwerb der Modalpartikeln. Eine Fallstudie zum Partikelerwerb einer italienischen Deutschlernerin mit Vergleichen zu anderen Lernervarietäten. In *Grammatik und Diskurs / Grammatica e Discorso. Studi sull'acquisizione dell'italiano e del tedesco / Studien zum Erwerb des Deutschen und des Italienischen*, edited by Norbert Dittmar and Anna Giacalone Ramat. Tübingen: Stauffenburg, 165–209.

Schütz, Alfred & Luckmann, Thomas (1979): *Strukturen der Lebenswelt*. Frankfurt am Main: Suhrkamp Taschenbuch.

Stutterheim, Christiane von & Klein, Wolfgang (1987): A Concept-Oriented Approach to Second Language Studies. In: Pfaff, Carol W. (ed.): *First and Second Language Acquisition Processes*, Cambridge: Newbury House, 191–205.

# Norbert Dittmar

## Wie und warum ich ein *homo faber* soziolinguistischer Korpora wurde

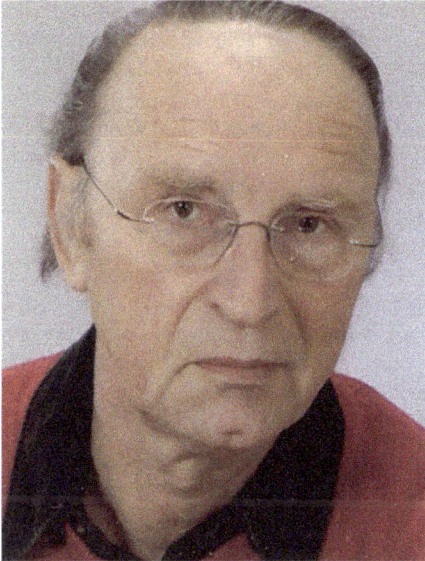

(Foto: privat)

Biographische akademische Informationen über mich finden sich unter <https://www.geistes wissenschaften.fu-berlin.de/we04/institut/mitarbeiter/nordit/index.html> (*Home page* an der Freien Universität) und in meinem Aufsatz in diesem Band.

Dass ich mich mit 26 Jahren (ab 1969) der Sprachwissenschaft zuwandte, hat mit meiner Politisierung während der Studentenbewegung zu tun. Die Literaturwissenschaft, die mich zunächst anzog, wurde zurecht ideologisch und methodisch scharf kritisiert. Die Linguistik bot demgegenüber instrumentelle und objektivere Methoden. In meiner Kindheit und Jugend hatte ich bereits Gefallen an Sprachspielen und verbalem Fabulieren – das wirkte sich positiv auf meine Entscheidung aus. Über das Erlernen romanischer Sprachen wurde ich sowieso ständig mit grammatischen Regeln vertraut. Die Theoretisierung der sprachlichen Beschreibung und Erklärung in den siebziger Jahren faszinierte mich während des Studiums in Berlin (Schnelle, Wunderlich, Maas), dann über längere Zeit in Konstanz (von Stechow, Peter Hartmann). Die *formale* Seite der Linguistik erlebte ich im Rahmen meiner persönlichen Aneignung der Prinzipien und Methoden stets als Herausforderung, allen *funktionalen* Aspekten des Sprachgebrauchs wendete ich mich mit viel Lust und grossem Interesse zu – sie faszinierten mich. So beschäftigte ich mich bald schwerpunktmässig mit den sozialen Funktionen der Sprechtätigkeit und der Rede – dazu auch die erste Veröffentlichung zur Soziolinguistik als Student.

Auf vierzig Jahre Lehre und Forschung in der (Sozio-)Linguistik schaue ich nun zurück. Die fast 30 Jahre an der Freien Universität Berlin (1979 bis 2008) brachte ich mit Projekten zum Zweitspracherwerb zu und zur Beschreibung des Varietätengemenges im städtischen Raum Berlin. Die Qualitäten des Berlinischen in Ost und West und die jugendsprachlichen Varietäten der Migranten beschäftigten mich sehr, insbesondere ab der Wiedervereinigung 1990. Das 1992/3 mithilfe ostberliner Lehrerinnen erhobene *Wendekorpus* (Archiv für Gesprochenes Deutsche (AGD) am IdS Mannheim, vgl. Schmidt 2019), das das authentische Berlinern der Ostberliner und das karriereregefilterte Umgangsdeutsch der Westberliner dokumentiert, ist der *Habermassche Stolperstein* meines persönlichen Erkenntnisinteresses geworden (siehe auch Dittmar & Paul 2019). Hatte ich als Projektleiter, Vorlesungs- und Seminarengagierter, Gutachter und Handbucharikel verfassender Autor wenig Zeit, mich gründlich (und kreativ) mit der Grammatik auseinanderzusetzen, holte ich dies in den letzten zwanzig Jahren nach. Die zahlreichen Funktionen syntaktischer Optionen in der mündlichen Rede finde ich äusserst spannend. Die Rolle der linken und rechten Peripherie von Äußerungen konnte ich am Beispiel des Wendekorpus präzisieren: es gelten der (spontanen) Wirkung geschuldete Stellungsbeschränkungen.

Die Relation der Positionierung von Worten im Rahmen erwartungsgemässer Strukturen zur konversationellen Konstruktion von Redebeiträgen hat mich zur Konversationsanalyse geführt. Dabei ist mir immer deutlicher geworden, dass unsere Alltagskommunikation in starkem Masse von Routinen und rituellen Mustern geprägt ist – und dass die Ökonomie der spontanen Verständigung eine tragende Rolle in der Kommunikation spielt.

Dittmar, Norbert & Paul, Christine (Hgg.) (2019): *Sprechen im Umbruch. Zeitzeugen erzählen und argumentieren rund um den Fall der Mauer im Wendekorpus.* Mannheim: Leibnitz-Institut für Deutsche Sprache (Internet Publikation: Dittmar_Paul_Sprechen_im_Umbruch_2019-1. pdf).

Habermas, Jürgen (1973): *Erkenntnis und Interesse.* Frankfurt am Main: suhrkamp taschenbuch wissenschaft.

Schmidt, Thomas (2019): Das Berliner Wendekorpus am Archiv für Gesprochenes Deutsch. In: Norbert Dittmar & Christine Paul (Hrsg.): *Sprechen im Umbruch.* IdS Mannheim, Internet Publikation, 23–30.

Hans Barkowski
# Sprachunterricht für ausländische Arbeiter – Sprachlehr- und -lernforschung – politisches Engagement

Hans Barkowski im Gespräch mit Bernt Ahrenholz[1]

**Bernt Ahrenholz:** Wir haben ja dieses Symposium mit dem Thema *Ein Blick zurück nach vorn* durchgeführt. Da wurden im Wesentlichen Projekte aus den 1970er Jahren oder dem Anfang der 1980er Jahre vorgestellt, und in unterschiedlichem Maße richtete sich dabei der Blick mehr zurück oder auch mehr nach vorn. Da ich zu dieser Zeit biographisch orientierte wissenschaftsgeschichtliche Texte gelesen hatte, interessierte mich zudem die Frage, wie Wissenschaftlerinnen und Wissenschaftler, von der menschlichen, d. h. ihrer biographischen Seite her, dazu kommen, sich mit dem Themenfeld ausländische Arbeiter, ihrer Sprache und mit Fragen der Sprachdidaktik für Erwachsene wie für Kinder zu befassen. Dieser biographische Ansatz war optional. Einige TeilnehmerInnen sind gar nicht darauf eingegangen, andere haben das in den Mittelpunkt gerückt, wie z. B. Inge Oomen-Welke ihre Geschichte als Lehrerin.

**Hans Barkowski:** Wenn ich jetzt gleich einmal anknüpfe, dann ist für mich die Anfangsszene sehr stark geprägt vom biografischen Hintergrund. Es waren ja Menschen aus ganz unterschiedlichen Bereichen, die sich Anfang der 1970er Jahre um die Migrationsszene in Deutschland gekümmert haben: Leute, die irgendwie etwas mit Migration zu tun hatten, darunter Städteplaner, Gewerkschaftler, Soziologen, Ethnologen, Sozialarbeiter und viele andere mehr. Also, da waren natürlich sehr viele Frauen dabei - können wir uns darauf einigen, dass ich die immer mit meine in unseren Gesprächen? Beim Sprechen zu gendern, das finde ich irgendwie merkwürdig. In dem Bereich, in dem wir dann auch mit Projekten verzahnt waren, waren es vor allem Linguisten und wir bildeten da als Lehrkräfte vom Goetheinstitut durchaus die Ausnahme. Ich habe zwar noch Linguistik an der Uni gemacht, aber wir sind aus der Praxis des Deutsch-als-Fremdsprache-Unterrichts gekommen, und ich glaube, dass es die Diskussionen – bis hin zu heftigen Auseinandersetzungen in den Projekten – sehr

---

1 Gespräch geführt im Stile eines Interviews zwischen Hans Barkowski (HB) und Bernt Ahrenholz (BA, Interviewer), aufgenommen am 17.4.2019 in Jena, sprachliche Überarbeitung und redaktionelle Anpassung von Dietmar Rost.

https://doi.org/10.1515/9783110715538-005

bestimmt hat, ob die Menschen, die sich mit Deutsch als Zweitsprache – damals sprachen wir eher noch von *Deutsch für/mit ausländischen Arbeiter/n* – befasst haben, aus der Praxis kamen oder sich nur wissenschaftlich über die Migranten und ihren Spracherwerb ‚gebeugt' haben, also das sogenannte *Gastarbeiterdeutsch* sozusagen als Gegenstand von *applied linguistics* betrachtet haben. Nicht, dass sie menschlich uninteressiert waren an den Personen oder politisch völlig unbedarft, aber es fehlte dann oft die Perspektive: Wozu kann das führen, wenn wir das machen, und was müssen wir machen, damit wir an der bestehenden Situation im Sinne der Betroffenen etwas ändern können? Also der Anspruch, dass unsere Ergebnisse auch eine Verwertbarkeit haben müssen. Das wurde zwar in allen Projekten damals immer behauptet – und es war eine Zeitlang durchaus eine der Grundlagen dafür, dass man überhaupt gefördert wurde, auch als Linguist – wurde dann aber im Verlauf der Projekte durchaus nicht immer konsequent verfolgt und eingelöst.

Für unser Projekt *Deutsch für ausländische Arbeiter* drückte sich das zum Beispiel darin aus, dass wir in unseren Begegnungen mit dem Heidelberger Projekt *Pidgin-Deutsch*, mit dem wir vielleicht am umfassendsten und wohl auch für beide Seiten sehr anregend und förderlich kooperiert haben, immer wieder zu Diskussionen darüber kamen, ob man zum Beispiel bei der Analyse der Sprachereignisse der DaZ-Lernenden so ein elaboriertes Modell wie das der PSG[2] zugrunde legen muss oder nicht eher auf funktionalistische Ansätze zurückgreifen sollte. Ob nicht einfach nur Äußerungen im Hinblick auf Grammatikalität und Verständlichkeit – bei Primat des Letzteren – zu beschreiben und analysieren, angemessener sei, so wie wir das praktiziert und zum Teil dann auch in Veröffentlichungen vorgestellt haben. Aber das führt natürlich ab von unserer Ausgangsfrage zum biografischen Hintergrund.

## Sprachunterricht für ausländische Arbeiter und Forschung

Um darauf zurückzukommen: Unser erstes Projekt – durchgeführt von Ulrike Harnisch, Sigrid Kumm und mir – entstand aus der Auseinandersetzung mit der Tatsache, dass Anfang der siebziger Jahre unerwartet Arbeitsmigranten am Berliner Goethe-Institut nach Sprachkursen fragten. Warum die ausgerechnet dort landeten, obwohl der Unterricht alles andere als preiswert war und sich zudem traditionell an eine ganz andere Klientel richtete? Nun, die landeten da,

---

2 PSG = Phrasenstrukturgrammatik.

weil es ja praktisch überhaupt keinerlei vernünftige Angebote gab und weil sie gehört hatten, „Die Goethe-Lehrer, die können das, die können Deutsch als Fremdsprache unterrichten, probiert es doch da."

**BA:** Du warst damals Lehrer am Goethe-Institut?

**HB:** Ja, ich habe da etwa drei Jahre gearbeitet und hatte einige sehr engagierte Kolleginnen und Kollegen, die auch alle, sage ich mal, von den Diskussionen im Kontext der Studentenbewegung inspiriert waren, die politisch interessiert und engagiert waren und nicht zuletzt auch durch ihre ausländischen Deutschlernenden offen waren für das Thema Einwanderung. Da haben wir dann Abendkurse angeboten – was gar nicht so einfach durchzusetzen war, weil das ja, wie schon gesagt, eigentlich nicht die Klientel war –, Abendkurse für *ausländische Arbeiter*, wie wir sie immer noch nannten, also noch nichts von „Arbeitsmigranten" usw. aber es war ja auch die 1. Generation und die sollten ja tatsächlich nur ‚Gastarbeiter' für 5 Jahre sein, so das Ziel der Politiker damals.

**BA:** Das waren Kurse speziell für diese Interessenten?

**HB:** Genau, das waren speziell Kurse für diese Interessenten. Jedenfalls war das unsere Intention, aber dann haben wir schnell gemerkt: Unterricht für Arbeitsmigranten auf der Basis von Materialien für ganz andere Zielgruppen und mit den traditionellen DaF-didaktischen Ansätzen, das funktioniert nicht!

**BA:** Womit habt ihr denn damals unterrichtet, Anfang der siebziger Jahre?

**HB:** Wir haben angefangen mit so Einführungssachen, die auch das Goethe-Institut genutzt hat, die rein auf dem AVSG-Ansatz[3] beruhten. Der bestand eigentlich nur aus Dias und ein paar zugeordneten Phrasen die im Prinzip auswendig zu lernen waren. Da haben wir sehr schnell festgestellt, dass wir eigentlich nur mit eigenen Materialien, die wir von Stunde zu Stunde selbst entwickeln mussten, mit den Leuten irgendwohin kamen, wo sie sich wiedererkannten, in dem was sie brauchten und auch in dem, was sie als Lernhintergrund mitbrachten. Für viele waren das fünf bis acht Jahre Schule – selten mehr! In der ersten Anwerbephase der 1960er Jahre kamen, jedenfalls aus der Türkei – wir haben uns ja nur mit den türkischen Arbeitsmigranten beschäftigt – sehr viele aus den ländlichen Regionen. Die sind dann über Istanbul, wo sich die deutschen Anwerbeeinrichtungen befanden, bei erfolgreicher Bewerbung nach Deutschland eingewandert,

---

**3** AVSG: Abkürzung für Audio-Visuell-Strukturo-Global; bezeichnet ein fremdsprachendidaktisches Vorgehen, das weitgehend auf auditiven und visuellen Lernstimuli beruht und die grammatischen Eigenschaften der Zielsprache als strukturelle Muster anbietet und dabei weitgehend auf Erklärungen und Reflexion verzichtet.

vor allem in große Städte und also in unserem Fall nach Berlin. Das war schon ein Riesenschritt von der ländlichen Türkei nach Istanbul – und dann noch einer nach Berlin. Wie gesagt, sie hatten wenig Lernhintergrund und schon gar keinen, was den Erwerb von Fremdsprachen angeht. Was sie kannten, das war in aller Regel Frontalunterricht, und der Lehrer war vor allem eine Respektsperson, vor der man eher Angst hatte. Vielen unserer Lerner war also unser Unterrichtsstil mit viel individueller Zuwendung, Gruppenunterrichtsphasen und Einsatz moderner Medien – damals vor allem Audiotapes und der Overheadprojektor – fremd und rief Berührungsängste hervor. Jedenfalls war das unser Eindruck.

**BA:** Das ist ja eigentlich bis heute ein Thema. – Aber hängt denn deine intensive Beschäftigung mit Arbeitsmigranten aus der Türkei damit zusammen, dass in Berlin die türkischen Migranten ans Goethe-Institut kamen? Oder gab es da von deiner bzw. eurer Seite noch ein anderes Interesse an der Türkei?

**HB:** Es hatte zwei Ebenen. Die eine Ebene war eine sehr persönliche, auch politisch und biographisch motivierte. Und das andere hat natürlich damit zu tun, dass in Berlin hauptsächlich türkische Arbeitsmigranten lebten. Die aus den südlichen Regionen, zum Beispiel die Jugoslawen, die sind ja eher im Süden Deutschlands gelandet und im Westen, also in Bayern, im Ruhrgebiet und sonst wo. Aber die Türken kamen eben sehr viel nach Berlin. Das kennst du ja aus Deiner Berliner Zeit. Deswegen war das grundsätzlich die größte Klientel.

Und was das Private angeht: Du weißt ja, die späten sechziger und frühen siebziger Jahre, das war eine Zeit, da war man ja nicht so unbedingt – vorsichtig gesagt – zufrieden mit dem Land, in dem man lebte und hat deswegen nicht selten Phantasien bedient nach der Richtschnur *das Gute ist anderswo*. Kreta war so ein Ort, auf den xenophile Projektionen gerichtet wurden. Und die Türkei war für mich so eine xenophile Projektion, was sicher daher kam, dass ich da schon mal im Urlaub gewesen war bevor wir dieses Projekt gemacht haben und einfach auf unglaublich freundliche, nette Menschen gestoßen bin, die sehr gastfreundlich waren und Interesse an mir, dem Fremden gezeigt haben. Dazu natürlich die Urlaubsgefühle: herrliches Frühsommerwetter, türkisblaues Meer, leckeres südländisches Essen – das alles zusammen nährte meine positiven Vorurteile für die Menschen und ihr Land: die Türkei als Ort der Sehnsucht. Und tatsächlich haben wir ja auch in unseren beruflichen Begegnungen viele Türkinnen und Türken kennen gelernt, die diese Vorurteile bestätigten. Aber freundliche Menschen und gute Begegnungen, die findest du natürlich überall – und auch das Gegenteil. Projektionen sind eben Projektionen!

**BA:** Ja, klar. – Hattest du denn schon vorher angefangen, Türkisch zu lernen?

**HB:** Für eine private, touristische Reise, deutlich vor unseren Projektzeiten habe ich ein bisschen Türkisch gelernt. Aber das Meiste, was ich an Türkisch kann, habe ich dann im Laufe des Projekts gelernt. Zum einen durch den direkten Zugang, zum anderen konnte man in Berlin ja einfach in die Bezirke gehen. Anfang der Siebziger, wenn du da Kontakt aufnehmen wolltest zu türkischen Arbeitsmigranten, da musstest du ein wenig Türkisch können, wenn das Gespräch nicht gleich nach der Begrüßung zusammenbrechen sollte. Wie gesagt, vieles habe ich auf der Straße gelernt, ganz ähnlich wie *Gastarbeiter* Deutsch gelernt haben: durch Zuhören, Nachfragen, Schilder und Aufkleber lesen und so weiter. Also eigentlich habe ich einen Zweitsprachenerwerb im Türkischen hinter mir – was glaube ich, gar nicht so schlecht war. Dadurch habe ich Strategien entwickelt und reflektiert, wie man im Alltag an eine fremde Sprache *rankommt*, und das haben wir zum Teil an unsere Lerner weitergeben können. *Wie komme ich an Sprache ran, wenn ich keinen Unterricht habe?* Allerdings haben wir uns irgendwann auch zu dritt einen türkischen ,Privatlehrer' genommen. Er war übrigens Hausmeister am Goethe Institut, ein ganz lieber Mann, der zwar keine Ausbildung hatte als Lehrer, sondern eben „nur" *native speaker* des Türkischen war, aber eben auch interessiert, mit uns so etwas zu machen. Von ihm haben wir viel gelernt, und er hat uns ganz schön gefordert.

**BA:** Zu dem was du sagst fällt auf, dass es im Heidelberger Projekt italienische und spanische Arbeiter waren, weil die in den dortigen Fabriken präsent waren und vielleicht auch, weil deren Sprachen den Wissenschaftlern bekannt waren.[4]

**HB:** Beim ZISA-Projekt,[5] da waren die sogenannten Probanden ja auch Südländer. War denn einer von dieser Projektgruppe bei deiner Konferenz?

**BA:** Nein, aber Wilhelm Grießhaber, der jetzt nicht zu dieser Gruppe gehört, aber ein bisschen in der Tradition dieses ZISA-Projektes arbeitet, das kann man sagen. – Wie waren eure Kurse eigentlich zusammengesetzt? Ich meine jetzt das Verhältnis von Kurden und Türken.

**HB:** Das war eigentlich immer gemischt, weil gerade aus den armen ländlichen Gebieten viele in die BRD gingen, um dort Geld zu verdienen – darunter viele junge Männer, aber auch ältere und Familienväter, die meisten mit dem Ziel, möglichst viel vom Lohn nach Hause zu schicken, um ihre Familien zu unterstüt-

---

4 Zum Heidelberger Projekt *Pidgin-Deutsch spanischer und italienischer Arbeiter in der BRD* vgl. Heidelberger Forschungsprojekt ,Pidgin-Deutsch' (1975) und Wolfgang Klein in diesem Band.
5 ZISA = Zweitspracherwerb italienischer und spanischer Arbeiter, vgl. dazu Clahsen, Meisel & Pienemann (1983).

zen – und die kurdischen Regionen in der Osttürkei gehörten ja zu diesen Gebieten. Unsere Lerner haben allerdings das Thema Kurden-Türken eher gemieden.

Doch zurück zur Ausgangssituation: Zu der Zeit, als wir unser erstes Projekt durchgeführt haben, Anfang der Siebziger, war noch der Nachhall des sogenannten Rotationsprinzips bestimmend, demgemäß die deutsche Politik und auch die Wirtschaft das Ziel verfolgten, die *Gastarbeiter* jeweils nach fünf Jahren in ihre Länder zurückzuschicken. Aber eben dieses sogenannte Rotationsprinzip hat für lange Zeit bewirkt, dass die ausländischen Arbeitnehmer, die herkamen, kein Deutsch lernen wollten, weil sie dachten: „Ich mache hier jetzt drei, vier, fünf Jahre meinen Job, spare und spare und spare, schicke Geld in die Heimat und lasse mich sonst gar nicht weiter ein auf die deutsche Gesellschaft." Und umgekehrt versäumte es die deutsche Gesellschaft, Integrationskonzepte zu entwickeln oder auch nur anzudenken!

**BA:** 1973 kam der Anwerbestopp. Wie hat sich das dann niedergeschlagen?

**HB:** Für viele Arbeitsmigranten wurde nun deutlich, dass sie eben nicht nur für einige Jahre, sondern eher auf unbestimmte Zeit in Deutschland bleiben würden und sukzessive Familienangehörige nachholen bzw. Familien zu gründen begannen. Damit erhöhte sich zum einen ihr eigener Wunsch nach gesellschaftlicher Teilhabe, andererseits wurde der Bedarf nach Integrations- und Förderangeboten immer höher und differenzierter. Gleichzeitig waren Integrationsangebote eher noch die Ausnahme und gingen zunächst vor allem von Initiativen der Wohlfahrtsverbände und von freien Projekten aus: *Man musste was tun*, wie gerade auch in Westberlin immer deutlicher wurde. Das betraf dann, um im Kontext unserer DaZ-Welt zu bleiben, gerade auch die Erfahrung der beiderseitigen *Sprachbarriere*, wie man das damals meist nannte, also die Tatsache, dass sich Deutsche und Arbeitsmigranten kaum bis gar nicht miteinander verständigen konnten. Dennoch blieb der offizielle politische Tenor, „Wir sind kein Einwanderungsland!", sprich: wir müssen, jedenfalls von deutscher Seite, auch keine flächendeckenden Integrationskonzepte entwickeln – und auch nicht finanzieren! Wie gesagt, 1973 kam der Anwerbestopp: Die Aufenthaltsdauer der sogenannten ersten Migrantengeneration wurde länger und länger, es begann der Familiennachzug, Kinder besuchten die deutschen Schulen, der Bedarf an sprachlicher, sozialer, beruflicher Förderung wuchs und wuchs, man war schon bei der dritten Einwanderergeneration angekommen. Trotzdem gibt es erst seit 2005 ein staatliches Integrationskonzept und -angebot, die sogenannte *Integrationsverordnung*, worin erstmals unter anderem die rechtlichen und finanziellen Rahmenbedingungen, vor allem auch was den Deutschspracherwerb als Recht und Pflicht betrifft, verbindlich geregelt sind.

Nicht, dass es vorher keine Sprachlernangebote gegeben hätte, die gab es schon seit Anfang der 70er, von zahlreichen Mittlerorganisationen, darunter v. a. von den Volkshochschulen, aber auch vom IB[6] und einigen anderen. Aber es waren Angebote, die man wahrnehmen konnte, wenn man konnte und wollte, und viele davon waren, bei allem Engagement der meist auch noch schlecht bezahlten Lehrer, nur bedingt für DaZ-Lerner geeignet. Erst mit der Gründung des Sprachverbandes[7] in Mainz 1974 kam es dann zu einer Bündelung der Mittlerorganisationen und durch die vom Sprachverband herausgegebene Fachzeitschrift *Deutsch lernen* zu einem öffentlichen Forum, in dem Reflexionen und Erfahrungen zum Lernen und Lehren des Deutschen als Zweitsprache in der Community geteilt und öffentlich zugänglich wurden.

**BA:** Der Sprachverband selbst hat keine Sprachkurse organisiert, oder?

**HB:** Nein, er hat Angebote koordiniert und deren finanzielle Förderung organisiert und, nach meiner Erinnerung, auch Fortbildungen für DaZ-Lehrer. Von der Konstruktion her war das ein e. V. für alle Trägerorganisationen, die im Rahmen ihrer Angebote eben auch Sprachkurse für *Gastarbeiter* bzw. *ausländische Arbeitnehmer*, wie es lange hieß, organisiert und angeboten haben und dafür auch öffentliche Gelder eingeworben bzw. bereitgestellt haben.

# Forschung von Lehrenden zum Zweitspracherwerb

**BA:** Damals als eure Arbeit anfing, da gab es eigentlich so gut wie nichts. Am Goethe-Institut habt ihr zunächst einfach angefangen, Kurse anzubieten und dabei Materialien zu entwickeln, die für die spezielle Lernergruppe geeignet sein sollten.

**HB:** Genau, und dabei haben wir, wie schon gesagt, ganz schnell bemerkt: Wir wissen so wenig über den Spracherwerb und die möglichen methodischen Zugänge für einen Lerner, der ‚spracherwerblich‘ zwischen allen Stühlen sitzt: der also mal einen Kurs macht; mal Selbstlernmaterial anschafft und liest, das für ihn vielleicht gar nicht passt; der in seiner Umgebung ein bisschen Deutsch lernt, im Betrieb, im Wohnbereich usw. – mit anderen Worten: der so gar kein DaF-Lerner ist, wie man ihn kannte. So wurde uns klar, dass wir eigentlich ein bisschen etwas grundsätzlich darüber in Erfahrung bringen müssten, und das

---

6 IB = Internationaler Bund für Sozialarbeit.
7 Sprachverband Deutsch für ausländische Arbeitnehmer.

hat uns motiviert, ein Forschungsprojekt bei der DFG[8] zu beantragen, obwohl uns alle möglichen Leute gesagt haben, „Das kriegt ihr nie durch!", als kleine Lehrergruppe vom Goethe-Institut Gelder zu bekommen von der DFG. Die DFG hat uns dann sehr früh signalisiert, dass wir dazu einen Professor brauchen, der einen Antrag stellt. Und dann hat sich ein Nordist und Linguist der Freien Universität Berlin, den du sicher auch noch kennst, Prof. Heinrich M. Heinrichs, also der hat sich bereit erklärt, uns zu unterstützen. Ich erinnere fast noch im Wortlaut seine Antwort auf meine Anfrage: „Ach, Herr Barkowski, wenn Sie und Ihre Kolleginnen das versuchen wollen, dann unterschreibe ich Ihnen das. Ich habe zwar keine Ahnung davon und werde mich nicht weiter kümmern können, aber das Anliegen, das finde ich sehr unterstützenswert." Und so haben wir uns dran gemacht und einen Antrag geschrieben. Dabei war das Verhältnis, sage ich mal, von Wissenschaft und Praxis genau umgekehrt wie sonst oft beklagt wird und wie es ja nicht selten auch der Fall ist: Wir Praktiker haben die Wissenschaft benutzt, damit wir den Antrag durchkriegen und dazu unsere an der Uni erworbenen *skills* angewandt: lesen, exzerpieren, argumentieren, gliedern usw.

Der zweite absolut hilfreiche Umstand dafür, dass Projekte wie das unsere überhaupt eine Chance auf Förderung hatten, war die Gründung eines neuen Förderschwerpunkts bei der DFG für Untersuchungen zum Spracherwerb und ...

**BA:** ... meinst du den Schwerpunkt Sprachlehr- und -lernforschung?

**HB:** Ja, genau, und unter den Gutachtern – das war sozusagen der ultimative Glücksfall – waren wiederum Leute wie Gudula List und Hans-Jürgen Krumm und Hans Reich, die das ganz stark gefördert haben, dass man eben auch praxisorientierte Projekte in diesen neuen Schwerpunkt mit hereinnimmt.

**BA:** Du hast wahrscheinlich wie ich auch Literaturwissenschaft früher studiert.

**HB:** Ja, mein Schwerpunkt war eigentlich Literaturwissenschaft. Ich habe aber auch ein bisschen, weil es mich interessiert hat, Linguistik gemacht, vor allem bei Hans-Heinrich Lieb, den kennst du ja.

**BA:** Ja, den kenne ich.

**HB:** Und Lieb und seine Vorstellung von Grammatik (vgl. z.B. Lieb 1975) haben auch sehr meine weitere Arbeit in dem Bereich Grammatikvermittlung mitbeeinflusst und später habe ich mich viel mit Peter Eisenberg und dessen funktionalistischer Grammatikauffassung beschäftigt. Naja, aber das war deutlich später.

---

**8** DFG = Deutsche Forschungsgemeinschaft.

**BA:** In der Vorbereitung habe ich jetzt nochmal in deine verschiedenen Publikationen gesehen, das ist ja hochinteressant. Das eine, was auffällt, worüber wir jetzt auch schon ein bisschen gesprochen haben, ist: Man spürt eigentlich in allen Texten das soziale Engagement, und auch das politische Klima der damaligen Zeit zeigt sich mir in den Texten. Das Gefühl hat man heute nicht mehr. Heute werden Texte politisch und sozial irgendwie eher aseptisch produziert, auch wenn die Autoren und Autorinnen als Individuen engagiert sein mögen und aus ganz bestimmten Gründen agieren. – Das, finde ich, ist so ein Subtext vieler Publikationen.

**HB:** Ja, das stimmt, das kommt mir auch so vor.

**BA:** Irgendwo in euren Publikationen, ich glaube, in eurem Handbuch, geht es auch um ein Gespräch mit türkischen Arbeitern, in dem ihr erklärt, warum ihr das macht und dann euren Ansatz gegen Diskriminierung usw. darlegt. Der Dolmetscher übersetzte dann: „Die Lehrer lieben euch."

**HB:** Ja, ich erinnere mich. Ich denke, entweder hat ihm unsere Motivation inhaltlich nicht gefallen oder er hat es aus seiner Sicht den Adressaten zu liebe so zusammengefasst.

**BA:** Ein anderer Punkt, der auffällt, ist das, was du eben angesprochen hast. Ihr sprecht überall das Verhältnis von Zweitspracherwerb und Zweitspracherwerbsforschung und Didaktik Deutsch für ausländische Arbeiter an. Das ist ja eigentlich ein spezieller Zugang. Kannst du dazu noch etwas sagen?

**HB:** Das ergibt sich ja ein bisschen aus dem, was ich über die Anfangsgeschichte gesagt habe. Unsere Motivation war, etwas darüber zu erfahren, wie die Spracherwerbssituation der Arbeitsmigranten ist, was ihr Bildungshintergrund ist, welche Lernformen sie kennen, worauf man aufbauen kann, was der richtige Zugang ist. Das alles aber immer in dem Interesse, ein didaktisches Modell zu entwickeln, das für den unterrichtlichen – wir haben meistens gesagt: den unterrichtlich unterstützten bzw. unterrichtlich geförderten Spracherwerb – und den ja immer weitergehenden außerunterrichtlichen Zweitspracherwerb taugt. Und diese Verzahnung hat mein ganzes Berufsleben bestimmt. In dem Bereich Deutsch als Zweitsprache war mir stets wichtig, immer wieder rückzufragen: Wenn ich das und das untersuche, mit welcher Intention hinsichtlich dessen, was ich da erfahren kann, bezogen auf den Unterricht, ist es verknüpfbar? Also diese didaktische Orientierung, die stand schon immer im Vordergrund. Das ist ja auch bei meiner Dissertation dann so gewesen.

**BA:** Was war denn Gegenstand deiner Dissertation?

**HB:** Das war mein Versuch, so etwas wie eine Kommunikative Grammatik[9] zu entwickeln.

**BA:** Ja, richtig, natürlich. Über deine kommunikative Grammatik wollte ich später noch mit dir sprechen. Aber euer Konzept, als das, was aus eurem Projekt stammt, das findet man ja in eurem Handbuch, vielleicht sprechen wir erst darüber. Kannst du die Grundzüge des von euch damals entwickelten Konzepts erläutern, wie der Spracherwerb in der Lebenssituation und der unterrichtlicher Unterstützung verbunden werden kann?

# Lernziel: Sprachlich handeln können – das Handbuch für den Deutschunterricht mit ausländischen Arbeitern

**HB:** Zum einen war es so, dass man aus der Kenntnis der Lebenssituation heraus versucht festzulegen, welche kommunikativen Bedürfnisse der Unterricht bedienen muss, also unterstützen sollte, dass bezogen auf *diese* und nicht irgendwelche Bedürfnisse hin die deutschsprachige Kompetenz unserer LernerInnen entwickelt bzw. weiterentwickelt wird. Mögliche Gesprächssituationen muss man dann dazu befragen und analysieren, ob sie real im Austausch zwischen deutschen und ausländischen Arbeitnehmern überhaupt stattfinden. Also nicht das ganze Leben ist das Curriculum, sondern: Wo sind wirklich die Kontaktsituationen, in denen es notwendig und geraten und erforderlich ist, nicht nur Türkisch, sondern auch Deutsch zu können. Zweitens ging und geht es nach meiner Überzeugung immer darum, anzuknüpfen an das, was die jeweiligen Lerner an Deutsch können und nicht zu denken, man könne wie im DaF-Unterricht arbeiten, also nach festgelegten Niveaustufen – Anfänger, Fortgeschrittene usw. –, denn aus der Analyse des nicht gesteuerten Spracherwerbs ergibt sich ja, dass das Bild der Sprachkompetenzen ganz anders ist als bei Deutsch als Fremdsprachelernern. Zweitsprachenlerner – Menschen, die eine Sprache ungesteuert und noch dazu über Jahre ungesteuert erworben haben – können Sachen, von denen man denkt, ein Anfänger kann die eigentlich gar nicht können, und sie können Sachen nicht, die

---

9 Vgl. Barkowski/Harnisch/Kumm 1980.

ein Deutsch-als-Fremdsprachen-Anfänger sehr früh lernt, etwa mit Flexionen umgehen, mit Endungen umgehen, mit Grammatik umgehen, in einfachen Sätzen schon richtig, also korrekt zu sprechen.

Einer der Wege, Zweitsprachenlerner bei ihren Kompetenzen abzuholen, aber auch, sie von da aus weiter zu bringen, ist meines Erachtens, dass man die sprachlichen Äußerungen, die sie selber machen, mit ihnen gemeinsam bespricht, also zeigt, was daran gut funktioniert, und miteinander darüber spricht, was man nicht mehr versteht und warum man es nicht versteht. Also das Bedürfnis erst mal klar werden zu lassen, warum es sich lohnt, zu lernen, obwohl man ein irgendwie funktionierendes Deutsch, dieses sogenannte Gastarbeiterdeutsch, im Alltag erworben hat.

**BA:** Du hast gesagt, die Zweitsprachlerner können manche Sachen gut, manche Sachen können sie nicht so gut oder weichen ab vom Standardsprachlichen. Fallen dir Beispiele ein, wo euch aufgefallen ist, was sie sozusagen relativ schnell erworben haben?

**HB:** Das was sie schnell erworben haben, waren vor allem ritualisierte Sprachfloskeln. Also den ganzen Bereich von: *Guten Tag; Wie geht es dir? Hallo und tschüss; Wie komme ich wohin? Wie heißt du? Wo wohnst du?* Und was weiß ich. Dafür hatten sie immer Sprachmittel parat. Und natürlich am Arbeitsplatz, da konnten sie die Sachen alle benennen. Sie konnten auch nach Zeichnungen und Angaben der Meister Sachen fertigen. – Dabei fällt mir ein ganz wichtiger Aspekt ein, der damit zusammenhängt, dass wir auch an deren Arbeitsplätzen waren: Wir sind immer davon ausgegangen, dass wir demjenigen, der so komplexe Arbeitshandlungen umsetzen kann, doch nicht unterstellen können, dass er nicht kognitiven Zugängen zur Sprache auch eine Chance geben wird. Und so war es auch. Die waren sehr interessiert an Grammatik, und immer wenn man auf einer sehr einfachen Ebene gezeigt hat, wie was im deutschen Sprachsystem funktioniert, hat das sie interessiert. Dieser funktionalistische Ansatz, der spielt eben auch im Alltagsleben eine große Rolle. *Wie mache ich was, damit es das und das wird?* Das war, glaube ich, so ein Zugang, den wir sehr konsequent versucht haben zu verfolgen und der sehr gut funktioniert hat. Man hat ja dann von *defizitär* und von *different* gesprochen – was weiß ich alles, was man da für Kapriolen geschlagen hat, um sich korrekt zu verhalten –, aber jedenfalls geht es durchaus auch darum, den nicht normgerechten Sprachbestand aufzugreifen, über ihn zu reden und Lernangebote zu jenen Bereichen zu machen, wo wir der Überzeugung waren und es ja auch selbst in der Kommunikation mit unseren Lernern gemerkt haben, dass das kommunikativ nicht funktioniert.

**BA:** Du sagtest eben, ihr habt darüber geredet, was sie verstehen und was sie nicht verstehen. In der kommunikativen Grammatik sprichst du ja auch mehrfach an, dass man darauf achten muss, diese sozusagen produktiven und rezeptiven Fertigkeiten nicht zu verwechseln. Aber das setzte dann doch voraus, dass ihr zum Türkischen *switchen* konntet. War das denn eine sprachhomogene Gruppe?

**HB:** Ja, das war eine sprachhomogene Gruppe. Wir haben viel zweitsprachig gearbeitet. Die haben übrigens auch uns manchmal verbessert, wenn wir Fehler gemacht haben. Es hatte durchaus einen positiven Effekt, dass auch wir Zweitsprachenlerner waren und da auch Fehler gemacht haben. Aber wir haben uns auch oft Sachen in der Unterrichtsvorbereitung kontrastiv angeguckt, also versucht, Probleme beim Erwerb des Deutschen, die sogenannten Fehler oder Abweichungen vom Standard, aus dem Vergleich der Systeme der beiden Sprachen heraus zu verstehen und dies bei der Vermittlung zu thematisieren: *Warum macht ihr das so? Weil es das bei euch nicht gibt oder weil es bei euch ganz anders ist?* Dass man dieselbe kommunikative Intention in unterschiedlichen Sprachen zwar hier und da anders organisiert, aber in beiden Sprachen im großen Ganzen dasselbe ausdrücken kann. – Das war eigentlich ein Ansatz, der unserem Eindruck nach den Lernern sehr einleuchtete. Und dass man auch ihre eigene Sprache natürlich ernst genommen hat, und sie also nicht sozusagen wie Kinder behandelt hat, die gar keine eigene Sprache haben, das war glaube ich auch ein ganz wichtiger Grundsatz und Zugang: Sich immer wieder zu sagen, dass man bei allen Lücken in der deutschsprachlichen Kompetenz erwachsene Menschen vor sich hat, mit ihrem Alltag in Deutschland, aber auch mit ihrer Herkunfts- und Migrationsgeschichte. Ihr Problem ist eben nicht, dass sie nicht kommunizieren können oder nicht lernen können, sondern, dass sie nicht Deutsch können. Das verhindert bzw. vermindert dann auch so eine Infantilisierung im Umgang mit den Lernenden, die man bei Lehrenden – und bei sich selbst – immer mal wieder beobachtet.

**BA:** Genau das war ja in der Fremdsprachendidaktik immer eine Diskussion, inwieweit die Beschränkung auf wenige sprachliche Mittel zu infantilisierenden Gegenständen, Themen und Dialogen führt und man so praktisch auf ein kindliches Niveau regrediert.

**HB:** Und das ist natürlich ärgerlich für die Betroffenen. Ich glaube, dass es auch ganz stark die Motivation behindert oder gar tötet, wenn man merkt, ich kann in meiner Sprache eigentlich alles, worüber ich sprechen will und was ich zu sagen habe, kommunizieren, und in dieser anderen Sprache soll ich jetzt auf einmal Dummheiten sagen.

**BA:** Da du die Motivation ansprichst: Wenn die jetzt von sich aus ans Goethe-Institut kamen, dann waren das ja eigentlich schon hochmotivierte Deutschlerner.

**HB:** Ja, das waren alles eher hochmotivierte und aufstiegsorientierte Deutschlerner. Wir haben dann aber in unseren späteren Projekten mit den ‚normalen' türkischen Arbeitsmigranten zu tun gehabt. In unserem ersten, dem DFG-finanzierten Projekt haben wir ja Kurse bei AEG angeboten.

**BA:** Das war mir nicht klar.

## Sprachunterricht in der Fabrik

**HB:** Im Rahmen dieser Projekte haben wir unsere Kurse in Berlin-Wedding bei AEG angeboten. Da haben wir mit dem Betriebsrat und der Geschäftsleitung eine Vereinbarung gefunden, dass wir einen Raum kriegen. Wir waren richtig da auf dem Gelände und haben die Kurse, die wir angeboten und dann auch beforscht und entwickelt haben – und die sich dann in unserem Handbuch[10] für den Deutschunterricht mit ausländischen Arbeitern niedergeschlagen haben –, so organisiert, dass auch der Schichtwechsel berücksichtigt war. Es gab zwei Schichten, und wir haben zwei Kurse parallel angeboten, so dass jemand, wenn er die Schicht wechselte, einfach mit denselben Lehrern in einer modifizierten Gruppe da weitermachen konnte, wo er aufgehört hatte.

**BA:** Das war also ein sehr engagiertes Modell von eurer Seite aus. Auf der anderen Seite setzt es voraus, dass auch relativ viele türkische Arbeitsmigranten da waren, die mitmachen wollten.

**HB:** Ja, wir hatten mal so eine Gruppengröße von knapp 20. Das changierte, zu manchen Schichtangeboten waren eben weniger da, bei manchen mehr. Diejenigen, die Normalschicht hatten, kamen danach zum Unterricht und diejenigen, die nachmittags Schichtbeginn hatten, mussten vor der Schicht kommen. Diejenigen, die nach ihrer Arbeit kamen, waren manchmal zwar entsprechend fertig und kaputt, aber sie kamen – was uns großen Respekt einflößte. Wir haben sie dann, mit ihrem Einverständnis, auch namentlich in unserer Handbuch-Widmung geehrt.

**BA:** Das ist ja in der Tat ein spannendes Konzept, dass ihr in der Fabrik Unterricht angeboten habt. Welchen Einfluss hatte das denn auf das, was ihr gemacht habt?

---

**10** Barkowski, Harnisch & Kumm (1980).

**HB:** Es hatte einmal den Einfluss, dass wir alle an ihren Arbeitsplätzen besucht haben und ihre Situation dort kennengelernt haben. Das haben wir ja zum Teil beschrieben. Die haben da teilweise unter für uns unvorstellbaren Lärmbedingungen gearbeitet. Bei unseren Besuchen am Arbeitsplatz haben wir Kommunikation zwischen den Vorarbeitern und den Meistern und unseren Lernern beobachten können. So hatten die das Gefühl, wir Lehrer interessieren uns für ihren Arbeitsalltag und wissen auch, wo sie dort sind. Zudem hatten wir die Hoffnung, mehr darüber herauszukriegen, was eigentlich typische zweitsprachliche Kommunikationssituationen im Betrieb sind. Aber gerade das war bei AEG sehr sehr eingeschränkt, weil die türkischen Mitarbeiter in Betriebsteilen arbeiteten, wo sie weitgehend unter sich waren und zudem auch nicht in der Kantine aßen, weil sie immer vermuteten – und das war auch lange so –, dass sie da Sachen essen müssten, die sie nicht essen dürfen. Sie haben sich dann etwas mitgebracht und in irgendwelchen Wärmeöfen aufbereitet und blieben dann sogar in den Pausen unter sich.

**BA:** Was wurde denn da bei AEG hergestellt? Was für Arbeitsplätze waren das?

**HB:** Viele waren in der Stanze und manche im Turbinenbau. Das waren so die Hauptgruppen. Schweißer und Stanzer und Turbinenbau. Das war eine Riesenhalle.

**BA:** Welchen Einfluss hat das dann auf die Gestaltung des Sprachunterrichts gehabt? Wie haben sich Eure Kenntnisse der genauen Arbeitsplatzsituation darin niedergeschlagen?

**HB:** Naja, wir haben dann so Dialoge entwickelt zwischen Meister und Arbeitern und in Pausensituationen. Außerdem haben wir die Lerner auch zu Hause besucht, die Wohnsituation angeschaut und eben geguckt, was sind mögliche Sprachanlässe und was könnten die da gebrauchen. Wir haben versucht, das in Situationen und Dialogen so umzusetzen, dass sie ihre sprachlichen Kommunikationsräume wiedererkannten und davon auch etwas anwenden konnten. Und wir haben – was vielleicht auch eine schöne Idee ist, ich weiß gar nicht ob wir das so gut im Handbuch beschrieben haben – dann entwickelt, diese Artikelbewusstheit herauszufordern, also maskulin, feminin, neutrum, und zweisprachige Wortkarten mit Farbpunkten versehen und unseren Lernern Farbpunkte mitgegeben und gesagt, sie könnten ja, wenn sie dazu Lust hätten, in ihrem Arbeitsumfeld die Gegenstände bekleben, also nach feminin, maskulin, neutrum, um dann den Wortschatz mit ihnen zu besprechen und zu erweitern. Das haben sie auch gemacht und gesagt, dass das wiederum die deutschen Kollegen interessierte: „Was macht ihr denn da?", „Was genau klebt ihr denn da?". Die Lerner haben ihnen gesagt, das ist unsere Hausaufgabe vom Deutschunterricht, damit wir die Artikel lernen. Der Kommentar war dann häufig: „Ja, das ist sehr gut, die Artikel muss man können." Und so haben sie dann auch Gegenstandsbenennungen aus dem Arbeitsumfeld in den Unterricht eingebracht.

# Das Handbuch – Mitteilungsbereiche

**BA:** Mir fallen hier zwei Dinge auf: Zum einen, weil ich mich ja auch für Grammatik interessiere, dass in deinen Beispielen sehr viele grammatische Aspekte thematisiert werden. Zum anderen das für das Handbuch und für die Kommunikative Grammatik eigentlich zentrale Konzept der *Mitteilungsbereiche.*

**HB:** Unser Konzept der Mitteilungsbereiche, da haben wir uns sehr viel an Watzlawick orientiert. Es ging uns bei den Mitteilungsbereichen sozusagen darum, Klassen zu definieren, worum es geht in der Kommunikation, z. B. Beziehungen aufzunehmen, zu befestigen, zu klären, weiterzuentwickeln. Das waren unsere übergeordneten Lernziele und das haben wir versucht, auf die Lebenssituationen der Lerner herunterzubrechen und zu konkretisieren, also: Beziehungen am Arbeitsplatz aufnehmen, jemanden ansprechen, jemanden was fragen, sich helfen lassen. Das übergeordnete Ziel waren diese kommunikativen Zentralinteressen, da haben wir halt welche ausgewählt. Das kann man, glaube ich, aus dem Inhaltsverzeichnis des Handbuches[11] weitgehend ersehen, unter dem Gliederungstitel „Was unterrichten wir wie und warum?" (45).[12] Das erste war ja „Wovon man ausgehen muss" (17). Davon haben wir ja ein bisschen gesprochen. Dann „Wann sagt man was wie zu wem? Die Vermittlung von Sprachhandlungen" (52). Das war der eine Bereich und der andere war dann „,Ohne Grammatik, das nützt ja nicht, das hilft ja nicht.' Die Vermittlung grammatischer Regelmäßigkeiten" (97). Das waren die beiden Aspekte, und wenn man da jetzt reingehen würde, dann fänden sich diese Sachen wie der Beziehungsaspekt, der für uns sehr wichtig war. „Der Bezug zur realen Kommunikation", „Der Beziehungsaspekt", das findet man dann in diesem Text auf Seite 56 folgende. Das ist symptomatisch für unseren Zugang. Auch wenn du auf Seite 59 schaust: „Welche Sprachhandlung müssen wir vermitteln, um die Lernenden in die Lage zu versetzen, ihre Beziehungen zur deutschen Umwelt aktiv zu verän-

---

11 Barkowski, Harnisch & Kumm (1980). Das Handbuch lag den Beteiligten vor. Die folgenden Zahlenangaben in Klammern verweisen auf die Seitenzahlen.
12 Dieses und die folgenden Zitate geben Überschriften aus dem Handbuch wieder, die auch dessen ausführlichem Inhaltsverzeichnis entnommen werden können.

dern". Also solche Ziele waren das. Wir haben uns nicht am Situationsansatz orientiert, der damals in Lehrwerken angesagt war, also nicht einfach nur Situationen ausgewählt, sondern wir hatten übergeordnete Lernziele, und zu denen haben wir dann Situationen und die dazu passenden sprachlichen Mittel ausgewählt.

**BA:** In der damaligen Zeit, zum Beispiel bei der Entwicklung des Zertifikats Deutsch als Fremdsprache, wurde ja von ontologischen Daseinsbereichen ausgegangen – Wohnen, Gesundheit usw. – während dies hier doch ein etwas anderer Ansatz ist. Das überschneidet sich sicher mit solchen Themenfeldern, aber die „Beziehung zur deutschen Umwelt aktiv zu verändern", das geht ja doch deutlich weiter.

**HB:** Ob es weiter geht, das kann ich nicht sagen. Aber es ist einfach nochmal eine andere Perspektive auf Kommunikation. Als zentrale Anliegen und Mitteilungsbereiche haben wir drei hauptsächliche Typen identifiziert „Eine gleichberechtigte Beziehung herstellen" (60), „Eine gleichberechtigte Beziehung klären" (60) und „Eine gleichberechtigte Beziehung entwickeln" (60). Dem haben wir Sprachhandlungen zugeordnet wie „jemand ansprechen, zum Kontakt auffordern, einladen, etwas fragen, bitten; sich des gemeinsamen Alltagswissens versichern" (60) wie das in Äußerungen ausgedrückt ist wie *also das ist bei uns auch so; das wissen wir, ja du hast recht* und so was alles. Alles was positiv die Beziehung herstellen kann oder eine gleichberechtigte Beziehung klären hilft, und nicht zuletzt: „das eigene Sprach- und Sozialisationsproblem benennen" (78). Zum Beispiel haben wir unsere Lerner ermutigt und ermuntert Dinge zu sagen wie: *Leute, das versteh ich nicht, bitte nochmal, langsam sprechen,* also nicht zu denken, *ich habe ein Defizit und muss mich verstecken* und besser gar nichts als etwas in *falschem Deutsch* zu sagen, sondern ihr Sprachproblem zum Thema zu machen. „Den Kollegen zum Sprachlehrer machen" (78), haben wir das genannt, z. B. nachzufragen: *Wie sagt man das auf Deutsch? Zeigt mir das mal, was ist das denn? Wie nennt ihr denn das?* Und auch zu sagen, was einem nicht passt. „Interaktionsformen des Partners in Frage stellen" (60) und solche Geschichten. Oder eine gleichberechtigte Beziehung weiterentwickeln, in diesem dritten Teil, sich der „positiv emotionalen Beziehung versichern" (60): *Ich mag dich, ich find dich nett, sollen wir mal ein Bier zusammen trinken?* Wir haben natürlich Sachen drin, die hatten einen Nachklang der Studentenbewegung. Wir dachten, die soziale und gesellschaftliche Situation der Arbeitsmigranten, jedenfalls die der ersten Generation, ist ja viel prekärer als die der deutschen Arbeiter und dagegen würden sie sich wehren.

**BA:** Das findet sich dann etwa wieder in dem Lernziel „eine gemeinsame politische Meinung bilden" (60), oder?

**HB:** Ja, oder z. B. „eine gemeinsame private oder politische Handlung argumentativ vorbereiten" (60). Aber dazu ist es nie gekommen, jedenfalls nicht in unserem ersten Projekt.

# Die Mitteilungsbereiche in der Kommunikativen Grammatik

**BA:** Kommen wir nochmal zu den sprachdidaktischen Anlagen und den Mitteilungsbereichen zurück. In der *Kommunikativen Grammatik* (Barkowski 1982) hast Du ja auch diese Mitteilungsbereiche entwickelt. Die sind da aber wesentlich abstrakter. Da geht es um Zeit, Raum usw.

**HB:** Ja, die Kommunikative Grammatik war eigentlich der Versuch, ein Modell zu finden, in dem man den außersprachlichen Hintergrund der sprachlichen Welt systematisieren könnte. Die Diskussion darüber fing an in dem Projekt, in dem wir auch das Handbuch entwickelt haben, aber wir hatten damals noch kein durchgängiges Konzept für diese Frage der außersprachlichen Wirklichkeit. Die Vergleichbarkeit von Sprachen muss meines Erachtens auf einer Basis beruhen, die außerhalb der Sprachen liegt. Dass am Anfang nicht die Sprache ist, sondern die Wirklichkeit, eine übergeordnete Kategorie. Die Lebensbereiche und das was versprachlicht werden muss, ist ja nicht selber das Sprachliche. So ein Kategoriensystem zu finden war das Anliegen der Kommunikativen Grammatik. Da habe ich mich hauptsächlich mit Philosophie auseinandergesetzt – mit Kant, Hegel, dem dialektischen Materialismus, Aristoteles – und daraus dann die Kategorien gewonnen, die du angesprochen hast. Wenn man eine außersprachliche Ebene hat – das war die Überlegung –, kann man dann auf dieser Basis Sprachen vergleichen, im Sprachvergleich gucken, wie realisieren unterschiedliche Sprachen die für alle Menschen bestehende Notwendigkeit, über Grunddinge des Lebens zu kommunizieren. Also, das ist eigentlich das, was ich da verfolgt habe und was mich interessiert hat.

**BA:** Unter der sprachdidaktischen Prämisse, dass diese Sprachvergleiche helfen, im Unterricht Strukturen des Deutschen, in unserem Fall Sprechern des Türkischen oder Kurdischen, deutlich zu machen?

**HB:** Genau! Um immer sagen zu können, worum es geht. Also, dass es nicht jetzt um Artikel als etwas abstrakt Grammatisches geht, sondern die Artikel eine Funktion haben und das Deutsche eben bestimmte kommunikative Intentionen anders realisiert als andere Sprachen. Das Türkische ist zum Beispiel eine agglutinierende Sprache und macht ganz viel mit verschachtelten Morphemen, während wir das eben sehr stark regulieren über Einzelwörter und miteinander korrespondierende Endungen usw., aber nicht über so ein ganzes Konglomerat von sinnbehafteten Bausteinen wie das Türkische. Im Türkischen wird zum Beispiel ein Ausdruck wie *Hast du nicht angerufen?* mit einem einzigen Wort ausgedrückt, mit definierten Morphemen und deren Abfolge für die Markierungen von Personalpronomen, Zeit, Verneinung und Frage in einer einzigen Verbform – eine Menge Holz für nur ein Wort! Das Problem ist also nicht, dass man nicht das Gleiche an Inhalten in verschiedenen Sprachen ausdrücken kann, sondern wie man es sprachlich macht! Wenn man dieses *Gleiche*, also die auszudrückende Wirklichkeit, in Kategorien sortieren kann, und das ist das Anliegen meines Konzepts gewesen, ist – oder besser: wäre das – eine echte Hilfe für Sprachvergleiche. Solche übergeordneten Kategorien helfen gleichzeitig, transparent zu machen, dass das Problem nicht ist, dass die eine Sprache schwer ist und die andere leicht, oder die eine *mehr Grammatik* hat und die andere weniger, sondern dass es einfach nur unterschiedliche Sprachmittel sind, die aber weitgehend dieselben kommunikativen Bedürfnisse bedienen!

Viele, gerade auch Zweitsprachenlerner argumentieren ja: *Ich kann ganz gut kommunizieren, aber Grammatik kann ich nicht.* Denen kann man bei einem Vergleich der Sprachen zeigen, dass es so etwas wie einen Gegensatz von Kommunikation versus Grammatik gar nicht wirklich gibt, und dass die Grammatik nicht für sich da ist, sondern sie die Kommunikation organisiert. Natürlich gibt es dann aus sprachhistorischen Gründen in vielen Sprachen Reformen. Das Türkische hat eine Sprachreform gehabt, 1928 unter Kemal Atatürk. Die haben versucht, viele Verdopplungen und einander widersprechende Markierungen auszumerzen aus dem Sprachsystem. Das hatten wir in Deutschland nicht. Wir haben – auch noch nach den neueren Orthographiereformen seit 1996 ff – ganz viele überlappende Systeme von Markierungen. Deswegen ist es wichtig, im Unterricht zum einen zu zeigen, es macht einen Sinn das und das zu markieren, aber auch zu sagen, diese Übermarkierung, die wir an manchen Stellen haben im Deutschen, gerade beim Possessivpronomen mit dieser Mischung aus Genus und Kasus und Numerus, die dann zu so schweren Markierungsentscheidungen führt, das ist wirklich schwer und eine ziemliche Zumutung für Deutschlerner, das machen andere Sprachen z. T. eleganter, geschickter und einfacher, aber das ist nun mal so. Im Unterricht hatte das zur Konsequenz, dass wir, besonders bei hochkomplexen Markierungen wie den Possessivartikeln, unseren Anspruch auf Korrektheit etwas runtergeschraubt und darauf abgehoben haben, dass die Lerner eher rüberzubringen lernen, wie man die kommunikativen Funktionen von Possessiva ausdrückt als dass alle Markierungen stimmen, korrekt sein müssen.

Da muss man halt Entscheidungen treffen. Aber angeboten haben wir natürlich das komplette Markierungssystem!

**BA:** In Sprachen sind aus Lernersicht bestimmte Dinge dunkel. Um bei deinem Beispiel zu bleiben: Wenn man die deutsche Genusunterscheidung nicht kennt und aus einer genuslosen Sprache kommt, dann hat man auch keinen Anlass nach Genera zu suchen – anders als wenn man aus einer genushaltigen Sprache kommt. Da könnte ich mir vorstellen, dass dieser Ansatz, *Wo kann Sprachunterricht unterstützend in den sonstigen Spracherwerb eingreifen?*, hilft. Aber gibt es weitere Bereiche, die dir in Erinnerung sind, in denen diese Verbindung von lebensweltlichem Sprachenlernen und Unterricht gut funktioniert hat?

**HB:** Du hast ja auch so etwas untersucht, zum Beispiel über die Modalverben. Das haben wir ja auch festgestellt, dass LernerInnen dazu neigen, bestimmte Sachen überzugeneralisieren und dann falsch zu verwenden. Da kann man ganz gut zeigen, dass ihre Intention, also das, was sie eigentlich mitteilen möchten, nicht rüberkommt. Gerade bei den Modalverben, da macht es schon einen Unterschied, z. B. ob man *müssen, sollen* und *dürfen* unterscheiden kann. Überhaupt, die Modalverben, ich vertrete da ja die Position, dass Modalverben keine Hilfsverben sind, sondern eigentlich Vollverben, die nur als ihre spezielle Ergänzung – sozusagen im Sinne von Valenz – andere Verben im Infinitiv haben. Da finde ich, es ist nach wie vor eigentlich ein vernünftiger Ansatz zu sagen: Es gibt eben auch Verben, die kein Akkusativobjekt, sondern ein anderes Verb brauchen, aber die haben genügend semantische Substanz, um zu sagen, das ist eigentlich wie ein Vollverb – und dazu gehören die Modalverben.

**BA:** Zurück zu meiner Ausgangsfrage, zu deinem Konzept einer Kommunikativen Grammatik. Wenn ich es richtig erinnere, dann werden die Mitteilungsbereiche aus philosophischen, du nennst es Grundkategorien abgeleitet. Kannst du dazu noch etwas sagen?

**HB:** Die Mitteilungsbereiche sind genau so zu denken und auch so entstanden, als Ableitungen aus den Grundkategorien. Das sind, wenn ich es jetzt richtig erinnere: Existenz, Qualität, Quantität, Raum, Zeit, Beziehung und Bewegung.

**BA:** Hast du das dann auch in deinen Fortbildungen vorgestellt?

**HB:** Ich bin viel mit diesem Konzept rumgereist und habe das mit Lehrern diskutiert. Die Reaktion war immer sehr gespalten.

**BA:** Inwiefern?

**HB:** Das war schon wieder ein Abstraktionsgrad, wo dann die Rückführung auf konkrete sprachliche Äußerungen schwierig wird. Du hast diese Grundkategorien

und dazu die Mitteilungsbereiche, die ja versuchen zu zeigen, wie diese Grundkategorien, die sozusagen auf der philosophischen Ebene entstehen, sich in einer Sprache in den dazu erdachten einzelnen Mitteilungsbereichen niederschlagen – das zu
vermitteln, das war schon immer sehr, ich sage mal, wackelig. Wir brauchen ja nur
so etwas wie *Bewegung* zu nehmen, da kann man das ganz gut sehen.

**BA:** Ich erinnere mich, aber erzähle mal.

**HB:** In der Kommunikativen Grammatik sind folgende Mitteilungsbereiche zur
*Grundkategorie VI Bewegung* aufgeführt: *Eingriffe, Zugriffe, Aneignung, Tausch,
Konsum, Konsumtion, Fortbewegung, Transport, Erkundung, Emotionen, Interaktion* (Barkowski 1982: 194). Nehmen wir *Emotionen* – natürlich ist das eine innere
Bewegung, wenn ich etwas fühle. Aber die Frage, ob es einem sehr viel nützt, *Emotionen* der Grundkategorie *Bewegung* zuzuordnen, führte dann immer zu Diskussionen. Das habe ich auch gut verstanden, denn als ich das selber gemacht habe,
da saß ich auch da und habe überlegt, was ist denn das, passt es dahin oder dort-
hin? Bei *Beziehungen* ist es ähnlich: *Nebeneinander* und *gegenüber* – gut das
sind räumliche Beziehungen, das leuchtet gleich ein, auch *Objekt, Mittel, Zu-
gehörigkeit, Zwang/Notwendigkeit/Abhängigkeit, Projektion, Kausalität, Folge,
Ziel, Zweck, Konditionalbeziehung* (Barkowski 1982: 201), kann man bei eini-
gem Nachdenken dieser Grundkategorie zuordnen – aber es ist vielleicht gar
nicht so sehr hilfreich. Hilfreich sind eher die Beziehungen, die sich auf der Ebene
der sprachlichen Mittel zwischen den Mitteilungsbereichen oder auch direkt zu
den Grundkategorien nachvollziehen lassen. Die helfen dann auch beim Sprachvergleich. Da kann man einfach sehen, dass zum Beispiel das Verb mit seiner
Grundsemantik, aber auch mit seinen Eigenschaften semantisch-syntaktische
Korrespondenzen zu markieren oder Einzahl versus Plural, Zeitrelationen darstellen zu helfen usw. unheimlich viel dafür tut, Bewegungs- und Beziehungs-
aspekte zu realisieren.

**BA:** Es leuchtet schon ein, wenn ich als Sprachlehrer arbeite oder gar als Sprachlehrer, der selbst Material entwickeln will – obwohl ihr euch im Handbuch ziemlich kritisch geäußert habt, zum Selbstentwickeln von Material. Der Weg ist
natürlich weit von so einer abstrakten Beschreibung hin zur konkreten sprachlichen Äußerung. Was man hier so durchschimmern sieht, ist ja so ein bisschen
die Bedeutung der Sprechakttheorie der damaligen Zeit.

**HB:** Ja, unbedingt.

**BA:** Das wurde ja viel diskutiert. Man könnte das interpretieren auch vor den
Moden der Linguistik damals. Das war mit dem Aufkommen der Pragmatik und

der Sprechakte auch in der Linguistik *en vogue*. Es gab ja dann *Deutsch aktiv*[13] – das ihr auch in den Besprechungen der Lehrwerke angesprochen und positiv hervorgehoben habt – das basierte ja eigentlich auf Sprechakten und Sprachhandlung oder hat es zumindest versucht.

**HB:** Ja, genau. Wir haben das immer Sprachhandlung genannt, weil ich fand *Sprechakt* irgendwie verkürzt. Das assoziiert, als ginge es nur ums Sprechen und nicht um Sprachhandlungen, die ja komplexer sind und nicht nur das Sprechen umfassen und so. Da habe ich mich dann manchmal streiten müssen mit unserem Freund Konrad Ehlich, der das als Abweichung von der linguistischen Lehre empfand.

**BA:** Auch mir hat *Sprachhandlung* immer eher eingeleuchtet, ich verwende den Begriff auch gerne. Aber die Frage ist: Gibt es dazu einen theoretischen Hintergrund, auf den ihr euch bezogen habt?

**HB:** Wenn man über den linguistischen Tellerrand weiter hinausschaut, wird natürlich der Handlungsaspekt wichtiger. Da ist dann Bourdieu drin, Watzlawick und das alles. Das sind kommunikationstheoretische Ansätze, die zum Teil weiter reichen als die Sprechakttheorie. Aber eine ausgearbeitete Sprachhandlungstheorie, die sich bewusst so nennt und profiliert gegenüber der Sprechakttheorie kenne ich nicht.

Aber weil du auch nach der Rezeption meines Modells gefragt hat: Meine Kommunikative Grammatik ist interessanter Weise in der DDR seinerzeit sehr positiv besprochen und rezipiert worden. Und es hat sich ja später diese feldergrammatische Arbeit entwickelt, die hat ganz starke Parallelen zu meinem Konzept. Die wollten auch mal, dass ich mit ihnen zusammenarbeite. Ich hatte da leider gar keine Zeit dafür.

**BA:** Das haben sie ja später nochmal aufgegriffen, Buscha et al., also die Felder Grammatik.[14]

**HB:** Genau, aber das war sehr viel später.

**BA:** Aber davor gab es schon mal am Herder-Institut einen Ansatz einer Felderbeschreibung, von Sommerfeldt.[15] – Du sagst, es gab heftige Diskussionen mit den Lehrkräften über die Mitteilungsbereiche, das heißt im Rahmen von Lehrer-

---

13  Vgl. Neuner, Schmidt & Wilms (1979).
14  Vgl. Buscha et al. (1998).
15  Vgl. Sommerfeldt, Schreiber & Starke (1991/1984).

fortbildung. Aber welche Rezeption haben die Kommunikative Grammatik und das Handbuch gefunden?

**HB:** Das Handbuch ist, jedenfalls in der Praxis und Lehrerfortbildung, sehr gut rezipiert worden – so hatte ich den Eindruck –, auch sehr umfänglich, obwohl sich manche davon noch mehr erhofft hatten, also noch mehr Unterrichtsbeispiele und Unterrichtseinheiten. Die sagten immer: „Warum schreibt Ihr nicht ein Lehrwerk?" Und wir antworteten: „Weil wir denken, dass wir in einem Lehrwerk diese ganz unterschiedlichen Bedarfssituationen von Kursen nicht abdecken können und wir den Unterricht zusammen mit den Teilnehmern entwickelt haben, was wir auch für die beste Lösung halten." Aber in den Fortbildungen – das ist mir auch wichtig – haben wir den Lehrern immer gesagt, wenn wir euch jetzt hier eine Unterrichtseinheit vorstellen, müsst ihr bedenken: Wir waren zu dritt, wir haben jede unserer Unterrichtseinheiten fünf bis acht Stunden vorbereiten können, bis wir sie einigermaßen gut fanden. Auch in Lehrerfortbildungen habe ich immer gesagt: Ich zeige euch heute, was wir gemacht haben, aber von zwanzig Unterrichtsstunden ist auch bei uns nur eine so überlegt und so gut gestaltet. Ich finde auch – und das ist ein anderer Aspekt, den wir immer diskutiert haben –, dass die Arbeitssituation derer, die in dem Feld gearbeitet haben, zum Teil katastrophal gewesen ist. Erst in unserem Jahrtausend hat sich das ein bisschen verbessert.

**BA:** Du meinst die Arbeitssituation der Lehrkräfte.

**HB:** Ja. Die Lehrkräfte haben ja damals wirklich zum Teil für acht Mark die Stunde gearbeitet. Da kannst du keine eigenen Materialien mehr machen. Das geht gar nicht. – Wir haben wirklich unzählige Fortbildungen auf der Basis des Handbuchs gemacht.

**BA:** Das Handbuch enthält ja ziemlich viele konkrete Vorschläge, wie bestimmte Themen umgesetzt werden können. Habt Ihr eigentlich die Dependenz-Verb-Grammatik schon aufgenommen?

**HB:** Ja. Wir haben auch Valenzgrammatik besprochen, uns aber entschieden, die valenzgrammatische Darstellung als ein mögliches Hilfsmittel zu sehen, aber eigentlich den funktionalistischen Ansatz im Unterricht abzubilden.

**BA:** Also wenn man den Blick nach vorn richtet, dann sind die Mitteilungsbereiche schon etwas, was geblieben ist, oder?

**HB:** Das ist geblieben, ja. – Und als das Goethe-Institut so um 2005 herum das Curriculum für die Integrationskurse geschrieben hat – da habe ich mitgearbeitet –, auch da spielen sie eine Rolle.

# *Korkmazlar* – eine Spielfilmserie mit ,Filmmagazinen', eine Art „Lindenstraße"

**BA:** Kommen wir noch zu einem anderen Aspekt, weil du vorhin sagtest, ihr seid oft aufgefordert worden, Lehrmaterial zu entwickeln. Da fällt mir natürlich *Korkmazlar*[16] ein. – Was heißt das eigentlich?

**HB:** Also *Korkmaz* ist ein ganz geläufiger türkischer Familienname und heißt *furchtlos*.

**BA:** Achso – und *lar* ist Plural?

**HB:** Ja.

**BA:** Die Furchtlosen sozusagen ...

**HB:** ... und die verschiedenen Familienmitglieder der Familie *Korkmaz* würde man auch als *Korkmazlar* bezeichnen. Das sind hier die *Korkmazlar* oder die *Korkmaz'*.

**BA:** Wie kam es aber nun zu dem Projekt diesen Namens?

**HB:** Die *Kassettenprogramme für ausländische Mitbürger e. V.* in München haben mich eines Tages angerufen und gefragt, ob ich nicht Interesse hätte, mit ihnen was zu machen im Bereich Materialien für türkische Arbeitnehmer, und mich nach München eingeladen. Wir sind dann gemeinsam auf die Idee gekommen, ein Videoprojekt zu beantragen, das zum einen gedacht war für den privaten Gebrauch und zum anderen für den videounterstützten Unterricht. Da haben wir dann gemeinsam eine Projektskizze entworfen für eine Filmserie, die eben irgendwann *Korkmazlar* hieß, und haben von verschiedenen Arbeitsministerien und zwar besonders von Bayern eine finanzielle Unterstützung bekommen. Wir haben dann losgelegt mit einem türkisch-deutschen Team, mit einem türkischen Drehbuchautor, einem deutschen Regisseur und vielen türkischen Schauspielern, wobei einige Figuren aus der Serie sehr bekannte türkische Schauspieler waren, aus der Türkei, die also auch in der Türkei einen Namen hatten. Wir dachten, wenn wir das wirklich in die Öffentlichkeit und die Konsumtion bringen wollen, wer kauft sich denn so eine Kassette oder sieht sich so eine Kassette an, wenn die nicht filmisch und von den Darstellern her auf hohem Niveau ist. Also

---

16 Die Spielfilmserie wurde in Zusammenarbeit von Robert Hübner, Erman Okay, Claudia Fenster und Hans Barkowski in den Jahren 1982–1985 erarbeitet, als Spielfilmserie mit integrierten Deutschlernangeboten. U. a. war Yaman Okay, ein bekannter türkischer Schauspieler zu sehen. Die Serie wurde mehrfach im Fernsehen übertragen.

haben wir entschieden, das auf keinen Fall mit Laiendarstellern zu machen. Unsere Ausgangsüberlegung war, dass Sprachkurse die schon lange in Deutschland lebenden türkischen MigrantInnen nicht bzw. nicht mehr erreichen und man ihnen etwas anderes anbieten muss, um ihre Kommunikationskompetenz auf Deutsch anzusprechen und Anstöße zu geben, diese weiter zu entwickeln. Im Kontext von Lebenssituationen sollten Sprachproblematiken angesprochen werden, sodass Sprache ein Teil der Spielhandlung ist und es keine Sprachfilme, sondern Spielfilme wurden, in denen Sprache als ein Teil der Probleme, die diese speziellen Personen haben, eine Rolle spielt. Das ist die Basis des Konzepts gewesen. Viele haben gesagt, das ist so eine Art „Lindenstraße" für die türkische Migrationsbevölkerung. Witziger Weise wurde es auch zu so etwas, weil der bayerische Rundfunk – wir wollten die Filme zunächst nur als Videokassetten verbreiten – bald nach Fertigstellung der *Korkmazlar* die Serie bzw. die Lizenz als erster Sender abgekauft und sie dann weitervermarktet hat (vgl. Abb. 1).

Praktisch alle dritten Programme in Deutschland haben die Filme dann gezeigt, und in manchen Regionen sind sie zwei- oder dreimal gezeigt worden zu verschiedenen Zeiten, sodass es dann doch sehr viel mehr Publikum erreichte als wir gehofft hatten. Der Film ist übrigens letztlich richtig teuer geworden. Die Anfangsförderung von einer knappen Million D-Mark war nach drei Filmen aufgebraucht.

**BA:** Drei von dann insgesamt acht Folgen?

**HB:** Ja. Wir hatten dann drei wahnsinnig stressige Tage mit den Geldgebern, die das natürlich unverantwortlich fanden, uns sogar drohten, wir müssten es zurückzahlen. Egal, am Ende raufte man sich zusammen, denn auch die Geldgeber standen ja hinter dem Projektanliegen und wollten zudem ihre Investition nicht in den Sand gesetzt wissen. Und außerdem – das war dann sehr wichtig – hatten unsere ersten drei Folgen auch qualitativ überzeugt und diese Qualität hätte man mit wenig Geld einfach nicht hingekriegt.

**BA:** Ich kenne nicht alle Filme, nur Ausschnitte. Was ich gesehen habe, war rein Türkisch mit deutschen Untertiteln. Ist das durchgängig so oder gibt es auch Passagen, in denen auf Deutsch gesprochen wird?

**HB:** Es gibt Passagen, in denen auf Deutsch gesprochen wird. Das Prinzip ist: Dort, wo im Alltagsleben einer in Deutschland lebenden türkischstämmigen Familie eher Türkisch gesprochen wird, wird auch im Film Türkisch gesprochen. Dort, wo im Alltagsleben eher Deutsch gesprochen wird, wird auch im Film Deutsch gesprochen. Dort, wo im Alltagsleben eher das sogenannte Gastarbeiterdeutsch gesprochen wird, wird auch im Film Gastarbeiterdeutsch gesprochen. Und damit alle, die die Filme sehen, alles verstehen, gibt es in Untertiteln die Übersetzung. Für das Verfas-

**Abb. 1:** *Korkmazlar*, herausgegeben von *Kassettenprogramme für ausländische Mitbürger e. V.*, Redaktion Schulze/Barkowski (1988) (Foto: Martina Rost-Roth).

sen der Dialoge in Gastarbeiterdeutsch haben sich übrigens die Projektergebnisse zum DaZ-Erwerb ausgezahlt, auf deren Basis ich sie fiktional gestaltet habe.

Als Beigabe zu den Videokassetten haben wir zusätzlich Lernmaterialien[17] entwickelt, die waren auch immer im Konzept vorgesehen, sonst hätten wir wahrscheinlich die Förderung gar nicht bekommen. Da haben wir gesagt, das machen wir so wie in Filmmagazinen – früher gab es ja so Filmprospekte mit Bildmaterial, Schauspielerporträts usw. – und greifen sowohl die filmischen Inhalte auf als auch in unserem Falle eben ganz besonders die sprachlernbezogenen Aspekte.

**BA:** Ihr habt dann auch Theo Scherling[18] gewonnen, der die Zeichnungen gemacht hat. Hier (in Abb. 2 u. 3) haben wir ein Beispiel für die Didaktisierung der Artikel im Deutschen und ein zweites Beispiel, das exemplarisch ist für das Konzept, auch das außerunterrichtliche Sprachlernen mit Tipps zu versorgen – *Korkmazlar* wurde also sehr viel gesendet. Hast du denn auch Rückmeldungen von türkischen Familien bekommen?

---

**17** Vgl. Barkowski & Schulze 1980.

**18** Theo Scherling hat u.a. auch die Zeichnungen für ‚Deutsch aktiv' (Neuner, Schmidt & Wilms 1979) gemacht.

Für die meisten Wörter, die wir im Alltag benutzen, gibt es leider keine Regel dafür, welches Wort welchen Artikel hat, also warum es z. B. das Kleid, aber dann wieder die Tasche heißt. Deswegen ist es nötig, den Artikel gleich mit dem Wort dazu zu lernen. Woher Sie erfahren, welches Wort welchen Artikel hat? Am besten Sie fragen jemanden, der gut Deutsch spricht, oder Sie schauen im Wörterbuch nach: Wenn hinter dem Wort ein f steht, heißt es die, wenn da ein m steht, heißt es der, wenn da ein n steht, heißt es das (im übrigen steht in unserem Magazin „Korkmazlar 4" sehr viel zu den Artikeln und dazu, wie man ein Wörterbuch benutzt).

**Abb. 2:** Auszug aus *„Korkmazlar. Die Sprachmagazine zum Film – Deutsche Fassung"* (Barkowski & Schulze 1990: 8/5).

## Wie heißt das auf Deutsch? Wie Sie Kolleginnen und Kollegen, Freundinnen und Freunde zu „Deutschlehrer/Innen" machen können!

Deutsch lernen kann man nicht nur im Deutsch kurs, sondern auch im Alltag. Es genügt, wenn man ein paar Sätze lernt, mit denen man andere fragen kann, wie etwas auf Deutsch heißt oder wie es richtig heißt. Lernen Sie ein paar der folgenden Fragen und fragen Sie ihre Bekannten am Arbeitsplatz und in ihrer Nachbarschaft! Es müssen nicht einmal immer Deutsche sein, auch von Ihren Landsleuten oder anderen Ausländern und Ausländerinnen können Sie immer wieder lernen. Machen Sie den Versuch! Übrigens finden Sie zum besseren Üben alle diese Fragen auch auf der Hörkassette zu diesem Film. Die Fragen sind sortiert: unter jedem Zwischentitel finden Sie Fragen zu ganz bestimmten Problemen mit der deutschen Sprache!

**Abb. 3:** Auszug mit Illustration von Theo Scherling aus Barkowski & Schulze (1990: 1/23).

**HB:** Ja, allerdings eher nur in anekdotischer Form. Immer wieder haben wir Personen aus dem privaten Umfeld gefragt, ob sie das kennen und sie das gesehen hätten. Viele hatten das. Sonst hätte das Fernsehen das vermutlich auch nicht gemacht und schon gar nicht mehrfach gesendet, die müssen ja auf Einschaltquoten achten.

## Was bleibt?

**BA:** Eine Frage, die ich eigentlich allen zu diesem Band Beitragenden stellen wollte, ergibt sich aus der wissenschaftsgeschichtlichen Zielstellung dieses Buches, das nicht zuletzt jüngeren Kolleginnen und Kollegen vermitteln möchte, was damals gemacht wurde. Welche Texte wären ihnen zu empfehlen, sie heute nochmal zu lesen? Was würdest du sagen, wenn man so eine Rubrik einrichten würde?

**HB:** Darauf eine Antwort zu geben, ist nicht leicht. – Ich denke, dass jede Zeit ihre Themen hat und auch ihren Hintergrund. Zum Beispiel ist in sozialökonomischen Fragen eine deutliche Ruhe eingetreten, in dem was junge Leute beschäftigt. Dagegen sind ökologische Fragen, ganz vorne dran das Thema *Klimakatastrophe*, in den Vordergrund getreten. Nicht erst seit Greta Thunberg, sondern auch davor. Aber bei diesen Freitagsdemos hat man seit langem wieder einmal das Gefühl, das ist eine Bewegung oder könnte eine werden.

Doch zurück zu deiner Frage. Was bleibt? Was würde ich mitgeben? Da wäre eigentlich meine Botschaft: Wenn man eine Sache sehr engagiert verfolgt, dann kommt dabei was heraus, was auch dazu beiträgt, dein Leben mit Sinn, also nicht gleich zu füllen, aber doch anzureichern. So im Sinne der Liedzeile „Also was soll aus mir werden, ist nicht alles schon getan?" – das ist aus einem Song der Stern Combo Meißen. Sich irgendwie einzusetzen für ein Problem, für andere. Das macht viel mit einem selber und verändert das eigene Leben sehr stark. Natürlich nicht nur mit positiven Ergebnissen. Also ich denke, meine ganz privaten Beziehungen sind sicher damit überfordert gewesen, dass ich von morgens bis nachts in dem Projekt gearbeitet habe und auch viel meiner Freizeit mit den Betroffenen und den KollegInnen verbracht habe, unendlich viel Fortbildung gemacht habe und wenig zu Hause war. Meine Tochter hat, ich glaube als sie vier war, zu mir gesagt: „Du altes Wegfahr-Viech!" Und das, obwohl ich auf eine halbe Stelle gegangen bin und von München, wo die *Korkmazlar* entwickelt wurden, nach Berlin zurück, um Zeit auch für die Familie, für das Kind zu haben. Das ist das eine.

Des Weiteren: Dass man auch kämpfen muss für seine Sachen. Wir waren immer mit der Wissenschaft im Clinch, weil wir wissenschaftlich nicht so puristisch waren wie viele der Kollegen, mit denen wir zu tun hatten. Auch in den Projekten und mit der Wirklichkeit waren wir im Clinch, weil wir ganz woanders herkamen und als Wissenschaftler gegenüber Lehrern auch immer privilegiert erschienen und es sehr schwer war, ihnen zu sagen: „Wir machen das auch für euch." Die haben eben oft gesagt: „Ja, aber wir haben nicht die Zeit, um das so zu machen wie ihr." Also die Beteiligung der Betroffenen, das ist total wichtig, egal was man macht. Die Beteiligung der Betroffenen ist – wenn man sozial, wissenschaftlich oder sonstwie unterwegs ist – das A und O von Erfolg und auch von Erkenntnisgewinn.

Wir haben zum Beispiel bei unserem ersten Projekt, dem Handbuchprojekt, uns eine Auszeit geben lassen und einen Nachbarschaftsladen in Berlin eingerichtet. Das war in den 1970ern, da haben wir uns beteiligt an einer Ideen-Ausschreibung von „Strategien für Kreuzberg", das war so ein Sanierungsprojekt in SO 36,[19] und da haben wir einen Preis gewonnen von 10.000 Mark für unseren Vorschlag, mitten im Sanierungsgebiet eine Nachbarschaftsförderung zu entwickeln zur Begegnung von deutschen und türkischen Bewohnern. Das Geld haben wir eingesetzt, um so einen Nachbarschaftsladen auch konkret zu gründen. „Otur ve Yaşa/Wohnen und Leben" haben wir den genannt. Ich glaube, den gibt es immer noch.

**BA:** Wo ist das denn genau?

**HB:** Das war in der Wrangelstraße, aber die sind inzwischen wohl umgezogen. Da haben wir einfach einen alten Laden gemietet, ihn eingerichtet, und irgendwann bekamen wir auch eine Förderung für eine Sozialarbeiterstelle. Eine Sozialpädagogin hat da dann ganz lange gearbeitet und auch türkische Mitarbeiterinnen, immer so zwei oder drei, die Beratung gemacht und Kurse angeboten haben. Die Mitarbeiterinnen – es waren alles Frauen, glaube ich, jedenfalls zu unserer Zeit – haben für Frauen Kurse angeboten im Zusammenhang mit Nähen und Kommunizieren und vor allem türkische Frauen beraten. Einmal war auch eine türkische Dolmetscherin dabei. – Das ist etwas, auf das ich richtig stolz bin, dass wir, Ulrike Harnisch, Sigrid Kumm und ich, da wirklich etwas für die Betroffenen durchsetzen konnten, das sich hält und dann auch öffentlich finanziert wurde. Wobei andererseits diese Begegnung auch nicht in dem Maße geklappt hat, wie wir uns das vorgestellt hatten. Es war zwar immer angelegt, dass sich da auch Deutsche beraten

---

19 SO 36 = ältere Bezeichnung für den Postzustellbezirk ‚Südosten' von Berlin, Teil von Kreuzberg.

lassen können, aber unter den Deutschen war das ganz schnell *der Laden für die Türken*, obwohl auch das Schild zweisprachig war: „Otur ve Yaşa/Wohnen und Leben".

Also diese Mehrebenen-Geschichte – zum einen wissenschaftliche Projekte mit dem Anspruch zu koppeln, Empfehlungen für die Unterstützung des Zweitspracherwerbs der sogenannten Gastarbeiter zu entwickeln, zum zweiten quasi NGO-mäßig im Ausländerkomitee engagiert mitzuarbeiten und Demos mitzumachen und zu organisieren, wo man sich für ein Kommunales Wahlrecht für ausländische Mitbürger eingesetzt hat, und dann noch der Nachbarschaftsladen sowie viel Lehrerfortbildung: Das hat für uns zusammengepasst!

**BA:** Zu dieser Lehrerfortbildung: Waren das immer Lehrer, die bei den Wohlfahrtsverbänden freiwillig Kurse gemacht haben?

**HB:** Nein, es waren zunehmend auch Fortbildungen für LehrerInnen an Schulen, die *Kinder mit Migrationshintergrund* – was für ein Wort ... – unterrichteten. Die waren dann vor allem an Unterrichtsbeispielen aus unserem Handbuch interessiert, aber auch an unseren Vermittlungsprinzipien und dem Konzept der *Kommunikativen Grammatik*. Biographisch hatte das bei mir auch dazu geführt, dass ich eigentlich eine Universitätskarriere gar nicht wirklich verfolgt habe, sondern aufgrund meiner Arbeiten zu bestimmten Sachen einfach gefragt worden bin. Ob das die *Korkmazler* waren oder in Berlin die Stelle für interkulturelle Erziehung. Da bin ich auch aufgefordert worden, mich zu bewerben. Und verschiedentliche Kontakte, damals noch zu DDR-KollegInnen, bei Fortbildungsangeboten, auch durch den einen oder anderen Lehrauftrag an der Humboldt-Universität und der Friedrich-Schiller-Universität in Jena und meine Vorträge auf internationalen Deutschlehrertagungen, unter anderem in Budapest, Leipzig und Wien, haben dazu geführt, dass ich dann in den späteren 1990er Jahren aufgefordert wurde, mich in Jena zu bewerben.

Ich meine damit: Wenn man an etwas glaubt und sich für etwas einsetzt, dann entsteht daraus immer wieder Neues und letztlich auch viel, was den beruflichen Weg formt. – Ja, das wäre auch so eine *Botschaft an die Jungen*.

In diesem Zusammenhang fällt mir noch ein weiteres, auch ganz spannendes Projekt ein, das von der VW-Stiftung unterstützt wurde, das hieß *Deutsch für ausländische Arbeiter – projektgebundenes und projektorientiertes Sprachlernen im Wohnbereich*.

**BA:** Was war das für ein Projekt?

**HB:** In den späten 1970ern gab es in Berlin-Kreuzberg zahlreiche Sanierungsprojekte, Miethäuser und ganze Wohnblöcke aus der Gründerzeit und den 20er und 30er Jahren des 20. Jahrhunderts, und in diesen Häusern wohnten auch viele türkische, besser: türkischstämmige Familien, und es ging um Sanierung und Bürgerbeteiligung. In diesem Kontext haben wir das Projekt *Deutsch lernen im Wohnbereich* ins Leben gerufen. Es ging darum, BewohnerInnen mit Migrationshintergrund, wie man wohl heute sagen würde, dazu zu befähigen, dass sie ihre Interessen in diesen öffentlichen und halböffentlichen Auseinandersetzungen auch auf Deutsch wahrnehmen können – sowohl was ihre Mieterrechte und den Verbleib in ihren Wohnungen anging als auch die Mitsprache bei den Entscheidungen über den Umfang der Sanierung, damit die Wohnungen für die Mieter bezahlbar bleiben und eben nicht das passiert, was man heute als Gentrifizierung kennt.

**BA:** Und da habt ihr dann Sprachunterricht gemacht?

**HB:** Wir haben hierzu den Sprachunterricht gemacht, aber auch an Versammlungen teilgenommen und die MieterInnen vorbereitet auf öffentliche Versammlungen und solche Sachen. – Allerdings haben die in einem Fall dann tatsächlich ein Haus besetzt, und da wurde es kritisch. Die VW-Stiftung fand das nicht mehr lustig und sagte, „Wir finanzieren Sie doch nicht, damit Sie Hausbesetzer unterstützen!". Wir sagten, „Wir befähigen nur Mieter zur Wahrnehmung ihrer Interessen. Was sie dann damit machen, können wir nicht steuern".

Trotzdem gab es einen dicken Konflikt, und so haben wir dann gesagt, wir machen eben etwas anderes. Unser Vorschlag war, einen *Sprachstand* zu konzipieren und zu betreiben. Er sollte als richtiger Marktstand auf dem sogenannten *Türkenmarkt* am Kreuzberger Maybachufer entstehen, als Stand mit einem kleinen Zelt, wo wir deutsche Sprache an die Marktbesucher verschenken. Sie sollten in das Zelt kommen, damit wir ...

**BA:** ... deutsche Sprache verschenken – das heißt mit ihnen reden?

**HB:** Ja. Damit wir mit ihnen reden, ihnen Situationen geben, ihnen Wörter geben – im direkten Gespräch und auch mittels Materialien. Das wollten wir dann also machen. Aber der Vertreter der VW-Stiftung schlug nur die Hände über dem Kopf zusammen und sagte: „Bitte schreiben Sie uns noch den Abschlussbericht, damit soll es dann aber auch gut sein!"

**BA:** Das kann ich mir vorstellen (lacht). – Aber, schade, dass daraus nichts mehr geworden ist.

# Literaturverzeichnis

Barkowski, Hans (1982): *Kommunikative Grammatik und Deutschlernen mit ausländischen Arbeitern*. Königstein/Ts.: Scriptor.

Barkowski, Hans; Harnisch, Ulrike & Kumm, Sigrid (1980): *Handbuch für den Deutschunterricht mit ausländischen Arbeitern*. Königstein/Ts.: Scriptor.

Barkowski, Hans & Schulze, Evelyn (1990): *Korkmazlar. Die Sprachmagazine zum Film – Deutsche Fassung*. Mainz: Sprachverband – Deutsch für ausländische Arbeitnehmer e. V.

Buscha, Joachim; Freudenberg-Findeisen, Renate; Forstreuter, Eike; Koch, Hermann & Kuntzsch, Lutz (1998): *Grammatik in Feldern. Ein Lehr- und Übungsbuch für Fortgeschrittene*. Ismaning: Verlag für Deutsch.

Clahsen, Harald; Meisel, Jürgen M. & Pienemann, Manfred (1983): *Deutsch als Zweitsprache. Der Spracherwerb ausländischer Arbeiter*. Tübingen: Narr.

Heidelberger Forschungsprojekt „Pidgin-Deutsch" (1975): *Sprache und Kommunikation ausländischer Arbeiter. Analysen, Berichte, Materialien*. Kronberg/Ts: Scriptor.

Lieb, Hans-Heinrich (1975): Oberflächensyntax – Syntaktische Konstituentenstrukturen des Deutschen: Zwei Arbeitspapiere. Nachtrag zu den Arbeitspapieren. *Linguistische Arbeiten und Berichte [LAB] Berlin (West) 4*. Berlin: Freie Universität, Fachbereich Germanistik.

Neuner, Gerhard; Schmidt, Reiner & Wilms, Heinz (1979): *Deutsch aktiv. Ein Lehrwerk für Erwachsene*. Berlin: Langenscheidt.

Sommerfeldt, Karl-Ernst; Schreiber, Herbert & Starke, Günter (1991): *Grammatisch-semantische Felder. Einführung und Übungen*. Berlin: Langenscheidt (1984 erstmals in Leipzig bei Verlag Enzyklopädie).

# Hans Barkowski

## Vita

(Foto: privat)

Studiert habe ich zunächst schwerpunktmäßig Literaturwissenschaft und in diesem Fach auch mein Magisterexamen abgeschlossen. Danach, auf der Suche nach einer Arbeit, entdeckte ich auf einem Spaziergang, dass es in Berlin ein Goethe-Institut gab und fragte dort kurz entschlossen an, ob man mich als Deutsch-als-Fremdsprachen-Lehrer brauchen könnte – und hatte Glück! Nach einer halbjährigen Zusatzausbildung stand ich vor meiner ersten „DaF-Klasse", bestehend v. a. aus StudienanwärterInnen, die eine Spracheingangsqualifikation anstrebten, um in Deutschland ein Studium aufnehmen zu können. Schnell faszinierte mich das, was man später als „interkulturelle Begegnung" bezeichnet hat: fast alle Lerngruppen waren international zusammengesetzt, waren herkunftssprachlich heterogen und brachten unterschiedlichste Lernerfahrungen und -traditionen mit in den Unterricht. Während die KursteilnehmerInnen gemeinsam Deutsch lernten, lernte ich selber jeden Tag ein bisschen mehr über andere Sprachsysteme und Kulturen; über Anlässe und Gründe von Missverständnissen; über Tabus und Vorlieben, Gemeinsamkeiten und Fremderfahrungen.

Die Welt wurde für mich damit größer und vielfältiger und erwies sich mit der Fülle an Möglichkeiten – oder auch Hindernissen – das je individuelle Leben zu gestalten, zum einen als in höchstem Maße attraktiv wie andererseits dazu herausfordernd, Vergleiche anzustellen, sich der eigenen Wertvorstellungen bewusst(er) zu werden; auch: diese zu hinterfragen und ‚Fremdes' ins eigene Leben, den eigenen Alltag zu integrieren. Und damit ist nicht nur gemeint, dass ich anders zu kochen lernte – das aber auch! Mit den neuen Erfahrungen wurde der Grundstein gelegt zu einem der zentralen Schwerpunkte meiner beruflichen Interessen und Tätigkeiten: *Theorie und Praxis interkultureller Begegnung und des Interkulturellen Lernens und Lehrens.*

Insgesamt war ich von 1971 bis 1988 Mitarbeiter des Goethe-Instituts Berlin, war allerdings großzügiger Weise die weitaus längere Zeit beurlaubt, um in zwei Forschungsprojekten, finanziert von der DFG und der Stiftung Volkswagenwerk, Fragen des Erwerbs und der Vermittlung des Deutschen als Zweitsprache (DaZ) durch Einwanderer insbes. türkischer Herkunft nachzugehen. Neben dem schon genannten Schwerpunkt Interkulturelle Begegnung bildeten sich bei mir, auch durch den Austausch mit anderen in diesem Band vorgestellten Projekten (s. dazu die Beiträge von Norbert Dittmar, Konrad Ehlich und Jochen Rehbein, aber auch das Projekt zum *Zweitspracherwerb italienischer, spanischer und portugiesischer Arbeiter/ZISA* von Jürgen Meisel u. a.), zwei weitere Interessenschwerpunkte heraus: die Beschreibung und Analyse von Fremd-/bzw. Zweitsprachenerwerbsprozessen – ein Thema, das mich später auch mit Bernt Ahrenholz (i.F. immer Bernt) zusammen brachte – sowie die Auseinandersetzung mit Analyse- und Beschreibungsverfahren der *Funktionalen Grammatik*, die insbes. durch die Beschäftigung mit Hans-Heinrich Liebs *Oberflächengrammatik* (vgl. Lieb 1975 im Literaturverzeichnis des Beitrags) erste wichtige Impulse erhielt.

Auf der Basis der Funktionalen Grammatik, dann auch wesentlich inspiriert von Peter Eisenbergs Arbeiten, entwickelte ich Mitte der 1980er Jahre ein Konzept für die Beschreibung der Grammatik des Deutschen aus der Sicht des Lernens und Lehrens von Fremdsprachen, die *Kommunikative Grammatik,* gleichzeitig meine Dissertationsschrift (s. Lit.Verz.). Im Wesentlichen basiert das Konzept auf einer außersprachlichen Perspektive und fragt danach, wie aus gelebtem Leben Kommunikationserfordernisse entstehen und auf welche Weise je einzelne Sprachen diese Erfordernisse ‚bedienen'. Konkret fragt ein solches Modell also z. B. nicht, was z. B. das sog. Plusquamperfekt semantisch leistet, wie es formal gebildet wird und syntaktisch gereiht, sondern es geht aus von der Frage, welche sprachlichen Mittel eine bestimmte Sprache – im konkreten Fall dann das Deutsche – bereit stellt, um ausdrückbar zu machen, dass ein bestimmtes Ereignis in der Vergangenheit im Verhältnis zu einem anderen, ebenfalls in der Vergangenheit stattgefunden, das frühere ist. Wer so fragt, stößt, etwa im Deutschen, auf eine ganze Reihe unterschiedlicher Möglichkeiten, das Gewünschte auszudrücken und kann dann entschieden, welche davon er FremdsprachenlernerInnen – je nach schon erreichtem Niveau – vermittelt. Solche und ähnliche Fragen stellten sich uns ganz konkret in unserem ersten, dem DFG-finanzierten Forschungsprojekt *Deutsch für ausländische Arbeiter* immer dann, wenn wir entscheiden wollten, welche Lerngegenstände wir unseren Lernenden in welcher Reihenfolge anbieten sollten (Stichwort: *Grammatikprogression),* wenn wir deren sprachliche Handlungskompetenz ausbilden wollten, ohne sie in ihren umfassenden Mitteilungsbedürfnissen allzulange wegen „der Schwierigkeiten des deutschen Sprachbaus" zu beschneiden. Prozess und Ergebnisse dieser Bemühungen um eine Förderung des Zweitspracherwerbs von langjährig in Deutschland lebenden türkischstämmigen Arbeitsmigranten – in deren Rahmen wir auch Unterricht in einer metallverarbeitenden Fabrik im Berliner Bezirk Wedding anboten und dazu Materialien entwickelten (vgl. dazu die Dokumentation in Barkowski, Harnisch & Kumm 1980).

Gleichfalls im Kontext des Forschungsprojekts *Deutsch für ausländische Arbeiter* gründeten wir, Ulrike Harnisch, Sigrid Kumm und ich, den Nachbarschaftsladen *Otur ve Yaşa/Wohnen und Leben* für deutsche und türkischstämmige Bewohner des Kreuzberger Kiezes SO36, der im Wesentlichen Beratungsaufgaben im Wohn- und Behördenumfeld wahrnahm und handlungsorientierte Sprachförderangebote sowie Alfabetisierungskurse – beides für türkische Frauen – einrichtete. Finanziert wurde die Begegnungsstätte anfangs mit dem Preisgeld, das wir für unseren Text zur Integration ausländischer Bewohner im Rahmen der Sanierung dieses Wohnbezirks vom Berliner Senat erhalten hatten.

In unserem zweiten, von der Volkswagenstiftung finanzierten Forschungsprojekt ‚*Projektge-bundenes und projektorientiertes Sprachlernen im Wohnbereich*' (Augustin/Augustin-Heil/Barkow-ski/Harnisch/Kumm; s. a. Publikationen in Auswahl) verfolgten wir dann einen konsequent auf die Vermittlung von Sprachkompetenz für Beteiligungsprozesse im Kontext gesellschaftlichen Han-delns ausgerichteten Ansatz und boten Sprachförderung für türkische Bewohner im Sanierungsge-biet Kreuzberg SO 36[20] an, damit diese ihre Interessen gegenüber Hausbesitzern und Behörden besser vertreten können. Dabei wurde deutlich, dass sich Sprachvermittlung und die Erfordernisse z. T. von Woche zu Woche verändernder Kommunikationsprozesse nicht wirklich synchronisieren ließen: die Vermittlung sprachlicher Kompetenz konnte mit dem Tempo der Bürgerbeteiligungsak-tivitäten kaum je mithalten, sodass der angezielte Nutzen der Sprachvermittlung für die Teilneh-merInnen selten bis nie erlebbar wurde und die Lernmotivation entsprechend zusammenbrach. Sprachmittlung, Dolmetschen erwies sich als der Weg zum Ziel, nicht aber eine bekannterma-ßen nur im Schneckentempo vorangehende Zweitspracherwerbsförderung.

Es war das o. g. *Handbuch für den Deutschunterricht mit ausländischen Arbeitern* und ein Gespräch darüber, zu dem mich der Münchner Verein *Kassettenprogramme für ausländische Mit-bürger* einlud, das zu einem meiner Lieblingsprojekte führte: den *KORKMAZLAR* (1982–1985). Neben den Filmen und Materialien ( à je ca. 30 Minuten) gehören zum „Gesamtpaket" im Format von Filmmagazinen entwickelte Lernmaterialien sowie Anregungen zum unterrichtlichen Einsatz der Filme und der Magazine. Die Zusammenarbeit mit ‚den Menschen vom Film' in unserem mit TürkInnen und Deutschen besetzten Team, die Entwicklung der Story, der Drehbücher, die Diskus-sionen über die Auswahl der in die Filmhandlungen integrierten „Kommunikationsprobleme auf Deutsch", das gemeinsame Casting der deutschen und türkischen SchauspielerInnen, schließlich die Tage ‚am Set' beim Filmen der Episoden – all das zusammen, einschließlich der dabei entstan-denen Freundschaften, waren, auch im Rückblick, ein Highlight meines beruflichen Lebens und hätten beinahe zu einem Berufswechsel geführt ...

Nicht zu vergessen: die *KORKMAZLAR* waren in meinen beruflichen Kontakten mit Bernt über die Jahre immer wieder einmal Thema und Bernt war es auch, der vorhatte die Korkmaz-lar-Materialien digitalisieren zu lassen als nur noch wenige Originale der Filme und Beihefte zugänglich waren.

Dass *KORKMAZLAR* von einem gemeinnützigen Verein initiiert und entwickelt wurde – wenn auch finanziell gefördert v. a. vom Bayerischen Arbeitministerium – darf dabei m. E. durchaus gesehen werden als eines von vielen Zeugnissen davon, dass das gesellschaftliche Problem der sprachlichen und sozialen Integration von in Deutschland lebenden Menschen – *Mitbürgern* ! – jahrzehntelang eher „von Unten" wahrgenommen und als Aufgabe gesehen wurde, als dass es flächendeckend als gesamtgesellschaftliche Aufgabe angemessen geför-dert worden wäre. Vielmehr wurden die Eingewanderten und ihre Kinder über Jahrzehnte, selbst in den Wahlkampagnen etablierter Parteien, unter der Überschrift „Ausländerproblem" verhandelt und damit der Verstärkung und Entstehung von Ressentiments gegenüber „Auslän-dern" und deren Diskriminierung – bis hin zu den bekannten pogromartigen Gewalttaten von Moers, Lichtenhain und vielen anderen – Nahrung gegeben und deren Bagatellisierung befördert.

Im Anschluss an unsere Forschungsprojekte arbeitete ich mit bei der Entwicklung und Durchführung eines 3-semestrigen Fortbildungprojekts mit und für GrundschullehrerInnen, am *Institut für Interkulturelle Erziehung* der FU Berlin und in Kooperation mit der Berliner Schulbe-hörde, wo wir gemeinsam nach geeigneten Wegen der schulischen Förderung von Kindern nicht-

---

20 Frühere Bezeichnung für den süd-östlichen Teil des Berliner Bezirks Kreuzberg.

deutscher Muttersprachen suchten. Es war die erste Fortbildung dieser Art in Berlin, bei voller Freistellung der beteiligten Lehrerinnen und Lehrer. Die erste dieser Art nach mehr als anderthalb Jahrzehnten Desorientierung im öffentlichen Umgang mit längst bekannten Problemen ...!

1989 wurde ich dann an die Freie Universität Berlin berufen, wo ich bis 1995 eine Professur für Interkulturelle Erziehung innehatte und Seminare zu meinen Schwerpunkten für angehende LehrerInnen anbot.

Von 1998 bis 2008 war ich Inhaber des Lehrstuhls für Auslandsgermanistik/Deutsch als Fremd- und Zweitsprache an der Friedrich-Schiller-Universität Jena und hatte es nun wieder vor allem mit Deutsch *als Fremd*sprache zu tun – noch waren Fragen der sozialen, sprachlichen und schulischen Integration auf dem Territorium der „neuen Bundesländer" nicht im Fokus, wurden auch erst nach und nach virulent. Nicht zuletzt, um der Tatsache Rechnung zu tragen, dass im Zuge der sog. „Abwicklung" universitärer Strukturen der DDR-Zeit nicht wenige Wissenschaftliche Mitarbeiter arbeitslos wurden, gründete ich mit den Kolleginnen am Institut 1999 den JenDaF e. V., der bis heute zahlreiche Weiterbildungs- und Begegnungsangebote vorhält, darunter v. a. DaF-Kurse für Studienbewerber (s. dazu bei Interesse: www.jendaf.de).

In meinen Veranstaltungen und der eigenen Forschungstätigkeit wandte ich mich, zusätzlich zu den schon genannten Schwerpunkten einem weiteren Thema zu, dem der Sprach(en)verarbeitung im menschlichen Gehirn und deren Spezifika beim Erwerb weiterer Sprachen und was man daraus für die Förderung des Fremd- und Zweitsprachenerwerbs lernen könn(t)e (s. dazu Barkowski 2004).

In die Zeit meiner Tätigkeit an der FSU Jena und darüber hinaus datiert auch meine Mitgliedschaft im *Beirat Sprache* des Goethe-Instituts, dessen Vorsitzender ich einige Jahre war, sowie die Mitarbeit an der Entwicklung eines DaZ-Curriculums für Einwanderer und des Weiterbildungsangebots *Deutsch Lehren lernen* (dll®) des Goethe-Instituts. Ebenfalls in dieser Zeit war ich für einige Jahre als wissenschaftlicher Experte Mitglied der *Bewertungskommission* des Bundesamtes für Migration und Flüchtlinge (BAMF), die zur Aufgabe hatte und hat, die sog. *Integrationskurse* in Fragen der Regularitäten und der Kursrealität sowie deren Evaluation und Weiterentwicklung begleitend zu beraten.

DaZ blieb damit auch beruflich ein ‚Nebenthema', nicht zuletzt auch als Gründungsmitglied und Beirat des *e. V. Kindersprachbrücke Jena*, der sich der sprachlichen, sozialen und schulischen Unterstützung eingewanderter Kinder und Jugendlicher widmet.

# Publikationen in Auswahl

Augustin; Barkowski, Hans; Harnisch, Ulrike & Heil-Augustin; Kumm, Sigrid (1979/80): ‚Projektgebundenes und projektorientiertes Sprachlernen im Wohnbereich'. Jahresbericht für die Stiftung Volkswagenwerk. Berlin. Ms.

Barkowski, Hans; Harnisch, Ulrike & Kumm, Siegrid (1986): *Handbuch für den Deutschunterricht mit ausländischen Arbeitern*, Königstein i. Ts.: Scriptor.

Barkowski, Hans (1986).: *Kommunikative Grammatik und Deutschlernen mit ausländischen Arbeitern*, Königstein i. Ts.: Scriptor.

Barkowski, Hans & Schulze, Evelyn (1990): KORKMAZLAR. *Die Sprachmagazine zum Film.* Deutsche Fassung. Mainz:, Sprachverband Deutsch für ausländische Arbeitnehmer.

Barkowski, Hans (1994): KORKMAZLAR. *Konzept und methodische Anregungen. (= Extrablätter für den Unterricht)*, Mainz: Sprachverband Deutsch für ausländische Arbeitnehmer e. V.

Barkowski, Hans (2003): 30 Jahre Deutsch als Zweitsprache – Rückblick und Ausblick. *Informationen Deutsch als Fremdsprache*, 30. Jahrgang/6, 521–540.

Barkowski, Hans (2004): The Working Brain und der Fremdsprachenunterricht – vier Modellierungen spracherwerblicher Prozesse und ihre Bedeutung für Lehr-/Lernarrangements. In: Ďuricová, Alena & Hanuljaková, Helena (Hrsg.): *Zborník príspevkov zo VII. konferencie Spoločnosti učiteľov nemeckého jazyka a germanistov, Banská Bystrica* 1. – 4. 9. 2004. Banská Bystrica: SUNG, 23–36.

Barkowski, Hans (2008): Prinzipien Interkulturellen Lernens für die multikulturelle und mehrsprachige Schule. In: Eichelberger, Harald & Furch, Elisabeth, (Hrsg.): *Kulturen, Sprachen, Welten. Fremdsein als pädagogische Herausforderung*. Innsbruck, Wien, Bozen: StudienVerlag 32–48.

Barkowski, Hans (2009): Integration und Sprache(n) – Voraussetzungen und Grenzen der Unterstützung von Integrationsprozessen in Einwanderungsgesellschaften durch Maßnahmen zur Förderung des Zweitsprachenerwerbs der Immigrant/inn/en". In: Krumm, Hans-Jürgen & Portmann-Tselikas; Paul, (Hrsg.): *Theorie und Praxis. Österreichische Beiträge zu Deutsch als Fremdsprache*, Schwerpunkt: Sprache und Integration. Innsbruck/Wien/Bozen: StudienVerlag 13–28.

Barkowski, Hans & Krumm, Hans-Jürgen, (Hrsg.) (2010): *Fachlexikon Deutsch als Fremd- und Zweitsprache*. Tübingen: A. Francke UTB.

Barkowski, Hans (2010): Autorenschaft für 58 Lemmata, in: Barkowski, Hans & Krumm, Hans-Jürgen, (Hrsg.): *Fachlexikon. Deutsch als Fremd- und Zweitsprache.*, Tübingen: A. Francke UTB.

Barkowski, Hans; Grommes, Patrick; Lex, Beate; Vicente, Sara; Wallner, Franziska & Winzer-Kiontke, Britta (2014): *Deutsch als fremde Sprache (Deutsch Lehren Lernen 3)*. München: Langenscheidt.

Wilhelm Grießhaber

# Alternative Konzepte – Kritische Perioden: Vom Unterricht ‚Deutsch für ausländische Arbeitnehmer' zu ‚Deutsch als Zweitsprache'

In den 1970er Jahren stieg der Bedarf an Deutschkursen für immigrierte Arbeitskräfte (‚Gastarbeiter') stark an. Die Kurse beruhten zunächst ohne Berücksichtigung der spezifischen Belange der Lernenden auf vertrauten DaF-Konzepten, bis sich neue Konzepte für DaZ entwickelten. Der Beitrag behandelt zunächst Begriffliches zu DaF und DaZ (§ 1). Sodann wird die Lehrwerkssituation beispielhaft an vier Lehrwerkstypen aufgearbeitet (§ 2). Die Nutzung von Visualisierungen wird in Bezug auf die Semantisierung (§ 3) und die Vermittlung grammatischer Regeln (§ 4) behandelt. An Beispielen aus einem Deutschkurs für portugiesische GastarbeiterInnen und Familienangehörige werden das unterschiedliche Sprachniveau und Bezüge zwischen dem sprachlichen Handeln im Rollenspiel und Realkontexterfahrungen gezeigt (§ 5). Abschließend werden die Erkenntnisse mit einem Ausblick auf die aktuelle Lage zusammengefasst (§ 6).

## 1 Begriffliches zu DaF/DfaA und DaZ

Kleine formale Änderungen sind mitunter Ausdruck größerer inhaltlicher Veränderungen. Dies zeigt sich beispielhaft am Unterricht von Deutsch für Zugewanderte. Als sich nach dem Anwerbestopp von 1973 in der Mitte der 1970er Jahre abzeichnete, dass die sog. ‚Gastarbeiter' nicht nur für eine begrenzte Zeit als Arbeitskräfte in Deutschland bleiben und dann wieder in ihre Heimat zurückkehren würden, um gegebenenfalls neuen Arbeitskräften Platz zu machen, sondern für unbestimmte Zeit in Deutschland bleiben wollten, entwickelten auch viele ein Bedürfnis nach besseren Deutschkenntnissen.

So bildeten sich zahlreiche, vor allem auch lokale Initiativen, die sich mit großem Engagement an die neue Aufgabe machten. In konzeptioneller Hinsicht orientierten sich die Projekte an ‚Deutsch als Fremdsprache' (DaF) für die Vermittlung des Deutschen im Ausland, das vorwiegend als Fremdsprache an Schulen und Hochschulen unterrichtet wurde. Die Ausrichtung auf zugewanderte Arbeitskräfte fand ihren Ausdruck in der Spezifizierung ‚Deutsch für ausländische Arbeiter/Arbeitnehmer' (DfaA) (s. Grießhaber 2017). Erst nach einigen

https://doi.org/10.1515/9783110715538-006

Jahren setzte sich die Bezeichnung ,Deutsch als Zweitsprache' (DaZ) für die Vermittlung des Deutschen an Lernende in Deutschland durch, die in Deutschland leben und arbeiten.

In der Öffentlichkeit war und ist die Bezeichnung ,Deutsch als Fremdsprache' für die Vermittlung von Deutsch an NichtmuttersprachlerInnen dominant. Eine aktuelle Google-Suche (24.06.20) ergibt für DaF 3,8 Millionen Fundstellen, für DaZ dagegen nur etwa 780.000. Die Unterscheidung zwischen ,Fremd' und ,Zweit' erfordert mehr als Alltagskenntnisse. Die Verwendung von ,Zweit' kommt wahrscheinlich aus der empirischen Zweitspracherwerbsforschung und der im Englischen üblichen Bezeichnung ,second language acquisition', während im Englischen ,foreign' eher in (schulischen) Unterrichtskontexten Verwendung findet. Als Buchtitel verwendet Klein (1984) „Zweitspracherwerb"; „Fremdsprache" wird mit Bezug zum normalen Verwendungsbereich der neu unterrichteten/erworbenen Sprache davon unterschieden (Klein 1984: 31f.).

Später erfolgen verschiedene systematische Abgrenzungen zwischen den beiden Begriffen (Ahrenholz 2017, Baur 2001, Rösler 1994, ZUM-Wiki 08.08.19). Rösler verwendet drei Parameter zur Abgrenzung: (a) Steuerung: institutionell gesteuert vs. ungesteuert, (b) Sprachraum: Zielsprachenland vs. Ausgangssprachenland und (c) Bedeutung: Überlebensmittel vs. Lerngegenstand. Anhand dieser Kriterien exemplifiziert er acht verschiedene Erwerbs-Vermittlungskonstellationen von Deutsch. Die im Folgenden im Fokus stehenden (Arbeits-)Migranten und deren Kinder erwerben Deutsch in zielsprachlicher Umgebung und verwenden es als Überlebensmittel, der Erwerb kann mit oder ohne unterrichtliche Steuerung erfolgen. Im ZUM-Wiki (2019), das sich insbesondere an Lehrkräfte wendet, wird zusätzlich zu DaZ und DaF auch noch der schulische Deutsch-Förderunterricht berücksichtigt. Als weiterer Aspekt für die hier betrachtete Zielgruppe nennen Barkowski, Harnisch & Kumm (1977a: 20) die Berücksichtigung der Arbeiterbildung.

# 2 Frühe DaZ-Vermittlungskonzepte und Lehrwerke

Die Mehrzahl der ArbeitsmigrantInnen kam ohne nennenswerte Deutschkenntnisse nach Deutschland, da sie wegen zeitlich befristeten Arbeitsaufenthalts im Rahmen des Rotationsmodells nicht zwingend erforderlich waren. Die Arbeitskräfte reisten nach einem in der Heimat durchgeführten Bewerbungsverfahren mit unterschriebenen Arbeitsverträgen ein. Zu Deutschland hatten sie knappe Informationen über die Lebenssituation und einige Lebensmittelpreise erhalten.

In den Betrieben wurden kurze, mehrsprachige Hinweise angebracht, für komplexere Kommunikationen standen Dolmetscher zur Verfügung. Die Arbeitenden wurden in Unterkünften untergebracht, die oft von den Unternehmen organisiert waren. Doch außerhalb der Betriebe und Unterkünfte machten sich fehlende oder nur minimale Deutschkenntnisse schmerzhaft bemerkbar. So dürften aus humoristischen Filmen Szenen wie die in einem Lebensmittelgeschäft bekannt sein, in denen zum Kauf von Eiern lautmalerisch das Gackern oder mit einer Auf- und Abbewegung der abgewinkelten Arme das Flattern eines Huhns dargestellt werden.

Zur Überwindung dieses unbefriedigenden Zustands entwickelten sich mit Beginn der 1970er Jahre verschiedene Sprachkurse zur Vermittlung elementarer Deutschkenntnisse. Mangels einschlägiger und kompetenter Sprachlehreinrichtungen etablierten sich unkoordiniert verschiedene Anbieter. Sie reichten von Verwaltungen von Firmenwohnheimen (z. B. bei Opel Bochum) über Initiativen bis zu Volkshochschulen. An dem von Riepenhausen (1980) organisierten Deutschkurs im Portugiesischen Zentrum Gelsenkirchen, aus dem unten in § 5 zwei Beispiele vorgestellt werden, unterrichtete auch ich mit ihm. Wir beide studierten damals das neu etablierte Fach Sprachlehrforschung, das speziell an erwachsene Lernende im tertiären Bereich ausgerichtet war. Dadurch war von Anfang an eine kritische Reflexion der Unterrichtspraxis implementiert (vgl. auch das praktische Unterrichtsprojekt von Barkowksi, Harnisch & Kumm 1975). Das Niveau der Kurse war in Abhängigkeit von den Anbietern und deren Erfahrung mit Fremdsprachkursen sehr unterschiedlich. Erst ab Mitte der 1970er Jahre führte das Goethe Institut regional und zentral in München Unterrichtspraktische Seminare zur Qualifizierung von Lehrkräften durch. Ich habe an einem regionalen dreitägigen Seminar im März 1978 in Essen und einem zentralen zweiwöchigen im April 1978 über der Börse in München teilgenommen.

Die Deutschkurse standen vor etlichen neuen Herausforderungen, für die erprobte Konzepte fehlten. Die Interessierten hatten verschiedene Erstsprachen, darunter mit Türkisch typologisch entfernte Sprachen. Für den Unterricht mit solchen TeilnehmerInnen waren in der Bundesrepublik praktisch keine Vermittlungserfahrungen vorhanden. Vor diesem Hintergrund waren auch die im schulischen Fremdsprachenunterricht praktizierten Erklärungen in der Erstsprache der Lernenden in der Regel nicht möglich. Viele Lernende hatten nur einige Jahre die Schule besucht und waren Frontalunterricht mit Auswendiglernen gewohnt. Grammatische Kenntnisse zur Beschreibung sprachlicher Mittel fehlten meist. Einige verfügten zudem über nur geringe Schriftsprachkenntnisse in ihrer Erstsprache. Da die ArbeitsmigrantInnen sehr unterschiedlich entwickelte Deutschkenntnisse erworben hatten, war die Bildung leistungshomogener Gruppen nur schwer oder gar nicht realisierbar, zumal keine Kenntnisse zu den Stufen des Erwerbs des Deutschen als Zweitsprache verfügbar waren. Von den zwei einschlägigen Forschungsprojekten, dem „Heidelberger Forschungsprojekt ‚Pidgin-Deutsch', HPD" (1975; 1977) und ZISA[1] ‚Zweitspracherwerb italienischer und spanischer Arbeiter' (Clahsen, Meisel & Pienemann 1983) erbrachte ZISA Belege für den gestuften Erwerb von Wortstellungsregeln, die zur Sprachstandsfeststellung geeignet sind (darauf basiert die Profilanalyse, vgl. Grießhaber 2019). Infolge der Heterogenität und der Lernerfahrungen konnte den Kursen kaum eine grammatische Progression zu Grunde gelegt werden, wie sie im Fremdsprachenunterricht üblich war. Schließlich war noch die Belastung durch die Arbeit zu berücksichtigen, die wenig Zeit und Energie für den regelmäßigen Besuch eines Kurses und das Sprachenlernen ließ.

Vor diesem Hintergrund dominierten einsprachige Vermittlungsmethoden in der Zielsprache Deutsch. In Ermangelung erstsprachlicher Erklärungen wurden zur Semantisierung audiovisuelle Hilfsmittel eingesetzt und auf Einüben bzw. pattern drill gesetzt. Informationen zur Lernausgangslage, Vermittlungsmethoden, Erfahrungsberichten und Rezensionen wurden in der vom ‚Sprachverband Deutsch für ausländische Arbeitnehmer e. V.' herausgegebenen Zeitschrift „Deutsch lernen" publiziert. Für die Sprachvermittlung waren vor allem die von Barkowski, Harnisch & Kumm (1978) erarbeiteten Kriterien zur Beurteilung von Lehrwerken maßgeblich, die auch dem Gutachten des ‚Sprachverband(s) Deutsch für ausländische Arbeitnehmer e. V.' (Barkowski et al. 1980: 3–9) als Grundlage dienten.

Die kurstragenden Hilfs- und Lehrmittel lassen sich nach ihrer Ausrichtung grob in folgende Gruppen einteilen (vgl. Barkowski et al. 1980; Riepenhausen 1980): (1) direkt auf die minimale Kommunikationsfähigkeit am Arbeitsplatz bezogen, (2) Vermittlung alltagssprachlicher Deutschkenntnisse für Immigrierte, (3) speziell auf die Bedürfnisse immigrierter ArbeiterInnen ausgerichtete Lehrwerke und (4) Vermittlung grundlegender mündlicher und schriftlicher Deutschkenntnisse in Anlehnung an die DaF-Vermittlung.

Im Bereich der Sprachvermittlungskonzepte wurden zusätzlich zu den aus dem Fremdsprachunterricht bekannten Methoden auch neue zielgruppenspezifische Ansätze entwickelt. Im Folgenden werden exemplarisch einige markante Lehrwerke und Vermittlungskonzepte vorgestellt. Hierbei werden exemplarisch Darstellung und Vermittlung des Perfekts in den Lehrwerken behandelt. Dabei stellt die für das Perfekt erforderliche Separation von finitem Hilfsverb und infinitem Partizip Perfekt eine Besonderheit des Deutschen dar. Im Zweitspracherwerb

---

1 ZISA bezeichnet einen Palast in Palermo. Dieser Palast ist in diesem Zusammenhang nicht gemeint.

folgt ihr Erwerb auf den Ausgangspunkt von einfachen minimalen satzwertigen Einheiten mit Subjekt und Finitum (s. Grießhaber 2014; 2017).

Für die erste Gruppe steht das Lehrwerk „Hallo Kollege" (Dittrich, Ortmann & Winterscheidt 1972). Es ist der Sicherstellung einer minimalen Kommunikationsfähigkeit im Betrieb gewidmet (s. Grießhaber 2017: 34 f.). Fotos zeigen typische betriebliche Handlungssituationen in realen Arbeitsumgebungen. Den typischerweise zwei Arbeitenden, einem Deutschen und einem Nichtdeutschen, wird jeweils pro Bild eine Äußerung zugewiesen, z. B. „*Hol das!*" (Grießhaber 2017: 19). Dabei zeigt einer der beiden auf ein Objekt. Zu den deutschen Äußerungen gibt es Übersetzungen in verschiedenen Herkunftssprachen, Griechisch, Italienisch, Serbokroatisch, Spanisch und Türkisch („*Bunu al!*"). Das Buch folgt keiner grammatischen Progression und hat auch keine grammatischen Erklärungen. Am ehesten lassen sich die Situationen nach Handlungstypen gruppieren. Riepenhausen (1980: 104) führt die schematische Vorgehensweise auf die Ansicht des Ko-Autors Winterscheidt (1972: 15) zurück, der die Arbeitsmigranten als ‚denkungeübt' bezeichnet, so dass sich ein analytisches Vorgehen verbiete. Die Kommission des Sprachverbands ‚Deutsch für ausländische Arbeitnehmer e. V.' beurteilt das Lehrwerk insgesamt als „für den Adressatenkreis „ausländische Arbeiter" ungeeignet" (Barkowski et al. 1980: 48).

Für die zweite Gruppe wird das oft genutzte Lehrwerk „Deutsch – Ihre neue Sprache" (Demetz & Puente 1973) behandelt. Das auf Erfahrungen aus Sprachkursen an der Volkshochschule Frankfurt basierende Lehrwerk wurde speziell für die Zielgruppe entwickelt. Es will die deutsche Sprache vermitteln, wie sie im Alltag gesprochen wird und informiert über den Alltag, das Arbeitsleben und Verwaltungsangelegenheiten, bis hin zur Verlängerung der Aufenthaltserlaubnis. Basis sind visuell dargestellte Minisituationen mit Dialogen und daraus herausgelösten Satzmustern (s. Abb. 1), deren Struktur im Stil des pattern drill mit weiteren Ausdrücken geübt werden (s. Abb. 2). Der Semantisierung dienen neun Glossare mit verschiedenen Sprachen bis hin zu Arabisch. Die Sprachverbandskommission

**Letztes Jahr hat Herr Alonso geheiratet**

Herr Alonso ist vor 6 Jahren in die Bundesrepublik gekommen. Er hat erst als Hilfsarbeiter in einer Fabrik in München gearbeitet. Dann ist er nach Hamburg gezogen.

**Abb. 1:** Perfekteinführung (Demetz & Puente 1973: 88).

*Ü 18*

| | | |
|---|---|---|
| Wohnen Sie schon lange in Frankfurt? | | Nein, ich bin erst vor zwei Wochen nach Frankfurt gezogen. |
| . . . . . . . . . . . . . . | Hamburg? | . . ., . . . . . erst vor zwei Wochen |
| | | . . . . . . . . . . . . . . |
| . . . . . . . . . . . . . . | Berlin? | . . ., . . . . . erst letzte Woche |
| | | . . . . . . . . . . . . . . |
| . . . . . . . . . . . . . . | Stuttgart? | . . ., . . . . . erst letzten Monat |
| | | . . . . . . . . . . . . . . |

**Abb. 2:** Perfektübung (Demetz & Puente 1973: 97).

gelangt zu einem gemischten Ergebnis. Neben der positiven Einschätzung der Alltagsangemessenheit, der Umgangssprachlichkeit und der Behandlung von Arbeiterthemen werden die Darstellung des Ausländerstandpunkts und die Grammatikvermittlung kritisch bewertet. Es wird eine selektive Nutzung empfohlen (Barkowski et al. 1980: 39).

Die Beispiele zeigen, dass in dem Lehrwerk zusätzlich zum Perfekt mit der Separation von Finitum und Partizip II[2] auch die Inversion mit vorangestelltem Finitum thematisiert und geübt werden (zum sukzessiven Mustererwerb s. Grießhaber 2014). Da diese beiden Stellungsmuster sukzessiv erworben werden, kann die parallele Einführung und Übung zu einer Überforderung führen. Eine erfolgreiche Absolvierung der Einsetzübung wird kaum zum Erwerb der beiden Satzmuster und deren freier Verwendung führen.

Die dritte Gruppe wird von dem speziell für türkische ArbeitsmigrantInnen entwickelten „Feridun" (Augustin, Liebe-Harkort & Scherling 1977a) repräsentiert. Es verfolgt einen radikal neuen Ansatz. Es stellt nicht – wie z. B. „Deutsch – Ihre neue Sprache" – die Situation in Deutschland ins Zentrum, sondern zeichnet den Weg der Migration vom Ursprungsort bis zur Endstation München nach. Dadurch sollen die Erfahrungen ins Gedächtnis zurückgerufen werden und sprachliche Mittel zur Kommunikation über diese Erfahrungen zur Verfügung gestellt werden. Das Lehrwerk setzt anders als die oben vorgestellten nicht beim Nullpunkt an, sondern setzt schon – unterschiedlich weit entwickelte – Deutschkenntnisse voraus. Vor diesem Hintergrund folgt es auch keiner grammatischen Progression, auch wenn viele Einheiten Übungen zu einem Grammatikbe-

---

2 Die Separation von Finitum und Infinitiv wird in der vorhergehenden Lektion am Beispiel von Modalverben eingeführt, z. B. „Ich möchte Geld nach Italien schicken." (Demetz & Puente 1973: 70).

reich enthalten, so. z. B. zum Perfekt (Augustin, Liebe-Harkort & Scherling 1977a: 39, s. Abb. 3). Die Beispiele geben keine Hinweise auf die Bildung des Partizip Perfekt. Unter dem Gesichtspunkt der Wortstellung wird lediglich die Endstellung des Partizips hervorgehoben.

1. **Münih'te ve Stuttgart'ta çok Türk var.**
   **In München und in Stuttgart gibt es viele Türken.**

| Ich habe | drei Jahre | in Deutschland | gearbeitet. |
|---|---|---|---|
| ............................................................ | | | gewohnt. |
| .......... | zwei Jahre | in Stuttgart | ............... |
| ............................................................ | | | gearbeitet. |

**Abb. 3:** Übungen zum Perfekt mit Illustration (Auszug) (Augustin et al. 1977: 39).

Die Fokussierung auf Lernende einer Ausgangssprache ermöglicht die durchgehende Verwendung von Deutsch und Türkisch. Übersetzungen und sprachlich gemischte Äußerungen sollen der Bewusstmachung dienen, z. B.: *„Eskiden hat er Çubuk'ta gewohnt."* (= Früher hat er in Çubuk gewohnt.) (S. 85). Die Gestaltung setzt auf motivierende, teilweise auch provozierende Illustrationen, denen allgemein eine künstlerische Qualität zugesprochen wird und die neue Maßstäbe setzt (z. B. vom selben Illustrator „Deutsch aktiv", Neuner et al. 1979). In methodischer Hinsicht ist das Lehrwerk eher traditionell mit Nachsprech- und Substitutionsübungen angelegt (s. Abb. 3). Riepenhausen (1980: 131) schätzt das Lehrwerk insgesamt als zu schwer ein, nicht zuletzt wegen der anspruchsvollen grammatischen Erklärungen im Lehrerhandbuch (Augustin, Liebe-Harkort & Scherling 1977b). Die Sprachverbandskommission (Barkowski, Harnisch & Kumm 1980: 21 f.) bewertet es insgesamt als eines der besten für den Bereich. Allerdings werden auch Einschränkungen gesehen, hinsichtlich der sprachlichen Homogenität der Lerngruppen, der Bereitschaft von Lehrenden, sich Grundkenntnisse des Türkischen anzueignen, und Lernenden mit überdurchschnittlicher Schulbildung und überdurchschnittlichen Vorkenntnissen des Deutschen.

Die vierte Gruppe wird durch das für die Arbeit der Goethe Institute im Ausland entwickelte und recht weit verbreitete Lehrwerk „Deutsche Sprachlehre für Ausländer" (Griesbach & Schulz 1967) repräsentiert. Im Unterschied zu den oben vorgestellten Lehrwerken setzt es vornehmlich auf Texte, die von der Sprachverbandskommission in folgende vier Gruppen eingeteilt werden: ‚didaktische' Texte, anekdotische Texte, Sachtexte und Zeitungs- und Zeitschriftenartikel. Damit wird den Lernenden im Ausland ein relativ breiter Ausschnitt an deutschen Texten und Informationen geboten, die den Lernenden im Inland zur Verfügung stehen. Die Texte dienen als Reservoir der Wortschatz- und Grammatikvermittlung. Jedem Kapitel sind ausführliche Grammatikerklärungen und -übersichten zugeordnet. Das Perfekt (Griesbach & Schulz: 65 ff.) folgt auf die Modalverben, bei denen die Separation eingeführt wird, und auf das Präteritum. Beim Perfekt werden gleichzeitig das Partizip für starke und schwache Verben, die zwei Auxiliare sowie die Separation behandelt. Diese Regelvielfalt dürfte die meisten LernerInnen überfordert haben. Insgesamt ist das Lehrwerk nach der Einschätzung der Kommission „Von Inhalt und Methode (...) nicht geeignet" (Barkowski et al. 1980: 132).

Insgesamt sind die 1970er Jahre durch einen Mangel an geeigneten Lehrwerken für die Zielgruppe der immigrierten ArbeiterInnen gekennzeichnet. In einigen Lehrwerken wird versucht, mit aktuellen Methoden auf die von den AutorInnen unterstellten Lernbedingungen und Bedürfnisse der Adressaten einzugehen. Als extrem reduktionistisch erweist sich „Hallo Kollege", während „Deutsch – Ihre neue Sprache" vor dem Hintergrund von Unterrichtserfahrungen um die Berücksichtigung der vielfältigen Handlungskonstellationen und Äußerungsbedürfnisse bemüht ist. Diese beiden Projekte hatten keine größeren Auswirkungen auf weitere Lehrwerke. Dagegen wirken die künstlerischen Qualitäten der Texte und der Illustrationen von „Feridun" auf weitere Lehrwerke ein, während die an psychoanalytische Verfahren der Behandlung zurückliegender Erfahrungen erinnernde Konzeption zu eng an die spezielle Adressatengruppe gebunden ist. Die Verwendung des genuinen DaF-Lehrwerks „Deutsche Sprachlehre für Ausländer" ist dem Mangel geeigneter Lehrmittel geschuldet und kann als typische Notlösung betrachtet werden, indem vorhandene Mittel gewählt werden, auch wenn von vornherein Zweifel an deren Eignung bestanden.

# 3 Handlungsorientierte Deutschvermittlung (1): Semantisierungen

Als Ersatz für nicht funktionierende verbale Erklärungen von Wortbedeutungen oder grammatischen Regeln werden Visualisierungen eingesetzt. Dabei lassen sich zwei Verfahren unterscheiden: die Visualisierung von Objekten und Handlungen

einerseits und die Visualisierung von abstrakten Merkmalen und Regeln andererseits. Für die Semantisierung von Bedeutungen stehen bildlich dargestellte Objekte
oder Situationen. Ein aktuelles Beispiel für die Verständigung auf elementarstem
Level zeigen Piktogramme der Bundeszahnärztekammer (Abb. 4; Decker 2015).
Diese Art der Verständigung mag bei Zahnerkrankungen gerade noch funktional
sein, da die Patienten in der Regel eher vage Auskünfte über ihre Beschwerden
geben können und die Diagnose und Behandlung von den Ärzten durchgeführt
wird. Allerdings ist nicht sichergestellt, dass von Patienten erwünschte Folge-
handlungen, z. B. Verbot der Nahrungsaufnahme oder Wahrnehmung eines Fol-
getermins effektiv übermittelt werden. Das Beispiel zeigt jedoch anschaulich die
großen kommunikativen Lücken, die sich bei der frühen Arbeitsmigration im Betrieb, wo funktionierende Kooperation unerlässlich ist, aufgetan haben.

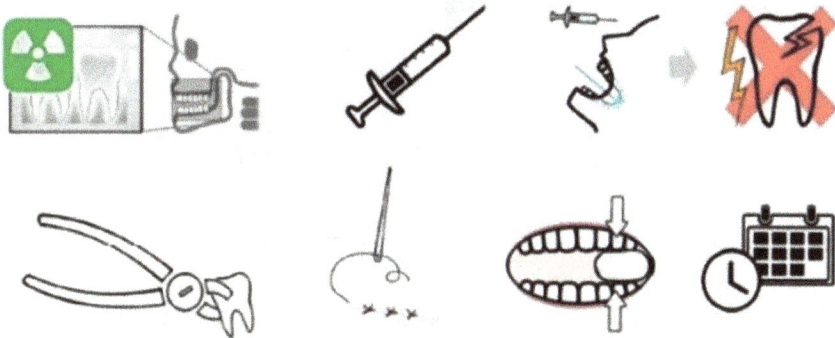

**Abb. 4:** Heft der Bundeszahnärztekammer (Decker 2015).

Ein Beispiel aus den 1970ern sind die Illustrationen der „Lernstatt im Betrieb"
(Cloyd & Kasprzik 1974; s. Grießhaber 2017: 36). Das Konzept wurde zur schnellen Vermittlung betriebsnaher Deutschkenntnisse in möglichst kurzer Zeit entwickelt und praktiziert. Die Vermittlung erfolgt durch sogenannte Sprachmeister,
deutsche Kollegen oder Vorgesetzte, in Lernecken, die sich in der Nähe des Arbeitsplatzes befinden. Dadurch sollen die ausländischen Arbeiter sowohl die
Umgangssprache als auch die notwendige betriebliche Fachsprache erwerben. Großer Wert wird auf Authentizität, mündliche Umgangssprache und Visualisierung gelegt. Für das Thema „der Doktor" (BMW-München 1973: 29)
werden Anlässe behandelt, z. B. ein Unfall, krank zu Hause, Requisiten werden bereitgestellt, z. B. ein gezeichnetes Fieberthermometer, und Spielanwei-
sungen für Minimalsituationen gegeben, z. B. im Wartezimmer: ‚der Nächste

bitte'. Unter ‚Elemente' wird ein Bild mit einem Arzt am Bett eines Kranken gezeigt (s. Abb. 5):

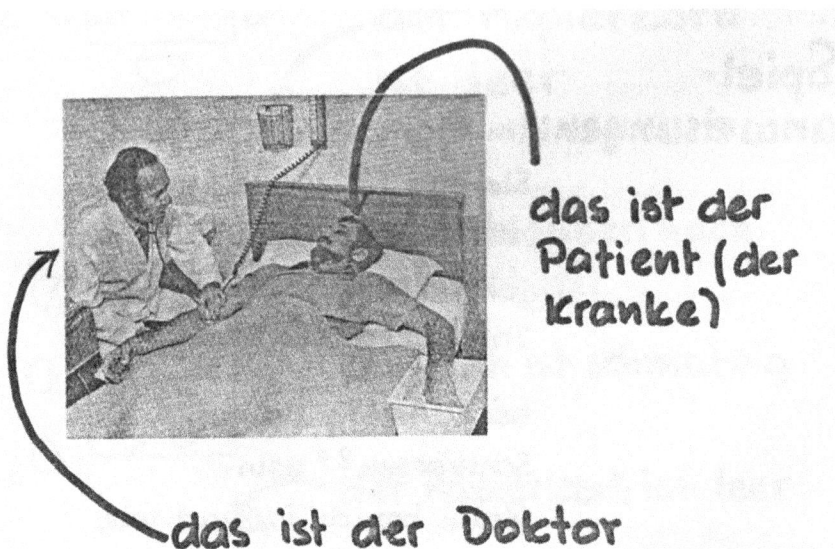

**Abb. 5:** Illustration zum Thema ‚Doktor' (BMW-München 1973: 30).

Die Implementierung des Konzepts bei BMW wird in der Tagespresse als Erfolg beschrieben (Sowein 1974). Riepenhausen (1980: 111 ff.) bescheinigt der Lernstatt einen Erfolg, kritisiert jedoch die Unterordnung der Sprachvermittlung unter betriebliche Unternehmensinteressen. Die Arbeiter würden so auf eine Rolle als Subproletariat festgeschrieben, auch wenn sich im Betrieb eine Kommunikation zwischen Deutschen und Ausländern entwickelt habe.

Steinmüller (1979 und i. d. Bd.) stellt ein Konzept zur Übertragung des Ansatzes in den Wohnbezirk vor. Barkowski, Harnisch & Kumm (1979: 8) kritisieren, dass den Lernenden fachlich kompetent ausgebildete Lehrkräfte vorenthalten werden und stellen ihrerseits ein Konzept eines handlungsorientierten Deutschunterrichts im Wohnbereich vor. Bei der beobachtenden Teilnahme an Gesprächen von Lernenden untereinander und mit Deutschen werden Redemittel identifiziert, die später systematisch thematisiert und geübt werden. Vor öffentlichen Auftritten im Rahmen von Veranstaltungen zur Wohnsituation werden Redebeiträge konzipiert und sprachlich vorbereitet. Harnisch (1982) zieht eine ernüchterte Bilanz des fünfmonatigen Deutschkurses. Die Redenden haben später nicht die vermittelten Redemittel verwendet. Daraus zieht sie den Schluss, dass das Verfügen über mehr und normgerechtere Sprachmittel nicht der entscheidende Faktor für Sprachhandlungsfähigkeit sei, vielmehr seien dies Situationen, in denen sprachlich zu handeln ist (s. u. § 5).

# 4 Handlungsorientierte Deutschvermittlung (2): Visualisierung von Grammatik

Bei der Sprachvermittlung im engeren Sinn kommt grammatischen Regelmäßigkeiten als Hilfsmittel bei der Verwendung der sprachlichen Mittel ein hoher Stellenwert zu. Angesichts des meist kurzen Schulbesuchs und memorierenden Lerntechniken sowie eingeschränkter Schriftsprachpraktiken erweist sich dies als ausgesprochen schwierig. Doch auch Erklärungen in der Muttersprache in sprachhomogenen Gruppen bringen oft nicht den erhofften Erfolg (vgl. ähnliche Erfahrungen mit deutschen Lernenden in Volkshochschulkursen in Zimmermann 1990), da auch in der Muttersprache grammatische Kenntnisse nicht in ausreichendem Maße vorhanden sind. Vor diesem Hintergrund erscheinen Visualisierungen als Mittel, abstrakte Regelmäßigkeiten als Objekt ,greifbar' werden zu lassen, die in den Äußerungen selbst kaum fassbar sind. So werden zumindest Kopf und Hand aus Pestalozzis reformpädagogischem Dreiklang aktiviert.

Braun & Fröhlich (1979) haben aus ihren Erfahrungen in Kompaktkursen in Bildungsurlaubsseminaren an der VHS Hannover mit gemischtsprachlichen Lernenden ein grafisches System zur Analyse von Satzstrukturen entwickelt. Mit möglichst einfachen Symbolen sollen Funktion und Stellung des Finitums und des Subjekts sowie des Infinitivs und Partizips II visualisiert werden. Infinitiv und Partizip II werden mit einem leeren Oval symbolisiert, Finita mit einem gestrichelten Schrägstrich im Oval und das Subjekt mit einem Rechteck. Alle anderen Teile werden mit einem Strich dargestellt. Mit diesen Mitteln lassen sich die wesentlichen Satzmuster darstellen (s. Abb. 6). Die Symbole und ihre Bedeutung werden sukzessiv eingeführt und dann zur Beschreibung/ Analyse von Sätzen verwendet.

Fatma möchte eine neue Wohnung mieten.

**Abb. 6:** Beispielsatz und grammatische Struktur (Braun & Fröhlich 1979: 28).

Auch Barkowski; Harnisch & Kumm arbeiten bei der Vermittlung grammatischer Regeln mit Symbolen. Ein erster, früher Ansatz (Barkowski, Harnisch & Kumm 1975: 49 ff.) basiert auf der Valenz der Verben, die mit einem Rechteck symbolisiert werden. Ein Gleichheitszeichen im Rechteck steht für die Kopula, eine Wellenlinie mit Haken symbolisiert den Zugriff des transitiven Verbs auf das Objekt. Kreise stehen für Nomina, Pronomina, Adjektive und Adverbien. Ein Strichmännchen im Kreis steht für Personen (s. Abb. 7). Das Zeichensystem wird als wirksam eingeschätzt, besonders für die Inversion und die Stellung der Verbteile bei trennbaren Verben. Die graphische Erklärung wird sogar als effektiver im Vergleich zu einer verbalen Erklärung in der Muttersprache eingeschätzt (S. 50).

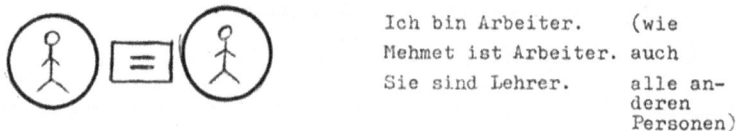

```
Ich bin Arbeiter.      (wie
Mehmet ist Arbeiter.  auch
Sie sind Lehrer.       alle an-
                       deren
                       Personen)
```

**Abb. 7:** Beispielsatz (Barkowski, Harnisch & Kumm 1975: 49a).

In der Folge setzen Barkowski, Harnisch und Kumm auf ein anderes symbolisches Verfahren. An dem oben vorgestellten Konzept kritisieren sie, dass es Mitteilungsbereiche signalisiere, anstatt zu zeigen, mit welchen Formen die Mitteilungen in der fremden Sprache zu realisieren sind (Barkowski, Harnisch & Kumm 1977b: 4 ff). Das neue Konzept soll folgende Kriterien erfüllen: erlernbare Regeln, Akzeptabilität, Didaktisierbarkeit, Gültigkeit der Regeln bezüglich der Mitteilungsbereiche und Kontrastivität zum Türkischen. Das neue System fokussiert das Subjekt, das im Türkischen nicht obligatorisch realisiert werden muss, und die verschiedenen Formen des finiten und infiniten Verbs und die Stellung dieser Mittel im Satz. Wenn die Subjektfunktion behandelt wird, wird sie mit einem Rechteck dargestellt, die Verben haben als Basis ein gerundetes Rechteck, das je nach Realisierung modifiziert wird. In Abb. 8 wird die finite Verbendung durch einen gestrichelten Schrägstrich dargestellt, die sog. Perfektzeichen werden als Rechtecke in den Verbrahmen eingesetzt (s. auch Barkowski, Harnisch & Kumm 1980: 205 ff.).

Die Visualisierung der syntaktisch zentralen Wortarten mit grafischen Symbolen ist inzwischen Standard in DaF-Lehrwerken (z. B. in „Deutsch aktiv" Neuner et al. 1979; „eurolingua Deutsch 1", Funk & Koenig 1993). Der Fortschritt wird deutlich, wenn man dies mit der Perfektbildung in Griesbach & Schulz (1967: 65 ff.) vergleicht. Die Bildung des Partizip Perfekts wird in einer Tabelle mit

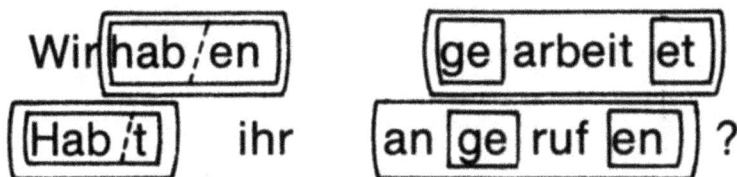

**Abb. 8:** Perfekt im Aussage- und Fragesatz (Barkowksi; Harnisch & Kumm 1977b: 46).

grau hinterlegten Spalten dargestellt, ebenso wie die Verwendung im Satz. Die grau hinterlegten Wörter kann man nicht herauslösen, im Satzrahmen verschieben oder im Symbol besonders markieren, man kann sie sozusagen nicht anfassen.

# 5 Ein Blick auf die Praxis

Die Sprachkurse mit ArbeitsmigrantInnen sind durch besondere Bedingungen gekennzeichnet. Die Lernenden verfügen oft nur über eine kurze Schulausbildung, die überwiegend durch Frontalunterricht geprägt war. Die Belastung durch die oft körperlich anstrengende Arbeit und durch Schichtarbeit erfordert ein hohes Engagement zur regelmäßigen Teilnahme. Der Ertrag der Kurse ist reichlich unklar, da der Nutzen verbesserter allgemeinsprachlicher Deutschkenntnisse nur schwer abzuschätzen ist. Und schließlich können auch die Zugänglichkeit des konkreten Kurses und mögliche Kursgebühren bzw. andere Aufwendungen für Lernmaterialien ein Hindernis darstellen. So überrascht es nicht, dass Barkowski, Harnisch & Kumm (1975, § III: S. 36–49) ausführlich über die Probleme bei der Organisierung und Durchführung ihres Versuchskurses in Berlin berichten. Ähnliches gilt auch für den hier vorgestellten Kurs (s. Riepenhausen 1980, Anhang 1: 137 ff.). Erst im zweiten Anlauf konnte ein Kurs mit 15 festen TeilnehmerInnen gebildet werden, von denen allerdings nur knapp an jedem zweiten Termin alle anwesend waren.

Im Folgenden werden einige Erfahrungen aus diesem von Riepenhausen organisierten Kurs im selbstverwalteten Portugiesischen Zentrum Gelsenkirchen vorgestellt, in dem ich zunächst mit ihm und später mit Katharina Wolf unterrichtete. Insgesamt beteiligten sich bis zu 13 TeilnehmerInnen, darunter auch einige Hausfrauen (vgl. Abb. 9). Die sehr unterschiedlichen Deutschkenntnisse wurden ohne formalisierte Tests in vier Niveaus unterteilt: (A) AnfängerInnen, z. T. AnalphabetInnen (2 TN); (B) sog. ‚Gastarbeiterdeutsch'-Sprecher (7 TN); (C) ‚Gastarbeiterdeutsch'-Spuren (2 TN); (D) Fast-Standarddeutsch mit Fehlern im Bereich der Artikel und Adjektivmorphologie (2 TN). Insbesondere die Schrift-

**Abb. 9:** KursteilnehmerInnen in einer Ausstellung im Museum Bochum, rechts. Th. Riepenhausen.

sprachkenntnisse waren niedrig, eine Teilnehmerin war praktisch Analphabetin. Damit dürfte der Kurs einem typischen Kurs mit ArbeitsmigrantInnen entsprochen haben. Der Kurs fand ohne tragendes Lehrwerk statt. Auf Wunsch der TeilnehmerInnen wurden die für sie interessanten Themen bestimmt, darunter Arzt-Besuch, Ausländerbehörden und Feste. Als grammatische Bereiche identifizierten und adressierten wir Lehrer-Fragen, Modalverben, Kopula und Perfekt.

Dem Konzept des handlungsorientierten Deutschunterrichts folgend wurde für eine Stunde typischerweise ein kurzer Dialog zu einem grammatischen Bereich um eines der Themen konzipiert und von den Lehrern auf Tonband aufgenommen (Abb. 10). Mit Schreibmaschine wurden thematisch passende Einsetzübungen zur Bearbeitung durch die TeilnehmerInnen erstellt.

Im Folgenden werden Auszüge aus zwei Rollenspielen zum Thema Fahrkartenkontrolle in der Straßenbahn behandelt. Grammatisch geht es um Vergangenheitstempora, insbesondere Perfekt. Als Grundlage dienten allgemeine Hintergrundinformationen zum öffentlichen Nahverkehr. Die Rollen waren nach Funktionen und Sprachen verteilt. Der portugiesische Fahrgast wird ohne Fahr-

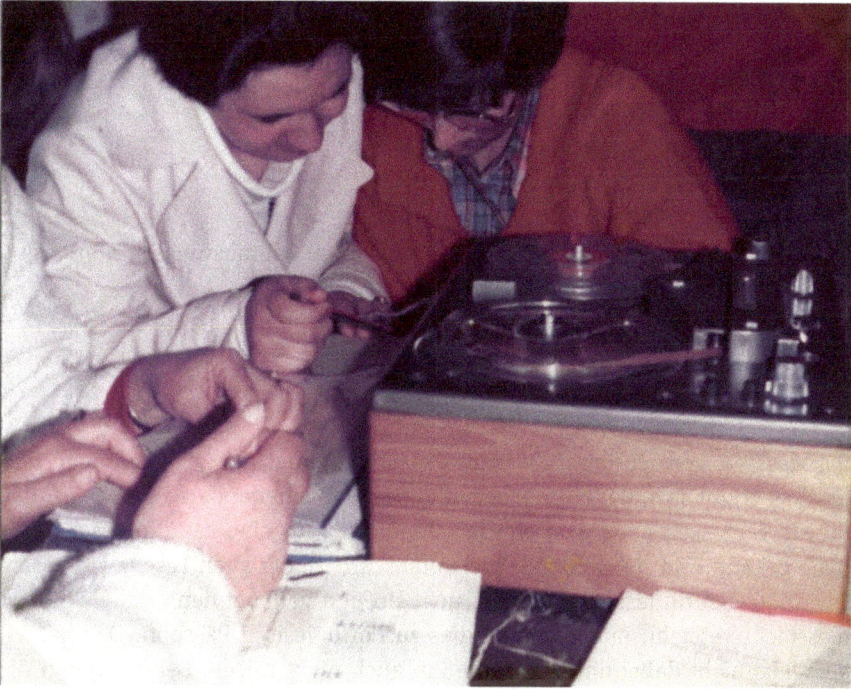

**Abb. 10:** Zwei Teilnehmerinnen arbeiten mit den zuvor mit dem Tonband präsentierten Dialogen.

schein vom deutschsprachigen Kontrolleur erwischt. Der Fahrgast hat als Ziel, möglichst um die Strafe herumzukommen, der Kontrolleur umgekehrt soll möglichst hart auftreten. Dem sprachlichen Handeln liegt das Handlungsmuster Entschuldigungen und Rechtfertigungen (Ehlich & Rehbein 1972) zu Grunde. Die Beispiele (B1) und (B2) zeigen Ausschnitte aus zwei Rollenspielen. Die Ziffern in den vollen Transkripten sind fortlaufend; Auslassungen sind mit (...) markiert. Die nach HIAT (Ehlich & Rehbein 1976) erstellten Transkriptionen (Grießhaber 1985a) werden im Folgenden in Listenform präsentiert.

(B1)  Fahrkartenkontrolle; VR: port. Fahrgast ohne Fahrschein, GI: ‚deutsche'
      Kontrolleurin
    (25)  VR  Isch vergessen in andere Tasche.
          ((VR antwortet scheinbar auf die Frage der Kontrolleurin nach
          ihrem Ausweis, doch zeigt der weitere Verlauf, dass sie hier noch
          über die Fahrkarte spricht))
    (26)  GI  Ja, isch frage auch.

(27) VR Ja, andere Tasche kaputt, ne?

(28)      Neue Tasche komm ich vergessen.

(...)

(36) VR Ausweis?

(37)      Isch vergessen in Tasche.

(38) GI Ihre Passport.

(39) VR Kein Pass, ne, ne.

           ((hier wird klar, dass sie vorher den Fahrausweis meinte))

(...)

(52) VR Nix, zwanzisch Mark.

(53)      Isch vergessen.

           ((den Fahrschein))

Fahrgast VR versucht zunächst eine Entschuldigung. Aus dem gesamten Rollenspiel ergibt sich, dass ihre Wochenfahrkarte in einer anderen Tasche ist (27), die sie vergessen hat (28). Denn ihr Mann habe für eine kaputte Tasche eine neue gekauft und sie habe die Wochenfahrkarte in der alten Tasche vergessen. Die Kontrolleurin lässt sich darauf nicht ein und verlangt den Ausweis. Da VR dies nicht versteht, modifiziert GI dies zu Portugiesisch Passport. Den hat VR ebenfalls nicht dabei und sie würde ihn auch nicht zeigen. Dann verlangt die Kontrolleurin zwanzig Mark, was VR vehement zurückweist. Das Ganze eskaliert, bis die Kontrolleurin den Fahrer bittet, anzuhalten und die Polizei zu rufen.

Im Rollenspiel halten beide Teilnehmerinnen ihren Part bis zum Ende durch. Im anschließenden Gespräch zeigte sich, dass Frau VR das Malheur mit den Taschen tatsächlich passiert ist. Im Unterschied zum Rollenspiel hat sie sich im Realkontext jedoch durchgesetzt und konnte ihre Wochenfahrkarte später vorzeigen. (Miss-)Erfolge im Rollenspiel unterliegen demnach ihren eigenen Gesetzmäßigkeiten. Wichtig für die handlungsorientierte Sprachvermittlung ist allerdings, dass VR sich im Realkontext mit ihren geringen Deutschkenntnissen durchsetzen konnte, während sie im Rollenspiel auch mit eingeübten deutschen Sprachmitteln keinen Erfolg hat. Dieser Zusammenhang wurde im Sprachkurs weder thematisiert noch bearbeitet. Er könnte jedoch Zweifel an der Nützlichkeit von Sprachkursen nähren, da der Aufwand zur Aneignung besserer Deutschkenntnisse nicht unmittelbar zu höherem Erfolg im sprachlichen Handeln führt.

(B2) Fahrkartenkontrolle; SA: port. Fahrgast ohne Fahrschein, VT: ‚deutsche‘ Kontrolleurin

(1) SA Ja?

(2)      Was?

(3)      Isch habe gekauft.

(4)      Aber vielleischt verloren?

(5)      Aber das ist wahr, isch habe gekauft.

(6)  VT  Ja, viele/ vielleischt nischt sich nisch wahr.

(7)  SA  Ja?

(8)  VT  Ja, Sie nischt gekaufen.

(9)      Und jetzt muß bezahl zwanzisch Mark.

(11) SA  Oh, oh mein Gott!

(12)     Aber, wann isch nisch Geld genug?

(13) VT  Ne, muss isch, muss schreib auf

(14) SA  Ah ja, aber...

(15) VT  Ja, isch muss sehe Ausweis noch.

(16) SA  Aber, aber isch habe Geld genug.

Die Aufnahme und die Transkription setzen kurz nach Beginn des Rollenspiels ein. SA beteuert in mehreren aufeinanderfolgenden Äußerungen (1 bis 5), dass er einen Fahrschein gekauft hat und ihn vielleicht verloren hat. Da die Kontrolleurin hart bleibt und zwanzig Mark kassieren will, versucht SA dies mit Hinweis auf zu wenig Geld abzuwenden (12). Als daraufhin die Kontrolleurin den Ausweis sehen will, lenkt SA ein und räumt ein, genug Geld dabei zu haben (16). Das Vorgehen von SA, der über gute Deutschkenntnisse verfügt, lässt sich als Konfliktvermeidungsstrategie beschreiben. Er vermeidet das explizite Eingeständnis des Sachverhalts und weicht stattdessen flexibel aus, wobei er auch frühere Aussagen bezüglich des Geldes zurücknimmt. Dieses Vorgehen könnte auf Realkontexterfahrungen seiner ungesicherten und sozial untergeordneten Existenz zurückgehen. Unter Ausnutzung der erworbenen Sprachmittel wird der Handlungsspielraum ausgetestet und die Chancen eines Widerstands ermittelt, um einem Konflikt auszuweichen oder zu versuchen, den Repräsentanten der Obrigkeit zu überzeugen.

Wenn man die sprachlichen Äußerungen der Fahrgäste in den beiden Rollenspielen betrachtet, fallen sofort die großen Unterschiede zwischen VR in (B1) und SA in (B2) auf. Die Lernerin VR zählt zu absoluten Anfängerinnen der Gruppe (A), der Lerner SA zur Gruppe (D) der Fast-Standarddeutsch Sprechenden. VR hat im gesamten – wesentlich längeren – Rollenspiel nur eine formelhafte Äußerung mit finitem Verb: „*Isch (morg) komm isch!*", ansonsten verwendet sie nur bruchstückhafte Äußerungen ohne finites Verb. Bei insgesamt 41 minimalen satzwertigen Einheiten verwendet sie achtmal eine ‚Perfektkonstruktion' mit Verb im Infinitiv ohne Auxiliar, (z. B. in 37). Gerade das im Fokus stehende Perfekt wird nicht realisiert. Dies korrespondiert mit den Beobachtungen von Harnisch (1982) zum Deutschunterricht im Wohnbereich. Dagegen enthält knapp ein Drittel der minimalen satzwertigen Äußerungen von SA ein Finitum. Beim Bezug auf seinen Fahrscheinkauf verwendet er zweimal Perfekt mit finitem Auxiliar und Partizip Perfekt. In 56% seiner Äußerungen verwendet er sprechübliche formelhafte Wendungen, z. B. „*Aber und jetzt?*" oder „*Ooh, ooh mein Gott!*".

# 6 Resümee und Ausblick

Für die betrachteten 1970er Jahre ist bemerkenswert, dass sich ein vielfältiges Spektrum an Vermittlungsangeboten entwickelt hat. Gerade der Umstand, dass für die ArbeitsmigrantInnen keine passenden Konzepte und Lehrwerke vorhanden waren, führte zu verschiedenen neuen Ansätzen. Dabei wurde immer wieder betont, dass durch Vermittlung von Deutschkenntnissen allein keine wesentliche Verbesserung der Lage der ausländischen ArbeiterInnen erreicht werden kann.

Allgemein wird als ernstes Problem der Sprachvermittlung die sehr große Heterogenität der Lernenden genannt. Dies betrifft verschiedene Herkunftssprachen, unterschiedliche schulische Lernerfahrungen, Schulabschlüsse und geringe oder fehlende Schriftsprachkompetenzen in der Herkunftssprache und das unterschiedliche Niveau der schon erworbenen Deutschkenntnisse. Deshalb wurde die Gruppenbildung nicht mehr nur unter dem Aspekt homogener sprachlicher Voraussetzungen betrachtet, sondern auch unter der Fragestellung, was TeilnehmerInnen eines Kurses zu einer ‚Gruppe' machen kann (Riepenhausen 1980: 89 ff.). Er betont als Gemeinsamkeitsmerkmal, den Willen zum Deutscherwerb. Dazu zählen dann auch im Sinne einer projektorientieren Konzeption die Ziele, die mit besseren Deutschkenntnissen erreicht werden sollen, z. B. Qualifizierung für einen Beruf, aufenthaltsrechtliche Verbesserungen usw. Ähnlich argumentieren Barkowski, Harnisch, Kumm (1979a) bei ihrem Konzept der handlungsorientierten Deutschvermittlung im Wohnbezirk. Diese Überlegungen können sicher auch bei den Deutschkursen für Geflüchtete und andere Neuzugewanderte heute Verwendung finden. Dabei spielen auch Schriftsprachkenntnisse eine sehr große Rolle (s. die Beiträge zu ArbeitsmigrantInnen im Handbuch Schreiben in der Zweitsprache, Grießhaber u. a. 2018).

Schließlich wurden seit den 1970er Jahren Instrumente zur schnellen und effektiven Einschätzung der Komplexität sprachlicher Äußerungen und ihrer schrittweisen Aneignung erarbeitet (s. Grießhaber 2019), die ein Eingehen auf die schon erworbenen Kenntnisse ermöglichen und die auch bei der Auswahl geeigneter Unterrichtsmaterialien hilfreich sind. Allerdings werden diese Erkenntnisse bei den Integrationskursen und den in ihnen verwendeten Lehrwerken nicht ausreichend berücksichtigt, die einer unangemessenen deutschen Übersetzung des ‚Common European Framework of Reference' folgen (Thielmann 2019).

Dadurch ist die Progression unangemessen steil. Es scheint, dass sich die Fachblindheit der 1970er bezüglich der Vermittlungsmethoden aktuell auf ein anderes Feld verlagert hat. Die Kurse orientieren sich so wieder mehr am Leitbild DaF mit einer vorgegebenen Progression, statt die vorhandenen Kenntnisse aufzugreifen, zu festigen und zu entwickeln. Denn dazu lassen sich die Diagnoseinstrumente ebenfalls nutzen, so dass Lernende mit unterschiedlichen Kenntnissen, wie sie in den Beispielen zur Fahrkartenkontrolle sichtbar sind, in innerer Differenzierung angemessen in einer Lernergruppe integriert werden.

# Literatur

Ahrenholz, Bernt (2017): Erstsprache – Zweitsprache – Fremdsprache. In: Ahrenholz, Bernt & Oomen-Welke, Ingelore (Hrsg.): *Deutsch als Zweitsprache*. Baltmannsweiler: Schneider Verlag Hohengehren, 3–20.

Augustin, Viktor; Liebe-Harkort, Klaus & Scherling, Theo (1977a): *Feridun. Ein Lesebuch und Sprachprogramm, nicht nur für Türken. Bir okuma kitabı ve dil programı*. München: Abado.

Augustin, Viktor; Liebe-Harkort, Klaus & Scherling, Theo (1977b): *Feridun. Lehrerhinweise. Ein Lesebuch und Sprachprogramm, nicht nur für Türken. Bir okuma kitabı ve dil programı*. München: Abado.

Barkowski, Hans; Harnisch, Ulrike & Kumm, Sigrid (1975): *Jahresbericht Projekt He 933/1. Theorie und Praxis des Fremdsprachenerwerbs Deutsch für ausländische Arbeiter*. Berlin: FU Fachbereich 16, 20.11.75.

Barkowski, Hans; Harnisch, Ulrike & Kumm, Sigrid (1977a): „Feridun" – Neue Wege zum Deutschunterricht mit türkischen Arbeitern. *Deutsch lernen* 3: 18–30.

Barkowski, Hans; Harnisch, Ulrike & Kumm, Sigrid (1977b): Grammatikvermittlung im Deutschunterricht für türkische Arbeiter. *Deutsch lernen* 1, 42–49.

Barkowski, Hans; Harnisch, Ulrike & Kumm, Sigrid (1978): Kriterien zur Beurteilung von Deutsch-Lehrwerken für ausländische Arbeiter als Entscheidungshilfe für die Unterrichtspraxis. *Jahrbuch Deutsch als Fremdsprache 4*. Heidelberg, 220–242.

Barkowski, Hans; Harnisch, Ulrike & Kumm, Sigrid (1979): Sprachlernen mit Arbeitsmigranten im Wohnbezirk. *Deutsch lernen* 1: 5–16.

Barkowski, Hans; Harnisch, Ulrike & Kumm, Sigrid (1980): *Handbuch für den Deutschunterricht mit ausländischen Arbeitern*. Königstein/Ts.: Scriptor.

Barkowski, Hans; Fritsche, Michael; Göbel, Richard; von der Handt, Gerhard; Harnisch, Ulrike; Krumm, Hans-Jürgen; Kumm, Sigrid; Menk, Antje-Katrin; Nikitopoulos, Pantelis & Werkmeister, Manfred (1980): *Deutsch für ausländische Arbeiter. Gutachten zu ausgewählten Lehrwerken*. Königstein/Ts.: Scriptor.

Baur, Rupprecht S. (2001): Deutsch als Fremdsprache – Deutsch als Zweitsprache – Deutsch als Muttersprache. Felder der Begegnung. In: Wolff, Armin & Winters-Ohle, Elmar (Hrsg.): *Wie schwer ist die deutsche Sprache wirklich? Beiträge der 28. Jahrestagung DaF vom 1.–3. Juni 2000 Dortmund*. Regensburg: Fachverband Deutsch als Fremdsprache, 1–22.

BMW-München (1973): *Lernzeug für Sprachmeister. Didaktik in der Lernstatt*. München: BMW.

Braun, Gisela; Fröhlich, Christa (1979): Bildungsurlaub «Deutsch für ausländische Arbeiter»: Ein Erfahrungsbericht aus der VHS-Praxis. *Deutsch lernen* 1: 17–30.

Clahsen, Harald; Meisel, Jürgen M. & Pienemann, Manfred (1983): *Deutsch als Zweitsprache: Der Spracherwerb ausländischer Arbeiter*. Tübingen: Narr.

Cloyd, Helga & Kasprzik, Waldemar (1974): *Die Lernstatt im Betrieb*. Berlin: cad (cooperative arbeitsdidaktik).

Decker, Hanna (2015) So kommunizieren Zahnärzte mit Flüchtlingen. Die Behandlung der vielen Flüchtlinge stellt auch die Zahnärzte in Deutschland vor große Herausforderungen. Ein Heft mit Piktogrammen soll die Verständigung erleichtern. *FAZ online* (30.10.15).

Dittrich, Roland; Ortmann, Evi & Winterscheidt, Friedrich (1972): *Hallo Kollege. Band 1*. Berlin u.a.: Langenscheidt.

Ehlich, Konrad & Rehbein, Jochen (1972): Entschuldigungen und Rechtfertigungen. Zur Sequenzierung von kommunikativen Handlungen. In: Wunderlich, Dieter (Hrsg.): *Linguistische Pragmatik*. Frankfurt/M.: Athenäum, 288–317.

Ehlich, Konrad; Rehbein & Jochen (1976): Halbinterpretative Arbeitstranskriptionen (HIAT). *Linguistische Berichte* 45: 21–46.

Funk, Hermann & Koenig, Michael (1993): *eurolingua Deutsch 1. Deutsch als Fremdsprache für Erwachsene*. Berlin: Cornelsen.

Grießhaber, Wilhelm (1985a): *Realität und Rollenspiele. Transkriptionen interkultureller Kommunikation*. Belgrad 1985 / Universität Hamburg: Germanisches Seminar (mimeo).

Grießhaber, Wilhelm (1985b): Zitieren von Handlungsmustern – „Recht im Alltag" im Unterricht für ausländische Arbeiter. In: Rehbein, Jochen (Hrsg.): *Interkulturelle Kommunikation*. Tübingen: Narr, 257–275.

Grießhaber, Wilhelm (2005): *Zum Zusammenhang von fremdsprachlichen Mitteln und kommunikativen Strategien im Rollenspiel*. WWU Münster Sprachenzentrum (mimeo).

Grießhaber, Wilhelm (2014): Beurteilung von Texten mehrsprachiger Schülerinnen und Schüler. *leseforum.ch*; Ausgabe 3; URL: http://www.leseforum.ch/myUploadData/files/2014_3_ Griesshaber.pdf (22.04.17).

Grießhaber, Wilhelm (2017): Migration + Linguistik. In: Di Venanzio, Laura; Lammers, Ina & Roll, Heike (Hrsg.): *DaZu und DaFür – Neue Perspektiven für das Fach Deutsch als Zweit- und Fremdsprache zwischen Flüchtlingsintegration und weltweitem Bedarf*. Göttingen: Universitätsverlag, 31–52.

Grießhaber, Wilhelm (2019): Profilanalysen. In: Jeuk, Stefan & Settinieri, Julia (Hrsg.): *Sprachdiagnostik Deutsch als Zweitsprache*. Berlin u. Boston: de Gruyter, 547–567.

Grießhaber, Wilhelm; Schmölzer-Eibinger, Sabine; Roll, Heike & Schramm, Karen (Hrsg.) (2018): *Schreiben in der Zweitsprache Deutsch. Ein Handbuch*. Berlin u. Boston: de Gruyter.

Harnisch, Ulrike (1982): Handlungsorientierung im Deutschunterricht für ausländische Arbeiter. *OBST* 22: 158–167.

Heidelberger Forschungsprojekt ,Pidgin-Deutsch' (1975): *Sprache und Kommunikation ausländischer Arbeiter. Analysen, Berichte, Materialien*. Kronberg/Ts.: Scriptor.

Heidelberger Forschungsprojekt ,Pidgin-Deutsch spanischer und italienischer Arbeiter in der Bundesrepublik' (1977): Die ungesteuerte Erlernung des Deutschen durch spanische und italienische Arbeiter. Eine soziolinguistische Untersuchung. *OBST Beihefte* 2.

Kasprzik, Waldemar (1973): *Lernzeug für Sprachmeister. Didaktik in der Lernstatt*. München: BMW.

Klein, Wolfgang (1984): *Zweitspracherwerb. Eine Einführung*. Königstein/Ts.: Athenäum.

Neuner, Gerhard; Schmidt, Reiner; Wilms, Heinz & Zirkel, Manfred (1979): *Deutsch aktiv. Lehrbuch 1. Ein Lehrwerk für Erwachsene*. Berlin u.a.: Langenscheidt.

Riepenhausen, Thomas (1980): *Sprachkurse mit immigrierten Arbeitern in der BRD. Sprachpolitik, Lernzielkonzeptionen, didaktisch-methodische Fragen und Lehrwerke.* Manuskripte zur Sprachlehrforschung Nr. 15. Heidelberg: Groos.

Griesbach, Heinz & Schulz, Dora (1967): *Deutsche Sprachlehre für Ausländer.* München: Hueber.

Sdobik, Birgit (1974): *Sprache und Integration ausländischer Arbeitnehmer. Scenarien aus einer Umfrage.* Berlin: cad (cooperative arbeitsdidaktik).

Sowein, Gerd (1974): Die Werkstatt wird zur Lernstatt. Ausländer lernen am Arbeitsplatz Deutsch / Kollegen als Sprachmeister / Experiment in Autofabrik. *Süddeutsche Zeitung* 30.04.74.

Steinmüller, Ulrich (1979): Lernstatt im Wohnbezirk. *Deutsch lernen* 3: 45–49.

Thielmann, Winfried (2019): Das schreckliche Deutsch. Wie Unterricht die sprachliche Integration erschwert. *FAZ* 11.07.19, 6.

Winterscheidt, Friedrich (1972): Deutsch am Arbeitsplatz für gleichsprachige und verschiedensprachige Adressatengruppen. *Zielsprache Deutsch* 3, 13–21.

Zimmermann, Günther (1990): *Grammatik im Fremdsprachenunterricht der Erwachsenenbildung. Ergebnisse empirischer Untersuchungen.* Ismaning: Hueber.

ZUM-Wiki (2019): Deutsch als Zweitsprache. In online: wiki.zum.de/wiki/Deutsch_als_Zweitsprache (08.08.19).

# Wilhelm Grießhaber

## Viele Wege führen zum Ziel: vom humanistischen Gymnasium zur Sprachlehrforschung

(Foto: privat)

Nach meiner Geburt im Jahr 1947 in Bad Dürrheim und dem Abitur an einem humanistischen Gymnasium diente ich drei Jahre als Zeitsoldat. Von 1970 bis 1975 studierte ich in Bonn Informatik und Physik, zog 1975 ins Ruhrgebiet. Dort studierte ich in Bochum zunächst Latein und wechselte dort 1977 die Studienfächer. Das Magisterexamen machte ich 1983 in den Fächern Sprachlehrforschung (Hauptfach), Romanistik und Germanistik. Anschließend war ich von 1983 bis 1986 DAAD-Lektor an der Universität Belgrad. Am Germanischen Seminar der Universität Hamburg war ich von 1986 bis 1993 Hochschulassistent für Linguistik des Deutschen (Schwerpunkt DaF). Von 1993 bis 2012 hatte ich am Sprachenzentrum der Universität Münster eine Professur für Sprachlehrforschung.

Die Beschäftigung mit Deutsch als Zweitsprache bildet einen Schwerpunkt meiner wissenschaftlichen Arbeit. Während des Studiums unterrichtete ich zunächst zusammen mit Thomas Riepenhausen und später mit Katharina Wolf Deutsch als Zweitsprache für Portugiesische Gastarbeiter am Portugiesischen Zentrum in Gelsenkirchen. Diese Erfahrungen bilden die Grundlage für die Magisterarbeit (*Rollenspiele im Deutschunterricht mit ausländischen Arbeitern*). Die Dissertation (*Authentisches und zitierendes Handeln*) greift die Rollenspiele auf und verlegt den Fokus auf zugewanderte Jugendliche bei der Vorbereitung auf Einstellungsgespräche im Vergleich zu authentischen Einstellungsgesprächen im Einzelhandel. Die Habilitation (*Die relationierende Prozedur*) behandelt deutsche Präpositionen und entsprechende Verfahren im Türkischen an deutsch-türkischen Texten von GrundschülerInnen in Hamburg. Im Projekt mit Jochen Rehbein (1991 bis 1993) *Die Entwicklung narrativer Diskursfähigkeiten im Deutschen und Türkischen im familiären und schulischen Kontext (ENDFAS)* wird die vorschulische Spracherwerbsphase einbezogen. Die Grundschule bildet den Rahmen für die Wissenschaftliche Begleitung des Förderprojekts *Deutsch & PC zur Erhöhung des Schulerfolgs der Kinder zugewanderter Eltern* an drei Frankfurter Grundschulen (2002 bis 2006). Das folgende Projekt im NRW-Exzellenzwettbewerb *Missverständnisse durch Nutzung latenter kommunikativer Ressourcen und Maßnahmen zu ihrer Vermeidung* fokussierte Aussiedlerjugendliche mit Russisch als Familiensprache in neunten Klassen.

Die Evaluation des Modellprojekts *,ProDaZ': Deutsch als Zweitsprache in allen Fächern* an der Universität Duisburg-Essen (2012 bis 2017) richtete sich auf die Lehramtsausbildung und bezog auch Sachfächer, insbesondere Physik und Geschichte in der Sekundarstufe, mit ein. Wieder im Schulkontext angesiedelt war das vom Kreis Warendorf unterstützte Projekt *Förderung bildungssprachlicher Kompetenzen in der Grundschule (FöBis)*, das ich von 2016–2018 zusammen mit Zeynep Kalkavan-Aydin leitete.

Aksoy, Aydan; Grießhaber, Wilhelm; Kolcu-Zengin, Serpil & Rehbein, Jochen (1992): *Lehrbuch Deutsch für Türken – Türkler için Almanca ders kitabı. Eine praktische Grammatik in zwei Sprachen. İki dilli uygulamalı Almanca.* Hamburg: Signum.

Grießhaber, Wilhelm (1987): *Authentisches und zitierendes Handeln. Band I. Einstellungsgespräche. Band II: Rollenspiele im Sprachunterricht.* Tübingen: Narr.

Grießhaber, Wilhelm (1999): *Die relationierende Prozedur. Zu Grammatik und Pragmatik lokaler Präpositionen und ihrer Verwendung durch türkische Deutschlerner.* Münster/ New York: Waxmann.

Grießhaber, Wilhelm (2006): Testen nichtdeutschsprachiger Kinder bei der Einschulung mit dem Verfahren der Profilanalyse – Konzeption und praktische Erfahrungen. In: Ahrenholz, Bernt & Apeltauer, Ernst (Hrsg.): *Zweitspracherwerb und curriculare Dimensionen.* Tübingen: Stauffenburg, 73–90.

Grießhaber, Wilhelm (2010): *Spracherwerbsprozesse in Erst- und Zweitsprache. Eine Einführung.* Duisburg: Universitätsverlag Rhein-Ruhr.

Grießhaber, Wilhelm (2017): Lehramtswissen. In: Becker-Mrotzek, Michael; Rosenberg, Peter; Schroeder, Christof & Witte, Arnd (Hrsg.): *Deutsch als Zweitsprache in der Lehrerbildung.* Münster u. New York: Waxmann, 89–105.

Grießhaber, Wilhelm & Kalkavan, Zeynep, (Hrsg.) (2012): *Orthographie- und Schriftspracherwerb bei mehrsprachigen Kindern.* Freiburg i.B.: Fillibach.

Grießhaber, Wilhelm; Schmölzer-Eibinger, Sabine; Roll, Heike & Schramm, Karen, (Hrsg.) (2018): *Schreiben in der Zweitsprache Deutsch. Ein Handbuch.* Berlin u. Boston: de Gruyter.

Ulrich Steinmüller
# Was war und was sein könnte –
# Erinnerungen und neue Herausforderungen

In seiner Einladung zu dem Symposium *Ein Blick zurück nach vorn*, das am 12.
und 13. Juni 2018 in Jena stattfand, spannte Bernt Ahrenholz einen weiten
Bogen der Beschäftigung mit Fragen des Zweitspracherwerbs, der Migration,
Mehrsprachigkeit und zweitsprachbezogener Sprachdidaktik von den frühen
1970er und 80er Jahren bis heute und konstatiert zu Recht, dass

> nur sehr bedingt wahrgenommen (wird), welche wissenschaftlichen Untersuchungen
> und theoretischen Modelle es insbesondere in den 1970er und 1980er Jahren gegeben hat
> (...), welche wissenschaftlichen Diskussionen die damaligen Untersuchungen ausgelöst
> haben und welche didaktischen Konzepte damals diskutiert und bis heute weitergedacht
> oder wieder verworfen wurden.
> (Ahrenholz 2018)

Und ebenfalls zu Recht stellt er fest, dass „eine historisch orientierte Aufarbeitung der Befassung mit Deutsch als Zweitsprache bisher weitgehend" fehlt (Ahrenholz 2018). Für die Entwicklung in Berlin habe ich das zwar kürzlich versucht
(Steinmüller 2017), das konnte aber nur ein Mosaikstein sein, der nur einem Ausschnitt aus den sehr umfangreichen Aktivitäten in diesem Kontext gerecht wird.

Bernt Ahrenholz ist daher sehr dafür zu danken, dass er den Anstoß gegeben hat, einen Rückblick zu unternehmen, aber ihn nicht als ironisch-nostalgi-
sche Reminiszenz zu verstehen, etwa im Sinne des damaligen Songs von Franz
Josef Degenhardt *Ja, wenn der Senator erzählt ...* (Degenhardt 1967, 29–32), sondern als eine Art Selbstvergewisserung und als Impuls, das damals Gedachte
erneut zu reflektieren, wo nötig zu aktualisieren und wo möglich, in die Gegenwart zu transportieren.

Und ich habe zurückgeschaut, bis in das Jahr 1972, als ich in einer Grundschule in Berlin-Charlottenburg Tonbandaufnahmen für meine Dissertation
machte. Es ging dabei darum, Zusammenhänge zwischen Erziehungsstil und
kommunikativem Verhalten in Familien unterschiedlicher sozialer Gruppen
und der Sprachverwendung der Kinder aus diesen Familien zu untersuchen
(Steinmüller 1977). Ein kleiner Gedankensprung für heutige junge Wissenschaftlerinnen und Wissenschaftler, die mit den neuesten technischen Geräten linguistische Feldforschung betreiben können: mein Antrag an das Institut, ein
Aufnahmegerät für die für meine Untersuchung erforderlichen Sprachaufnahmen
anzuschaffen, wurde mit der Begründung abgelehnt: *Wir sind Geisteswissenschaft-
ler, wir arbeiten mit Büchern, nicht mit Maschinen.* Nach einigen Kämpfen bekam
ich dann doch das benötigte Gerät, und ich konnte meine Aufnahmen machen.

https://doi.org/10.1515/9783110715538-007

Dort kam ich zum ersten Mal mit einem ‚Gastarbeiterkind' in Kontakt. Inci, so hieß sie, war die einzige Schülerin in dieser Klasse, deren Muttersprache nicht Deutsch war. Das war aber nicht zu bemerken, denn Inci war eine kesse Göre und berlinerte mit ihren Mitschülerinnen und Mitschülern um die Wette. Integration und DaZ-Förderung waren zu dieser Zeit an Berliner Schulen noch kein Thema, zumindest nicht in den sog. bürgerlichen Wohnbezirken – in Kreuzberg und Wedding, Berliner Stadtbezirken mit einem hohen Anteil von damals sog. Gastarbeitern an der Wohnbevölkerung, sah es auch damals schon anders aus, auch wenn hier noch kein Problembewusstsein in Schule, Lehrkräftebildung und Bildungspolitik bestand.

Mehr Aufmerksamkeit wurde vielmehr den erwachsenen Gastarbeitern sowohl wissenschaftlich als auch gesellschaftspolitisch gewidmet, zum Beispiel mit der Frage danach, ob sie bleiben oder nach dem sog. ‚Rotationsprinzip' nach einigen Jahren in ihre Herkunftsländer zurückkehren sollten, oder mit der Frage, ob sich hier, ähnlich wie in den Karibik-Staaten und in den USA bei den dortigen afrikanischen Sklaven und ihren Nachkommen, das sog. Gastarbeiterdeutsch zu einer Pidgin- oder sogar einer Kreolsprache entwickeln könnte (vgl. z. B. Heidelberger Forschungsprojekt 1975, Meisel 1975, Steinmüller 1979: 9–13). Das politisch gewollte Rotationsprinzip wurde auf Druck der Industrie aufgegeben, die kein Interesse daran hatte, in einem ständigen Kreislauf gerade eingearbeitete Arbeitskräfte abzugeben, um dann neue Arbeitskräfte wieder einzuarbeiten. Und ein Pidgindeutsch entwickelte sich ebenfalls nicht, auch wenn im Jargon Jugendlicher mit Migrationshintergrund wie der autochtonen Jugendlichen Sprachmischungen und bestimmte Kommunikationsrituale verwendet werden: *Ey Lan, isch mach disch Messer! Isch schwör!* (vgl. u. a. Marossek 2016)

Ich will die damals brandaktuellen und heftig diskutierten Projekte und Initiativen nicht aufzählen, im hier vorliegenden Band sind die Exponenten und Protagonisten von damals zahlreich versammelt.

Ich folgte als junger Wissenschaftler dem damals aktuellen Trend und beschäftigte mich mit Fragen der Soziolinguistik. Wie so viele unserer Generation, die dann später als Alt-68er bezeichnet wurden, war auch ich davon überzeugt, dass die Sozialstruktur der alten BRD und ihr Bildungssystem soziale Ungleichheiten und Ungerechtigkeiten produzierten, die es zu bekämpfen galt. Allerdings stand ich nicht morgens vor Fabriktoren um Flugblätter an die Arbeiterklasse zu verteilen. Mein Betätigungsfeld war die Schule und dort das Bemühen, den unterprivilegierten Kindern aus Arbeiterfamilien zu besseren Bildungschancen zu verhelfen, ein Bemühen, das auch heute nichts an Aktualität verloren hat. Für den Linguisten bot sich dafür das Problem des sog. schichtenspezifischen Sprachgebrauchs an und die Diskussion um Defizite oder Differenzen im Sprachgebrauch, oder auch die Kritik an der sog. kompensatorischen Erziehung, durch die diese vermeintlichen Defizite behoben werden sollten, indem Arbeiterkindern der Mittelschichtcode vermittelt werden sollte. Mir kommen Namen ins Gedächtnis wie Basil Bernstein (z. B. Bernstein 1964; 1970), Ulrich Oevermann (z. B. Oevermann 1972), William Labov (z. B. Labov 1972), um nur einige zu nennen – die zahlreichen deutschen Kollegen will ich erst gar nicht anfangen aufzuzählen, damit ich nicht versehentlich jemanden vergesse.

Ausgehend von den Versuchen zur Förderung unterprivilegierter Schülerinnen und Schüler habe ich mich dann einige Jahre später der Situation der sog. Gastarbeiterkinder in der Schule zugewandt (vgl. u. a. Steinmüller 1987). Zunächst stand allerdings auch bei mir, aus der Soziolinguistik hervorgegangen, die Beschäftigung mit der Situation erwachsener Migranten im Vordergrund (vgl. Steinmüller 1979), ganz konkret in meiner Mitarbeit in dem Projekt „Lernstatt im Wohnbezirk".

Die Motivation für das, was dann später zum Kommunikationsprojekt „Lernstatt im Wohnbezirk" wurde, entstand aus zuerst ganz subjektiven Beobachtungen und aus Einblicken in das Leben ausländischer Arbeiter und ihrer Familien in unserer Gesellschaft. Dass deren Lebensbedingungen und Existenzmöglichkeiten in unserer Gesellschaft alles andere als optimal waren, gehörte auch schon zu Beginn der 1970er Jahre zum Alltagswissen: Isolierung, Ghettobildung, problematische Wohnverhältnisse, Sprachschwierigkeiten, Schwierigkeiten im Umgang mit Behörden, rechtliche Unsicherheit waren auch damals nur einige Elemente eines ganzen Spektrums von Problembereichen, mit denen auch die heutigen Migranten konfrontiert sind. Zu diesen sozioökonomischen und gesellschaftspolitischen Problemfeldern gesellten sich damals wie heute noch psychische und sozialpsychologische, die allerdings auch heute noch immer nicht im erforderlichen Maße ins gesellschaftliche Bewusstsein und politisches Handeln gedrungen sind. Alle diese Probleme resultieren damals wie heute für die große Mehrheit der Ausländer in Unsicherheit und einer gewissen Hilflosigkeit bei der Gestaltung ihres Lebens unter den ihnen in unserer Gesellschaft aufgenötigten Bedingungen.

Um diesen Menschen aus ihrer Situation der Unsicherheit und Hilfsbedürftigkeit herauszuhelfen, die sie jeder Art von Ausbeutung und Manipulation – sowohl ökonomisch als auch politisch-ideologisch – aussetzt, war es damals und ist es heute erforderlich, ihre soziale Handlungsfähigkeit so zu fördern, dass sie in die Lage versetzt werden, ihr Leben in unserer Gesellschaft und ihre Probleme eigenverantwortlich und selbständig zu bewältigen. So verstandene gesellschaftliche Handlungsfähigkeit beinhaltet als wesentliches Element die Fähigkeit, sich anderen mitzuteilen, den eigenen Interessen und Bedürfnissen Gehör zu verschaffen, aber auch, zu verstehen, Bedeutungen und Absichten zu erkennen und bereit zur Teilhabe zu sein.

Auf die Situation der Ausländer bezogen bedeutet dies, dass konsequenterweise ihre Handlungsfähigkeit in unserer Gesellschaft nur entwickelt werden kann, wenn ihre Fähigkeiten zu kommunikativer Tätigkeit entwickelt werden; und umgekehrt können ihre kommunikativen Fähigkeiten nur entwickelt werden, wenn gleichzeitig ihre gesellschaftliche Handlungsfähigkeit entwickelt und entfaltet wird.

Ich spreche in diesem Zusammenhang bewusst von Kommunikation und nicht nur von Sprachverwendung, da in Alltagssituationen, im mündlichen Gespräch eine ganze Reihe von Ausdrucks- und Verständigungsmitteln und -möglichkeiten gegeben sind, die über das Nur-Sprachliche hinausgehen. Sie gilt es ebenfalls zu aktivieren und bewusst einzusetzen unbewusst verwenden wir sie ohnehin. Die Kommunikationsfähigkeit der Ausländer zu entwickeln bedeutet daher mehr als ihnen Sprachkenntnisse zu vermitteln.

Aber auch wenn es gelingt, den Ausländern aus ihrer Situation der Unsicherheit und Hilflosigkeit heraus zu helfen, muss das Verhältnis zwischen Deutschen und Ausländern nicht unbedingt konfliktfrei und harmonisch werden. Die eigenverantwortliche Handlungsfähigkeit der Ausländer, die Entwicklung eines individuellen und kulturellen Selbstbewusstseins kann im Gegenteil zu verstärkten Reibungspunkten und Konflikten mit der deutschen Bevölkerung führen, die mehr oder weniger ausdrücklich und mehr oder weniger bewusst eine Integration der Ausländer im Sinne von Anpassung, von Aufgehen in der deutschen Bevölkerung oder sogar von Germanisierung erwartet. Ansatzpunkt für die Arbeit zur Verbesserung der Situation ausländischer Arbeiter und ihrer Familien konnten damals und können auch heute daher nicht nur die Ausländer selbst sein, die deutsche Bevölkerung muss in diese Arbeit mit einbezogen werden.

Diese Erkenntnisse standen am Anfang der „Lernstatt im Wohnbezirk" (vgl. Abb. 1). Die Bezeichnung Lernstatt ist eine künstliche Wortschöpfung, die sich aus Lernen und aus Werkstatt zusammensetzt und die in der ersten Realisation dieses Konzepts in der Industrie entstand. Nach ersten Anfängen seit 1972 in der Kraftwerk Union wurde das Konzept 1973 bei BMW und 1975 bei der Hoechst AG eingeführt.

Ausgangspunkt waren die Beobachtungen der Industriebetriebe, dass die Produktivität der Arbeit durch die mangelnde soziale Integration und die mangelhafte Kommunikationsfähigkeit der dringend benötigten ausländischen Arbeiter behindert wurde (vgl. Abb. 1). Sprachkurse, die von den Betrieben eingerichtet wurden, brachten hier keine Abhilfe; eine Lehrerin sagte dazu:

> Ich komme selten dazu, mehr als 50 % der für den Sprachunterricht vorgesehenen Zeit meiner Funktion als Lehrerin nachzukommen, weil besonders die Türken mich ständig mit ihren betrieblichen und privaten Problemen bedrängen (...).
> (Cooperative Arbeitsdidaktik/Institut für Zukunftsforschung: 1976, 2)

**Abb. 1:** Aus: Institut für Zukunftsforschung/Cooperative Arbeitsdidaktik (1978): Lernstatt im Wohnbezirk. Kommunikationsprojekt mit Ausländern in Berlin-Wedding.

Und die ausländischen Arbeiter bemängelten, dass sie nicht Deutsch sprechen lernten, sondern Grammatik, Abzählreime und Gedichte. Das ist übrigens eine Klage, die auch heute wieder oder noch immer erhoben wird, wie eine Untersuchung von Amer aus dem Jahr 2016 zeigt (Amer 2016: 50).

Als Konsequenz hieraus wurde in der „Lernstatt im Betrieb" auf formellen Sprachunterricht mit Lehrpersonal und Lehrbüchern in einer Klassenraumatmosphäre verzichtet. Deutsche Kollegen wurden als Sprachmeister ausgewählt, im Betrieb wurden improvisierte Lernecken eingerichtet, in denen während der

Arbeitszeit in vertrauter Umgebung mit deutschen und ausländischen Kollegen im Gespräch über gemeinsame Themen Sprache vermittelt, Kommunikationsfähigkeit entwickelt und sozialer Kontakt gepflegt wurde. Im Mittelpunkt stand dabei nicht die korrekte, normgerechte Sprache, sondern das gemeinsame Thema.

Die Erfahrungen, die mit diesem Ansatz und den dabei entwickelten Methoden und Verfahrensweisen gemacht wurden, sollten dann in einem von Auftraggebern unabhängigen Projekt mit Deutschen und Ausländern als praktische Stadtteilarbeit umgesetzt und verwertet werden.

Gefördert durch die Stiftung Volkswagenwerk führte die Gruppe Cooperative Arbeitsdidaktik (CAD) in Zusammenarbeit mit dem Zentrum Berlin für Zukunftsforschung (jetzt Institut für Zukunftsstudien und Technologiebewertung IZT) in der Zeit von Juni 1976 bis einschließlich Mai 1978 das Handlungsforschungsprojekt *Lernstatt im Wohnbezirk. Kommunikationsprojekt mit Ausländern in Berlin-Wedding* durch (Institut für Zukunftsforschung/Cooperative Arbeitsdidaktik 1978).

Zielsetzung war die Vermittlung sozialer Kompetenz, d. h. die Fähigkeit zur Erfassung und Lösung von Alltagsproblemen sowie die Verbesserung der Kommunikation zwischen Ausländern und Deutschen mit Hilfe teilnehmer- und themenzentrierter Gruppenarbeitsmethoden. Hinter dieser Zielsetzung stand die Einsicht, dass die Probleme der Ausländer in unserer Gesellschaft nicht durch das Angebot von Kursen zum Erwerb der deutschen Sprache allein bewältigt werden können. Es war damals falsch und ist es auch heute noch, wollte man die Schwierigkeiten ausländischer Arbeiter bzw. der neuen Migranten und ihrer Familien bei der Verwirklichung ihrer Interessen und der eigenverantwortlichen Gestaltung ihres eigenen Lebens auf Verständigungsschwierigkeiten mit der deutschen Bevölkerung im sprachlichen Bereich reduzieren – mit der Implikation, dass mit den Sprachschwierigkeiten auch alle anderen Probleme beseitigt würden.

Das Ziel der „Lernstatt im Wohnbezirk" war es daher, die Handlungsfähigkeit der Ausländer in unserer Gesellschaft zu entwickeln, zu fördern und ihnen gleichzeitig die Entfaltung ihrer eigenen persönlichen und kulturellen Identität in der für sie fremden Umgebung zu ermöglichen. Das bedeutete die Befähigung der Ausländer, sich in dem bei uns gültigen System gesellschaftlicher Regeln, Normen und Werte zu behaupten, ohne durch eine platte Anpassung die eigene Identität und Authentizität zu verlieren. Dazu war damals und ist heute ein Vermittlungsprozess zwischen den Verhaltensnormen und Wertvorstellungen des Herkunftslandes mit den in unserer Gesellschaft gültigen erforderlich, der das Bewusstsein von der eigenen Besonderheit mit der eigenverantwortlichen Gestaltung der eigenen Lebenssituation in unserer Gesellschaft verbindet – und es ist die Einbeziehung der deutschen Bevölkerung in diesen Prozess erforderlich.

Für die Arbeit in der Lernstatt bedeutete dieser Ansatz, dass es den Ausländern möglich werden sollte, zur Bewältigung ihres täglichen Lebens the-

Ich schreibe einen Brief an den Hausbesitzer

Berlin, den 23.11.76

Sehr geehrter Herr

Ich wohne Berlin 65,

Vorderhaus.

Die        Aus dieser Wohnung

kommen        und        in

meine Wohnung, 3. Stock. Ich bitte Sie,

den 4. Stock zu kontrollieren und

( 4.)→

( 3.)→        [Unterschrift]

Atris

---

Ich schreibe einen Brief an den Hausbesitzer

An                                    Berlin, den ......

Name des Hausbesitzers
Straße ...
1000 Berlin.....

Ateis........
Straße...
1000 Berlin........

Betreff: Ratten und Mäuse

Sehr geehrter Herr. Name des Hausbesitzers !
Ich, Ateis ........., wohne in der Liebenwalderstr. 61,
Vorderhaus, 3. Stock. Die Wohnung über mir, 4. Stock,
steht seit längerer Zeit leer. Aus dieser Wohnung
kommen Ratten und Mäuse entlang der Rohre in
meine Wohnung.
Ich möchte Sie bitten die Wohnung im 4. Stock
zu kontrollieren und Abhilfe dieser Plage zu
schaffen.

Mit freundlichen Grüßen
Ateis . . . . . . .

---

(Sterilisation) KISIRLAŞTIRMA

Beim Mann:
Der Mann muß nicht ins Krankenhaus. Viele

(Sterilisation)

Bei der Frau:

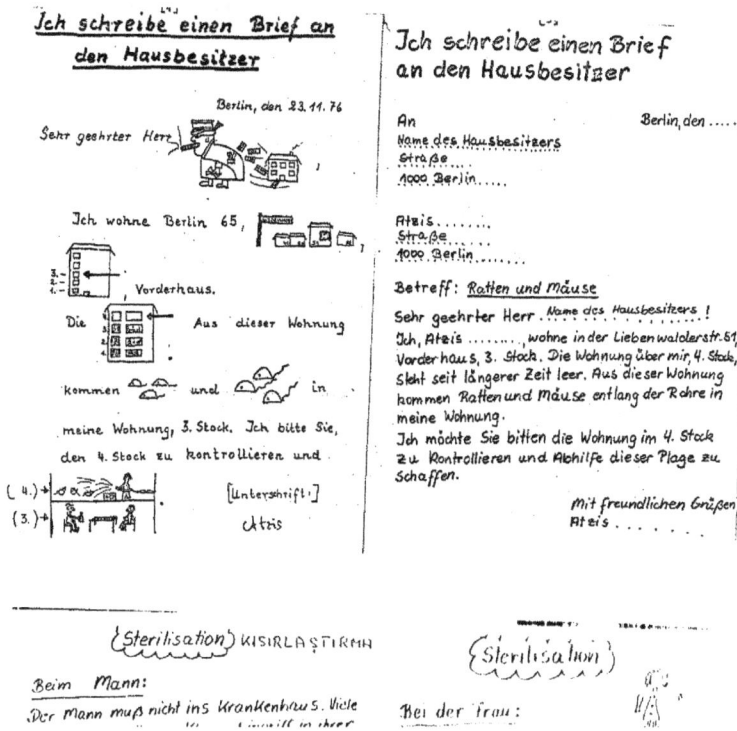

**Abb. 2:** Aus: Institut für Zukunftsforschung/Cooperative Arbeitsdidaktik Lernstatt im Wohnbezirk (1978: Anhang).

menorientiert und situationsbezogen mit Deutschen und anderen Ausländern zu kommunizieren (vgl. Abb. 2). Dazu ist ganz wesentlich die Beherrschung von Gesprächsritualen, die Kenntnis von Regeln und Normen zur Gestaltung von Gesprächssituationen (vgl. Abb. 3). Für jede Form der Verständigung, vor allem aber auch für die Verständigung zwischen Ausländern und Deutschen ist ihre Beherrschung mindestens ebenso wichtig wie die Sprachbeherrschung. In der Arbeit der Lernstatt hatte die Vermittlung dieser Kommunikationsstrategien daher den Vorrang vor der korrekten Sprachvermittlung.

Das Konzept der „Lernstatt im Wohnbezirk" lässt sich daher in einer Formel zusammenfassen: Vermittlung situations- und themenbezogener kommunikativer Fähigkeiten als Bestandteil sozialer Handlungsfähigkeit ohne einen an normativen Vorstellungen orientierten Sprachunterricht.Im Zentrum der Lernstatt-Arbeit stand die gemeinsame Beschäftigung von Bewohnern verschiedener Nationalitäten eines Wohnviertels in ihrer Freizeit mit dem Ziel, in gemeinsamen Aktivitäten Formen

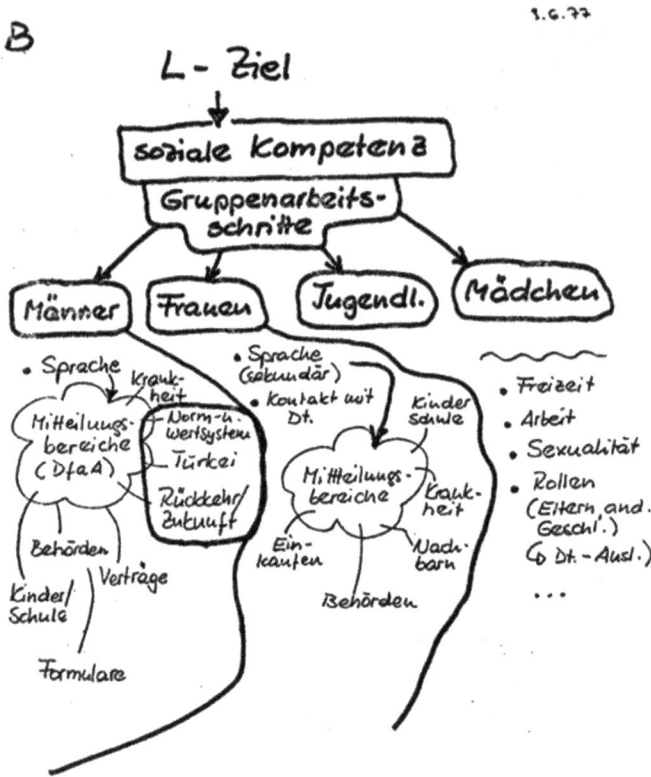

**Abb. 3:** Aus: Institut für Zukunftsforschung/ Cooperative Arbeitsdidaktik (1978: Anhang).

des Verstehens, der Verständigung und des Zusammenlebens zu entwickeln, die von der Erkenntnis weitreichender Überschneidungen von Interessen, Bedürfnissen und Problemen ausgehen. War in der „Lernstatt im Betrieb" die gemeinsame Arbeit mit ihren Problemen der Ausgangspunkt, so war es bei der „Lernstatt im Wohnbezirk" das gemeinsame Leben unter gleichen oder ähnlichen Bedingungen. In diesem Ausgangspunkt ist aber ein Problem enthalten, durch das sich die Lernstatt im Wohnbezirk deutlich von der „Lernstatt im Betrieb" unterscheidet: die Entsprechung der Interessen, Bedürfnisse und Probleme von Deutschen und Ausländern ist am Arbeitsplatz deutlicher und eindeutiger als im Wohnbereich, der Kontakt ist enger, und die Einbettung von Lernstatt-Gruppen in den Arbeitstag verlangt geringeren organisatorischen Aufwand als im Freizeitbereich. Aus diesen Gründen erscheint es verständlich, dass die Lernstatt in Wedding Schwierigkeiten hatte, die deutsche Bevölkerung für eine Mitarbeit zu gewinnen, vor allem aus der Gruppe der Älteren, während die ausländische Bevölkerung das Angebot der Lernstatt mit Interesse annahm.

Die didaktische Besonderheit des Lernstatt-Ansatzes besteht in dem bewussten Verzicht auf Lernsituationen und Lernprozesse, die von außen geplant, gesteuert und überwacht werden, wobei *von außen* bedeutet außerhalb der angesprochenen Gruppen der deutschen und ausländischen Wohnbevölkerung.

Ein gewisser Widerspruch besteht bei diesem Ansatz allerdings insofern, als die Initiative, die Vorbereitung und in gewissem Maße auch – wenigstens phasenweise – die Steuerung und Organisation der Lernstatt-Aktivitäten von einer Projektgruppe vorgenommen wurden, die zwar in engem Kontakt zu aber doch außerhalb der Bezugsgruppe stand. Diese Projektgruppe mit dem Namen „Cooperative Arbeitsdidaktik (CAD)" bestand aus einer kleinen Gruppe von Pädagogen, Sozialarbeitern und Linguisten und war der eigentliche Initiator und Organisator der Lernstatt im Wohnbezirk. Sie war Ansprechpartner der Geldgeber des Projekts und initiierte die ersten Aktivitäten der Lernstatt, insbesondere die Werbung für das Projekt im Wohnbezirk und die Rekrutierung der ersten Moderatoren aus dem Wohnbezirk.

Erklärtes Ziel der Organisatoren war es, durch die Arbeit in der Lernstatt sich selbst überflüssig zu machen. Der Erfolg dieser Arbeit ließ sich dann daran ablesen, wie weit Organisation und Durchführung der Lernstatt-Aktivitäten von der Projektgruppe CAD auf die Lernstatt-Teilnehmer übergingen.

Die zweite didaktische Besonderheit des Lernstatt-Ansatzes bestand darin, dass es weder einen Lehrer oder eine Lehrerin noch einen Lehrplan für die Teilnehmer gab. Da die Bezugsgruppe Erwachsene waren, deren Eigenständigkeit und selbstverantwortliche Handlungsfähigkeit gefördert und entwickelt werden sollte, sollte ihnen auch die Entscheidung darüber überlassen bleiben, welche Aktivitäten sie gemeinsam unternehmen und welche Probleme sie angehen wollten; die Projektgruppe prägte hierzu das Schlagwort der teilnehmer- und themenzentrierten Gruppenarbeit (Institut für Zukunftsforschung/Cooperative Arbeitsdidaktik: 1978: 9).

Für die Arbeit als Moderatoren fanden sich zunächst Interessenten nur unter der jüngeren deutschen Bevölkerung, Jugendliche und jüngere Erwachsene, mit dem Wachsen der Lernstatt dann aber auch aus der ausländischen Wohnbevölkerung. Ihre Qualifikation für die Gruppenmoderation erhielten die Moderatoren durch die Projektgruppe CAD in einer einführenden Intensivübung, in der sie mit Methoden und Hilfsmitteln für die Gruppenarbeit vertraut gemacht wurden, wie z. B. Visualisierungen, Arbeiten mit Flip-Charts, Video-Aufzeichnungen, verschiedene Arten von Spielen. In vierzehntägig stattfindenden Gesprächsrunden mit der Projektgruppe CAD erhielten sie darüber hinaus inhaltliche und methodische Hilfestellung. Eine wie auch immer geartete fixierte Didaktik oder Methodik konnte

es nicht geben, denn nicht nur die Themen und Inhalte, sondern auch die Arbeits-
formen wurden von den Teilnehmerinnen und Teilnehmern selbst bestimmt. Die
Aufgabe der Moderatoren bestand im Eigentlichen darin, ein Angebot an Mitteln
und Methoden für die Gruppenteilnehmer bereit zu halten, das sog. *Lernzeug*
(Vgl. Institut für Zukunftsforschung/Cooperative Arbeitsdidaktik: 1987: 107 ff); jede
inhaltliche wie methodische Dominanz der Moderatoren sollte vermieden werden.
Die Gruppen sollten lernen, sich selbst zu moderieren und die Moderatoren in
immer stärkerem Maße wieder in die Gruppe zu integrieren. Wesentliche Elemente
dabei waren nondirektive Gesprächsführung sowie themenzentrierte interaktio-
nelle Methoden. Der Verlauf der Projektarbeit zeigte, dass die Moderatoren sich in
immer stärkerem Maße selbst als Lernende erfuhren, ein Effekt, den sie zu Beginn
der Lernstatt nicht erwartet hatten, wie die Mehrzahl von ihnen unumwunden
zugab, der aber für den Erfolg der Lernstatt von beachtlicher Bedeutung war.

Durch diese Erfahrung gelang es tatsächlich, eine sich doch immer wieder
anbahnende Dominanz der Gruppenmoderatoren abzubauen und die Eigeninitia-
tive der übrigen Gruppenteilnehmer zu verstärken. Darüber hinaus bewirkte dieser Effekt, den natürlich auch die übrigen Gruppenteilnehmer bemerkten, dass
durch die nicht festgelegte Verteilung der Funktionen von Informierten und
Nichtinformierten, von Lehrer und Lerner sowohl die Gewichtung der behandel-
ten Themen und Gegenstände als auch die Richtung des Informationsflusses die
Handlungs- und Informationsdefizite nicht nur bei den Ausländern zeigte.

Die methodischen Elemente wie Formen der Gruppenarbeit, Einsatz von
Medien und technischen Hilfsmitteln, unterschiedliche Formen von Spielen
usw., mit deren Einsatz die Moderatoren vertraut gemacht wurden, wurden in
der praktischen Gruppenarbeit in den verschiedensten Kombinationen verwendet; gerade in ihrer Kombination liegt die Chance, eine Kommunikationsfähigkeit zu entwickeln, die nicht durch die Beschränkung auf das eine oder das
andere Medium eingeengt wird. Die Auswahl der Medien ist immer abhängig
von der Ausdrucksintention und der Ausdrucksfähigkeit der Teilnehmer und
von den Erfordernissen des jeweiligen Themas.

Die Verbindung kommunikativer Tätigkeit mit den anderen Aktivitäten und
Formen sozialen Handelns wird dabei ständig gewahrt: die Themen- und Hand-
lungsorientiertheit der Gruppenaktivitäten und das Verständnis von kommunikativer Tätigkeit als einer Form gesellschaftlicher Tätigkeit lassen eine Trennung
von z. B. Einüben sprachlicher Fertigkeiten und gemeinsamem Handeln der Teilnehmer gar nicht zu.

Ich habe bereits darauf hingewiesen, dass eine Sprachvermittlung, die sich
an Organisationsformen schulischen Unterrichts orientiert, der besonderen Situation der ausländischen Arbeiter und ihrer Familien hier nicht angemessen
ist und daher auch im Konzept der Lernstatt im Wohnbezirk keinen Platz hatte.

Von Kritikern dieses Konzepts wurde und wird die Behauptung aufgestellt, dass die Entwicklung der kommunikativen Fähigkeiten ohne systematischen Sprachunterricht zu einer Verfestigung des sog, Gastarbeiterdeutsch führen müsse und dass dadurch die Ausländer auch weiterhin ständiger Diskriminierung durch die deutsche Wohnbevölkerung ausgesetzt seien.

Dieser Kritik ist u. a. entgegen zu halten: Korrekte Sprachbeherrschung ist kein Schutz gegen Vorurteil und Diskriminierung, wie auch fehlerhafte Sprachverwendung nicht ihre Ursache ist. Hier spielen politische Vorgaben, die Sozialstruktur und das ideologisch bestimmte Sozialprestige bestimmter Bevölkerungsgruppen eine viel bedeutendere Rolle. Die Behauptung, die Verwendung von Gastarbeiterdeutsch setze die ausländischen Arbeiter dem Vorurteil und der Diskriminierung aus, verkennt, dass Vorurteile, die sich auf bestimmte Gruppen und gesellschaftliche Minoritäten richten, Ausdruck politischer und sozialer Konflikte sind. Nicht alle Ausländer sind in unserer Gesellschaft Opfer von Diskriminierung, sondern nur bestimmte Gruppen von ihnen, und ein fremder Akzent kann durchaus als *chic* (wie etwa beim Französischen) oder als kommerziell verwertbar (wie beim Englischen im Show-Geschäft) gelten.

Aus der Themenzentriertheit der Lernstatt-Gruppen ergab sich eine Vielzahl von Anlässen für kommunikative Tätigkeit, bei der alle den Ausländern zur Verfügung stehenden Medien und Hilfsmittel eingesetzt wurden. Aufgabe der Gruppenmoderatoren war es dabei, dieses Spektrum von Medien und Hilfsmitteln möglichst breit zu gestalten. Im Vordergrund stand aber immer das Thema, das gemeinsam interessierende Problem. In der Auseinandersetzung mit ihm, mit den Meinungen und Ansichten der anderen Gruppenteilnehmer, der Deutschen wie der Ausländer, musste jeder der Beteiligten versuchen, sich verständlich zu machen wie auch, die anderen zu verstehen.

Durch die Planung und Durchführung von Projekten, wie z. B. der Gründung einer Fußballmannschaft der Jugendlichen, der Gestaltung eines Straßenfestes, dem Herstellen einer Zeitung oder dem Drehen eines Video-Films wurden Anforderungen an die Handlungsfähigkeit, an die Kooperation und das Austragen von Meinungsverschiedenheiten und Konflikten gestellt, die eine natürliche Verbindung von sozialem Handeln und kommunikativer Tätigkeit darstellten. Der Unterschied zu Alltagssituationen außerhalb der Lernstatt bestand vor allem darin, dass eine solidarische Grundhaltung bestand, durch die die Scheu vor Fehlern, vor Holprigkeiten im sozialen wie im kommunikativen Handeln abgebaut wurden und ein Spektrum von Handlungsalternativen – auch im kommunikativen Bereich – erprobt und angeeignet werden konnte. Der Erfolg einer solchermaßen betriebenen Entwicklung der Kommunikationsfähigkeit kann nicht im Erwerb und der Beherrschung des hochsprachlichen Standards der deutschen Sprache bestehen. Er zeigte sich aber in der Befähigung der Lernstatt-Teilnehmer, ihre

Interessen durchzusetzen, ihre Rechte wahrzunehmen und in Kooperation mit anderen ihr eigenes Leben selbstverantwortlich zu gestalten. Als Indiz für den Erfolg der Lernstatt kann ein Zitat aus dem Bericht der Frauengruppe dienen:

> Die Frauen haben gelernt, sich besser zu artikulieren, sie haben ein größeres Selbstvertrauen gewonnen, sie kommen heute nicht mehr und sagen: Mach' das für mich!, sondern sie kommen und fordern: Zeig' mir, wie man das macht!.
> (Institut für Zukunftsforschung/Cooperative Arbeitsdidaktik 1978: 213)

Ein Indiz für die Stabilisierung der Identität und die Entwicklung der Handlungsfähigkeit kann es dann sein, wenn Lernstatt-Teilnehmer in eigener Initiative den Wunsch äußerten, ihre bis dahin erworbene Kommunikationsfähigkeit zu systematisieren, etwa durch den Besuch von Volkshochschulkursen – eine Aktivität, die zu Beginn der Lernstatt-Arbeit deutlich abgelehnt worden war – oder durch einige eigens angesetzte Gruppensitzungen mit systematischem Sprachunterricht zu ganz bestimmten sprachlichen Phänomenen. Dieses Stadium wurde bei einer nicht geringen Anzahl von Lernstatt-Besuchern erreicht.

Als Probleme zeigten sich in diesem Zusammenhang aber zum einen, dass die Volkshochschulen mit ihren Unterrichtsmaterialien und didaktischen und lernorganisatorischen Konzepten oft den Bedürfnissen der Ausländer und ihrer konkreten Situation nicht entsprechen können, so dass nicht selten eine Demotivation stattfindet. In der Lernstatt sind dagegen die Moderatoren oft überfordert, die ja gerade nicht Spezialisten für Sprachunterricht sind, sondern als Nachbarn und Kollegen ,native speakers' des Deutschen, die ihre eigene Sprache eher unbewusst als reflektiert verwenden und daher häufig Schwierigkeiten bei der Vermittlung komplexer sprachlicher Erscheinungen haben. Abhilfe könnte hier die – im Konzept vorgesehene – Hinzuziehung von Spezialisten zu Gruppensitzungen schaffen, die eine an den Interessen und Bedürfnissen der Teilnehmer orientierte Vermittlung sprachlicher Kenntnisse leisten, in dem Rahmen, den ihnen Moderatoren und Teilnehmer setzen. Die Initiative hierzu kann aber nur von den Teilnehmern der Lernstatt-Gruppen ausgehen, von außen herangetragen würde sie gegen das didaktische Prinzip der Eigenverantwortlichkeit und der Selbstregulation in der Lernstatt verstoßen und die Entwicklung der sozialen Handlungsfähigkeit beeinträchtigen.

Prinzipiell war aber sowohl eine größere Bereitschaft der Lernstatt-Teilnehmer zur Verwendung der deutschen Sprache als auch eine größere Sicherheit im Umgang mit ihr festzustellen. Die Furcht vor inkorrektem Gebrauch ist durch die Erfahrung der eigenen Kommunikations- und Handlungsfähigkeit im Rahmen der Lernstatt stark zurückgegangen.

Warum berichte ich das alles hier? Ist doch Schnee von gestern. Oder? Ich denke nicht. In meinem Beitrag zur Festschrift für Bernt Ahrenholz (Steinmüller 2018), in dem ich mich ebenfalls mit den Zusammenhängen von Sprachvermittlung, Kommunikationsfähigkeit und gesellschaftlicher Handlungsfähigkeit, bezogen auf die neuen Migranten in Deutschland, befasse, stelle ich als Konsequenz meiner Argumentation die Forderung auf, die auch durch meine Erfahrungen in und mit der Lernstatt im Wohnbezirk motiviert ist:

> So wäre z. B. daran zu denken, in den entsprechenden Wohnvierteln, in denen die Zuwanderer angesiedelt werden, verstärkt Sozialarbeiter, möglichst mit eigener Migrationserfahrung, zur Unterstützung der Integrationsprozesse einzusetzen. Deren Aufgabe müsste es sein, in den verschiedensten Formen von Selbsthilfe- und Mitsprachegremien der einheimischen wie der zugewanderten Wohnbevölkerung sowie bei allen Anlässen der Betreuung und Beratung anhand der jeweils anstehenden Themen und Probleme in realen Kommunikationssituationen Hilfe zur Selbsthilfe bei der Entwicklung gesellschaftlicher Handlungsfähigkeit zu bieten. Die thematische Eingebundenheit könnte dann sowohl zur Motivation der Zuwanderer als auch zu konkreten Kommunikations- und Handlungsanlässen mit der deutschen Wohnbevölkerung dienen. (Steinmüller 2018: 298)

Dass ich mit diesen Überlegungen nicht allein bin, zeigt die große Zahl von Helferinnen und Helfern, die die sog. Willkommenskultur inhaltlich füllten und füllen. Auch Nicole Dörr, Professorin in Kopenhagen und Gastprofessorin an der TU Berlin, spricht von der Notwendigkeit von Vermittlern zwischen der Mehrheitsgesellschaft und den Zugewanderten; sie nennt sie „politische Übersetzerinnen und Übersetzer" (Dörr2018: 10).

Mein Blick zurück auf das was war, nämlich die *Lernstatt im Wohnbezirk* in den 1970er Jahren des vorigen Jahrhunderts, zeigt, was auch heute sein könnte, auch unter veränderten Bedingungen und Voraussetzungen. Die Lernstatt im Wohnbezirk war ein praktikables Modell praktischer Stadtteilarbeit, bei dem es gelungen ist, die funktionale Beziehung zwischen gesellschaftlichem Handeln und kommunikativer Tätigkeit didaktisch sinnvoll umzusetzen. Zwar hat sich die gesellschaftliche Situation seit den 70er Jahren des vorigen Jahrhunderts sehr verändert, und die heute zu uns kommenden Menschen sind nicht ohne Weiteres mit den damaligen Gastarbeitern zu vergleichen. Trotzdem könnte ich mir vorstellen, dass die Erinnerung an die Lernstatt im Wohnbezirk ein Beispiel dafür sein könnte, wie der Blick zurück in unsere Anfänge einen Beitrag zur Lösung heute erneut anstehender Probleme leisten kann.

# Literatur

Ahrenholz, Bernt (2018): Einladungsschreiben zum Symposium *Ein Blick zurück nach vorn*. Jena.

Amer, Luna (2016): *Die Bedeutung der Zielsprache für Einwanderer als wesentliche Voraussetzung für eine erfolgreiche Integration*. Unveröffentlichte Masterarbeit Technische Universität Berlin.

Bernstein, Basil (1964): Elaborated and Restricted Codes: Their Origins and Some Consequences. American Anthropologist. Special Publication 66, Part 2, No. 6, 55–69.

Bernstein, Basil (1970): *Soziale Struktur, Sozialisation und Sprachverhalten. Aufsätze 1958–1970*. Amsterdam: de Munter.

Cooperative Arbeitsdidaktik/Institut für Zukunftsforschung (1976): Lernstatt im Wohnbezirk. IFZ-Forschungsberichte Nr. 51. Berlin: IFZ. In: Dörr, Nicole (2018): *Das Leben der anderen verstehen*. In: TU-intern Nr. 6/Juni, 10.

Degenhardt, Franz Josef (1967): *Spiel nicht mit den Schmuddelkindern. Balladen, Chansons, Grotesken, Lieder*. Hamburg: Hoffmann und Campe, 29–32.

Heidelberger Forschungsprojekt (1975): *Sprache und Kommunikation ausländischer Arbeiter*. Kronberg/Ts.: Scriptor.

Institut für Zukunftsforschung/Cooperative Arbeitsdidaktik (1978): *Lernstatt im Wohnbezirk. Kommunikationsprojekt mit Ausländern in Berlin-Wedding*. Frankfurt/M.: Campus.

Labov, William (1972): Die Logik des Non-Standard-Englisch. In: Klein, Wolfgang& Wunderlich, Dieter (Hrsg.): *Aspekte der Soziolinguistik*. Frankfurt (Main): Athenäum Fischer, 80–97.

Marossek, Diana (2016): *Kommst du Bahnhof oder hast du Auto? Warum wir reden, wie wir neuerdings reden*. Berlin: Hanser.

Meisel, Jürgen (1975): Ausländerdeutsch und Deutsch ausländischer Arbeiter. Zur möglichen Entstehung eines Pidgin in der BRD. *Zeitschrift für Literaturwissenschaft und Linguistik* 5 (18): 9–53.

Oevermann, Ulrich (1972): *Sprache und soziale Herkunft. Ein Beitrag zur Analyse schichtenspezifischer Sozialisationsprozesse und ihrer Bedeutung für den Schulerfolg*. Frankfurt a. M.: Suhrkamp.

Steinmüller, Ulrich (1977): *Kriterien effektiver Kommunikation. Eine Untersuchung gesellschaftlich bedingter Varianten im kommunikativen Verhalten von Schülern*. Köln, Wien: Böhlau.

Steinmüller, Ulrich (1979): *Sprachunterricht für ausländische Arbeiter? Überlegungen zu Kommunikationsfähigkeit und Sprachvermittlung*. In: Linguistische Berichte Nr. 56, Braunschweig: Vieweg.

Steinmüller, Ulrich (1987): *Sprachentwicklung und Sprachunterricht türkischer Schüler (Türkisch und Deutsch) im Modellversuch Integration ausländischer Schüler in Gesamtschulen*. In: Thomas, Helga: *Modellversuch Integration ausländischer Schüler in Gesamtschulen – 1982 bis 1986*. Gesamtschulinformationen Sonderheft 1. Berlin (Pädagogisches Zentrum Berlin), 207–315.

Steinmüller, Ulrich (2017): Die Entwicklung von Deutsch als Zweitsprache in Berlin in politisch-historischer Perspektive. In: Jostes, Brigitte, Caspari, Daniela & Lütke, Beate (Hrsg): *Sprachen-Bilden-Chancen: Sprachbildung in Didaktik und Lehrkräftebildung*. Münster, New York: Waxmann, 15–25.

Steinmüller, Ulrich (2018): Willkommen in Deutschland – und dann? In: Hövelbrinks, Britta; Fuchs, Isabel; Maak, Diana; Duan, Tinghui & Lütke, Beate (Hrsg.): *DER-DIE-DAZ. Forschungsbefunde zu Sprachgebrauch und Spracherwerb von Deutsch als Zweitsprache*. Berlin/Boston: Walter de Gruyter, 287–299.

# Ulrich Steinmüller

## Curriculum Vitae

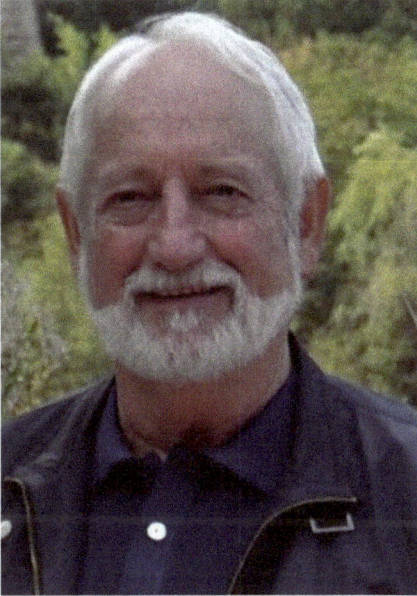

(Foto: privat)

Vom SS 1962 bis zum SS 1968 absolvierte ich das Studium der Germanistik und der Anglistik an der Justus-Liebig-Universität Gießen und an der Freien Universität Berlin und legte das Erste Staatsexamen für das Amt des Studienrats an Gymnasien im Jahr 1968 in Gießen ab. Es folgte die Promotion zum Dr. phil. im Jahr 1974 am Fachbereich Germanistik der Freien Universität Berlin und im Jahr 1980 die Habilitation und Verleihung der venia legendi für das Fach Linguistik (Deutsche Sprache und ihre Didaktik) am Fachbereich Germanistik der Freien Universität. In diesen Jahren war ich zunächst als Wissenschaftlicher Mitarbeiter und später als Assistenzprofessor an der Freien Universität Berlin tätig. Im Jahr 1983 wurde ich an die Technische Universität Berlin auf eine Professur für Fachdidaktik Deutsch/Deutsch als Zweitsprache berufen. Hier war ich lange Jahre in der Ausbildung von Deutschlehrkräften für alle Schulstufen tätig, zunächst für den muttersprachlichen und den zweitsprachlichen Deutschunterricht. Später kam die Beschäftigung mit Deutsch als Fremdsprache hinzu, vor allem die Beschäftigung mit Fachsprachen im DaF-Unterricht.

Schwerpunkte meiner Forschung sind die Linguistik und Didaktik des Deutschen als Fremdsprache, Fachsprachen, Zweitspracherwerb und -unterricht sowie Interkulturelle Kommunikation. Ich habe ein weitgespanntes Netz internationaler Forschungskooperationen mit Universitäten in Russland, VR China, Hong Kong und Brasilien aufgebaut und arbeite besonders intensiv mit prominenten chinesischen Universitäten zusammen, so mit der Zhejiang Universität in Hangzhou, der Tongji-Universität in Shanghai und dem Beijing Institute of Technology in Peking.

Von 1987 bis 1997 war ich Vizepräsident der Technischen Universität Berlin und u. a. für die Lehrkräftebildung verantwortlich. Im Jahr 1992 wurde ich zum Beratenden Professor der Zhejiang Universität in Hangzhou/VR China und im Jahr 2006 zum Professor h.c. der Tongji-Universität in Shanghai/VR China ernannt. Von April 2003 bis Oktober 2007 war ich Dekan der Fakultät für Fremdsprachen (School of International Studies) der Zhejiang-Universität Hangzhou (VR China).

Zum 1. April 2008 trat ich in den Ruhestand. Nach dem überraschenden Tod meines Nachfolgers wurde ich am 1. Juni 2012 als Professor und kommissarischer Leiter des Fachgebiets Deutsch als Fremdsprache an der Technischen Universität Berlin reaktiviert und übte diese Tätigkeit bis zum 30. September 2014 aus. Seit dieser Zeit bin ich definitiv im Ruhestand, betreue aber weiterhin einige Doktoranden sowie MA- und BA-Studierende.

Weitere Angaben zu meinem akademischen Werdegang, meinen Aktivitäten in der Scientific Community und meinen Publikationen finden sich unter https://www.daf.tu-berlin.de/menue/deutsch_als_fremd_und_fachsprache/team/professoren_und_pds/prof_em_dr_ulrich_steinmueller/

Als Konstante in meinem wissenschaftlichen Arbeiten und besonders in Verbindung mit den verschiedenen Fragenkomplexen zu Deutsch als Zweit- und Fremdsprache ist ein starkes bildungspolitisches Engagement zu erkennen, sowohl in den mehr als dreißig Jahren in der Lehrkräftebildung als auch in meinen Publikationen. Beispielhaft seien hier einige meiner Publikationen aus dem Bereich Deutsch als Zweitsprache genannt:

Institut für Zukunftsforschung / Cooperative Arbeitsdidaktik (1978): *Lernstatt im Wohnbezirk. Kommunikationsprojekt mit Ausländern in Berlin-Wedding.* Frankfurt/M., New York:. Campus (U. Steinmüller zusammen mit Ü. Akpinar, W. Andritzky, H. Cloyd, R. Dügeroglu, A. Hartung, B. Pätzold).

Steinmüller, U. (1981): Begriffsbildung und Zweitspracherwerb. Ein Argument für den mutter-sprachlichen Unterricht. In: Essinger, Hellmut; Hoff, Gerd & Hellmich, Achim (Hrsg.): *Ausländerkinder im Konflikt.* Königstein/Ts. (Athenäum).

Steinmüller, U. (1982): *Promoting Second Language Acquisition of Foreign Children. Concepts and Experiences in the 2nd O. (Gesamtschule) Kreuzberg.* In: Batelaan, P. (Hrsg.): The Practice of Intercultural Education. Nijenrode/Breukelen.

Steinmüller, Ulrich; Bruche-Schulz, Gisela & Hess, Hans-Werner (1983; Neufassung Berlin 1985): *Sprachstandserhebungen im Grundschulalter. Ein projektives linguistisches Analyseverfahren (PLAV).* Berlin.

Steinmüller, Ulrich (1988): Sprachentwicklung und Sprachunterricht türkischer Schüler (Türkisch und Deutsch) im Modellversuch „Integration ausländischer Schülerin Gesamtschulen". *Gesamtschulinformationen.* Sonderheft 1: Modellversuch „Integration ausländischer Schüler in Gesamtschulen (1982–1986)". Berlin.

Steinmüller, Ulrich (1992): Zweisprachigkeit im interkulturellen Kontext. In: Marburger, Helga (Hrsg.): *Schule in der multikulturellen Gesellschaft.* Frankfurt/Main. (Verlag für interkulturelle Kommunikation) (= Werkstattberichte Nr. 3 der Interkulturellen Forschungs- und Arbeitsstelle der TUB).

Steinmüller, Ulrich& Isgören, Havva (1992): Spracherwerbsbiographien. Türkische Schüler mit Zweitsprache Deutsch. *Sprachreport 2–3.*

Steinmüller, Ulrich (1992): Spracherwerbsbiografie und Zweisprachigkeit. *Wissenschaftliche Zeitschrift der Humboldt-Universität zu Berlin. Geistes- und Sozialwissenschaften* 41, 5.

Steinmüller, Ulrich (1993): Dilemma und didaktische Herausforderung: Zweisprachigkeit in der Migrationssituation. In: Paefgen, Elisabeth Katharina & Wolff, Gerhart (Hrsg.): *Pragmatik in Sprache und Literatur. Festschrift zur Emeritierung von Detlef C. Kochan.* Tübingen: Gunter Narr Verlag.

Steinmüller, Ulrich (1994): Migration and Bilingualism. In: Blackshire-Belay, Carol Aisha (Hrsg.): *The Germanic Mosaic. Cultural and Linguistic Diversity in Society.* Westport (Conn.), London. (Greenwood Press) (= Contributions in Ethnic Studies 33).

Steinmüller, Ulrich (1994): Language Acquisition, Biography and Bilingualism. In: Blackshire-Belay, Carol Aisha (Hrsg.): *Current issues in second language acquisition and development.* Lanham, New York, London: University Press of America.

Engin, Havva; Müller-Boehm, Eva; Steinmüller, Ulrich & Terhechte Mermeroglu, Friederike (2004): *Kinder lernen Deutsch als zweite Sprache.* Berlin: Cornelsen Scriptor.

Steinmüller, Ulrich (2006): Deutsch als Zweitsprache. In: Arnold, Karl-Heinz, Sandfuchs, Uwe & Wiechmann, Jürgen (Hrsg.): *Handbuch Unterricht.* Bad Heilbrunn: Julius Klinkhardt.

Steinmüller, Ulrich (2006): Deutsch als Zweitsprache – ein Politikum. In: Ahrenholz, Bernt (Hrsg.) *Kinder mit Migrationshintergrund -Spracherwerb und Fördermöglichkeiten.* Freiburg i. Brsg:. Fillibach. 322–331.

Steinmüller, Ulrich (2017): Die Entwicklung von Deutsch als Zweitsprache in Berlin in politisch-historischer Perspektive. In: Brigitte, Jostes; Caspari, Daniela & Lütke, Beate (Hrsg.): *Sprache -Bilden -Chancen: Sprachbildung in Didaktik und Lehrkräftebildung.* Münster, New York: Waxmann.15–25.

Steinmüller, Ulrich (2018): Willkommen in Deutschland – und was dann? Soziale Handlungs-fähigkeit und Spracherwerb von Flüchtlingen und Asylbewerbern in Deutschland. In: Hövelbrinks, Britta; Fuchs, Isabel; Maak, Diana; Duan, Tinghui & Lütke, Beate (Hrsg.): *DER-DIE-DAZ. Forschungsbefunde zu Sprachgebrauch und Spracherwerb von Deutsch als Zweitsprache.* Berlin, Boston: Walter de Gruyter, 287–299.

Ingelore Oomen-Welke
# Sprachdidaktik Deutsch und Deutsch als Zweitsprache – eine Berufsbiografie

Mit diesem Rückblick resümiere ich meinen Werdegang über 50 Jahre im Beruf. Mein Leben war nicht so geplant, ich wollte Mutter und Lehrerin werden und bleiben. Es gab jedoch Momente, in denen mir etwas offenstand und ich mich entscheiden musste; andererseits bin ich zurückblickend überrascht, dass selten etwas ganz misslang. Die Teilbereiche, die im Alltag oft verbunden und verzahnt waren, stelle ich hier wegen der Übersichtlichkeit in Abschnitten gesondert dar. Dabei lief vieles parallel, etwa die Lehre an den heimischen Hochschulen und die internationalen Kontakte; andererseits gab es Schaltstellen: für oder gegen eine Kandidatur, eine Projektbeteiligung, eine Begutachtung, eine Partnerschaft. Mein Beruf brachte mich mit klugen und interessanten Menschen von hier und anderswo in Verbindung, was meinen Blick weitete, und oft überdauerte die persönliche Beziehung die Projekte, aus Kollegen und Kolleginnen wurden Freunde und Freundinnen. Durch das Arbeiten mit anderen habe ich selbst viel gelernt. Schwerpunkte meiner Arbeit waren Sprachen und Sprachdidaktik, insbesondere Deutsch als Zweitsprache, aber auch die Förderung der lernenden jungen Persönlichkeiten, die Nachwuchsförderung sowie die Zusammenarbeit über Grenzen und sogar Kontinente. Die Strukturen, die für solche Arbeit nötig sind, versuchte ich mitzugestalten. Vieles glückte; eine Bedingung des Glückens war das kollegiale Miteinander, für das ich dankbar bin. Mehrere Auszeichnungen bezeugten die Anerkennung meiner und unserer Arbeit.

## Kind des Ruhrgebiets – Studentin – Lehrerin

Zur Person: Ich komme aus einer deutschen Familie im Ruhrgebiet und bin 1943 in Bochum geboren. Meine Mutter, gelernte Schneiderin, war Hausfrau, mein Vater Elektroingenieur im Bergbau unter Tage. Meine Eltern waren liebevoll und gastfreundlich, im Lebensstil konservativ, aber nicht kleinlich. Das Gehalt meines Vaters war ausreichend, auch für mein Studium. Beide Herkunftsfamilien waren katholisch und standen der Zentrumspartei nahe; in meiner Kindheit war die deutsche Vergangenheit oft Thema in der Großfamilie, zudem auch in der Pfarrjugend mit unserem Vikar Friedhelm Hengsbach (später Sozialethiker und Hochschullehrer). Jugend in den 1950er Jahren musste nicht unwissend sein.

https://doi.org/10.1515/9783110715538-008

Man ging damals auf konfessionelle Grundschulen und wurde von älteren ‚Frolleins' unterrichtet, die auch ‚strenge' Methoden wie Beschimpfung, Rohrstock, stundenlanges Stehen usw. anwandten; davon blieb ich verschont. Abitur machte ich 1963 in Dortmund am privaten katholischen Mallinckrodt-Gymnasium, an dem überwiegend Nonnen unterrichteten.

**Abb. 1:** Mein Foto aus der Grundschulzeit (Foto 1952, beim Schulfotografen).

Seit Mitte der 1950er Jahre, mit Beginn der Arbeitsmigration nach Westdeutschland, wohnten in den Bergmannsheimen des Ruhrgebiets nicht mehr deutsche, sondern junge italienische Bergarbeiter, die keine Chance auf Integration hatten. Bald aber kamen italienische Eisdielen nach, Pampelmusen, Pizza, Miracoli usw., die waren beliebter. Später gab es auch Arbeitskräfte von anderswo, bald mit ihren Familien – als die Arbeitsmigration im Ruhrgebiet stärker wurde, war ich zwar nicht mehr in Dortmund, aber sensibilisiert für Zuwanderung und Mehrsprachigkeit.

Unsere Mädchenklasse brachte als Ergebnis keine Nonne hervor, sondern von 20 Abiturientinnen mit Vollabitur (im Gegensatz zu „Puddingabitur" ohne Latein) je einmal das Berufsziel Juristin, Ärztin, Volkswirtin – alle anderen wurden Lehrerin, zumeist für die Volksschule. Zu zweit gingen wir nach Tübingen an die dortige Uni, ich hatte mich für Mathematik und Latein – meine besten Fächer – entschieden, schwenkte aber nach wenigen Wochen um auf Geschichte und Französisch. Daraus ergab sich 1964/65 ein Aufenthalt als Au-pair in einer Familie mit drei Kindern in Dijon/Frankreich, verbunden mit einem gemischten Sprach- und Kulturstudium für Gaststudierende an der dortigen Universität, mit viel Kontakt zu den französischen Regelstudierenden. Mitte der 1960er Jahre war man als Student/in dort links, rauchte Gauloises oder Gitanes, begeisterte sich für ausländische Akzente und hielt deutsche Sozialdemokraten für „de l'extrême droite". In meiner freundlichen, bourgeoisen Gastfamilie hingegen („Les bourgeois qui habitent avenue Victor Hugo", sagten meine Kommilitonen) hielt man das Französische für das Idealmaß aller Sprachen und auch die französische Lebensart des Bourgeois für das Optimum („Oui, nous sommes des bourgeois, mais pas de petits bourgeois!"); in beidem, Sprache und Lebensart, wurde ich liebevoll korrigiert. Man war mit mir zufrieden wegen meines Umgangs mit den Kindern und weil ich mich auch sonst „convenablement" benahm.

Wieder in Tübingen, studierte ich Französisch 1965–67 bei Mario Wandruszka, dem umschwärmten Romanisten[1], der in seinen Lehrveranstaltungen u. a. die Übersetzungen europäischer Romane verglich, uns Studierende in literarischen Werken den Wortschatz und grammatische Konstruktionen – damals natürlich händisch – auszählen ließ und in seinen Vorlesungen oft Beispiele dieser Übersetzungsversionen gegenüberstellte, z. B. in Thomas Manns Roman *Buddenbrooks* (1901, Kap. 8) beim Betrachten eines Dampfers:

> *kommt der oder geht der? – geht. / oh, going – il s'en va. – se va*

oder aus P. Süsskind: *Das Parfüm* (1985):

> *Die Dunkelheit verschluckte den Schein der Kerze vollständig. Dann, sehr allmählich, konnte*
> *er eine kleine Gestalt ausmachen, ein Kind oder einen halbwüchsigen Jungen.*[2]
>     en: *a figure* – it: *una piccola figura* – fr: *une petite silhouette* – sp: *una figura pequeña*

---

1 Wandruszka hat inzwischen Kritik erfahren wegen seines früheren Eintritts in die NSDAP, Konkreteres ist ihm nicht vorzuwerfen. Seine sprachwissenschaftlich-kulturellen Beiträge seit den 1970er Jahren halte ich allerdings für zukunfts- und zielweisend.
2 Wandruszka (1991) Kap. *Das Zeigen*.

Wie nebenbei erfolgte an den Texten eine Art Einführung in die noch nicht etablierte Pragmatik, dass man zum selben Zweck verschiedene Sprachmittel nutzen kann, dass beim Sprechen etwas geschieht und dass evtl. die Situation eine Rolle spielt. Austin (1962) und Searle (1969) kannten wir da noch nicht.

Es war ein Glück, Mario Wandruszka hören zu können, der schon in den 1960er Jahren Kulturen, Mehrsprachigkeit und Sprachvergleich thematisierte und Wortschatz und pragmatische Aspekte u. a. anhand literarischer Übersetzungen gegenüber stellte. Aus unseren Vorarbeiten entwarf Wandruszka Konzepte der Ausdruckskraft europäischer Sprachen u. a. als „Sprachen vergleichbar und unvergleichlich" (1969) und stellte „Interlinguistik" als „Umrisse einer neuen Sprachwissenschaft" (1971) vor. In der Sprachdidaktik Deutsch wurde er später, seit den 1990er Jahren, als Urheber des Konzepts der „inneren Mehrsprachigkeit" angesehen, wobei übersehen wurde, dass er diese „innere Mehrsprachigkeit" anführt, um die „äußere" Mehrsprachigkeit argumentativ zu entwickeln, sie zu stützen und für sie zu werben:

> Der alte Satz ‚Der Mensch ist das Wesen, das Sprache hat', ist eine ganz unzulängliche Bestimmung des Menschen. In Wahrheit muss er lauten: ‚Der Mensch ist das Wesen, das mehrere Sprachen lernt' Wir alle sprechen mehrere Sprachen, weil wir in mehreren, oft sehr verschiedenen menschlichen Gemeinschaften leben, deren Sprachen wir im Laufe unseres Lebens lernen. (Wandruszka 1979, ²1981, 13)

Und eigenartig: Wer damals bei Wandruszka war, ging nicht zu Coseriu, und umgekehrt – heute denke ich, vieles aus den beiden Perspektiven hätte sich ergänzen können, denn es ist eine Banalität: Sprachen zu vergleichen basiert auf pragmatischen, syntaktischen und lexikalisch-semantischen Strukturen und Weiterem.

Um endlich auch das Ziel meines Studiums, die Praxis, kennenzulernen, schloss ich 1967 die Fächer Geschichte und Französisch auf Nebenfachniveau ab und absolvierte das Referendariat für Realschulen. Als Lehrerin in Tübingen unterrichtete ich ab 1968 in einer Realschule Geschichte und Französisch sowie Deutsch, das ich zusätzlich nebenamtlich an der Uni Tübingen studierte.

Inzwischen befand sich die Sprachwissenschaft in der Phase formaler Linguistisierung, vielfach unter Verdrängung traditioneller Fragestellungen. Mehr als zur generativen Grammatik nach Chomsky (1957 u.w.) tendierte ich zur generativen Semantik (nach Lakoff 1971), zur Valenztheorie (nach Tesnière 1959) bzw. zur gestuften Dependenz (nach Fourquet 1970); Letzteres wirkte sich später auf die Sprachbucharbeit bei Klett aus. Als ich dem breit orientierten Sprachwissenschaftler Otmar Werner – er vertrat auch Nordistik und Linguistik – sagte, ich wolle Examen im 3. Nebenfach machen, meinte er nur: „Und warum nicht Hauptfach? Das bisschen Klausur würden Sie doch auch schaffen!" Stimmte! Ich bin ihm dankbar.

Unsere ca. 600 Realschüler und Realschülerinnen waren zum großen Teil Kinder von Handwerkern und Kaufleuten; es gab damals nur vier Schülerinnen und Schüler aus eingewanderten Familien – mit perfektem Deutsch und meist guten Noten – sowie eine Deutsch-Amerikanerin. Nebenan in der Hauptschule sah es anders aus: Nachmittags wurden griechische und türkische Kinder getrennt unterrichtet; in der Pause schlugen sich die Jungen oft wegen der Auseinandersetzungen zwischen ihren Herkunftsländern. Kollegen und Kolleginnen klagten über ständige Zu- und Abgänge und die damit verbundenen Lernprobleme in Vorbereitungsklassen – vieles hat sich seitdem verändert, manches verbessert; s. die Geschichte und aktuelle Bestandsaufnahme in der Dissertation meiner Schülerin Yvonne Decker-Ernst (2017). – Neben der Schule hatte ich an der PH Reutlingen einige Semester lang einen Lehrauftrag in „Didaktik und Methodik des Französischen".

Es ist kurios, wie ich zu meiner Hochschultätigkeit kam: Nach bestandenem Staatsexamen in Deutsch 1971 wurde mir vom Oberschulamt eine Referendarausbildung in Deutsch verweigert, weil man nicht berechnen konnte, was ich als teils Reallehrerin, teils Studienreferendarin nach welchen Anteilen zu verdienen hätte; seltsamerweise wurde mir stattdessen angeboten, an einem Tübinger Gymnasium einen zweisprachigen Zweig mit Deutsch und Französisch aufzubauen. Ich lehnte ab, bewarb mich 1972 an die im Ausbau befindliche Pädagogische Hochschule Esslingen und wurde wissenschaftliche Assistentin in Deutsch. Nach einer linguistischen Promotion 1974[3] wurde ich ab 1975 Dozentin an der PH Karlsruhe und ab 1978 Professorin an der PH Esslingen.

# Die Anfänge von „Deutsch für ausländische Kinder"

Als Teil unserer Hochschultätigkeit an Pädagogischen Hochschulen begleiteten wir unsere Studierenden bei schulpraktischen Übungen in Schulen. Z. B. arbeiteten wir in Stuttgarter Industrievororten in Klassen mit wachsenden Anteilen „ausländischer Kinder", ohne dass deren Deutscherwerb weiter unterstützt wurde, falls sie überhaupt eine Vorbereitungsklasse besucht hatten.[4] Ich selbst habe ab

---

3 Bei Otmar Werner, s. o.; Thema: „Determination bei generischen, definiten und indefiniten Beschreibungen im Deutschen", erschienen als Oomen (1977).
4 Als Problem thematisiert wurde die „Beschulung ausländischer Kinder" von KMK (1964; 1971), Koch (1970), Mahler (1974), Müller (1974), vgl. dazu die Bibliografie bei Decker-Ernst (2017); Publikationsreihe *alfa* (seit Hohmann 1976).

1973 im Raum Stuttgart Klassen gesehen, in denen Kinder aus Mittelmeerländern ganz hinten saßen, von der Klasse separiert und nicht beteiligt – oder die wegen ihres Namens lächerlich gemacht wurden. Das sind frühe Erfahrungen der jetzt 50–60 jährigen Einwanderer, die seitdem hier leben, und vielleicht haben sie diese Erfahrungen weitergegeben. An der nötigen Veränderung wollte ich mitarbeiten.

Damals in Untertürkheim hat mein Umgang mit «sozialer Mehrsprachigkeit»[5] angefangen, in Klasse 1 und 2 habe ich bei Kindern zusammen mit ihrer Lehrerin (zuvor meine Studentin, Erstsprache Finnisch) gesehen, dass auch Kinder mit nichtdeutscher Erstsprache in der Schule mehr wissen und mehr wissen wollen, als man so dachte:

- dass sie Deutsch lernen und gleichzeitig ihre Sprachen zur Sprache bringen wollen,
- dass sie die Sprachen auf kindliche Weise vergleichen und oft bei Wörtern anfangen: z. B. als die Kinder griechischer Erstsprache uns erklärten, dass die wichtigsten deutschen Wörter eigentlich griechisch seien: *Telefon, Kino, Mathematik, Geografie* ... oder: „Wenn ich griechisch ‚Katze' sage, dann heißt das ‚setz dich'!"

Es gab aber auch Kinder, die sagten:

Ich kann noch Portugiesisch, aber darüber sprech ich nicht in deutsche Schule.
Zuhause wir sprechen (xy), aber das ist keine Sprache.

Nicht selten sagte ein Kind zur Mutter:

Sprich Deutsch mit mir, wenn andere dabei sind.

Diese **Konfliktzweisprachigkeit** zeigte, dass den Kindern ein Wissen um prinzipielle Gleichwertigkeit der Sprachen vorenthalten wurde. Daher begann ich, dem Sprachgebrauch der Kinder nachzugehen, Äußerungen zu sammeln und ihre Spracheinstellungen herauszufinden, um die Sprachdidaktik darauf zu gründen.

Damals, von 1972–1975, arbeitete ich auch am „Klett-Sprachbuch C" für Hauptschulen mit, zusammen mit Heinrich Plickat und Wulf Wallrabenstein, Uni Hamburg, Friedrich Küster, PH Esslingen, und der Klett-Deutschredaktion. Es ging uns darum, einen reflektorischen, erfahrungsbasierten, lernbereichsverbindenden Ansatz für die Zielgruppe Hauptschüler zu finden. Eine angemessene

---

5 Im Gegensatz zu Eliten-Mehrsprachigkeit, nach Stölting (1980); später wurde stärker diversifiziert als territoriale, gesellschaftliche, ... institutionelle, soziale, kulturelle Mehrsprachigkeit.

Entfaltung und Umsetzung konnten damals noch nicht ganz gelingen. Den Klett-Ansatz fand ich überzeugend, weil er „Kommunikation in Situationen" einbezog, „Sprechen über Sprache" anregte und systematische Zugänge mitreflektierte.[6] In der Zusammenarbeit habe ich viel gelernt, sodann auch durch Publikationen z. B. von Hans und Elly Glinz aus Zürich an Sprachen vergleichenden Arbeiten (1997) und sprachdidaktischen Werken (Deutscher Sprachspiegel 1965 ff.), sowie von den Glinz-Schülern Wolfgang Böttcher & Horst Sitta (1978 u.ö.) Zudem liefen seit Bernstein (z. B. 1970) und Ammon (1972) soziolinguistische Fragen im Kopf immer mit, was auch für „Deutsch für Ausländerkinder" von Nutzen war.

In Nordeuropa und Westdeutschland gab es in den 1970er Jahren schon Forschungen zum DaZ-Erwerb. Wichtig wurden mir u. a. Projekte von Meyer-Ingwersen, Neumann, Kummer (1977) und Stölting (1980), die, wie auch weitere, an der Gesamthochschule Universität Essen unter dem Prorektorat von Klaus-Dieter Bünting möglich waren. Seit 1983 entstand dort ein Forschungsschwerpunkt DaZ mit Didaktik am Lehrstuhl von Rupprecht S. Baur, mit dem ich lange Jahre teils enger, teils lose kooperierte.

Seit Mitte der 1970er Jahre wurden mir die Arbeiten des Erziehungswissenschaftlers Manfred Hohmann und seiner Schule bekannt, die zunächst in der Publikationsreihe *alfa* sozial- und sprachbezogene Studien und Konzepte publizierten und aus welcher einflussreiche Publikationen und Projekte hervorgingen, z. B. von Hans H. Reich mit der Landauer Forschungsstelle. Mit Hans H. Reich (2019 verstorben) und seinen Schülerinnen, z. B. Katharina Kuhs, später mit Ingrid Gogolin hatte ich Kooperationen in mehreren Zusammenhängen. Hans H. Reich und Hans-Jürgen Krumm luden 1990 Kolleginnen und Kollegen des DaZ-Bereichs nach Bad Godesberg ein, zum Austausch und zur Anregung neuer Projekte. Dort lernte ich u. a. Ingrid Gogolin, Ernst Apeltauer, die zu früh verstorbene Edith Glumpler und andere Kollegen und Kolleginnen kennen. All diese wie auch weitere Beziehungen waren zugleich fachlich, freundschaftlich und anregungsreich. Meine eigene Rolle lag nach meinem Eindruck eher am Rande, zumal Baden-Württemberg und seine Pädagogischen Hochschulen kein Zentrum für diese Thematik ausbildeten.

Inzwischen hatte ich es als meine wichtigste Aufgabe begriffen, für das Sprachenlernen eingewanderter Kinder zu arbeiten, wozu auch die Französischdidaktik eine gewisse Basis lieferte. Das Vergleichen von Deutsch und anderen Sprachen lief in meiner Lehre systematisch oder am gegebenen Fall immer mit, angefangen bei den Linguistik-Einführungen. Die erste kollegiale

---

6 S. o. die neueren Ansätze, z. B. Tesnière (1959), Fourquet (1970).

Gemeinschaftsarbeit zeigt das Sonderheft der Zeitschrift PRAXIS DEUTSCH (1980) mit dem Titel „Deutsch als Zweitsprache", das auf Initiative des Friedrich-Redakteurs Stephan Lohr zustande kam. Darin ist die frühe Version meines „Grundwortschatz" veröffentlicht sowie ein erster kleiner kooperativer Ansatz zum Sprachvergleich: Griechisch – Deutsch. Sowohl der Wortschatzforschung und -didaktik als auch dem Sprachvergleich bin ich – trotz der damaligen Syntaxdominanz – treu geblieben, sozusagen immer treuer geworden, bis zu Decker-Ernst & Oomen-Welke (2019) und Oomen-Welke (2019). Für meine DaZ-didaktische Arbeit gewann ich 1998 den LIFE-Award Wissenschaft.

## Kooperationen in Sprachgesellschaften u. Ä.

Nach dem traditionsreichen *Deutschen Germanistenverband* (seit 1912) entstanden die *Gesellschaft für Angewandte Linguistik* (GAL 1968) und formell der *Internationale Deutschlehrerverband* (IDV, 1968); um 1990 gründeten sich neue Sprachgesellschaften mit unterschiedlichen Zielsetzungen: u. a. der *Verein Symposion Deutschdidaktik e.V.* (SDD 1989) und die *Deutsche Gesellschaft für Fremdsprachenforschung* (DGFF 1989).

Der für mich wichtigste Verein wurde das **Symposion Deutschdidaktik e.V.:** Der kritische Deutschunterricht begann mit dem Umdenken im 1968er-Kontext und den Schriften von Ivo, Hebel, Merkelbach[7] u. a. sowie den (hessischen) Rahmenrichtlinien (1972, 1973, 1975).

Das erste deutschdidaktische Symposion fand im November 1974 auf Einladung von Ernst Nündel und der erziehungswissenschaftlichen Fakultät der Universität Erlangen/Nürnberg in Nürnberg statt. Unter dem Titel *Curriculum Primärsprache* sollte in seinen bildungspolitischen Debatten das Wissen der Experten angeboten und gleichzeitig der Selbstfindungsprozess einer jungen Disziplin vorangetrieben werden.[8] Beim zweiten Symposion Deutschdidaktik 1977 in Bochum, Ruhruniversität auf Einladung von Harro Müller-Michaels, wurde die Öffnung für alle interessierten Deutschdidaktiker beschlossen. Im

---

7 Ivo [https://symposion-deutschdidaktik.de/beitraege/praesentationen-und-vortraege/inter views/prof-em-dr-hubert-ivo/] (30. 05. 2019); Merkelbach [http://www.valentin-merkelbach. de/] (30. 5. 2017) ; Hebel (leider nicht spezifisch verzeichnet, 30. 5. 2019).

8 Teilnehmende waren u. a. Wolfgang Böttcher, Hans Glinz (Aachen), Theodor Diegritz, Ernst Nündel (Nürnberg), Hans Joachim Grünwaldt (Bremen), Franz Hebel (Darmstadt), Hubert Ivo (Frankfurt a.M), Detlef C. Kochan (Berlin), Harro Müller-Michaels (Bayreuth), Werner Schlotthaus (Lüneburg), Bernhard Weißgerber (Wuppertal). Beiträge und Diskussionen des 1. Symposions sind dokumentiert in Diegritz u. a. (Hrsg.) (1975).

ersten offenen Symposion Lüneburg 1979 war ich – mutterschaftsbedingt – nicht dabei, aber ab Frankfurt 1981 ständig bis 2016 in Ludwigsburg, mit nur einer Ausnahme, oft mit Leitung von DaZ-Sektionen.

Zur besseren rechtlich-organisatorischen Fundierung wurde nach langer Diskussion 1989 in Wiesbaden der Verein „Symposion Deutschdidaktik e. V." **SDD** gegründet;[9] ich fungierte von Anfang an und jahrelang als Kassiererin und von 2000–2004, also zwei Perioden, als Vorsitzende. Das Symposion Deutschdidaktik prägte meine fachliche Identität in Bezug auf Sprachdidaktik, Deutsch als Zweitsprache und Mehrsprachigkeit, aus Sektionsleitungen gingen Kooperationen und Herausgebertätigkeiten hervor. Viele Kolleginnen und Kollegen vertieften über die Symposien ihre Zusammenarbeit und manche auch ihre Kontroversen.

Schon früh kooperierten bei den Symposien DeutschdidaktikerInnen aus Österreich und der Schweiz sowie dem amtlich dreisprachigen Luxemburg und dem zweisprachigen Südtirol mit westdeutschen DeutschdidaktikerInnen,[10] Diskussion und Kooperation über Grenzen gelangen seit den 1980er Jahren kontinuierlich; 1994 war Zürich der Ort des Symposions „Konzepte des Lernens – Bilder von Lernenden"; als meine erste Sektionspublikation entstand aus dem Symposion in Zürich 1994 der Band „Herkunft, Geschlecht und Deutschunterricht" (Linke & Oomen-Welke Hrsg. 1995), mehrere folgten. Ein schöner Moment in Zürich war für mich, einen Plenarvortrag mit dem Thema „Veränderte Lernsituationen in der multikulturellen Gesellschaft" halten zu dürfen, der unerwartet viel Beifall fand.[11] 2000 lautete das Thema des Freiburger Symposions „Grenzen überschreiten".

DaZ-Didaktik war nun ständig in ein bis zwei DaZ-Sektionen als das spezielle Thema und/oder als ein mitlaufender Aspekt in Sektionen mit anderen Themen vertreten, und man kannte sich unter DaZ-Kollegen und natürlich auch darüber hinaus. Mit der Akzeptanz des DaZ-Ansatzes wurden wir mehr. Gleichzeitig vertiefte die Organisation in DaZ-Sektionen den Austausch untereinander, sodass man sich öfter als im Rhythmus der bi-annuellen Symposien treffen wollte. Das führte zur Gründung der DaZ-AG im SDD, deren erste Sprecherin Sigrid Luchtenberg wurde. Sie war DaZ-Kollegin quasi seit den Anfängen, mit breit recherchierten Publikationen[12].

---

**9** https://symposion-deutschdidaktik.de/fileadmin/dateien/downloads/verein/werwirsind/SDD_Vereinsgeschichte.pdf.

**10** Als Beispiele können meine Kooperation mit Werner Wintersteiner, Klagenfurt dienen (s. Oomen-Welke in der Festschrift für ihn: ide 2019), zudem meine Kontakte nach Basel, Graz, Luxemburg, Südtirol, Wien, Zürich.

**11** Publiziert in Schweizer Schule Nr. 7–8, 17–35.

**12** S. z. B. Luchtenberg (1995), (1999).

Außerdem konkretisierte sich die Gemeinsamkeit der Deutschdidaktik durch das an den drei Berliner Universitäten und der Universität Potsdam 1996 stattfindende Symposion Deutschdidaktik „Europa –Nation – Region: Von anderen lernen", dem die Integration ostdeutscher Kollegen und Kolleginnen in Verein und Vorstand des SDD vorausgegangen war. Die Kollegen Bodo Friedrich (2. Vorsitzender) und Viola Oehme (Organisationsleitung) von der Humboldt-Universität waren hier zusammen mit Albert Bremerich-Vos (1. Vorsitzender, Stiftung Univ. Hildesheim), Angelika Linke (Schriftführerin, Uni Zürich) und mir (Kassiererin, PH Freiburg i.Br.) Partner im Vorbereitungsausschuss, die die Integration der Deutschdidaktik Ost-West vorantrieben.

Die Symposien Deutschdidaktik gaben der Disziplin Deutschdidaktik bzw. dem Schulfach Deutsch Entwicklungsimpulse unter vielen Aspekten, indem die Arbeitsbereiche des Deutschunterrichts konturiert, lebensweltliche und sprachsystematische Fragestellungen diskutiert und entwickelt und die Bereiche Zweitsprache Deutsch und Mehrsprachigkeit allmählich integriert wurden. Die Nachwuchsförderung entwickelte sich zur Selbstorganisation des fachdidaktischen Nachwuchses innerhalb des SDD. Für mich persönlich ist das SDD eine professionale, fachliche Heimat, in der ich viele Mitstreiter kenne, Anregungen erhielt und gehört wurde, quasi bis heute.

Seit PISA 2000 waren die Symposien auch Ort der Diskussion über das vernichtende Zeugnis, das dem Deutschunterricht darin – in PISA 2000 – ausgestellt wurde, und Ursprung gemeinsamer Initiativen zur Reform des Deutschunterrichts. Die Notwendigkeit, den Deutschunterricht und auch Deutsch als Zweitsprache methodisch genauer zu untersuchen, wurde breit erkannt. Teile der seit langem fälligen Diskussion aus dem SDD wurden in einem von Abraham, Bremerich-Vos, Frederkind & Wieler (2003) herausgegebenen Band sichtbar und regten die weitere Diskussion des Deutschunterrichts an.

Zu meiner Zeit als Vorsitzende (2000–2004) konkretisierte sich der Zusammenschluss der Fachdidaktischen Gesellschaften, als deren Vorsitzende wir uns auf Initiative der naturwissenschaftlichen Fachdidaktiker (Horst Bayerhuber vom IPN Kiel, Bernd Ralle von der Uni Dortmund u. a.) regelmäßig getroffen hatten, durch die Gründung der *Gesellschaft für Fachdidaktik* **GFD** (2001).[13] Die Abstimmungen und gemeinsamen Initiativen gaben den fachdidaktischen Anliegen mehr Gewicht und machten ihre Stimmen vernehmbar, gemeinsame Kongresse erzeugten Synergieeffekte.[14] Gemeinsam veranstalteten wir eine große Konferenz aller fachdidaktischen Gesellschaften in Berlin 2003; die

---

**13** Siehe [https://www.fachdidaktik.org/] (28. 5. 2019).
**14** Siehe Bayerhuber u. a. (2001; 2004).

Fachtagungen wurden biannual verstetigt. Als GFD konnten wir mit der Deutschen Gesellschaft für Erziehungswissenschaften kooperieren.

Die Mercator-Stiftung in Essen förderte seit langer Zeit Projekte Deutsch als Zweitsprache in Nordrhein-Westfalen, namentlich an der Universität Essen.[15] Als Erweiterung der Fördermaßnahmen wurde 2012 das **Mercator-Institut für Sprachförderung und Deutsch als Zweitsprache**[16] in der Universität zu Köln gegründet, mit Michael Becker-Mrotzek (Deutsch) als Direktor und etwas später Hans-Joachim Roth (Erziehungswissenschaften) als Stellvertreter, beide gleichzeitig Professoren der Universität zu Köln. Es ist eine Ehre für mich, im Kreis renommierter Kolleginnen und Kollegen aus Erziehungswissenschaft und Sprachdidaktik Deutsch, darunter der unlängst verstorbene Hans H. Reich, in den ersten Beirat (2012–2019) berufen und auch in Mercator-Publikationen vertreten zu sein.

Daneben gibt es weitere Beirats- und entsprechende Tätigkeiten, die hier nicht aufgezählt seien.

# Internationale Kontakte und grenzüberschreitende sprachdidaktische Arbeit

Schon während meiner Ludwigsburger Zeit (1982–1991) entstanden für mich unversehens Möglichkeiten internationaler Kooperation: mittels Deutsch-Französischem Jugendwerk DFJW/OFAJ ab 1986 sowie mittels ERASMUS/RIF ab 1987 und LINGUA ab 1997 sowie durch die Aufnahme von Gastforschenden: Es kamen Anfragen, und ich sah sie als Chance.

- Mit dem *Deutsch-Französischen Jugendwerk* **DFJW**/*Office franco-allemand pour la jeunesse* **OFAJ**: Auf Anregung des DFJW entwickelte sich der Typ *Trinationale Begegnung* mit Lehramtsstudierenden aus (West-)Deutschland, Frankreich und jeweils einem Drittland, die sich in einem Begegnungszyklus dreimal an den drei Orten zu vereinbarten landeskundlichen und didaktischen Themen trafen. Inzwischen wurde das Modell variiert und kann auch mit nicht-studentischen Jugendlichen durchgeführt werden.
- Bald nach Einrichtung des **ERASMUS**-Programms für Studierende (1985) wurden als Ergänzung zwei- bis vierwöchige Lehraufenthalte an Partnerhochschulen für Hochschullehrende ermöglicht, mit einem Deputat von 8

---

15 S. Benholz u. a. (2015).
16 [https://www.mercator-institut-sprachfoerderung.de/] (29. 5. 2019), dort auch Publikationen und Material.

Stunden pro Woche. Meine ersten Aufenthalte verbrachte ich ab 1987 an der Universität Grenoble/Frankreich; spätere an der Gesamthochschule Kecskemét/Ungarn wo ich Ehrenprofessorin wurde.

– Eine Initiative, die u. a. wiederum von Paris-Batignolles ausging, war seit 1990 das **RIF** (Réseau d'Institutions de Formation/Netzwerk von Lehrerbildungsinstitutionen). Im Rahmen von ERASMUS wurden fünfzehn thematische Netzwerke/RIFs eingerichtet, die jeweils vierwöchige Intensivseminare für Studierende konzipierten und betreuten.[17]

– Für Studierende wurden vierwöchige Blockpraktika an Schulen der europäischen Partnerländer (aus RIF-Kontakten) per ERASMUS möglich, aus denen die Studierenden reiche Erfahrungen heimbrachten (s. z. B. Kodron & Oomen-Welke 1995; Costas y Costa u. a. 2001). Nach dem Mauerfall wurden in diese Arbeit Lehrerbildungsinstitutionen aus Osteuropa einbezogen, die dies wünschten. Eine Gelingensbedingung solcher Kooperationen ist, dass an den Hochschulen nicht nur jeweils eine Person das Projekt bzw. die Partnerschaft trägt, sondern mehrere, als eine Art motiviertes Kollektiv.

– Eine besondere Kooperation erfolgte auf Wunsch der Germanisten der Universität **Dakar/Senegal**, insbesondere von El Hadj Ibrahima Diop: Austausch zwischen den Fächern Deutsch und Französisch mit der PH Freiburg. Seit 1993 empfingen wir senegalesische Magisterstudierende, die ihre germanistische Magisterarbeit in Freiburg bearbeiteten. Unsererseits entsandten wir Lehramtsstudierende mit Französischkenntnissen zum Blockpraktikum an senegalesische Schulen. Gegenseitige Besuche mit Lehre der Betreuenden über mehrere Wochen gehörten dazu.

– Nicht zu vergessen ist die Großzügigkeit des **DAAD**, der **Humboldt-Stiftung** und der **Friedrich-Ebert-Stiftung**, längere Stipendien für ausländische Gastdozenten oder für Doktoranden zu gewähren. In Freiburg verantwortete ich Promotionen für kamerunische, togolesische und senegalesische Doktoranden, von denen drei in ihren Herkunftsländern Hochschulprofessuren erhielten; außerdem z. T. die germanistische Habilitation 1997 meines senegalesischen Partners El Hadj Ibrahima Diop, Universität Dakar, in Kooperation mit Rupprecht S. Baur, Universität Essen. Diese und andere intensive Kontakte gelangen gemeinsam mit KollegInnen, der Hochschulleitung und dem Auslandsamt.

– Außerdem gewährte der DAAD Jahres-Stipendien, mit denen ausländische Kollegen und Kolleginnen an einer antragstellenden deutschen Hochschule

---

17 Darstellungen z. B. in Costas y Costa et al. (1997); Lipóczi & Oomen-Welke (1999); Vamvoucas & Pella (1995); Evans u. a. (1997).

ein Jahr forschen und lehren konnten. So gelang es mir als Prorektorin mehrfach, afrikanische, US-amerikanische und französische KollegInnen zu gewinnen. Da die Verstetigung der Tätigkeit in Freiburg nicht immer möglich
war, gingen einige etwas enttäuscht in ihre Heimathochschule zurück.

– Ein großes europäisches Projekt im Europäischen Fremdsprachenzentrum
Graz ECML / CELV kam ab 1999 auf Initiative von Michel Candelier (Sor-
bonne III Paris, später Université Le Mans) zustande. Aus 35 Mitgliedslän-
dern des **ECML** nahm jeweils ein/e SprachdidaktikerIn teil (2000–2003),
um die Förderung von Language Awareness im Sinne von Eric Hawkins
(1984) länderspezifisch voranzutreiben. Parallel lief ein Comenius-Projekt
„Janua Linguarum" (Ja-Ling, unter meiner Leitung) mit fünfzehn stark motivierten Teilnehmerhochschulen (2001–2004). Beide Arbeitslinien lieferten
Publikationen als Ergebnis: die ECML-Linie eine Publikation in Englisch
und Französisch: Candelier (2003/04) mit Länderberichten usw., die Come-
nius-Linie Unterrichtsmaterialien für Schulklassen in den Sprachen der
Teilnehmerländer (dt.: Oomen-Welke 2006/07, neu 2010/11: „Der Sprachenfächer"[18]). Die Arbeit des JaLing-Projekts wird nach Projektende fortgesetzt durch den Verein EDILIC, der regelmäßig Kongresse veranstaltet
und Publikationen herausgibt.

Aus dem DaF-Diplom-Studiengang der PH Freiburg gingen Studierende und
Diplomierte normalerweise während und nach dem Studium ins Ausland, einige wurden DAAD-Lektoren, manche arbeiteten an Schulen usw. Anfang der
2000er Jahre ergab sich zusätzlich eine informelle Möglichkeit, Examinierte
(dipl. DaF) für mehrere Monate bis zu einem Jahr zur DaF-Lehre nach **China**
an die Universität Wuhan zu entsenden, um chinesische Studierende wegen
ihres beträchtlichen Interesses auf ein Studium an deutschen Universitäten
vorzubereiten. Zwar war ich unsicher, weil ich Land, Stadt und Institution
nicht kannte, meine DaF-AbsolventInnen aber mutig; sie kamen nach 6–12
Monaten recht zufrieden und welterfahren zurück. Nach fünf Jahren ließ der
Bedarf nach.

---

**18** S. Oomen-Welke (2006/07; neu und erweitert bei Cornelsen Berlin 2010/11). *Der Sprachen-*
*fächer* wurde 2009 mit dem ersten Preis des Europäischen Sprachensiegels ausgezeichnet,
2012 wurde er als bestes deutsches Produkt aller Jahre des Europäischen Sprachensiegels benannt und daher ausgestellt bei der Bildungs-Konferenz der zypriotischen Ratspräsidentschaft
EU in Limassol/Zypern, wohin ich ihn begleiten durfte.

**Abb. 2:** Ingelore Oomen Welke (Foto: Jürgen Welke).

# Tätigkeiten an heimischen Hochschulen

Was oben beschrieben wurde, hatte seinen Ort an meinen Hochschulen Ludwigsburg und Freiburg i.Br. oder Auswirkungen dort. Ich war weder die erste noch die einzige mit internationalen Interessen und Kontakten; wir Kollegen/Kolleginnen unterstützten und bereicherten uns oft gegenseitig. Von der Internationalisierung samt Mehrsprachigkeitsaspekten profitierten unsere Studierenden auch durch Lehrveranstaltungen ausländischer Gastlehrender, durch KommilitonInnen aus anderen Ländern und Erdteilen, durch eigene Auslandsaufenthalte (Gaststudium, Praktika, internationale Seminare) und durch die Reflexion dieser Erfahrungen und/oder durch mehr Anstöße in der Lehre.

Nennen möchte ich noch die Fortbildung an Pädagogischen Hochschulen für Lehrpersonen der Herkunftsländer von Arbeitsmigranten, die ich von der PH Ludwigsburg (Ende der 1980er und Anfang der 1990er Jahre, initiiert von Hartmut Melenk) und der PH Freiburg (initiiert von Guido Schmitt) kenne und die großenteils nach Nationalitäten getrennt ablief; Beteiligung von lehramtsausbildenden KollegInnen aus den Herkunftsländern gab es partiell. Es waren auch DaF-Kurse vorgesehen. In Ludwigsburg z. B. unterrichtete ich eine Gruppe männlicher türkischer Lehrer, die mir viel Vertrauen entgegenbrachten und ihre Versuche, auch auf Deutsch zu schreiben und in freien Rhythmen zu dichten, anvertrauten. Literarische Produkte waren nicht unüblich für türkische Lehrpersonen; es gab sogar einen eigenen Verlag für Lehrer-Schriften; ich kann ihn jedoch nicht mehr auffinden. Dies endete, insbesondere als die Dependance der Anadolu-Universität in Köln Weiterbildungs-Zertifikate für Fernstudien vergab, die auch in der Türkei gültig waren – das waren unsere leider nicht.

**Meine Lehre** für Studierende der Lehrämter umfasste klassische Themen von Sprachwissenschaft und Sprachdidaktik sowie DaZ/DaF und Mehrsprachigkeit. Das passte gut ins Lehrangebot, da um 1990 ein kleiner Bereich „Deutsch als Zweitsprache" in den normalen Stundenplan integriert war und es ein zwei- bis dreisemestriges Erweiterungsstudium „Ausländerpädagogik" gab; außerdem einen grundständigen Diplomstudiengang „Erwachsenenbildung" mit dem Fach „Deutsch als Fremdsprache". Bald nach Gewährung des Promotionsrechts an Pädagogische Hochschulen kamen erste DaF-Promotionen in Gang;[19] weitere folgten nach und nach, manchmal in Kooperation mit anderen Pädagogischen Hochschulen.[20]

Der Versuch um das Jahr 2000, dies zusammen mit der Uni Freiburg (Peter Auer und Mitarbeiter) in einen spezielleren Master-Studiengang DaF-DaZ umzuwandeln, scheiterte letztlich an Stellen, die entgegen der Erwartung dann doch nicht zur Verfügung standen, hélas! Der Schwerpunkt Sprachen und Sprachvergleich wurde aber immer wahrnehmbarer, auch durch die beschriebenen und weitere Auslandskontakte, die teils Partnerschaften wurden.

Zu DaZ hatte ich überschaubare Projekte durchgeführt, von denen ich erwähnen möchte:

– Esslingen / Ludwigsburg: *Grundwortschatz für Ausländerkinder*.[21]
– Ludwigsburg 1989–1991: *Sprachvermögen italienischer, griechischer und türkischer Schüler beim Erwerb des Deutschen*.[22]
– Freiburg 1995–1999: *Sprachaufmerksamkeit von Grundschülern* (gefördert vom Land Baden-Württemberg).[23]
– Freiburg 2005–2010: *Sprachstandserhebung im letzten Jahr einer sprachgemischten badischen Kita und Fortbildung des dortigen Erziehungspersonals* (finanziert von der Kommune).[24]

Seit etwa 1998 hielt ich jeweils im (längeren) Wintersemester eine Vorlesung mit dem Titel „Deutsch und andere Sprachen im Vergleich", die von vielen Studierenden der Sprachfächer und von ausländischen Studierenden besucht wurde und deren Bestandteile variierten. So konnte ich u. a. einen Einblick

---

**19** Als Erste Nordkämper-Schleicher 1997, (Schleicher 1998).

**20** Z.B. Knapp (1997); Merz-Grötsch (2000); Wildenauer (2003) u. a.; in Kooperation mit PH Heidelberg Granzow-Emden (2001) u. a.

**21** In Praxis Deutsch, Sonderheft 80, Deutsch als Zweitsprache (1980); neu bearb. u. erw. in Decker-Ernst & Oomen-Welke (2019).

**22** Unvollendet wegen neuer Arbeitsplätze beider Projektleiter; Funde publiziert in Oomen-Welke (1993) in Bremerich-Vos (1993).

**23** Oomen-Welke z. B. in DTP 9, Art. E1.

**24** Im Auftrag einer badischen Gemeinde, s. Oomen-Welke (2008), Uzuntas (2008), beide in Ahrenholz (2008).

in die Sprachgeschichte vermitteln und z. B. durch syntaktische, lexikalisch-semantische Vergleiche und pragmatische Aspekte Sprachbewusstheit wecken. Einige ausländische Studierende wurden hier motiviert, Fassungen des „Sprachenfächer" (aus dem JaLing-Comenius-Projekt, s. o.) für Schüler ihres Landes passend zu adaptieren – nicht schlicht zu übersetzen! Usw.

Ein anderer Anstoß kam aus **Tandem**. Ich kannte solche Projekte aus dem grenzüberschreitenden Französisch am Oberrhein.[25] Meine Mitarbeiterinnen Silke Holstein und Doris Wildenauer[26] motivierten mich, ein Tandem-Büro an der PH Freiburg einzurichten, das ein gewisser Erfolg wurde. Die Vermittlung erfolgte zunächst in meinem Büro, dann in einem eigenen Raum, und wurde ausgebaut, u. a. für ERASMUS-Studierende, auch durch Kontakt mit Jürgen Wolff in Donostia/San Sebastian und seiner Fundazioa Tandem[27], deren Präsidentin zunächst ich und anschließend mein Kollege Hans-Werner Huneke (jetzt Rektor der PH Heidelberg) mit seiner langen Lateinamerika- und Portugal-Erfahrung waren. Die Tandem-Partner wurden meist beratend begleitet, was sie unterstützte und bei der Stange hielt. Mit den Jahren wurden aus der aufwändigen individuellen Partnervermittlung und -betreuung fast überall Gruppenvermittlungen und Tandem-Cafés, Jürgen Wolff als ein Motor der Bewegung ist inzwischen im Ruhestand, wie auch ich.

Die **Selbstverwaltungsaufgaben** im Rahmen der Hochschulautonomie mussten natürlich auch übernommen werden; ich will meine Ämter nur nennen: Turnusmäßig war ich Fachsprecher/in bzw. später Institutsdirektor/in; an der PH Esslingen war ich Fachbereichsleiterin, an der PH Ludwigsburg in der Leitung des Didaktischen Zentrums, an der PH Freiburg Prodekanin und 1998–2002 Prorektorin für Forschung. Als solche gelang es mir 1999, gemeinsam mit unserer Abteilung im Wissenschaftsministerium ein Forschungs- und Nachwuchskolleg (**FuN**) für die Pädagogischen Hochschulen zu konzipieren, damit qualifizierte Lehrpersonen mit Promotionsberechtigung (die damals nicht durch die Lehramtsprüfungen nach 6 Semestern gegeben war, sondern durch Aufbaustudium oder Magister zusätzlich erworben werden musste) promovieren konnten und als Nachwuchs für Professuren o. Ä. und auch für die höhere Schulverwaltung zur Verfügung standen (2000–2006). In diesem Rahmen entstanden in Erziehungswissenschaften, Deutsch und Mathematik an den PHen gute Promotionen mit m. E. wichtigen didaktischen The-

**25** Kollege Manfred Pelz, Fach Französisch, veranstaltete 1994 Tandem-Tage an der PH-Freiburg; s. Pelz (Hrsg.) 1995.
**26** Wildenauer (2005); Holstein & Oomen-Welke (2006).
**27** Heute erreichbar unter https://www.tandem-spanischkurse.de/san-sebastian/index.html (29. 5. 2019).

menstellungen, allerdings teils verzögert.[28] Unsere Promovierten fanden in Baden Württemberg und auch außerhalb des „Ländle" Stellen an Hochschulen und Universitäten (Professuren und Ratsstellen) sowie in der Schulverwaltung (Rektorate, im Oberschulamt). Seither hat das FuN-Modell sich weiterentwickelt.

Ende der 1990er Jahre hatte ich in Evaluationskommissionen anderer Bundesländer Erfahrung erworben. Daher entsandte mich die Landesrektorenkonferenz Baden-Württemberg im Jahr 2000 in die sich in Mannheim gründende Evaluationsagentur Baden-Württembergs mit Namen *evalag*, in der ich zuerst stellvertretende und nach Demission des Vorsitzenden dann kommissarische Vorsitzende wurde, bis eine neue Evaluationsordnung erstellt war. Die Evaluationen der Universitäts- und PH-Fächer in Baden-Württemberg brachten den Fächern viel Arbeit, aber auch Selbstvergewisserung, die Akzeptanz der Gutachter blieb fragil, die Verfahren wirkten jedoch als Reflexionsanlass gegen Verfestigung und bewirkten Bewegung. Inzwischen hat die *evalag* sich weiterentwickelt.

Im Jahr 2009 wurde mir das Bundesverdienstkreuz am Bande verliehen.

# Die Handbuchbände DaZ-DTP 9 und DaF-DTP 10

Die beiden Bände *Deutsch als Zweitsprache* und *Deutsch als Fremdsprache* des Handbuchs *Deutschunterricht in Theorie und Praxis* (DTP) haben Bernt Ahrenholz und ich gemeinsam konzipiert und herausgegeben. Der Herausgeber des Gesamthandbuchs, Winfried Ulrich, richtete 2006 an mich als Deutschkollegin die Anfrage, ob ich mir für sein Handbuch einen Band *Deutsch als Zweit- und Fremdsprache* vorstellen könne. Da ein DaZ-Handbuch noch nicht vorlag, sah ich darin eine Chance für unser Fach und bat vor einer Entscheidung Bernt Ahrenholz um Kooperation dabei, der zustimmte. Wir haben hervorragend kooperiert, mit vielen Autorinnen und Autoren verband uns lange Kollegialität. DTP 9 *Deutsch als Zweitsprache* ist zuerst 2008 und zuletzt vollständig überarbeitet und erweitert in vierter Auflage 2017 erschienen; DTP 10 *Deutsch als Fremdsprache* erschien 2013.

Wie es dazu kam? Bernt Ahrenholz und ich kannten uns von Fachveranstaltungen und als kollegiale Nachbarn, da er einige Jahre eine Professur an der PH Ludwigsburg innehatte, bevor er nach Jena ging. Bereits an der TU Berlin hatte er 2005 den jährlichen Workshop zu Deutsch als Zweitsprache in Bezug auf

---

28 In Deutsch vorab Merz-Grötsch (2000); Wanjek (2008); Schnitzer (2019); Uhrig (2011). Die Umstellung von Schule auf Forschung brauchte teils Zeit; Frauen mussten stärker die Familienplanung einkalkulieren.

zugewanderte Kinder, Jugendliche und Erwachsene ins Leben gerufen, an dem ich teilnahm. Hier wurde aus noch laufenden und abgeschlossenen DaZ-Projekten berichtet. Die Dynamik dieses Workshops führte zu einer Publikationsreihe „Kinder mit Migrationshintergrund", umbenannt 2016 in „Deutsch als Zweitsprache, Migration und Mehrsprachigkeit", im Fillibach Verlag Freiburg i.Br., den mein Mann Herbert-Jürgen Welke betrieb. Die Aktualität und Ansehnlichkeit der Workshop-Bände samt der sorgsamen Herausgabe fanden Anerkennung in der Kollegenschaft. Aus unserer Kooperation wurde Freundschaft.

## Heute

Am Ende meiner Lehrtätigkeit wurde ich mit einer Festschrift (Nauwerck 2009) und einer wunderbaren Verabschiedung geehrt, an der neben heimischen, auswärtigen und ausländischen Kolleginnen und Kollegen und meinen Doktorkindern auch meine letzte Schulpraxisklasse teilnahm: Die Tür ging auf, und im Saal erschienen fünfzehn Kinder meiner Vorbereitungsklasse DaZ zusammen mit ihrer Lehrerin und führten Lied und Tanz auf.

**Abb. 3:** Ruhestand ab 2008 (Foto: Jürgen Welke).

Ich hielt noch längere Zeit Kompaktseminare und Vorträge an verschiedenen Hochschulen (von Luxemburg bis Wien und oft in Hildesheim), bin bisher in Gremien, Beiräten und Begutachtungen tätig. Die letzte Promotion unter meiner Betreuung erfolgte im Frühjahr 2019.[29] Zurzeit läuft noch mein Projekt „Mehrsprachigkeit in internationalen Jugendbegegnungen" mit dem DFJW und ich halte Kontakt mit KollegInnen aus den o. g. Kooperationen und mit heimischen FachkollegInnen, mit solchen im Ruhestand und mit jüngeren. Das ist der Stand zurzeit der Abfassung dieses Berichts, im 11. Jahr meines Ruhestands.

Öfter werde ich gefragt, was mir von alldem besonders wichtig gewesen sei. Beim Nachdenken darüber empfinde ich große Zufriedenheit, dass ich mit vielen klugen Menschen kollegial und oft freundschaftlich zusammenarbeiten konnte, dass wir uns über Ländergrenzen und Erdteile verstanden und austauschten, dass ich jüngere Kollegen und Kolleginnen ein Stück begleiten und fördern konnte und dass wir gemeinsam einiges erreicht haben: z. B. dass es uns gemeinsam gelungen ist, die Einsprachigkeit in der Schule ein Stückchen zu überwinden; dass mein Berufsfeld mir erlaubt hat, aufrecht und aufrichtig und freundschaftlich verbunden zu bleiben. Und dass meine Familie davon auch profitiert hat.

Gern hätte ich an Bernt Ahrenholz' Kolloquium aus Anlass seiner Verabschiedung von der Universität Jena teilgenommen und dort meinen Werdegang selbst vorgetragen; das war mir nicht möglich, weil am selben Tag die Beisetzung des Ludwigsburger Kollegen und Freundes Karlheinz Fingerhut stattfand, den auch Bernt Ahrenholz aus seinen Ludwigsburger Zeiten gut kannte. Vielleicht sitzen die beiden in der anderen Welt zusammen und freuen sich, dass wir wertschätzend an sie denken.

# Literatur

Abraham, Ulf; Bremerich-Vos, Albert; Frederking, Volker & Wieler, Petra (Hrsg.) (2003): *Deutschdidaktik und Deutschunterricht nach PISA*. Freiburg: Fillibach.
Ahrenholz, Bernt (Hrsg.) (2006): *Kinder mit Migrationshintergrund. Spracherwerb und Fördermöglichkeiten*. Freiburg: Fillibach.
Ahrenholz, Bernt (Hrsg.) (2010): *Fachunterricht und Deutsch als Zweitsprache*. Tübingen: Narr.
Ahrenholz, Bernt & Oomen-Welke, Ingelore (Hrsg. 2008; ⁴2017): *Deutsch als Zweitsprache. Handbuch Deutschunterricht in Theorie und Praxis DTP Bd. 9*. Baltmannsweiler: Schneider Hohengehren.

---

**29** Schnitzer (2020).

Ammon, Ulrich (1972): *Dialekt, soziale Ungleichheit und Schule*. Weinheim u. Basel: Beltz Studienbuch.

Austin, John L. (1962, dt. 1972): *Zur Theorie der Sprechakte* (How to do things with words). Stuttgart: Reclam.

Baur, Rupprecht S.; Meder, Gregor & Previšić, Vlatko (Hrsg.) (1992): *Interkulturelle Erziehung und Zweisprachigkeit*. Interkulturelle Erziehung in Praxis und Theorie Bd. 15. Baltmannsweiler: Schneider.

Bayerhuber, Horst; Ralle, Bernd; Reiss, Kristina; Schön, Lutz-Helmut & Vollmer, Helmut Johannes (Hrsg.) (2004): *Konsequenzen aus PISA – Perspektiven der Fachdidaktiken*. Innsbruck: StudienVerlag.

Benholz, Claudia; Frank, Magnus & Gürsoy, Erkan (Hrsg.) (2015): *Deutsch als Zweitsprache in allen Fächern. Konzepte für Lehrerbildung und Unterricht*. Stuttgart: Fillibach bei Klett.

Bernstein, Basil (1970): *Sozialisation, soziale Struktur und Sprachverhalten*. Aufsätze 1958–1970. Amsterdam: Verlag de Munter.

Boettcher, Wolfgang & Sitta, Horst (1978): *Der andere Grammatikunterricht*. München: Urban & Schwarzenberg.

Bronfenbrenner, Urie (1989): *Die Ökologie der menschlichen Entwicklung*. Frankfurt a.M.: Fischer.

Candelier, Michel (ed.) (2003/04): *Janua Linguarum: La porte des langues/The gateway to languages*. L'introduction de la sensibilisation aux langues dans le curriculum/The introduction of language awareness into the curriculum. Europäisches Fremdsprachenzentrum / European Center for Modern Languages / Centre Européen des Langues Vivantes. Graz. (engl. 2003, frz. 2004).

Chomsky, Noam (1957): *Syntactic Structures*. Den Haag: Mouton.

Costas i Costa, Mercè u. a. (Hrsg.) (2001): *Student Teaching Practice in Europe* (in 4 Sprachen). Freiburg i.Br.: Fillibach.

Decker-Ernst, Yvonne (2017): *Deutsch als Zweitsprache in Vorbereitungsklassen. Eine Bestandsaufnahme in Baden-Württemberg*. Baltmannsweiler: Schneider Hohengehren.

Decker-Ernst, Yvonne & Oomen-Welke, Ingelore (2019): *1000 Wörter Basiswortschatz Deutsch für die Grundschule. Wortschatzvermittlung in Erst- und Zweitsprache*. Stuttgart: Fillibach bei Klett.

Deutscher Städtetag (1973): Unterricht für ausländische Kinder. Reihe C. Köln 6/1973.

Deutscher Gewerkschaftsbund DGB (1973): Die deutschen Gewerkschaften und die ausländischen Arbeitnehmer. Düsseldorf: Bund -Verlag.

*Didaktik Deutsch*. Halbjahresschrift für die Didaktik der deutschen Sprache und Literatur – Mitteilungen des Symposions Deutschdidaktik e.V. (1996 ff.). Baltmannsweiler: Schneider Hohengehren.

Diegritz, Theodor (Hrsg. 1975): *Perspektiven der Deutschdidaktik*. Kronberg/Ts.: Scriptor.

Fourquet, Jean (1970): *Prolegomena zu einer deutschen Grammatik*. Sprache der Gegenwart 7. Düsseldorf: Schwann.

Glinz, Elly; Glinz, Hans & Ramseier, Markus (1997): *Sprachunterricht, Theorie und Praxis*. Zürich: Sabe.

Glinz, Hans (1994): *Grammatiken im Vergleich. Deutsch – Französisch – Englisch – Latein. Formen – Bedeutungen – Verstehen*. RGL 136. Tübingen: Niemeyer.

Grießhaber, Wilhelm (2010): *Spracherwerbsprozesse in Erst- und Zweitsprache. Eine Einführung*. Duisburg: Universitätsverlag Rhein-Ruhr.

Gueye, Ousmane (2004): *Fachdeutsch als Fremdsprache – Wirtschaftsbereich* – Ein didaktisch-methodisches Konzept dargestellt am Beispiel Senegal. Dissertation. Pädagogische Hochschule Freiburg im Breisgau.

Haarmann, Harald (1993): *Die Sprachenwelt Europas*. Frankfurt a.M.: Campus.

Hawkins, Eric (1984): *Awareness of Language*. Cambridge: Cambridge University Press (viele Aufl.)

Hebel, Franz [https://symposion-deutschdidaktik.de/fileadmin/dateien/Interview-PDF/SDD-Prof-em-Dr-Franz-Hebel.pdf]

Hessische Rahmenrichtlinien s. Rahmenrichtlinien

Hohmann, Manfred (Hrsg.) (1976): *Unterricht mit ausländischen Kindern*. Publikation ALFA. Düsseldorf: Schwann.

Holstein, Silke & Oomen-Welke, Ingelore (2006): *Sprachen-Tandem für Paare, Kurse, Schulklassen. Ein Leitfaden für Kursleiter, Lehrpersonen, Migrantenberater und autonome Tandem-Partner.* Freiburg: Fillibach.

Ivo, Hubert (1975): *Handlungsfeld: Deutschunterricht. Argumente und Fragen einer praxisorientierten Wissenschaft.* Frankfurt a.M.: Fischer Tb.

Ivo, Hubert (1977): *Zur Wissenschaftlichkeit der Didaktik der deutschen Sprache und Literatur.* Frankfurt a.M.: Diesterweg.

KMK (1964): Unterricht für Kinder von Ausländern. Beschluss vom 14./15.5 1964. In: KMK-Beschlusssammlung Bd. 7, Abschnitt 899.

KMK (1971): Unterricht für Kinder ausländischer Arbeitnehmer. KMK-Beschluss vom 3. 12. 1971. In: KMK-Beschlusssammlung Bd. 7, Abschnitt 899.

Knapp, Werner (1997): *Schriftliches Erzählen in der Zweitsprache*. Tübingen: RGL Niemeyer.

Koch, Herbert R. (1970): *Gastarbeiterkinder in deutschen Schulen*. Königswinter: Verlag für Sprachmethodik.

Kodron, Christoph & Oomen-Welke, Ingelore (Hrsg.) (1995): *Europe is us. Teaching Europe in multicultural society / Enseigner l'Europe dans nos sociétés multiculturelles*. Freiburg i. Br.: Fillibach.

Lakoff, George (1971): *Linguistik und natürliche Logik*. Frankfurt a.M.: Athenäum.

Linke, Angelika & Oomen-Welke, Ingelore (1995): *Herkunft, Geschlecht und Deutschunterricht*. Freiburg i. Br.: Fillibach.

Lipóczi, Sarolta & Ingelore Oomen-Welke (Hrsg.) (1999): *Students East-West. Sprachen, Gesellschaft, Künste, Bildung. Arbeitsbuch/Workbook (in 5 Sprachen)*. Freiburg i.Br.: Fillibach.

Luchtenberg, Sigrid (1995): *Interkulturelle Sprachliche Bildung*. Münster: Waxmann.

Luchtenberg, Sigrid (1999): *Interkulturelle kommunikative Kompetenz*. Kommunikation in Schule und. Opladen: Westdeutscher Verlag.

Mahler, Gerhart: (1974): *Zweitsprache Deutsch. Die Schulbildung der Kinder ausländischer Arbeitnehmer*. Donauwörth: Auer.

Mann, Thomas (1901): *Buddenbrooks. Verfall einer Familie*. 2 Bde. Berlin: Fischer.

Merz-Grötsch, Jasmin (2000): *Schreiben als System*. 2 Bde. Freiburg i.Br.: Fillibach.

Meyer-Ingwersen, Johannes; Neumann, Rosemarie & Kummer, Matthias (1977). *Zur Sprachentwicklung türkischer Schüler in der Bundesrepublik*. 2 Bde. Kronberg/Ts.: Scriptor.

Müller, Hermann (Hrsg.) (1974): *Ausländerlinder in deutschen Schulen. Ein Handbuch.* Stuttgart: Klett.

Nordkämper-Schleicher, Ulrike (1998): *Besser behalten. Mnemotechniken beim Sprachenlernen am Beispiel ‚Deutsch als Fremdsprache' für Erwachsene*. Freiburg i.Br. Eigendruck.

Oomen, Ingelore (1977): *Determination bei generischen, definiten und indefiniten Beschreibungen im Deutschen.* Linguistische Arbeiten 53. Tübingen: Niemeyer.

Oomen-Welke, Ingelore (1982): *Didaktik der Grammatik. Eine Einführung an Beispielen für die Klassen 5–10.* Germanistische Arbeitshefte 25. Tübingen: Niemeyer.

Oomen-Welke, Ingelore (1993): Deutscher Unterricht als (inter-)kulturelle Praxis. In: Bremerich-Vos, Albert (Hrsg.): *Handlungsfeld Deutschunterricht im Kontext.* Festschrift für Hubert Ivo. Frankfurt a.M.: Diesterweg. 142–167.

Oomen-Welke, Ingelore (1995): Veränderte Lernsituationen in der multikulturellen Gesellschaft. In: *Schweizer Schule* Nr. 7–8, 17–35.

Oomen-Welke, Ingelore (2008): Sprachstandsdiagnose im Elementarbereich: Beobachten, messen und deuten als integrativer Teil der Sprachförderung. In: Ahrenholz (Hrsg. 2008), 43–63.

Oomen-Welke, Ingelore (2017): Zur Geschichte der DaZ-Forschung. Und: Mehrsprachige Praxen. Beides in: Becker-Mrotzek, Michael & Roth, Hans-Joachim (Hrsg.): *Sprachliche Bildung – Grundlagen und Handlungsfelder.* Sprachliche Bildung 1, hg. v. Mercator-Institut für Sprachförderung und Deutsch als Zweitsprache Köln. Münster: Waxmann, 55–75; 105–125.

Oomen-Welke, Ingelore ([4]2017): Präkonzepte: Sprachvorstellungen ein- und mehrsprachiger Schülerinnen. In: Ahrenholz, Bernt & Oomen-Welke, Ingelore (Hrsg.): *Deutsch als Zweitsprache.* Handbuch Deutschunterricht in Theorie und Praxis DTP Bd. 9. Baltmannsweiler: Schneider Hohengehren. 493–506.

Oomen-Welke. Ingelore (2019): Mehrsprachigkeit in der Klasse – ein Schritt zu Sprachlernen, Methodenkompetenz und sozialem Miteinander. In: Schmölzer-Eibinger, Sabine; Akbulut, Muhammed & Bushati, Bora (Hrsg.): *Mit Sprache Grenzen überwinden.* Münster: Waxmann, 117–140.

Oomen-Welke, Ingelore & Ahrenholz, Bernt (Hrsg.) (2013): *Deutsch als Fremdsprache.* Handbuch Deutschunterricht in Theorie und Praxis DTP Bd. 10. Baltmannsweiler: Schneider Hohengehren.

Pelz, Manfred (Hrsg.) (1995): *Tandem in der Lehrerbildung, Tandem und grenzüberschreitende Projekte.* Dokumentation der 5. Internationalen Tandem-Tage 1994 in Freiburg i. Br. Werkstattberichte Nr. 8. Frankfurt a. M.: IKO-Verlag für Interkulturelle Kommunikation.

*PISA 2000* (2001); hrsg. v. Deutsches PISA-Konsortium. Basiskompetenzen von Schülerinnen und Schülern im internationalen Vergleich. Opladen: Leske + Budrich.

Praxis Deutsch Sonderheft '80 (1980): *Deutsch als Zweitsprache*, hrsg. v. Friedrich Verlag i. Verb. mit Meiers, Kurt; Oomen, Ingelore, Pommerin, Gabriele & Schwenk, Helga. Seelze: Friedrich.

*Rahmenrichtlinien Deutsch Sekundarstufe I* (1972; Überarbeitung 1980), hrsg. v. hessischen Kultusminister. Frankfurt a.M.: Diesterweg.

Searle, John R. (1969): *Speech Acts: An Essay in the Philosophy of Language.* dt (1971): *Sprechakte: Ein sprachphilosophischer Essay.* Frankfurt a. M.: Suhrkamp.

*Sprachbuch C 7, C8, C9* (1973–1975) & *Sprachbuch Grundausgabe 5, 6* (1978), erarbeitet von Küster, Friedrich; Oomen-Welke, Ingelore; Plickat, Heinrich; Wallrabenstein, Wulf & der Klett-Redaktion Deutsch. Stuttgart: Klett.

*Sprachenfächer, Der* (2006/07), hrsg. v. Oomen-Welke, Ingelore. 3 Ringhefte mit thematischen Lieferungen. Freiburg i. Br.: Fillibach. – (2010/11) als Sammelordner mit 5 thematischen Lieferungen. Berlin: Cornelsen.

Stölting, Wilfried (1980): *Die Zweisprachigkeit jugoslawischer Schüler in der Bundesrepublik Deutschland*. Wiesbaden: Harrassowitz.

Süsskind, Patrick (1985): *Das Parfum. Die Geschichte eines Mörders*. Zürich: Diogenes.

Tesnière, Lucien (1959): *Grundzüge der strukturalen Syntax*, hrsg. v. Ulrich Engel. Stuttgart: Klett-Cotta.

Uzuntaş, Aysel (2008): Muttersprachliche Sprachstandserhebung bei zweisprachigen türkischen Kindern im deutschen Kindergarten. In: Ahrenholz, Bernt (Hrsg. 2008): *Deutsch als Zweitsprache. Handbuch Deutschunterricht in Theorie und Praxis DTP Bd. 9*. Baltmannsweiler: Schneider Hohengehren., 65–91.

Wandruszka, Mario (1969): *Sprachen, vergleichbar und unvergleichlich*. München: Piper 1969.

Wandruszka, Mario (1971): *Interlinguistik: Umrisse einer neuen Sprachwissenschaft*. München: Piper.

Wandruszka, Mario (1979): *Die Mehrsprachigkeit des Menschen*. München: Piper.

Wandruszka, Mario (1991): *Wer fremde Sprachen nicht kennt … Das Bild des Menschen in Europas Sprachen*. Darmstadt: Wiss. Buchgesellschaft.

Weinreich, Uriel (1976): *Sprachen in Kontakt: Ergebnisse und Probleme der Zweisprachigkeitsforschung*. München: Beck.

Weinrich, Harald (1964): *Tempus. Besprochene und erzählte Welt*. (Neuaufl. 2001) München: C.H. Beck.

Werner, Otmar (1975a): Appellativa – Nomina propria: Wie kann man mit einem begrenzten Vokabular über unbegrenzt viele Gegenstände sprechen? In: Heilmann, Luigi (Hrsg.): *Proceedings of the eleventh international congress of linguistics* Bd. II. Bologna: Società editrice il Mulino. 171–187.

Werner, Otmar (1975b): Zum Problem der Wortarten. In: Engel, Ulrich & Grebe, Paul (Hrsg.): *Sprachsystem und Sprachgebrauch*. Festschrift für Hugo Moser zum 65. Geburtstag. Sprache der Gegenwart 34. Düsseldorf: Schwann. 432–471.

Werner, Otmar (1975c): *Zum Genus im Deutschen. Deutsche Sprache 1*. 35–58.

Wildenauer-Jósza, Doris (2005): *Sprachvergleich als Lernerstrategie – eine Interviewstudie mit erwachsenen Deutschlernenden*. Freiburg: Fillibach.

# Ingelore Oomen-Welke

## Zur Person

(Foto: Jürgen Welke)

Geboren bin ich 1943 in Bochum als Ingelore Himmelmann, die Schulzeit verbrachte ich in Dortmund, dort legte ich 1963 das Abitur ab. Ich studierte Geschichte und Französisch in Tübingen, Dijon und Bonn, schloss das Studium 1967 vorläufig mit dem Staatsexamen für die Sekundarstufe I in Tübingen ab, das Referendariat 1967/68 in Reutlingen, und war in Tübingen 1967–1972 Reallehrerin. Ich war gern Lehrerin.

Parallel zur Schultätigkeit absolvierte ich mein Zusatzstudium Germanistik (Staatsexamen für die Sekundarstufe II 1971), die sprachwissenschaftliche Promotion zum Dr. phil. erfolgte 1974 an der Universität Tübingen bei dem Linguisten Otmar Werner. 1972–1974 arbeitete ich als wissenschaftliche Assistentin für Sprachwissenschaft und Deutschdidaktik an der Pädagogischen Hochschule Esslingen, dazu gehörte die Betreuung von Schulpraktika. Danach wurde ich berufen als Dozentin, ab 1978 als Professorin an die Pädagogischen Hochschulen Karlsruhe 1974–1977, Esslingen 1977–82, Ludwigsburg 1982–991, Freiburg 1991–2008 bis zum Ruhestand. An der akademischen Selbstverwaltung war ich in vielen Funktionen beteiligt, zuletzt als Prorektorin 1998–2002 in Freiburg. Ich arbeitete von 2000 bis 2008 am Aufbau der baden-württembergischen Evaluationsagentur *evalag* mit, der ich zeitweise vorstand; zudem leitete ich das Forschungs- und Nachwuchs-Kolleg Freiburg, Teil des Forschungs- und Nachwuchs-Kollegs der Pädagogischen Hochschulen Baden-Württemberg, von 2001–2008.

Seit 1973 engagierte ich mich für das Entstehen des Schwerpunkts Deutsch als Zweitsprache mit dem Sprachvergleich als konstitutivem Element sprachlicher Bildung in mehrsprachigen Kontexten. Mein Ziel war es, das Interesse der Lernenden an eigenen und anderen Sprachen sowie Methoden- und Sprachbewusstheit zu fördern und zu stärken, vgl. meine Publikationen und die meiner Doktorschüler*innen.

Zudem war ich in Netzwerken/Vereinen für wissenschaftlich-didaktische Kooperation aktiv. Im Verein „Symposion Deutschdidaktik e.V." (SDD), gegründet um 1988/89, war ich

Kassier von 1988–1996 und von 2000–2004 Vorsitzende. Eine Arbeitsgemeinschaft des SDD war und ist bis heute ‚Deutsch als Zweitsprache'.

Mitglied im von Bernt Ahrenholz initiierten jährlichen Workshop "Kinder mit Migrationshintergrund" war ich seit 2005, der Workshop heißt seit 2016 „Deutsch als Zweitsprache, Migration und Mehrsprachigkeit", mit gleichnamiger Publikationsreihe.

Nennen möchte ich noch meine langjährige Mitarbeit in den europäischen Netzwerken der Lehramtsausbildung, des Studierendenaustauschs (Deutsch-Französisches Jugendwerk DFJW, ERASMUS, Réseau d'institutions de formation RIF, Comenius, Tempus, European Center for Modern Languages ECML); dazu didaktische Forschung und Partnerschaften mit Universitäten im europäischen Ausland, in Afrika und der Türkei u. a. zwecks Studierenden-Austausch, Magister-Diplomen, Promotionen und Habilitationen. Diese Kooperationen hatten Auswirkungen auf Publikationen, z. B. sind sprachdidaktische und DaZ-bezogene Aspekte enthalten in Ahrenholz & Oomen-Welke (Hrsg. 2008; [4]2017) und in Oomen-Welke & Ahrenholz (2013).

Meine Arbeit erhielt Preise und das Bundesverdienstkreuz am Bande.

**Privat:** Seit 1982 bin ich in zweiter Ehe mit dem Physiker und Systemanalytiker Herbert-Jürgen Welke verheiratet. In Freiburg gründete er 1995 den Fillibach Verlag für Deutschdidaktik, der u. a. die Publikationen des von Bernt Ahrenholz begründeten Workshops (s. o.) verlegt hat und inzwischen vom Klett-Verlag erworben wurde (Fillibach bei Klett). Jürgen und ich haben zwei Kinder, geb. 1977 und 1982, und bisher vier Enkel. Dass ich meinen hier genannten beruflichen Tätigkeiten nachgehen konnte, lag an der Kooperation mit meinem Mann, ebenso an der Unterstützung durch meine Mutter, Elisabeth Wilhelmine Himmelmann geb. Ridder (1910–2004), die nach dem Tode meines Vaters, Johann Himmelmann (1908–1979), von 1982 bis zu ihrem Tod bei uns lebte und immer da war. Ohne ihre Liebe und Tatkraft hätte ich, hätten wir manches nicht tun können, als die Kinder klein waren.

Jochen Rehbein

# Multilingualer Sprachenausbau im Krefelder Modell

## Bernt Ahrenholz zum Angedenken

*Anfang 2018 fragte mich Bernt Ahrenholz, ob ich auf einem Symposion etwas über das Krefelder Modell berichten wolle. Das war für mich eine große Herausforderung, ist es doch, je mehr ImmigrantInnen gekommen sind, um ihre Sprachen um so stiller geworden. So machte ich mich daran, meine frühere Begleitforschung unter dem Titel „Zur sprachlichen Handlungsfähigkeit türkischer Kinder" zu durchforsten, um das Krefelder Modell auf seine Zukunftsfähigkeit hin zu überprüfen. Das Ergebnis war für mich ebenso unerwartet wie die Anregung von Bernt Ahrenholz, für die ich ihm im Nachhinein mehr als dankbar bin: Offenbar hatte Bernt ein Gespür für die zukünftige Aktualität des Vergangenen.*

# 1 Das Krefelder Modell

Eines der ersten öffentlich geförderten Projekte mehrsprachiger Erziehung mit Immigrantensprachen, oder auch Herkunftssprachen, in der Bundesrepublik Deutschland war das ‚Krefelder Modell'. Dieses Modell wurde vom Bundesland Nordrhein-Westfalen in der Stadt Krefeld an vier Grundschulen mit drei parallelen Schulklassen für Kinder mit griechischer und türkischer Herkunftssprache ab dem Schuljahr 1976/77 eingerichtet. Unterrichtet wurde in den vier Grundschuljahren jeweils zu zwei Dritteln integriert zusammen mit den deutschspra-

**Anmerkung:** Der Beitrag geht auf Arbeiten in dem Projekt „Sprachliche Handlungsfähigkeit türkischer Kinder der zweiten Generation" zurück, die ich im Zusammenhang mit dem bilingualen (türkisch-/griechisch-deutschen) Modellversuch „Grundschulprojekt Krefeld" der Stadt Krefeld im Jahre 1980 mit Fördermitteln des Landes Nordrhein-Westfalen und des Bundes durchgeführt habe. Der Projektleiter des Modellversuchs, Dr. Antonius Beermann, hatte mich 1979 dankenswerterweise angesprochen. An der Untersuchung nahmen als studentische Hilfskräfte teil: Ayşe Öktem, Klaus Peter Finckensiep, Halis Benzer und Hans Jürgen Borgmann (alle seinerzeit Universität Bochum); als Transkriptionskräfte kamen später hinzu: Aydan Aksoy, Hülya Yıldırım und Nurkan Akışlı (alle seinerzeit Universität Hamburg); Förderungszeitraum des Projekts: 1980–1982 (Bericht publiziert 1985).

Wichtige Anregungen verdanke ich Wilhelm Grießhaber, Gesine Mattel-Pegam, Ayşe Öktem und Frank Müller. Ihnen allen sei hier und jetzt herzlich gedankt. Nicht zuletzt, sondern zu allererst danke ich aber *Bekir, Elif, Gülperi, Ibrahim, Mehmet* und *Yadigar* (leider anonymisiert) für ihre liebenswürdige Mitarbeit und ihre Geduld damals; sie sind heute gestandene Menschen von 50 bis 52 Jahren in Deutschland bzw. in der Türkei.

https://doi.org/10.1515/9783110715538-009

chigen Kindern in Mathematik, Kunst, Musik und Sport, zu einem Drittel nach Sprachen getrennt in Sachkunde, Religion und Sprachunterricht auf Griechisch bzw. Türkisch. Der Deutschunterricht selbst wiederum wurde in den ersten beiden Grundschuljahren für Deutschsprachige und Griechisch-/Türkischsprachige jeweils getrennt, ab der 3. Klasse integriert erteilt. Daneben gab es fortlaufend Förderunterricht in Deutsch als Zweitsprache. Bildungspolitisch entstand das Krefelder Modell wohl nicht zuletzt dank des ‚Kühn-Memorandums‘ des NRW-Ministerpräsidenten Heinz Kühn (SPD), in dem unter dem Stichwort ‚Integration‘ die Bundesrepublik Deutschland als Einwanderungsland identifiziert und damit eine längst fällige Anerkennung von Menschen mit Migrationsgeschichte vollzogen wurde.[1]

Ziel des ‚Krefelder Modells‘ war, Kinder im Lauf der vier Grundschuljahre auf den Stand der deutschsprachigen Gleichaltrigen zu bringen, zugleich aber die Fähigkeiten in der Erstsprache entsprechend auszubauen. Eine weitsichtige Begründung für eine derartige Zweisprachigkeit schulischer Erziehung hat Dickopp in seiner (erst nach Beginn unseres Projekts erschienenen) Monographie über Konzeption, Struktur und Lehrpläne des Krefelder Modells gegeben:

> Gerade der enge Zusammenhang von kognitiver Entwicklung und Sprachentwicklung ist auch eines der entscheidenden Argumente für das ausländische Kind, innerhalb der deutschen Schule seine jeweilige Muttersprache zu kultivieren. Wenn das nicht geschehen würde, bedeutete das für das ausländische Kind einen Stillstand in seiner geistigen Entwicklung.
> (Dickopp 1982: 89)

Diese seinerzeit sprach- und bildungspolitisch geradezu umstürzende Idee war von Beermann unter der Überschrift „Muttersprachlicher Unterricht" bereits zuvor operationalisiert worden:

> Ein wichtiger Aspekt liegt dabei [sc. im Krefelder Modell] in der Eingliederung des türkisch-/griechisch-sprachigen Unterrichtes in die Stundentafel und den Unterrichtsbereich der deutschen Schule. Indem die Schule das Anliegen der ausländischen Eltern bezüglich der muttersprachlichen Förderung ihrer Kinder in ihr Aufgabenverständnis übernimmt und sich so mit ihm identifiziert, wird sie auch in diesem Bereich zum Ansprechpartner der ausländischen Eltern; die Basis der Kontakte und der Zusammenarbeit wird breiter. Zugleich besteht die Möglichkeit, den türkisch-/griechisch sprachigen Unterricht auf dem Wege der Zusammenarbeit der deutschen und ausländischen Lehrer an das didaktische und methodische Verständnis von Grundschularbeit heranzuführen und mit dem Integrationsunterricht so abzustimmen, dass sich die Grundschule den ausländischen Kindern als ein in sich stimmiges Gefüge darstellt.
> (Beermann 1979: 30)

---

1 Zu 50 Jahren türkischer Arbeitsmigration siehe die verdienstvolle Publikationen von Ozil, Hofmann & Dayıoğlu-Yücel (2011) sowie von Pfaff (2015), die „35 Years of research on sociopolitical and linguistic developments in diaspora Turkish" hinzufügt.

Allerdings wurde – und heutzutage noch mehr – von Pädagogik und Politik Sinn und Zweck eines solcherart mehrsprachigen Spracherwerbs in Kindergarten und Schule, insbesondere des Einsatzes und des Ausbaus der Erst- oder besser der Familiensprache im Migrationskontext, angezweifelt bzw. weitgehend ignoriert. Zwar plädierte Skuttnab-Kangas (1981) für eine Eigenständigkeit der Erstsprache in der Schule, nicht jedoch für ein konsequent mehrsprachiges Modell, wie es das Krefelder Modell war.[2] Erst in dem Vorschlag der Arbeitsgemeinschaft der Immigrantenverbände 1985, veröffentlicht von BAGIV unter dem Titel „Muttersprachlicher Unterricht in der Bundesrepublik Deutschland – Sprach- und bildungspolitische Argumente für eine zweisprachige Erziehung von Kindern sprachlicher Minderheiten" wurde eine umfassende Konzeption bilingualer Erziehung vom ersten bis zum zehnten Schuljahr für die damaligen ‚Gastarbeitersprachen' (Griechisch, Italienisch, Portugiesisch, Serbokroatisch, Spanisch, Türkisch) konkretisiert. Dieser Vorschlag, der das Krefelder Modell positiv aufnahm und weiterentwickelte, wurde allerdings von der linguistischen Community als ‚integrationsfeindlich' attackiert.

Meine Grundhypothese war nun, dass in dem mehrsprachigen Entwicklungsprozess der Kinder die Muttersprachen, im Folgenden auch L1, und das Deutsche als Zweitsprache, auch L2, nicht unabhängig voneinander agieren. Für so eine Untersuchung allerdings gab es wenig Vorbilder (vgl. den Überblick in Rehbein & Öktem 1987; s. später mit einem Blick auf mehrsprachige Schulen weltweit: García, Skutnabb-Kangas & Torres-Guzmán 2006 und García 2009).

# 2 Linguistische Forschungsszenerie

Eine erste – auf der Fehleranalyse basierende – Untersuchung türkischer Schüler in dem Krefelder Modell von Meyer-Ingwersen, Neumann & Kummer (1977), basierend auf schriftlich dokumentierten Einzelsätzen von Schüler-Arbeiten

---

2 Vgl. die Evaluation seinerzeit kurrenter Modelle bilingualer Erziehung im In- und Ausland (Rehbein 1985) nach den sprachlich-kommunikativen Komponenten *sozialer Hintergrund, Sprachabfolge bei der Alphabetisierung, Verteilung der Sprachen im Unterricht, Zusammensetzung der Schulklasse* sowie des *Lehrpersonals, Lehrmethoden, Unterrichtsmaterial, bilinguales Programm, Schülerkommunikation in Unterricht und Pausen, Oralität* vs. *Literalität* und *Gesamtziel* (Transitionsprogramm, bilinguales Programm, Fremdsprachenunterricht usw.). Zwei wichtige sprachlich-kommunikative Komponenten, nämlich das bilinguale Programm als *„Ansprechpartner der ausländischen Eltern"* sowie als Raum für die *„Zusammenarbeit der deutschen und ausländischen Lehrer"* wie im obigen Zitat von Beerman (1979) benannt, sind allerdings noch hinzuzufügen. Zu einem mehrsprachigen Kindergarten s. den Vorschlag von Rehbein (2017).

sowie auf Fragebogen-Einträgen im Türkischen und Deutschen, ergab, dass die Kinder einfache und komplexe grammatische Strukturen im Türkischen beherrschten, im Deutschen aber auch bei einfachen Strukturen noch meist auf Transfer zurückzuführende Fehler machten. Diese Untersuchung war interessant, konnte aber kaum Aufschluss darüber geben, ob ein systematischer Zusammenhang zwischen dem Erwerb der Erstsprache Türkisch und dem der Zweitsprache Deutsch besteht.[3]

Die Kinder, die mit ihren Familien in den siebziger Jahren nach Deutschland gekommen waren, waren kaum, den damals bekannten Konzepten der Zweisprachigkeit (s. Öktem & Rehbein 1987) folgend, nach simultan vs. sukzessiv zu sortieren. Denn die meisten Migrantenkinder – so auch die Krefelder – hatten immer schon einen wie auch immer gearteten Kontakt mit der deutschsprachigen Umgebung, sofern sie nicht ‚ghettoisiert' wohnten. Einflussreich war damals die Interdependenz-Hypothese von Cummins (1980, 1984; auf Deutsch gut in Fthenakis 1985 dargestellt), der jedoch kein operables Konzept von Sprache und insbesondere keines von sprachlichem Handeln zugrunde lag; eigene linguistisch-empirische Untersuchungen von Cummins lagen m.W. nicht vor. Die Untersuchungen der Meisel-Schule (ZISA) (Clahsen, Meisel & Pienemann 1983) waren linguistisch weiterführend, aber für die vorliegende Konstellation mit einer Zielsetzung der Mehrsprachigkeit nicht einschlägig, da sie zu stark von einer syntaktisch autonomen Entwicklung der Einzelsprachen ausgingen und zweisprachige Erwerbsprozesse von Erwachsenen betrachteten. Das Heidelberger Projekt Pidgin-Deutsch (HPD) von Klein, Dittmar u. a. (1975) beschäftigte sich mit dem Deutscherwerb erwachsener Migranten und formulierte grammatische Stufen des (ungesteuerten) Zweitspracherwerbs von Migranten der ersten Generation mit romanischen Sprachen, später in umfassenden ESF-Projekten mit weiteren Zielsprachen und unter Berücksichtigung zahlreicher Herkunftssprachen. Kindliche bilinguale Erwerbsprozesse in Konstellationen von Mehrsprachigkeit (s. Rehbein 2001) mit Fokus auf einer möglichen Interaktion der Sprachen wie im Krefelder Projekt waren jedoch bei ZISA und bei HPD nicht Thema. Die große auf der *frog story* basierende Studie von Berman & Slobin (1994) war zu jenem Zeitpunkt noch nicht verfügbar, war aber ohnehin trotz der Berücksichtigung kognitiver Komponenten strikt einzelsprachlich orientiert. Demgegenüber verleiht nach dem Ansatz des Krefelder Projekts die Mehrsprachigkeit mit ihrer individuellen und institutionellen Interaktion der Erst- und

---

3 Mehr denn je dürfte für den multilingualen Spracherwerb von Migrantenkindern auch heute noch Pit Corders frühes 1967-Diktum zutreffen, dass die Fehler von Fremdsprachen-Lernenden als ihr kreativer Umgang mit der je anderen Sprache zu dechiffrieren sind.

Zweitsprachen dem Spracherwerbsprozess eine zusätzliche Qualität in dem Sinn, in dem der Pädagoge Beermann es als „ein in sich stimmiges Gefüge" (eben deutscher, griechischer und türkischer Unterrichtssprachen) bezeichnete oder wie später Holmen & Jørgensen in ihrem polylingualen Køge-Projekt die dänisch-türkischen Sprachen-Synthesen als kreativ und innovativ charakterisierten (s. Holmen & Jørgensen 2000).

Soziolinguistische Vorbilder im angelsächsischen Raum, über die Dittmar (1973) berichtet, gab es für die Untersuchung mehrsprachiger Spracherwerbsprozesse von Migrantenkindern nicht. Allerdings war die datenbasierte Untersuchung von Lilly Wong Fillmore (1976) über den natürlichen Zweitspracherwerb spanischsprachiger Einwandererkinder in Kalifornien hinsichtlich ihrer Kontextualisierungen und Fallanalysen beispielhaft. Die Untersuchung von Stölting und MitarbeiterInnen (1980) schließlich über die Zweisprachigkeit jugoslawischer Kinder in den einzelnen Sprachen Jugoslawiens war wegweisend, arbeitete jedoch mit standardisierten Tests, die auf die sprachliche Handlungsfähigkeit der Griechisch/Türkisch zweisprachigen Kinder im Krefelder Modell nicht direkt übertragbar waren.

In Rehbein & Grießhaber (1996) wurde die Interaktion der Sprachen und ihre jeweilige Funktionalität in den Institutionen Familie und Schule (I & R-Entwicklung) methodologisch begründet und an dem Fallbeispiel eines türkisch-deutschsprachigen Mädchens (aus Krefeld) bis in die grammatikalischen und diskursiven Strukturen hinein durchbuchstabiert. Sprachsoziologisch wurde – wiederum später – die onto- und phylogenetische Sprachentwicklung und deren mentale Operationen an den Institutionen Familie, Krippe/Kindergarten, Schule, der alltäglichen Lebenswelt und deren Zusammenhängen festgemacht (s. Rehbein & Meng 2007: 21).

In dieser Literaturlandschaft musste ein formaler und ein funktionaler Spracherwerbsansatz her, der die verschiedenen sprachlichen Komponenten als Diskurseinheiten verstand (s. dazu Rehbein & Meng 2007), also ein linguistischer Ansatz, der eine analytische Verbindung von Grammatik und Diskurs in der Untersuchung der Daten erlaubte und mit einer konstellativen Sprachverwendung koppelte – kurz, ein pragmatischer Ansatz.

# 3 Das Forschungsdesign

Angesichts der verfügbaren Mittel war nur eine qualitativ-exemplarische Studie zu realisieren. So wurden denn in den Jahren 1980/81 insgesamt 18 Kinder im Alter von 10–12 Jahren untersucht. Dabei wurden drei Mädchen und drei Jungen mit türkisch-deutscher Mehrsprachigkeit aus der vierten Klasse des Krefelder Modells (Schule Hülser Straße) *at random* ausgesucht und mittels Kassetten-Rekordern auditiv und z. T. visuell aufgenommen; sie wurden mit sechs monolingual deutschen und sechs monolingual türkeitürkischen Kindern verglichen. Die ausgewählten sechs Kinder aus dem Krefelder Modell waren zwischen 1968 und 1970 in der Türkei geboren, waren bereits vor der Schule nach Deutschland übergesiedelt, hatten von der ersten Klasse an das Krefelder Modell durchlaufen und nahmen nun am Ende der vierten Klasse an der Studie teil. Die Eltern waren ArbeiterInnen (Väter und zumeist auch Mütter).

Ziel der Studie war, den Effekt einer bilingualen Schule sprachwissenschaftlich zu bestimmen, indem wir die zweisprachigen Handlungsfähigkeiten der sechs türkischen Kinder konkretisierten. Schon bei der Datenerhebung zeigte sich, dass sich solche Fähigkeiten nicht aus der ausschließlichen Betrachtung der Zweitsprache Deutsch ergeben, sondern beide Sprachen nur *in ihrem Zusammenwirken* zu betrachten sind. *Ein* tertium comparationis lieferte dabei die Frage nach der Fähigkeit der Kinder, Sprechhandlungsverkettungen, also Diskurse, zu produzieren, die dafür komplexe mental-sprachliche Verfahren erfordern. Da wir also per These als Basis des Spracherwerbs die Sprachentwicklung im Diskurs ansahen,[4] wurde vor allem das orale sprachliche Handeln der Kinder in (schulrelevanten) Handlungskonstellationen[5] untersucht, und zwar in folgenden:

(I)     Gespräche auf Türkisch und Deutsch zu verschiedenen Themen mit der Absicht, Erzählungen hervorzulocken (beim Arzt, ein Unfall, Wasser ist kostbarer als Gold, u. ä.) und einen Eindruck über die Verbalisierungsprozesse der Kinder zu bekommen (vgl. Rehbein, Öktem, Finckensiep & Borgmann 1983);

(II)    videographierte Rollenspiele (jeweils mit deutscher bzw. türkischer Handlungsanweisung zwecks Analyse der Gestik der Kinder; Entdeckung einer kreativen Mischgestik) (vgl. Rehbein 1980);

(III)   Wiedergabe eines Fernsehausschnittes aus der „Muppet Show" in zwei Sprachen (untersucht wurden die deutschsprachigen Realisationen und mit den Wiedergaben monolingualer deutschsprachiger Gleichaltriger verglichen) (vgl. Rehbein 1982a);

(IV)    Videoaufnahmen der Klassenzimmer-Interaktion aus dem Unterricht (unveröffentlicht);

---

4 S. später die Bedeutung mehrsprachigen Vorlesens und Besprechens eines Bilderbuchs für den vorschulischen multilingualen Spracherwerb in Rehbein (2016).
5 Erst die Arbeit von Bührig (1992) im Rahmen des Forschungsprojekts ENDFAS zeigte die handlungstheoretische Basis der Sprechsituation auf und damit verbunden eine Methodologie, mittels Diskursdaten qualitative und quantitative Herangehensweisen zu verbinden.

(V)     Untersuchung des Wortschatzes in zwei Sprachen mittels Worterklärungen
        von 5x2 Begriffen (‚Worterklärungen türkischer Kinder'; s. u.) (vgl. Rehbein
        1982);

(VI)    Vorlesen eines Textes (Zauberstäbe) und seine Wiedergabe auf Deutsch,
        Türkisch und erneut auf Deutsch (‚Diskurs und Verstehen'; s. u.) (vgl.
        Rehbein 1987);

(VII)   Videopräsentationen in einem vorbereiteten Unterricht zur Thematik
        „Präpositionen" mit einer (selbstgezeichneten) Bildergeschichte (‚Ju-
        gendherberge', und ihre schriftliche Nacherzählung in zwei Sprachen
        (vgl. Rehbein o.J. und 1982);

(VIII)  mehrstündige Gespräche in türkischer und deutscher Sprache, vermittelt
        und stellenweise gedolmetscht von der zweisprachigen Lehrerin der Kin-
        der, mit und in allen Familien, über die Schule und allgemein über ihre
        Migrationsprobleme (z. B. Sprachnoterzählungen: Die Eltern der Kinder
        erzählen auf Türkisch Geschichten darüber, wie sie etwas auf Deutsch
        sagen wollten, es aber nicht konnten, und dennoch damit fertig wurden)
        (vgl. Rehbein 1986a);

(IX)    Redeflüssigkeit (Einfluss der verbalen Planung auf die Redeflüssigkeit in
        zwei Sprachen und ein Vergleich mit einem erwachsenen türkischspra-
        chigen Sprecher der 1. Zuwanderergeneration) (vgl. Rehbein 1987a);

(X)     Sprachloyalität (kreuzsprachliche und orale Einflüsse auf das Schreiben
        von Texten in zwei Sprachen) (vgl. Rehbein 1987b);

(XI)    Erzählen in zwei Sprachen – auf Anforderung (anhand angeforderter
        Erzählungen wird das Verhältnis der beiden Sprachen zueinander bei
        den individuellen Kindern nach 29 Kategorien in den Domänen *Äußerungs-
        zahl* im Gespräch, der *Verbalisierungsstruktur, Musterstruktur, sprachliche
        Realisierung/Grammatik* und *Versprachlichung mentaler Prozesse* festge-
        stellt, jeweils nach einer dreiwertigen Variationsskala erfasst, das Verhält-
        nis der Sprachen zueinander errechnet und so ein Maß für den jeweiligen
        bilingualen Erwerbsstand eines Kindes gegeben). Die Auswertung dieses
        Designs erfolgte erst in Rehbein (2007).[6]

(XII)   Das Design (I), (V) und (XI) wurde mit den Kindern noch einmal 6 Jahre spä-
        ter wiederholt, um die Sprachentwicklung in beiden Sprachen festzustellen.

---

**6** Der mehrsprachige Stand der sprachlichen Handlungsfähigkeit wird individuell für das einzelne Kind als Verhältnis der Sprachen zueinander bestimmt. Das qualitative und quantitative
Verfahren nennt sich ‚*MultiX*' (Index of Multilingualism) und ermöglicht eine Typisierung der
jeweiligen Mehrsprachigkeit der Kinder.

Die Aufnahmen wurden nach dem Verfahren der Halbinterpretativen Arbeitstranskription (HIAT)[7] in Auswahl maschinenschriftlich transkribiert (s. Transkriptionen des Projektes) und analysiert.[8]

Im Folgenden behandele ich zwei Themen, die die mental-kognitive Dynamik eines mehrsprachigen Sprachausbaus illustrieren und für den mehrsprachigen Spracherwerb auch aus heutiger Sicht interessante Fragen aufwerfen:

1) die Aufbau-Prozesse eines zweisprachigen ‚Lexikons‘, oder auch sprachspezifischer Symbolfelder, beim Worterklären (Design V);

2) das Phänomen, dass das Verstehen in L1 sprachliche Fähigkeiten in L2 aktiviert (Design VI).

# 4 Metasprachliche Reflexion und propositionaler Gehalt in zwei Sprachen

Die Kinder sollten folgende Wörter (Symbolfeldausdrücke) zuerst auf Türkisch, dann auf Deutsch erklären: *iş/Arbeit, savaş/Krieg, meslek/Beruf, arkadaş/Kollege, kira/Miete* – abstrakte Wörter, die aber in ihrer Gesprächsrealität vorgekommen sein dürften, also „passives sprachliches Wissen" darstellten. Die Erklärungen für die 2 x 5 Wörter wurden innerhalb eines thematischen Gesprächs, aber kontextfrei, zuerst auf Türkisch, eine Woche später auf Deutsch erfragt. Aus den Daten wurde ein sprachliches Muster des *Worterklärens-als-Aufgabe* mit dem Zentrum eines *konzeptuellen Kerns* rekonstruiert (1982: 134).[9] Jedes der 2 x 5 Wörter wurde (theoretisch) in drei unterschiedliche Begriffsqualitäten zerlegt: *Zweckbestimmung (Konzeptkern), konstitutive Bestimmung* und *Zusatzbestimmung*. Mit dieser Zerlegung wurde eine *Entwicklung im Erwerb* pro Sprache im Erklärungsdiskurs zu operationalisieren versucht.

Genauer ging es um das Verbalisieren des ‚lexikalischen Wissens‘ der Kinder, an dem sich die metasprachliche Fähigkeit der Reflexion (Bialystok 1991, 2001) sprachlichen Wissens in zwei Sprachen ablesen lässt. Den 2 x 5 Ausdrücken lagen – bei aller Bedeutungsgleichheit – jeweils auch sprachspezifische Konzepte zugrunde, so dass der Begriff ‚Lexikon‘, oder auch ‚Wortschatz‘, als nicht passend erschien. Vielmehr ging es um die Erfassung des Symbolfeldausdrucks[10]

---

7 S. Ehlich & Rehbein (1976).

8 Ein erster Bericht, s. Rehbein (1986).

9 Zur Funktionsanalyse des Erklärens allgemein und als Diskursart, s. Rehbein (1984).

10 Der Terminus ‚Symbolfeld‘ geht zurück auf Karl Bühler (1934). Das Symbolfeld umfasst Charakteristika der *nennenden Prozedur* wie • sprachliche Diskretheit (Wortbasierung mit je sprach-

(der aus Ausdruck und Konzept besteht) und das Maß, auf welche Zweckbestimmungen (Kerne), konstitutive Bestimmungen oder zumindest periphere Elemente eines Konzepts die Kinder zugreifen und diese auch verbalisieren können. Die Kategorie *Aufbau* ist hier von entwicklungspsychologischer Bedeutung insofern, als Schritte in der Konzeptualisierung mittels eines Erklärungsdiskurses in der jeweiligen Sprache gegeben werden, und ob bzw. wie weitgehend die Kinder auf die Konzepte in *beiden* Sprachen zugreifen konnten.

Das Ergebnis wurde tabellarisch erfasst: Die einsprachigen deutschen und die einsprachigen türkeitürkischen Kinder konnten fast ausnahmslos alle fünf Konzepte in einer sententiösen bzw. sprachlich konditionalen Form vorbringen. Von den Zweisprachigen konnte dagegen keines in einer oder sogar in zwei Sprachen alle fünf Konzepte verbalisieren:

(1) So verfügt etwa ein Kind (Bekir) über drei Konzepte im Deutschen und Türkischen (Zweckbestimmung), zwei andere Konzepte waren im Aufbau (Zusatzbestimmung).

(2) Demgegenüber verfügt z. B. ein Mädchen (Yaprak) über drei Konzeptkerne auf Türkisch (*arkadaş, kira, savaş (Kollege, Miete, Krieg)),* baut im Deutschen *Arbeit* auf und kennt die anderen im Türkischen und im Deutschen zwar als Ausdrücke, kann sie aber nicht erklären.

(3) Ein anderes Mädchen (Elif) verfügt im Türkischen ebenfalls über drei Konzepte *(arkadaş, kira, savaş (Kollege, Miete, Krieg)),* baut ein viertes mittels kommunikativer Hilfe auf Türkisch auf *(iş (Arbeit)),* ein fünftes *(arkadaş (Kollege))* kennt sie, erklärt es aber nicht. Im Deutschen konzeptualisiert sie *Kollege* direkt, jedoch *Arbeit, Krieg* und *Miete* erst, nachdem sie je *zwei Hilfen in türkischer Sprache* bekommen hat.

Es zeigte sich nun an den Diskursdaten, dass Kinder, die zunächst keine Erklärung mancher Ausdrücke lieferten, mittels erstsprachlicher kommunikativer Unterstützung selbständig zu einer erstsprachlichen, *aber auch* zu einer zweitsprachlichen Konzeptualisierung dieser Ausdrücke fanden. Erstsprachliche Hilfen konnten offenbar zum Konzept-Aufbau in beiden Sprachen beitragen. Deutschsprachige Hilfen, die umgekehrt zum Aufbau türkischsprachiger Konzepte eingesetzt wurden, fanden wir allerdings keine.

---

spezifischer Kategorisierung nach Wortart), • zugrundeliegende Elemente (Kernprozedur), • zusätzliche Bestimmungen: Satelliten-Charakteristika (Leerstellen) mit Rand, • Konstellationsbezug auf (reale, vorgestellte, fiktive usw.) Realität, • weitere (sprachspezifische) minimale Elemente (wie z.B. Aktionsart, Valenz usw.).

Nimmt man die Erfolge des Versuchs mit der Anwendung türkischer Hilfen für die Konzeptualisierung im Deutschen ernst, können die von Cummins (z. B. 1980) wiederholt aufgestellten Hypothesen über den „Transfer kognitiver skills" von einer voll ausgebauten Muttersprache auf die Zweitsprache sich hier gut anschließen.[11] In verschiedenen Arbeiten von Cummins (1979, 1980) wird gezeigt, dass zweisprachige Kinder, wenn sie eine bestimmte Schwelle im Spracherwerb *einer* Sprache erreicht haben, einen ‚Transfer der kognitiven skills' in die andere vollziehen können.[12]

Entsprechend ergab sich aus den Daten aber auch die – allerdings weiterreichende – Hypothese, dass bei im Aufbau befindlichen Konzepten, also etwa dann, wenn erst nur Zusatzbestimmungen erworben wurden, ein ‚Transfer' von der Erst- in die Zweitsprache relativ schwer möglich ist. Dies zeigte z. B. *iş* (Arbeit) bei einem Jungen (Ibrahim), *savaş* (Krieg) bei einem Mädchen (Yaprak) und wieder umgekehrt *Arbeit* bei Gülperi und Yaprak, die beide *iş* (Arbeit) auf Türkisch nicht erklären konnten; bei ihnen war offenbar der Aufbau einiger Konzepte in der Erstsprache noch nicht komplettiert.

Es gibt in unserem Corpus auch Gegenbeispiele: In der Zweitsprache tritt häufig das – schon von Morris konstatierte – Phänomen auf, dass Kinder einen Ausdruck kennen, aber seine Bedeutung, hier: das zugehörige Konzept nicht (Morris 1968: 162). Auch daraus ergab sich die sprachpädagogische Folgerung: Die (gesteuerte) Sprachlehr- und -lerntätigkeit muss die ansatzweise gebildeten, genauer: die im Aufbau befindlichen Konzepte ausbauen. Dabei ist von der Sprache auszugehen, in der die Kinder wenigstens ansatzweise Konzepte, etwa Zusatz- oder auch konstitutive Bestimmungen, schon aufgebaut haben, d. h. hier meistens vom Türkischen. Ist der Aufbau zum Konzeptkern komplettiert, können die Kinder durch (systematische) interaktive Hilfen in der jeweiligen Erstsprache schließlich über die Konzepte in beiden Sprachen verfügen.[13]

Beim Erklären wird deutlich, dass die Konzepte der Migrantenkinder in dem Alter unserer Studie nur wenig ‚stabilisiert' sind; offenbar ist zu wenig formbezogene Zweckbestimmtheit in die Konzeptbildung eingegangen; statt Konzepte zu

---

11 Zum Transfer von skills in der Minoritätensprache, als Unterrichtssprache verwendet, in die Majoritätssprache, vgl. auch Engle (1975). – Ich würde heute nicht mehr von Transfer sprechen, sondern von ‚metasprachlicher Reflexion' im Sinne Bialystoks.

12 Die mental-sprachlichen Langzeitverfahren des Konzeptaufbaus gehen dabei sukzessive oder auch additiv vor (s. Becker 1977).

13 Apeltauer (2006) macht in einer Wortschatz-Studie von 15 Vorschulkindern mit türkischer Migrationsgeschichte die interessante Beobachtung, dass sich die Assoziationen und Kollokationen bedeutungsähnlicher Wörter wie *burun/Nase*, *kitap/Buch* u. ä. über ein halbes Jahr hin unterschiedlich, man könnte auch sagen: sprachspezifisch, entwickeln und sich somit die zugrundeliegenden Konzepte in den Sprachen nicht identisch entfalten.

bilden, die den wesentlichen Kern, den Zweck, enthalten, werden Beschrei-
bungselemente, Beobachtungsfragmente und (sprachliche) Oberflächenbestand-
teile, partikuläres Erlebniswissen und andere Wissenspartikel in verschiedenen
Strategien geclustert, Wissensformen, die durch mangelnde Praxis zweckvollen
sprachlichen Handelns in einer Sprache (d. h. durch zu wenig Sprecher-Hörer-
Verwendung) entstehen können. Es mangelt den Kindern mit Migrationsgeschichte also an jener Sprachpraxis, die den monolingualen deutschen und den
türkeitürkischen Kindern gleichermaßen *selbstverständlich* gegeben ist: Bei den
Zweisprachigen ist die Konzeptbildung zwar noch im Aufbau, jedoch dafür in
zwei Sprachen. Die Sprachpraxis der Migrantenkinder wechselt in mehreren
Sprachverwendungssituationen; *selbstverständlich* ist sie also noch nicht, vor
allem noch nicht in der ‚Sprachenschaukel' zwischen den Institutionen Elternhaus und Schule (vgl. Swain 1978, Stölting 1980).

In diesem Versuch zeigte sich die Variabilität bei interaktionaler Hilfe in
der jeweils komplementären Sprache, im vorliegenden Fall in der Erstsprache;
bisweilen geschieht dies aber auch mittels Zweitsprache für Konzeptualisierun-
gen in der Erstsprache. Werden aber Ansätze zur Konzeptbildung bei den Kindern nicht kommunikativ unterstützt, dann besteht die in den Daten deskriptiv
erfasste Gefahr, dass die Kinder in Strategien der Umschreibung, des Beispiel-
Gebens, des Leerformel-Gebrauchs, ja, des Abdriftens an Stellen überwechseln,
wo präzise Formulierungen des Worterklärens verlangt werden; die Gefahr
also, dass sich ihre sprachlichen Strategien als Ersatzhandlungen verfestigen
und die Entwicklung der Verbalisierungsfähigkeit und damit der Konzeptaus-
bau stagniert. Dann bekommen sie in *beiden* Sprachen Probleme, etwa der Art,
beim Reden (und später beim Schreiben) ‚elementare propositionale Basen'[14]
nicht bilden zu können, so dass ein erfolgreiches sprachliches Handeln im Diskurs und dann auch im Text erschwert sein kann.

Aus heutiger Sicht lässt sich resümieren, dass beim Worterklären zwei interessante Bereiche zweisprachiger Entwicklung gestreift wurden, nämlich die
metasprachliche Reflexion auf Konzeptebene, die bei Bilingualismus zu einer
verstärkten Entwicklung der ‚executive function'[15] (‚Kontrolle', handlungstheo-
retisch: ‚Monitoren') und damit zu einer erhöhten wechselseitigen Reflexion
zwischen den Sprachen führen kann – ein kognitiv-mentaler ‚Mehrwert' von Bi-
lingualität. Generell dürften sich alle exekutiven Funktionen einschließlich der
metasprachlichen Kontrollfunktionen in Text und Diskurs bei Zweisprachigkeit

---

**14** Das Konzept der ‚elementaren propositionalen Basis' in Diskurs und Text wurde von Ehlich
entwickelt, vgl. Ehlich (2007).
**15** Vgl. rezenter auch Bialystok (2009), Green & Li Wei (2014), Franceschini (2017).

verbessern (s. Bialystok 2009, Calvo & Bialystok 2013). Zum anderen wird die grundlegende sprachliche Handlungsfähigkeit aufgebaut, elementare propositionale Basen für das sprachliche Handeln im Diskurs in zwei Sprachen auszubilden,[16] also die Fähigkeit zur verbalen Planung in Diskurs und Text in zwei Sprachen.

# 5 Verstehen in der Erstsprache aktiviert sprachliches Handeln in der Zweitsprache

Das folgende Experiment ergab ein Resultat, das mich außerordentlich überrascht hat; es sei vorwegnehmend resümiert: Nach der ersten Verlesung einer Geschichte auf Deutsch konnten die türkischen Kinder nur eine unvollständige Wiedergabe auf Deutsch liefern. Wurde ihnen jedoch dieselbe Geschichte zunächst auf Türkisch, also in ihrer Erstsprache, vorgelesen, waren sie in der Lage, eine weitgehend vollständige Wiedergabe in der zweiten Sprache Deutsch zu geben. Betrachten wir kurz einen Fall exemplarisch (die deutschsprachige Geschichte ist in (B2) gegeben, auf die türkische Übersetzung wird hier aus Raumgründen verzichtet):

(B1)  Mehmet (nach der Vorlesung auf Deutsch)
    (1)  Es war ein ßauaberstab • • • • • in der Klasse.
    (2)  ((7s)) Und da ist ein • • • Klaue in die Klasse?
    (3)  Und • • • der Lehrer sagt ((11s)) „Macht den ß/löst den Finger ab."

Von den 16 Äußerungen der vorgelesenen Geschichte gibt Mehmet die Überschrift in der Form einer Märcheneinleitung wieder und bringt dann etwas, was offenbar den Sätzen (1) bis (5) der deutschen Originalversion in (B2) unten entspricht. In Äußerung (3) des ersten Nacherzählungsversuchs in (B1) wird „der Lehrer" und „Finger" in einen unbestimmten Zusammenhang gebracht.

Betrachten wir nun die zweite *deutsche* Version (auf der rechten Seite von (B2)), die derselbe Schüler *nach der Verlesung* der Geschichte in seiner Erstsprache Türkisch liefert, so gibt er eine ausgebaute Nacherzählung in deutscher Sprache. Eben dies ist das unerwartete Phänomen.

---

16 Beim Vorlesen in zwei Sprachen (Rehbein 2016) werden Fälle diskutiert, in denen bilinguale Erwachsene mit Kindern im Vorschulalter schwierige Wörter im Märchen in zwei Sprachen bereden – eine frühe Einübung in eine wechselseitige Relation zwischen den unterschiedlichen Symbolfeldern des Türkischen und des Deutschen.

(B2)

(0) Die Zauberstäbe

(1) In einer Schule war einmal ein kleiner Geldbetrag entwendet worden.

(2) Für den Diebstahl kamen fünf Achtjährige in Frage.

(3) Sie waren während der Pause in der Klasse gesehen worden.

(4) Aber alle leugneten,

(5) und die Untersuchung ergab nichts.

(6) Da nahm der Lehrer schließlich fünf gleich lange hölzerne Stäbe aus seinem Katheder.

(7) „Das sind Zauberstäbe", sagte er ernst,

(8) indem er jedem Verdächtigen einen davon überreichte.

(9) „Nehmt sie bis morgen mit nach Hause!

(10) Der Stab des Diebes wird dann um einen Finger breit gewachsen sein."

(11) Als der Lehrer am nächsten Tag die Stäbchen einsammelte,

(12) fand er den einen um eine Fingerbreite verkürzt.

(13) Er wusste nun sogleich, bei wem das Geld zu suchen war.

(14) Der Dieb hatte es nämlich zuhause mit der Angst bekommen

(15) und seinen Stab heimlich um das Stückchen verkleinert,

(16) das er wachsen sollte.

*(Willi Fehse)*

(1n) Es war ein/ein vielen Zauberstock.

(2n) ... Ein Tages hat ein Junge den Zauberst/ ah hat ein Geld gestohlen ... in Klasse.

(3n) ... Und där Läar hat die nicht gewusst, dass kein/ wer geklaut hat gefragt.

(4n) Und er hat gefragt, wer den Geld gestohlen hat.

(5n) Dann ist geschellt und runtergang und gesucht den Pole [: Polizist?].

(6n) Dann ham die a' K/ alle Kinder: „Ich hab, ich hab, ich hab nicht geklaut" gesagt.

(7n) Und dann, wenn die ... wieder nach <u>hocht</u> ge/gegangen ist/ sind, dann hat die Läar gesagt: „Hia ham/ hab ich ... <u>fünf</u> Zauberstocke.

(8n) Jedem geb ich ein.

(9n) ... Und ... wenn/ und er [: ihr] sollt den nach Hause bringen.

(10n) Am nächsten Tag bringt er [: ihr] wieder her.

(11n) ... Und ihr sollt zuhause liegen lassen."

(12n) Am nächsten Tag sind die alle je komm.

(13n) Der Läar wollte den [: denen] alle Zau/ Zauberstöcke s/ versammeln.

(14n) *Pa: Pass ma auf! Was hat der / was der Lehrer den [: denen] gesagt, was sollte denn mit einem Zauberstock passieren? ... Ne? Mit dem Zauberstock von dem, der das geklaut hat?*

(15n) Wär dän ... Geld geklau hat, der sein Finger eh soll kleiner werden.

(16n) *Pa: Sein/ sein Stock, ne? Um ein/ um eine Fingerbreite größer werden, glaub ich, né, größer werden, größer werden.*

(17n) Größer werden.

(18n) Die Kinder ham nach Hause mitgenommen.

(19n) Am nächsten Tag wollte der Lärar die Zauberstocke/ eh stöcke so versammeln/ ... wieder zurückhaben.

(20n) Der hat ein'n Finger von den'n Fi/ Kind ein Finger so breiter gesehen, den Zauberstock.

(21n) Und hat er gewusst, dass der Kind den Zauber/ den Geld gestohlen hat.

> (22n)  Und hat gesagt: ... „Du hast den Geld
> gestohlen."
> (23n)  Und der Junge ist ganz rot geworden.

An dem exemplarisch herausgegriffenen einzelnen Fall dieses Kindes wird sichtbar, dass offenbar erst die Rezeption in der Erstsprache eine Wiedergabe in der Zweitsprache Deutsch ermöglicht. Wie ist diese ‚Paradoxie' einer Produktivität durch Sprachenwechsel zu erklären?

Zunächst ist hervorzuheben, dass wir es in der sprachlichen Wirklichkeit des Kindes nicht mit einer Reihung isolierter Äußerungen,[17] sondern mit einer Kette von Äußerungen zu tun haben, die eine komplexe propositionale Struktur mit einer illokutiven Gesamtqualität aufweisen, insgesamt mit einer Nacherzählung.

Wie die Verbalisierungsversuche nach der Verlesung auf Deutsch zeigen, ist es offenbar für das Kind unmöglich, die gesamte Geschichte als Abfolge von Teilhandlungen wiederzugeben, ohne dass es das Ganze der Geschichte verstanden hätte. Unabweisbar nötig wird allerdings das Verstehen des Ganzen dort, wo die List des Lehrers und ihr Erfolg durch die Selbstidentifizierung des Diebes dargestellt wird, also in den Zeilen (10) bis (16) der Originalversion; denn darin manifestiert sich der Clou.[18]

Der Clou einer Erzählung ist eine ‚überraschende Wende' des Handlungsablaufs entgegen der Erwartung des Hörers (etwa das, was Quasthoff 1980 „Planbruch" nennt). Für das Verstehen des Clous kann die Hörerin/der Hörer (: im Folgenden ‚H') aber nicht auf ein bekanntes Wissen zurückgreifen. Eher rekonstruiert H aus den sukzessive angebotenen Teilelementen der Erzählung

---

17 Wie die artifizielle Nummerierung der Äußerungssegmente suggeriert.

18 Dies sieht man an dem Ausdruck „Finger" in Äußerung (20n) der zweiten deutschen Fassung von Mehmet, wo „ein Finger" – tk. „bir parmak" (*ein Finger)* im Sinn eines Maßes – verwendet wird, um den der Lehrer „so breiter gesehen, den Zauberstock" hat. Während die Teiläußerung „ein Finger" als die Vorstufe der präpositionalen Wendung ‚um eine Fingerbreite' anzusehen ist, steht akkusativisches „den Zauberstock" extraponiert im Nachfeld. Diese Stellung kann als Projektion der im oralen Diskurs des Türkischen vertrauten türkischen *devrik-cümle*-Konstruktion (Erdal 1999) bzw. einer postverbalen Konstruktion (so Schroeder, Iefremenko & Öncü 2020) betrachtet werden *und zugleich* als eine Nutzung der Nachfeld-Position des Deutschen (s. Ahrenholz 2012: 225 ff), auf diese Weise eine kreative Synthese erst- und zweitsprachlicher Ausdrucksmöglichkeiten schaffend – oder ist es ein schlichter Transfer? Auch ist z. B. in (19n) – (21n) zu verfolgen, wie sich das Kind über zahlreiche Versuche und Reparaturen hinweg, wie sie nur in mündlicher Kommunikation auftreten, zur schließlichen Verbalisierung des Clous in der Zweitsprache hin tastet.

ein Verstehen des Ganzen und kann umgekehrt das Neue der einzelnen Segmente nur verstehen, wenn sie/er laufend einen Gesamtrahmen mitkonstruiert. Der oben dargestellte Versuch hat also ergeben, dass das Verstehen nicht linear („bottom up") nach einzelnen Sätzen erfolgt, wie man dies in Erweiterung der Theorie der „kognitiven Strategien" Bevers (1970) über die Sprachwahrnehmung von Einzelsätzen annehmen könnte. Vielmehr bedingt das Verstehen des Ganzen wiederum auch das Verstehen der einzelnen Teiläußerungen mit, so dass auch wieder einzelne kognitive Strategien (auf lexikalischer, syntaktischer u. a. Ebene) appliziert werden können. Der entscheidende Vorgang beim Verstehen ist somit der Zirkelschluss vom Ganzen auf die Teile und von den Teilen auf das Ganze, der permanent und kontinuierlich von H beim Hören der Geschichte gefordert wird – wie dies schon seit alters aus der Hermeneutik bekannt ist.

Als weitere Erklärung für das obige Phänomen bot sich – seinerzeit – auch die Arbeit von Bartlett (1932) an, der gezeigt hat, dass Sprecher oder Sprecherinnen individuelle Schemata von Erzählungen ausbilden, die relativ konstant auch nach längeren Zeiträumen bei der Reproduktion helfen. Ein solches Schema dürfte Mehmet erst bei der Rezeption der vorgelesenen Geschichte auf Türkisch ausgebildet haben.

Unter Einbeziehung der S-H-Konstellation des Vorlesens und des Nacherzählens habe ich weitergehend für die Erklärung des Phänomens die Kategorie des „Hörerplans", die in Rehbein (1977: 190 ff) entwickelt wurde, aufgenommen. Entsprechend sind allgemeine „Hörererwartungen" und „spezifische Hörerpläne" zu unterscheiden. Die Hörererwartungen organisieren je nach Kontext (hier: Wiedergeben einer gehörten Erzählung) Vorwissen von Hörern, verschiedene Wissenstypen wie Musterwissen (von Handlungen), Maximen, Routinen usw., die als Rahmenvorgaben in die Hörerplanbildung miteinbezogen werden. Dieses Vorwissen kann das Kind offenbar auf Türkisch beim Hören aktivieren.

Die (offenbar sprachspezifischen) „Hörerpläne" werden von H durch die einzelnen Äußerungen von S, der vorlesenden Person, jeweils neu gebildet. Sie durchlaufen verschiedene Stadien, insbesondere das Perzipieren, eine Fokusbildung und eine „Schema"-Rekonstruktion. Wichtig für den vorliegenden Fall ist, dass die türkischen Kinder beim ersten Hören des Textes in der Zweitsprache zwar das Gesagte perzipieren (das erste Stadium der Hörerplanbildung), obwohl auch das nicht immer glückt (so sagt Yaprak „verkleidet" statt „verkleinert", Elif „Geld gestoßen" statt „Geld gestohlen"). Was aber offenbar Schwierigkeiten bereitet, ist die Bildung eines „Schemas" sowohl der gesamten Sprechhandlungsverkettung als auch der einzelnen Teilhandlungen. Das Vorwissen ist sichtlich auf Deutsch nicht aktivierbar. Per These scheinen die Kinder beim Vorlesen der Geschichte auf Deutsch über die Voraussetzungen zur Bildung der sprachspezifischen Hörerpläne nicht zu verfügen.

Das Verstehen des Ganzen, hier in der Erstsprache Türkisch, ermöglicht
also den LernerInnen das Verstehen einzelner Elemente des Erzähldiskurses
und wirkt als Hilfe beim Erschließen einzelner nichtverstandener Abschnitte
(vgl. auch Stein & Glenn 1977) und ihrer Reproduktion in der Zweitsprache. Hat
H für das Gehörte einen Gesamtzusammenhang internalisiert, so kann sie/er
das vorhandene Vorwissen auf die einzelne gehörte Äußerung anwenden und
so sein Vorwissen sprachspezifisch aktivieren.[19]

Das Verstehen des Ganzen und damit die Schema-Bildung bedient sich also
vorgefertigter, muttersprachlich gebundener Verfahren, die das Gehörte in das
jeweilige Vorwissen einbetten, d. h. das Gehörte wird nicht nur perzipiert und ge-
speichert, sondern das neu Perzipierte wird in das Gehörte mitintegriert und so
ein Zusammenhang hergestellt, der beim weiteren Diskursverstehen modifiziert,
präzisiert oder auch revidiert wird. Die einzelnen Äußerungen werden also in der
Erstsprache nicht nur isoliert ‚für sich' lediglich als sprachliche Oberflächenele-
mente perzipiert, wie dies nach der ersten Verlesung auf Deutsch geschieht; vielmehr wird ein Schema des Zusammenhangs gebildet: Das Schema figuriert somit
als ‚*Hörerplan*'.[20]

Da sich das geschilderte Phänomen bei fast allen untersuchten Kindern
fand,[21] legte sich der Schluss nahe: Häufige Voraussetzung für die Wiedergabe
eines Textes in der Zweitsprache ist dessen Verstehen in der Erstsprache. Wesentliche Voraussetzung für die Produktion auf Deutsch war also die Bildung
eines Hörerplans auf Türkisch – dieses zentralen Elements des Verstehens.

---

**19** Die mit dem Verstehen verbundenen Prozesse werden in Rehbein (1987) detaillierter als
hier möglich dargestellt. Funktionalpragmatisch legt diese Theorie des Verstehens eine
S-H-Konstellation zugrunde; sie geht zurück auf Ehlich & Rehbein (1986), wurde später
von Rehbein & Kameyama (2003) ausgeführt, in Kameyama (2004) auf Japanisch und
Deutsch und in Rehbein & Çelikkol (2018) als ‚Stufen des Verstehens' auf die mehrsprachige
Kommunikation hin erweitert. Nach den Kategorien der funktionalpragmatischen Sprachtheorie ist das ‚Verstehen' m. E. als ein (hörerseitiger) ‚Apparat' anzusehen. – In den (späteren) psycholinguistischen Arbeiten von Grosjean (etwa Grosjean 2001) ‚läuft' im ‚bilingual
mode' von Zweisprachigen mental die andere Sprache ‚mit', ohne explizit zu werden. Ob
damit ein inneres Übersetzen (wie oft bei Fremdsprachenlernenden) oder ein Kontrollieren
im Sinne eines Monitoren gemeint ist, wird allerdings nicht ganz klar; auf jeden Fall ist ‚bilingual mode' keine hörerseitige Kategorie.
**20** Der Hörerplan kann sich auch, wie hier, auf eine ganze Diskursstruktur beziehen, die ein
ganzes Muster enthält, das dem Kind als ‚Vorlage' (Passepartout) für eine kreative Produktion
in der zweiten Sprache dient.
**21** Spätere Versuche mit erstsprachlich-türkischem Mathematikunterricht für 14–15jährige Schüler-
Innen, die besser in der deutschen Fachsprache als in der türkischen ausgebildet sind, zeigen,
dass das Verstehen gleichwohl in komplexen sprachlichen Domänen mittels einer nicht-domi-
nanten Erstsprache funktioniert (s. die Arbeiten in Redder, Çelikkol, Wagner & Rehbein 2018).

Rezeptiv vollzog sich bei den Kindern aus dem Krefelder Modell der Diskurs weitgehend in der Erstsprache.

Aus der Versuchsdarstellung wurde also empirisch erkennbar, dass die Fähigkeiten in der Erstsprache Fähigkeiten in der zweiten Sprache geradezu erst freisetzen. Dieses Ergebnis legt wichtige Relativierungen über die Einschätzungen von Zweitsprachenlernen bzw. Fremdsprachenlernen im Kontext der Mehrsprachigkeit nahe:

(1) Offenbar können, wenn das Verstehen in der Muttersprache gewährleistet ist, Sprachfähigkeiten in der zweiten Sprache freigesetzt werden, die bei oberflächlicher Beurteilung nicht vorhanden zu sein scheinen: Die muttersprachlichen Fähigkeiten aktivieren latente Fähigkeiten der zweiten Sprache.

(2) Von den Ergebnissen her ist die seinerzeit vorherrschende Theorie von der ‚Interimssprache‘ der Lerner einzuschränken; offensichtlich gilt diese Theorie weniger für den Spracherwerb von Immigrantenkindern in Deutschland. Denn der grundlegende Prozess des Sprachverstehens lässt sich gerade nicht durch die Konstruktion einer ‚Zwischensprache‘, die etwa der ‚Zielsprache Deutsch‘ angenähert ist, erklären; schon, weil dies nur ein Sprachproduktionskonzept ist.

Daraus ergibt sich:

(1) Die schulische Situation der ausländischen Kinder, deren Erforschung, aber auch die universitäre Ausbildung dazu, muss in unvergleichlich höherem Maß, als dies bislang geschah, die Erstsprache der Kinder mit Migrationsgeschichte mit in den Vermittlungsprozess einbeziehen, d. h. sie auch als Unterrichtssprachen berücksichtigen.

(2) Die Untersuchung des ‚Deutschen als Zweitsprache/Fremdsprache‘ ist ohne eine Kenntnis der Erstsprache(n) des Kindes nur unzureichend. Für den Ausbau von Sprachfähigkeiten der deutschen Sprache sind also Fähigkeiten in der entsprechenden Herkunftssprache konkret mit zu untersuchen und ihr Ausbau zu fördern.

(3) Sprachtests oder auch ‚Sprachstandserhebungen‘ sind vor dem Hintergrund unserer Untersuchung zu relativieren. Zu bestimmen ist nämlich stets gleichzeitig die Fähigkeit in der Muttersprache und, davon abhängig, die in der zweiten Sprache. Das bedeutet, wir müssen genauer feststellen, in welcher Sprache das Kind, oder allgemeiner, ‚das ausländische Individuum‘, dominant ist.[22]

---

22 Die Übertragbarkeit der Sprachfähigkeit bei Inanspruchnahme der Muttersprache einerseits, die Einschränkung der Sprachfähigkeit auch in der zweiten Sprache andererseits – dann, wenn die muttersprachliche Entwicklung nicht gewährleistet ist – wird von einer Reihe von Forschern vertreten, u. a. von Cummins (1980), Stölting (1980), Fritsche, Toukomaa, Lasonen, Skutnabb-

# 6 Grenzen der Untersuchung

- Erwerb und Entwicklung der griechisch-sprachigen Kinder des Krefelder Modells wurden nicht untersucht.
- Datenaufnahme und Datenbearbeitung waren unzureichend: So hätten mehr VPs in das sample aufgenommen werden müssen, wenn auch die Auswahl *at random* und die untersuchten 29 Sprachdomänen (Kategorien) breit gestreut waren. Relevante Aussagen zur türkisch-deutschen Mehrsprachigkeit sind prospektiv auf viele Kinder auszudehnen, damit Untersuchungsergebnisse des bilingualen Erwerbsverlaufs des Türkischen und des Deutschen verallgemeinerungsfähig werden. Vorauszugehen hat stets auch eine qualitative Analyse der Anwendbarkeit der Kategorien.
- Es wurde unterlassen, standardisierte Fragebögen in zwei Sprachen von jedem Kind ausfüllen zu lassen, wie in meinen späteren Projekten, die einen tabellarischen Überblick über die Daten und ihre Kontexte ermöglichen (,Kindertabelle‘).
- Auch die handschriftlichen Transkriptionen waren unvollständig und überdies nicht segmentiert, insbesondere nicht digitalisiert mit den erst ab den 90er Jahren verfügbaren Programmen SyncWriter bzw. ExmaraLda, so dass nur lineare, nummerierte Listenpräsentationen von Äußerungen als (unzureichende) diskursanalytische Grundlage verfügbar waren (s. Herkenrath & Rehbein 2012).
- Es wurden keine zweisprachigen Sprachtests durchgeführt.[23]
- Die umfangreichen Familiengespräche wurden nicht ausgewertet (mit der Ausnahme der Sprachnoterzählungen).
- Die zahlreichen Video-Aufnahmen von Unterrichtskommunikation, um die Kommunikation im integrierten Unterricht in Krefeld mit einer homogenen türkischsprachigen fünften Klasse einer Sekundarstufe I in Düsseldorf zu vergleichen (etwa nach dem Vorgehen in „Muster und Institution" von Ehlich & Rehbein 1986), wurden z. T. transkribiert, aber nicht ausgewertet. Überdies wurde kein muttersprachlicher Unterricht aufgenommen.

---

Kangas und von verschiedenen kanadischen Autoren, die über Immersionsmodelle der zweisprachigen Erziehung gearbeitet haben. Zusammenfassen lässt sich das Ergebnis in dem Schlagwort: „Die Sprachfähigkeit ist unteilbar."

**23** Vgl. demgegenüber die aus meiner Sicht vorbildliche Datendokumentation im Anhang von Redder, Çelikkol, Wagner & Rehbein (2018: 389 ff.); vgl. Sağın Şimşek (2006) zu der Methodenkombination von C-Test und Transkriptanalyse bei der Untersuchung des Drittsprachenerwerbs türkischer SchülerInnen in Deutschland vs. in der Türkei.

- Die vorliegende Untersuchung von Präpositionen und deren Vermittlung (Rehbein 1981, o.J.), ihrer entsprechenden türkisch-sprachigen Konstruktionen und eines Vergleichs mit den Ergebnissen von Grießhaber (1999) wurde nicht publiziert.
- Viele wichtige grammatische Domänen im Material (Rehbein 2002), wie Kasus, Partikeln, Aspekt vs. Tempus, Finitheit, Possessiv- und Matrix-Konstruktionen, Konnektivität (Rehbein 1999), deiktische vs. phorische Prozeduren, Wortstellung usw. wurden nicht ausgewertet.
- Die (vorhandenen) Entwicklungsdaten der Kinder (Aufnahmen 6 Jahre später/1986 gemäß Design XII) wurden nicht systematisch ausgewertet, obwohl sich so eine Longitudinalstudie angeboten hätte. Insbesondere wurde das Teil-Design „Erzählen in zwei Sprachen – auf Anforderung" mit *allen* Kindern des Samples für 1981 und 1986 jeweils nach einer dreiwertigen Variationsskala zwar durchgeführt, um so einen Einblick in die (individuelle) longitudinale binguale Entwicklung und somit in den Aufbau der Zweisprachigkeit im Krefelder Modell zu erhalten; jedoch erschien bislang lediglich eine Vor-Studie.[24]
- Kontaktsprachliche Veränderungen des Türkischen wurden nicht untersucht (dies geschah erst in dem Projekt SKOBI),[25] so dass auch kein *Index of creativity* im Rahmen der erwähnten *MultiX*-Bestimmungen erstellt wurde.

# 7 Der Blick voraus: Mehrsprachigkeit als Motor des Wissensauf- und -ausbaus; doppelseitige Zweisprachigkeit

Die sechs Krefelder Kinder bildeten ihre Mehrsprachigkeit im Diskurs und in der Textrezeption in der Schule aus. Dabei waren in der 4. Klasse die beiden Sprachen im Alter von 10–12 Jahren individuell ‚ungleich verteilt', ihre multilinguale Sprachkompetenz war also schon bei einer zahlenmäßig geringen Auswahl diversifiziert:

(1) begrenzt in beiden Sprachen (Mustafa)
(2) gleichgewichtig in Erst- und Zweitsprache (Elif, Ismail)
(3) besser im Deutschen, weniger gut im Türkischen (Bekir)
(4) besser im Türkischen, weniger gut im Deutschen (Gülperi, Yaprak)

---

**24** S. Rehbein (2007).
**25** Rehbein, Karakoç & Herkenrath (2009); Rehbein & Karakoc (2004).

Daher kann man allgemein und individuell betrachtet bei diesen Kindern eigentlich nicht von *schwächerer vs. stärkerer Sprache* sprechen. Jedoch spielt diese Kategorie in der Literatur eine Rolle. Denn in der Kommunikation im Elternhaus
erwerben die Kinder eine Sprachkompetenz in L1, ohne dass der Spracherwerb
rein simultan bzw. rein sequenziert genannt werden kann. Das trifft m. E. im
Prinzip auf die meisten Erwerbskontexte von Immigrantensprachen zu. Zwar ist
der Input der Kinder nicht kontrollierbar, nicht gleich auf die einzelnen Sprachen
verteilt, und es ist nach bisherigen Untersuchungen immer noch nicht klar, welche Domänen der Sprachen im Elternhaus und in der Altersgruppe ausgebildet
werden. In der Spracherwerbstheorie wird zwar konstatiert, dass die Entwicklung
der schwächeren Sprache nicht allein, aber *auch* vom Input abhängig sei und
nicht wie eine L2-Entwicklung verlaufe; allerdings wird auch der schwächeren
Sprache denn doch eine Entwicklungsperspektive eingeräumt (s. Arbeiten in
Müller 2003, Meisel 2007). Und es wird formuliert, dass die Entwicklung von
Mehrsprachigkeit im Sinne eines ‚multilingual mode' NICHT einem Zweitspracherwerb gleichzusetzen ist.

Wie wir gesehen haben, spielt jedoch der Apparat des (sprachlichen) Verstehens, der frühkindlich sprachspezifisch angelegt wird, in der Familie aufgebaut
und deshalb nach Prinzipien der Differenzierung und nicht des Neuerwerbs arbeitet, eine entscheidende Rolle in der Aktivierung eines mehrsprachigen Reper-
toires im Schulalter. Denn es ist die in der kindlichen Kommunikation angelegte
Mehrsprachigkeit, die die Unbalanciertheit der Sprachdiversität bei den Kindern
in den sprachlichen Domänen zu egalisieren vermag (vgl. Blom et al. 2014).

Die faktische Ausbildung des Verstehens in den *Sprachen des Elternhauses* ist
also später mit Gewinn in den schulischen Wissenserwerb zu integrieren.[26] Die
Schlüsselrolle des mehrsprachigen Sprachausbaus kommt also der Hörertätigkeit
der Rezeption und der Integration des Gehörten in den Aufbau der mehrsprachigen kindlichen Kompetenz zu. Die sprachpsychologische Forschung hat bislang
vor allem produktive mehrsprachige Fähigkeiten, kaum aber rezeptive untersucht; jedoch können besonders diese im Fachunterricht der Schule an Relevanz
gewinnen, gesetzt den Fall, der Unterricht bezieht die schulsprachliche Verwendung der L1 mit ein. Man weiß kaum etwas darüber, was geschieht, wenn der unterrichtliche Diskurs tatsächlich mehrsprachig verläuft.[27] Wenn dieses – rezeptiv
aufgebaute und differenzierte – Potenzial unterrichtlich in der Familiensprache L1 Türkisch angesprochen wird, ist mit einem wachsenden Zugriff der

---

**26** So werden etwa beim Lösen mathematischer Aufgaben mental-kognitive Fähigkeiten *mittels Mehrsprachigkeit* aktiviert (s. die Arbeiten in Prediger & Özdil 2011).
**27** Auch der Deutsch-als-Fremdsprache-Unterricht für Türkischsprachige kann zweisprachig
erfolgen (vgl. Genç & Rehbein 2019).

Kinder auf ihr mehrsprachiges Repertoire zu rechnen, wodurch wiederum ihre mentalen Fähigkeiten weiter entwickelt werden. Der Ausbau der sprachlichen Handlungsfähigkeiten vollzieht sich dann sogar reziprok und ergibt einen ‚sprachlich-mentalen Mehrwert' bilingualen Unterrichts.[28]

Eine Egalisierung der Sprachenbalance von Immigrantensprache(n) und Deutsch als Zweitsprache im Schulalter ist jedoch nicht unkompliziert. Vielmehr gibt es Übergangs- und Zwischenstadien, die einen ‚Sprachen-Mix' als übliche Form der Kommunikation zeigen (z. B. Gawlitzek-Maiwald 2004).[29] Wir finden in Pausengesprächen und in alltäglichen Unterhaltungen der Kinder mit Migrationsgeschichte untereinander Sprachenmix, Codeswitching und mehrsprachige Übergangsformen zwischen den Sprachen. Diese lassen sich sprachwissenschaftlich nach Bildungsregeln des ‚Multilanguaging'[30] interpretieren. In diesem Sinn ist Multilanguaging ein Mechanismus, der aus dem Ungleichgewicht der Sprachen im Unterricht eine Lehr- und Lernoption machen würde, die à la longue bei vielen Kindern zu einer *doppelseitigen Zweisprachigkeit* führen könnte: Nicht zuletzt würde auch der Nexus der Sprachen beim Codeswitching in der täglichen Lebenspraxis die Entwicklung zu einer solchen Zweisprachigkeit stützen.[31]

Aus heutiger Sicht erscheint das Krefelder Modell zukunftsweisend für eine multilinguale Schule mit zahlreichen Immigrantensprachen auch als Unterrichtssprachen. So ließen sich in Schulen mit 4–5 Erstsprachen (oder auch mehr) etwa 4–5 Parallelklassen installieren, die bezirksübergreifend nach den Sprachen zentriert werden und den SchülerInnen der jeweiligen Sprachen vier bzw. sechs Grundschuljahre lang zu 2/3 auf Deutsch, zu 1/3 in der jeweiligen Erstsprache Unterricht erteilen, wie eingangs ausgeführt. Wahrscheinlich wären sogar 6 Stunden, d. h. 1. Stunde pro Tag oder auch weniger, Erstsprachenunterricht schon hilfreich. Deutschsprachige SchülerInnen könnten am multilingualen Unterricht partizipieren und sprachliche Handlungsfähigkeiten in den ‚Community Languages' (Clyne 1991) durch Zuhören und Mithandeln und nicht allein durch Lehrbuch-bezogenen Fremd-

---

**28** So sind Kinder mit immigrantensprachlichem Spracherwerb für Kommunikation in rezeptiver Mehrsprachigkeit prädisponiert (s. ten Thije & Zeevaert 2007; Rehbein, ten Thije, Verschik 2012).

**29** Für die niederländische Situation vgl. die bahnbrechende Arbeit von Backus (1996).

**30** S. Rehbein & Çelikkol (2019) zu diesem Begriff.

**31** So ist es das Verstehen mathematischer und anderer fachlicher Zusammenhänge in der einen Sprache, das deren Verstehen in der anderen Sprache ermöglicht und umgekehrt. Zudem fördert der Sach- und Fachbezug des Unterrichts zugleich den Spracherwerb in beiden Sprachen. Gemäß Hypothese fördert also *Multilanguaging* in den verschiedenen Schulfächern nicht nur den multilingualen Spracherwerb, sondern auch den mentalen Wissensauf- und -ausbau in reziproker Weise; vgl. hier die Arbeiten in Redder, Çelikkol, Wagner & Rehbein (2018).

sprachenunterricht ausbilden. Entsprechend würden dann die Handlungsfähigkeiten in den immigrantensprachlichen Erstsprachen nicht nur erworben, sondern schulsprachlich weiterentwickelt und reziprok ausgebaut. Auf diese Weise könnten, in einer Variation des Krefelder Modells, auch die aktuellen Zuwanderersprachen, die in die Millionen gehen, also etwa Arabisch, Kurdisch, Paschtu, Persisch/Dari, Türkisch, afrikanische Sprachen usw., entsprechend einem jeweiligen Proporz, in die Curricula vieler Grundschulen mit Gewinn eingebracht und die Bevölkerung frühzeitig und ohne Krampf und Kampf auf ein vielsprachiges Europa vorbereitet werden.[32] Dann ließe sich schulische Mehrsprachigkeit in der Provenienz des Krefelder Modells in ein HELIX-Modell projizieren (Rehbein 2013), gemäß dem sich die Dynamik und die Diversität einer spiralförmig sich entwickelnden *gesellschaftlichen* Mehrsprachigkeit, vorwärtsgetrieben durch die Zuwanderung durch Personen mit vielen anderen Sprachen als Deutsch, auf nationalem und europäischem Niveau entfaltet und sich zu einem mehrsprachigen Bildungsprozess verallgemeinert, auf diese Weise Michael Clynes weltweiter Agenda einer Entwicklung mehrsprachiger Kommunikation folgend (Clyne 2004).

## Nachwort 2020

Inzwischen wurde das Krefelder Modell auf ca. 13 Immigrantensprachen (Arabisch, Albanisch, Bulgarisch, Griechisch, Italienisch, Kroatisch, Kurdisch, Persisch, Polnisch, Russisch, Serbisch, Türkisch, Vietnamesisch) erweitert; diese werden jeweils in 3 Wochenstunden, verteilt in einem Netzwerk von Schulen, nach Jahrgangsstufen unterrichtet (Auskunft der Schulverwaltung Krefeld). Damit erscheint eine konkret-utopische Lösung für den herkunftsprachlichen Unterricht sogar in den derzeit üblichen multilingualen Klassen durchaus als realisierbar.

## Literatur

Ahrenholz, Bernt (2012): Wortstellung in mündlichen Erzählungen von Kindern mit Migrationshintergrund. In: Ahrenholz, Bernt (Hrsg.): *Kinder mit Migrationshintergrund. Spracherwerb und Fördermöglichkeiten. Beiträge aus dem 1. Workshop „Kinder mit Migrationshintergrund"*. Freiburg: Fillibach bei Klett, 221–240.
Apeltauer, Ernst (2006): Bedeutungsentwicklung bei zweisprachig aufwachsenden türkischen Vorschulkindern. In: Ahrenholz, Bernt & Apeltauer, Ernst (Hrsg.): *Zweitspracherwerb und*

---

32 Vgl. Ahrenholz (2012: 223).

*curriculare Dimensionen. Empirische Untersuchungen zum Deutschlernen in Kindergarten und Grundschule.* Tübingen: Stauffenburg, 31–54.

Backus, Ad (1996): *Two in one. Bilingual speech of Turkish immigrants in the Netherlands.* Tilburg: University Press.

BAGIV (Bundesarbeitsgemeinschaft der Immigrantenverbände in der Bundesrepublik Deutschland und Berlin West) (Hrsg.) (1985): *Muttersprachlicher Unterricht in der Bundesrepublik Deutschland. Sprach- und bildungspolitische Argumente für eine zweisprachige Erziehung von Kindern sprachlicher Minderheiten.* Hamburg: Rissen.

Bartlett, Frederic Charles (1932): *Remembering. A Study in Experimental and Social Psychology.* Cambridge: University Press.

Becker, Wesley C. (1977): Teaching reading and language to the disadvantaged: What we have learned from field research. In: *Harvard Educational Review* 47, 518–544.

Beerman, Antonius (1979): Grundzüge des Modellversuchs. In: *Ausländische Kinder an den Grundschulen in Krefeld. Grundschulprojekt: Innere und äußere Differenzierung im Primarbereich bei hohem Ausländeranteil.* Die Stadt Krefeld, Informationen, 19–34.

Berman, Ruth A. & Slobin, Dan Isaac (eds.) (1994): *Relating Events in Narrative. A crosslinguistic developmental study.* Hillsdale, N. J.: Erlbaum.

Bever, Tomas G. (1970): The Cognitive Basis for Linguistic Structures. In: Hayes, John R. (ed.): *Cognition and Language Development.* New York: Wiley, 279–352.

Bialystok, Ellen (1991): *Language processing in bilingual children.* Cambridge: UP.

Bialystok, Ellen (2001): *Bilingualism in Development. Language, Literacy and Cognition.* Cambridge: University Press.

Bialystok, Ellen (2009): Bilingualism: The good, the bad, and the indifferent. In: *Bilingualism: Language and Cognition* 12 (1): 3–11.

Blom, Elma; Küntay, Aylin C.; Messer, Marielle; Verhagen, Josje & Leseman, Paul (2014): The benefits of being bilingual: Working memory in bilingual Turkish-Dutch children. In: *Journal of Experimental Child Psychology* 128, 105–119.

Bühler, Karl (1934): *Sprachtheorie.* Jena: Fischer.

Bührig, Kristin (1992): *Zur Generalisierung qualitativer Forschungsergebnisse. Arbeitspapier des Projektes Entwicklung narrativer Diskursfähigkeiten in Elternhaus und Schule.* Universität Hamburg: Institut für Germanistik.

Calvo, Alejandra & Bialystok, Ellen (2014): Independent effects of bilingualism and socioeconomic status on language ability and executive functioning. In: *Cognition*, 130, 278–288.

Clahsen, Harald; Meisel, Jürgen & Pienemann, Manfred (1983): *Deutsch als Zweitsprache. Der Spracherwerb ausländischer Arbeiter.* Tübingen: Narr.

Clyne, Michael (1991): *Community Languages. The Australian Experience.* Cambridge: University Press.

Clyne, Michael (2004): Towards an agenda for developing multilingual communication with a community base. In: House, Juliane & Rehbein, Jochen (eds.): *Multilingual Communication.* Hamburg Studies on Multilingualism 3. Amsterdam, Philadelphia: John Benjamins, 1–17.

Corder, Pit S. (1967): The Significance of Learners' Errors. In: *International Review of Applied Linguistics*, 5, 161–170.

Cummins, James (1979). Cognitive/Academic Language Proficiency, Linguistic Interde-pendence, the Optimum Age Question and Some Other Matters. *Working papers on bilingualism*, 19, 197–205.

Cummins, James (1980). The construct of language proficiency in bilingual education. In: Alatis, James E. (ed.): *Current issues in bilingual education*. Washington: Georgetown University Press, 81–103.

Cummins, James (1984): *Bilingualism and Special Education: Issues in Assessment and Pedagogy*. Clevedon: Multilingual Matters.

Dittmar, Norbert (1973): *Soziolinguistik*. Frankfurt/M.: Athenäum Fischer.

Dickopp. Karl-Heinz (1982): *Erziehung ausländischer Kinder als pädagogische Herausforderung*. Düsseldorf: Schwann.

Ehlich, Konrad (2007): „So kam ich in die IBM" – Eine diskursanalytische Studie. In: ders.: *Sprache und sprachliches Handeln. Band 3: Diskurs – Narration – Text – Schrift*. Berlin, New York: De Gruyter, 65–107.

Ehlich, Konrad & Rehbein, Jochen (1976): Halbinterpretative Arbeitstranskriptionen (HIAT). *Linguistische Berichte* 45, 21–41.

Ehlich, Konrad & Rehbein, Jochen (1979): Sprachliche Handlungsmuster. In: Soeffner, Hans-Georg (Hg.): *Interpretative Verfahren in den Text- und Sozialwissenschaften*. Stuttgart: Metzler, 243–274.

Ehlich, Konrad & Rehbein, Jochen (1986): *Muster und Institution. Untersuchungen zur schulischen Kommunikation*. Tübingen: Narr.

Engle, P. L. (1975): Language medium in early school years for minority language groups. In: *Review of Educational Research 45*, 283–325.

Erdal, Marcel (1999): Das Nachfeld im Türkischen und im Deutschen. In: Johanson, Lars & Rehbein, Jochen (Hrsg): *Türkisch und Deutsch im Vergleich*. Wiesbaden: Harrassowitz, 53–94.

Fthenakis, Wassilio E. (1985): *Bilingual-bikulturelle Entwicklung des Kindes*. München: Hueber.

Franceschini, Rita (2017): Vor- und Nachteile von Mehrsprachigkeit. In: Krause, Arne; Lehmann, Gesa; Thielmann, Winfried & Trautmann, Caroline (Hrsg.): *Form und Funktion. Festschrift für Angelika Redder zum 65. Geburtstag*. Tübingen: Stauffenburg, 472–483.

Fritsche, Michael (1982): Mehrsprachigkeit in Gastarbeiterfamilien. „Deutsch" auf der Basis der türkischen Syntax. In: Bausch, Karl-Heinz (Hrsg.): *Mehrsprachigkeit in der Stadtregion*. Düsseldorf: Schwann, 160–170.

García, Ofelia (2009): *Bilingual Education in the 21$^{st}$ Century. A Global Perspective*. Chichester: Wiley-Blackwell.

García, Ofelia; Skutnabb-Kangas, Tove & Torres-Guzmán, Maria E. (eds.) (2006): *Imagining Multilingual Schools. Languages in Education and Glocalization*. Clevedon etc.: Multilingual Matters.

Genç, Safiye & Rehbein, Jochen (2019): Nexus – Zu einigen mehrsprachigen Verfahren im akademischen Literaturunterricht. In: Thije, Jan D. ten; Sudhoff, Stefan; Besamusca, Emmeline & Charldorp, Tessa van (eds.): *Multilingualism in Academic and Educational Constellations*. Leiden: Brill (im Druck).

Green, David W. & Li Wei (2014): A control process model of code-switching. In: *Language, Cognition and Neuroscience* 29/4, 499–511.

Grießhaber, Wilhelm (1999): *Die relationierende Prozedur. Zu Grammatik und Pragmatik lokaler Präpositionen und ihrer Verwendung durch türkische Deutschlerner*. Münster usw.: Waxmann.

Grosjean, Francois (2001): The bilingual's language modes. In: Nicol, Janet L. (ed.) (2001): *One mind, two languages. Bilingual language processing*. Malden, Oxford: Blackwell, 1–22.

Heidelberger Forschungsprojekt ‚Pidgin-Deutsch' (1975): *Sprache und Kommunikation ausländischer Arbeiter. Analyse, Berichte, Materialien.* Kronberg/Ts.: Scriptor.

Herkenrath, Annette & Rehbein, Jochen (2012): Pragmatic Corpus Analysis, exemplified by Turkish-German bilingual and monolingual data. In: Schmidt, Thomas & Woerner, Kai (eds.): *Multilingual corpora and multilingual corpus analysis.* Amsterdam, Philadelphia: John Benjamins, 123–152.

Holmen, Anne & Jørgensen, Jens Normann (eds.) (2000): *Det er Conversation 801, değil mi? Perspectives on the Bilingualism of Turkish Speaking Children and Adolescents in North Western Europe.* Copenhagen Studies in Bilingualism, the Køge Series K7. Copenhagen: Danish University of Education.

Kameyama, Shinichi (2004): *Verständnissicherndes Handeln. Zur reparativen Bearbeitung von Rezeptionsdefiziten in deutschen und japanischen Diskursen.* Münster: Waxmann.

Kühn, Heinz (1979): *Stand und Weiterentwicklung der Integration der ausländischen Arbeitnehmer und ihrer Familien in der Bundesrepublik Deutschland: Memorandum d. Beauftragten d. Bundesregierung (=Kühn-Memorandum).* Bonn: Bundesminister für Arbeit u. Sozialordnung.

Meyer-Ingwersen, Johannes; Neumann, Rosemarie & Kummer, Matthias (1977): *Zur Sprachentwicklung türkischer Schüler in der Bundesrepublik.* 2 Bde. Kronberg/Ts.: Scriptor.

Meisel, Jürgen M. (2007): Mehrsprachigkeit in der frühen Kindheit: Zur Rolle des Alters bei Erwerbsbeginn. In: Anstatt, Tanja (Hg.) *Mehrsprachigkeit bei Kindern und Erwachs enen. Erwerb, Formen, Förderung.* Tübingen: Attempo Verlag, 93–114.

Morris, Joyce (1968): Barriers to successful reading for second language students at the secondary level. In: *Tesol Quartlerly* 2, 158–163.

Müller, Natascha (ed.) (2003): *(In)vulnerable domains in multilingualism.* Hamburg Studies in Multilingualism. Vol. 1. Amsterdam, Philadelphia: John Benjamins.

Öktem, Ayşe & Rehbein, Jochen (1987): Kindliche Zweisprachigkeit. *Arbeiten zur Mehrsprachigkeit* 29/1987. Univ. Hamburg: Germanisches Seminar.

Ozil, Şeida; Hofmann, Michael & Dayıoğlu-Yücel, Yasemin (2011): Fünfzig Jahre türkische Arbeitsmigration in Deutschland. In: *Deutsch-türkische Studien. Jahrbuch 2011.* Göttingen: V & R unipress, 205–228.

Pfaff, Carol W. (2015): (How) will Turkish survive in Northwestern Europe? 50 years of migration, 35 years of research on sociopolitical and linguistic developments in diaspora Turkish. In: Zeyrek, Deniz; Sağın Şimşek; Çiğdem; Ataş, Ufuk & Rehbein, Jochen (eds.): *Ankara Papers in Turkish and Turkic Linguistics.* Series Turcologica. Wiesbaden: Harrassowitz, 453–492.

Prediger, Susanne & Özdil, Erkan (Hrsg.) (2011): *Mathematiklernen unter Bedingungen der Mehrsprachigkeit – Stand und Perspektiven der Forschung und Entwicklung in Deutschland.* Münster, New York: Waxmann.

Redder, Angelika; Çelikkol, Meryem; Wagner, Jonas & Rehbein, Jochen (2018): *Mehrsprachiges Handeln im Mathematikunterricht.* Münster, New York: Waxmann.

Rehbein, Jochen (1977): *Komplexes Handeln. Elemente zur Handlungstheorie der Sprache.* Stuttgart: Metzler.

Rehbein, Jochen (1980): Verbale und nonverbale Kommunikation im interkulturellen Kontakt. In: Nelde, Peter H. u. a. (Hrsg.): *Sprachprobleme bei Gastarbeiterkindern.* Tübingen: Narr, 111–127.

Rehbein, Jochen (1981): *Schwierigkeiten mit dem Elementaren. Ortsverhältnisse im Deutsch-Gebrauch türkischer Kinder: Linguistische und sprachpädagogische Aspekte. Mit Schülertexten in zwei Sprachen.* Ruhr-Universität Bochum: Seminar für Sprachlehrforschung (mimeo).

Rehbein, Jochen (o.J.): „Fahrt zur Jugendherberge". 4 Overheadfolien (mit 10 Bildern). http://spzwww.uni-muenster.de/griesha/eps/wrt/szs/juhe/index.html.

Rehbein, Jochen (1982): Worterklärungen türkischer Kinder. In: Osnabrücker Beiträge zur Sprachtheorie (Themenheft ‚Handlungsorientierung im Zweitspracherwerb'), OBST 22, 122–157.

Rehbein, Jochen (1982a): Zu begrifflichen Prozeduren in der zweiten Sprache Deutsch. Die Wiedergaben eines Fernsehausschnitts bei türkischen und deutschen Kindern. In: Bausch, Karl-Heinz (Hrsg.): Mehrsprachigkeit in der Stadtregion. Düsseldorf: Schwann, 225–281.

Rehbein, Jochen (1984): Beschreiben, Berichten und Erzählen. In: Ehlich, Konrad (Hrsg.): Erzählen in der Schule. Tübingen: Narr, 67–124.

Rehbein, Jochen (1985): Typen bilingualen Unterrichts. In: BAGIV (Hrsg.) (1985): Muttersprachlicher Unterricht in der Bundesrepublik Deutschland. Sprach- und bildungspolitische Argumente für eine zweisprachige Erziehung von Kindern sprachlicher Minderheiten. Hamburg: Rissen, 246–273.

Rehbein, Jochen (1986): Zur Zweisprachigkeit türkischer Schüler. Ein Bericht über Untersuchungen der sprachlichen Handlungsfähigkeit türkischer Schüler im ehemaligen Krefelder Grundschulmodell. In: Materialien Deutsch als Fremdsprache 25, 265–279.

Rehbein, Jochen (1986a): Sprachnoterzählungen. In: Hess-Lüttich, Ernest W. B. (Hrsg.): Integration und Identität. Soziokulturelle und psychopädagogische Probleme im Sprachunterricht mit Ausländern. Tübingen: Narr, 63–86.

Rehbein, Jochen (1987): Diskurs und Verstehen. Zur Rolle der Muttersprache bei der Textverarbeitung in der Zweitsprache. In: Apeltauer, Ernst (Hrsg.) Gesteuerter Zweitspracherwerb. München: Hueber, 113–172.

Rehbein, Jochen (1987a): On Fluency in Second Language Speech. In: Dechert, Hans W. & Raupach, Manfred (eds.): Psycholinguistic Models of Production. Proceedings of the Kassel Symposium 1980. Norwood, N.J.: Ablex, 97–105.

Rehbein, Jochen (1987b): Sprachloyalität in der Bundesrepublik? Ausländische Kinder zwischen Sprachverlust und zweisprachiger Erziehung. Arbeiten zur Mehrsprachigkeit 26/1987. Universität Hamburg: Institut für Germanistik.

Rehbein, Jochen (1999): Konnektivität im Kontrast. Zu Struktur und Funktion türkischer Konverbien und deutscher Konjunktionen, mit Blick auf ihre Verwendung durch monolinguale und bilinguale Kinder. In: Johanson, Lars & Rehbein, Jochen: Türkisch und Deutsch im Vergleich, 189–243.

Rehbein, Jochen (2001): Prolegomena zu Untersuchungen von Diskurs, Text, Oralität und Literalität unter dem Aspekt mehrsprachiger Kommunikation. In: Meyer, Bernd & Toufexis, Notis (Hrsg.): Text/Diskurs, Oralität/Literalität unter dem Aspekt mehrsprachiger Kommunikation. Arbeiten zur Mehrsprachigkeit, Folge B, 11. Universität Hamburg: SFB Mehrsprachigkeit, 1–19.

Rehbein, Jochen (2002): Pragmatische Aspekte des Kontrastierens von Sprachen – Türkisch und Deutsch im Vergleich. Arbeiten zur Mehrsprachigkeit, Folge B (Nr. 40). Universität Hamburg: Sonderforschungsbereich Mehrsprachigkeit. In: Yıldız, Süleyman; Ülner, Nihat & Halm Karadeniz, Katja (Hrsg.): Eröffnungsreden und Tagungsbeiträge des VII. Türkischen Germanistikkongresses. Ankara: Hacettepe-Universität, 15–58.

Rehbein, Jochen (2007): Erzählen in zwei Sprachen – auf Anforderung. In: Katharina Meng & Jochen Rehbein (Hrsg.): Kinderkommunikation – einsprachig und mehrsprachig. Mit einer erstmals auf Deutsch publizierten Arbeit von Lev S. Vygotskij, Zur Frage nach der Mehrsprachigkeit im kindlichen Alter. Münster: Waxmann, 389–453.

Rehbein, Jochen (2013): The future of multilingualism – towards a HELIX of societal multilingualism under global auspices. In: Bührig, Kristin & Meyer, Bernd (eds): *Transferring Linguistic Know-how into Institutional Practice*. Amsterdam: John Benjamins, 43–80.

Rehbein, Jochen (2016): Textuelle Literalisierung – mehrsprachig. Zur Verschränkung von Text und Diskurs bei Vorlesen, Bereden und Wiedergeben in zwei Sprachen. In: Peter Rosenberg & Christoph Schroeder (Hrsg.): *Mehrsprachigkeit als Ressource in der Schriftlichkeit*. Berlin: de Gruyter Mouton, 267–304.

Rehbein, Jochen (2017): Der Erwerb von Mehrsprachigkeit im bilingualen Kindergarten aus sprachwissenschaftlicher Sicht. In: Esen, Erol & Engin, Havva (Hrsg.): *Ein Kind – Zwei Sprachen – Doppelabschluss*. Siyasal Kitabevi: Ankara, 71–98.

Rehbein, Jochen; Öktem, Ayşe; Finckensiep, Klaus-Peter & Borgmann, Hans-Jürgen (1983): *Transkriptionen des Projektes, „Sprachliche Handlungsfähigkeit türkischer Kinder der zweiten Generation"*. Seminar für Sprachlehrforschung: Ruhr-Universität Bochum (mimeo).

Rehbein, Jochen & Öktem, Ayşe (1987): *Kindliche Zweisprachigkeit. Eine kommentierende Bibliographie zum kindlichen Erwerb von zwei Sprachen und zu Aspekten des Erstspracherwerbs*. Arbeiten zur Mehrsprachigkeit 29/1987. Universität Hamburg: Institut für Germanistik.

Rehbein, Jochen & Grießhaber, Wilhelm (1996): L2-Erwerb versus L1-Erwerb: Methodologische Aspekte ihrer Erforschung. In: Ehlich, Konrad (Hrsg.): *Kindliche Sprachentwicklung. Konzepte und Empirie*. Opladen: Westdeutscher Verlag, 67–119.

Rehbein, Jochen & Kameyama, Shinichi (2003): Pragmatik. Artikel 69 in: Ammon, Ulrich; Dittmar, Norbert; Mattheier, Klaus & Trudgill, Peter (eds.): *Soziolinguistics. An International Handbook of the Science of Language and Society* (HSK). Berlin, New York: de Gruyter, 556–588.

Rehbein, Jochen & Karakoç, Birsel (2004): On contact-induced language change of Turkish aspects: Languaging in bilingual discourse. In: Dabelsteen, Christiane B. & Jørgensen, Jens N. (eds.) (2004): *Languaging and Language Practices*: Copenhagen Studies in Bilingualism, vol. 36. Copenhagen: University of Copenhagen, 129–155.

Rehbein, Jochen; Meng, Katharina (2007): Kindliche Kommunikation als Gegenstand sprachwissenschaftlicher Forschung. In: Katharina Meng & Jochen Rehbein (Hrsg.): *Kinderkommunikation – einsprachig und mehrsprachig. Mit einer erstmals auf Deutsch publizierten Arbeit von Lev S. Vygotskij, Zur Frage nach der Mehrsprachigkeit im kindlichen Alter*. Münster: Waxmann, 9–46.

Rehbein, Jochen; Karakoç, Birsel & Herkenrath, Annette (2009): Turkish in Germany – On contact-induced language change of an immigrant language in the multilingual landscape of Europe. In: *STUF – Sprachtypologie und Universalienforschung / Language Typology and Universals* (Special Issue on "Multilingualism and Universal Principles of Linguistic Change") 62, 3, 161–204.

Rehbein, Jochen; Thije, Jan ten & Verschick, Anna (2012): Lingua receptiva (LaRa) – remarks on the quintessence of receptive multilingualism. In: Thije, Jan D. ten; Rehbein, Jochen & Verschik, Anna (eds.): *Journal for Bilingualism* (Special Issue on "Receptive Multilingualism") 16/2012, 248–264.

Rehbein, Jochen & Çelikkol, Meryem (2018): Mehrsprachige Unterrichtsstile und Verstehen. In: Redder, Angelika; Çelikkol, Meryem; Wagner, Johannes & Rehbein, Jochen (2018): *Mehrsprachiges Handeln im Mathematikunterricht*. Münster, New York: Waxmann, 29–214.

Rehbein, Jochen & Çelikkol, Meryem (2019): *Multilanguaging* im Mathematikunterricht – Mehrsprachige Unterrichtsstile und denksprachliche Effekte. In: Thije, Jan D. ten; Sudhoff,

Stefan; Besamusca, Emmeline & Charldorp, Tessa van (eds.): *Multilingualism in Academic and Educational Constellations*. Leiden: Brill.

Sağın Şimşek, Çiğdem (2006): *Third Language Acquisition – Turkish-German Bilingual Students' Acquisition of English Word Order in a German Educational Setting*. Münster, New York: Waxmann.

Schroeder, Christof; Iefremenko, Kateryna & Öncü, Mehmet (2020): The postverbal position in heritage Turkish. A comparative perspective with a focus on non-clausal elements. In: Kalkavan-Aydın, Zeynep & Şimşek, Yazgül (Hrsg.): *Zweisprachigkeit Deutsch-Türkisch. Studien in Deutschland und in den Nachbarländern*. Münster: Waxmann (im Druck).

Skutnabb-Kangas, Tove (1981): *Bilingualism or Not: The Education of Minorities*. Clevedon: Multilingual Matters.

Stein, Nancy L. & Glenn, Christine G. (1979): An Analysis of Story Comprehension in Elementary School Children. In: Freedle, Roy O. (ed.): *New Directions in Discourse Processes*. Norwood, N. J.: Ablex, 53–120.

Stölting, Winfried (1980): *Die Zweisprachigkeit jugoslawischer Schüler in der Bundesrepublik Deutschland*. U. Mitarb. v. Delić, Dragica; Orlovic, Marija; Rausch, Karin & Sausner, Edeltraut. Wiesbaden: Harrassowitz.

Swain, Merril (1978): Home-School Language Switching. In: Richards, Jack C. (ed.): *Understanding Second and Foreign Language Learning*. Rowley: Newbury House, 238–250.

Thije, Jan D. ten & Zeevaert, Ludger (Eds.) (2007): *Receptive Multilingualism. Linguistic analyses, language policies and didactic concepts*. Amsterdam: John Benjamins.

Wong Fillmore, Lilly (1976): *The Second Time Around: Cognitive and social strategies in second language acquisition* (unpubl. Dissertation). Department of Linguistics: University of Stanford (linguistics.stanford.edu).

# Jochen Rehbein

## Multilanguaging, biographisch

(Foto: privat)

Wenn man Mehrsprachigkeit auf eine Formel bringen sollte, könnte man sagen: 1 + 1 = 3, um auszudrücken, dass Individuen und Gesellschaften aus dem Rohstoff ihrer Sprachen mittels Kreativität und Diversität optimierte Kommunikationssysteme schaffen können (House & Rehbein 2004). Diese, ja, Überlegung, hat in meiner Biographie mehrere Anstöße.

Anstöße etwa gaben mir nicht-institutionelle Spracherfahrungen: Zwischen den Dialekten von Nordhessen und Südhannover aufgewachsen, 1945 Russisch mit meiner Mutter in Erwartung der Besatzung angefangen (das /щ/ schtsch hat sich bleibend eingeprägt), mein Vater war auf dem Rückzug dank seiner Russisch-Kenntnisse durchgekommen – Sprachen als Überlebenshilfe. In der 10. Klasse dann tala svenska nach dem gelben Langenscheidt auf einer Fahrradtour in Lappland, Italo-Latino-Spanisch beim Trampen mit einer Freundin in Italien, Spanisch mit dem Esel in Andalucia, gebannt den dreistündigen Vorlesungen eines Gilles Deleuze im Gauloise-verrauchten Vincennes auf Französisch folgen, an lauen Abenden in Girne/Kyrenia auf Nordzypern türkisch-griechisch-englischen Gesprächen zuhören, Immigrantenberatung im Hackney Community Centre in East London aufnehmen, Hispano-Portugiesisch in Porto, Neugriechisch auf Naxos, Türkisch beim Bauern in Damlica Köyü/Gülalahayık, Provinz Bayburt, aber Nicht-Verstehen ihrer Sprachen Azeri und Kurdisch, Akan-Französisch bei Begleitung eines Doktoranden von der Elfenbein-Küste, Japanisch in der Sprechstunde, später dreisprachige Plaudereien über Politik am Mittagstisch von ODTÜ (Orta Doğu Teknik Ünversitesi) in Ankara, rezeptive Mehrsprachigkeit Türkisch-Koreanisch beim Obst-Einkauf in Seoul, Turko-

Persisch beim Verirren auf einer Iran-Reise, Erforschung gewachsener Kurdisch-Türkischer Zweisprachigkeit in Schulen Istanbuls, usw.

Und da waren viele verlorene Kämpfe etwa mit Serbokroatisch in Mali Lošinj, Arabisch 3x im Sprachkurs und in Kairo, mit Russisch in zwei Sprachkursen in Freiburg, Türkisch im ersten Anlauf war deprimierend, mit Baskisch im Kurs von Brettschneider am Seminar für Allgemeine Sprachwissenschaft in Düsseldorf, irgendwo auch mit Hebräisch, später mit Thai im Supermarkt in Chiang Mei, mit Suaheli in Nairobi, mit Chinesisch in der Vorlesung, mit Katalanisch in Barcelona, mit Berber, mit Maltesisch, schließlich im Projekt Sprache der Höflichkeit in der Interkulturellen Kommunikation mit Madagassisch in Hamburg.

Derartige affektiv-repulsive Spracherfahrungen begegneten mir jenseits des traumatischen Vokabel- und Grammatik-Paukens fürs Übersetzen toter normativer Texte im altsprachlichen Gymnasium, in der erstarrten bundesdeutschen Nachkriegsgesellschaft versprachen gesprochene Sprachen demgegenüber Leben, Weite und das Unbekannte.

Dabei tröstete ich mich immer wieder mit der Sentenz des britischen Sprachlehrforschers John Trim: der einmal sagte, wer in einer anderen Sprache kommuniziere, und sei es nur mit einem Wort, sei schon in die andere Sprache gejumpt. Und dann entdeckte ich das Fremde-Sprachen-Lernen mit der genialen, weil oralen, Méthode Assimile, die mit kleinen Geschichten mir Französisch, Neugriechisch, Japanisch, Persisch u. a. nahebrachte. Bisweilen stellte sich da dieses unglaubliche Gefühl ein, wenn man zum ersten Mal in einer ansatzweise erworbenen Sprache zaghaft etwas sagt, was jemand anderes versteht: das ist wie vom Wind in andere Welten getragen zu werden, und man erkennt, dass Babel ein Gewinn für die Menschen und keine Strafe Gottes war.

Zum Krefelder Modell kam ich 1979 am Beginn meiner Professur für Sprachlehrforschung (mit der klingenden Spezifikation ‚Sprachsoziologie mit besonderer Berücksichtigung des Fremdsprachenerwerbs‘) in Bochum. Zur gleichen Zeit hatte meine Frau Ivika an einem Gymnasium in Düsseldorf eine homogen aus türkischen SchülerInnen bestehende fünfte Klasse im Deutschunterricht übernommen. Da ich zuvor im Projekt „Kommunikation in der Schule (KidS)" zusammen mit Konrad Ehlich und einer Reihe hochmotivierter StudentInnen Schulunterricht auf Kassette aufgenommen, transkribiert und analysiert hatte, stattete ich das Klassenzimmer mit 3 Sennheiser-Mikrophonen je Wand aus und verband sie mit einem zweikanaligen Uher-Rekorder, in den meine Frau ein Jahr lang in jeder Unterrichtsstunde eine Kassette einlegte. Erste Transkriptionen dokumentierten nun, dass der Unterricht in Deutsch-als-Zweitsprache in eine permanente Geräuschkulisse auf Türkisch eingebettet war. Da wir im Projekt KidS herausgefunden hatten, dass ein Teil der (meist halblauten) Schülergespräche ein ‚Nebendiskurs‘ war, in dem das lehrerseitig präsentierte Wissen diskursiv verarbeitet wurde, war mir sofort klar: für diese Untersuchung muss ich Türkisch lernen, um zu verstehen, was in den Köpfen der türkischen Schüler beim Deutschlernen „so abgeht". Als nun eines Tages eine Abordnung des Ministeriums den Unterricht besuchte, bekam ich einen Anruf aus Krefeld mit der Anfrage, ob ich nicht die sprachwissenschaftliche Begleitung des Krefelder Modells übernehmen wollte. Und los gings.

In der Folge standen die Untersuchungsergebnisse der mehrsprachigen Schulpraxis in Krefeld durchaus Pate für die Ausarbeitung des „Memorandums zum Muttersprachlichen Unterricht" 1985 – ein sprachpolitischer Vorstoß für ein nationales Programm, die Gastarbeitersprachen (Griechisch, Italienisch, Portugiesisch, Serbokroatisch, Spanisch und Türkisch) wie im Krefelder Modell in allen (alten) Bundesländern in die deutsche Regelschule einzubinden. Eine Adaption an heutige Verhältnisse erfolgte in Rehbein (2012).

Auch unser zweisprachiges Lehrwerk, „Eine praktische Grammatik in zwei Sprachen. Türkler için Almanca Ders Kitabı", war motiviert durch meine Krefelder Erfahrungen; die Lektionen des Lehrwerks wurden sogar in ‚multikulturellen Klassenzimmern' von nicht-türkischsprachigen SchülerInnen mit Migrationsgeschichte bearbeitet – dann in der deutschsprachigen Spalte. Leider haben Deutschdidaktik und Verlagswesen das Werk nicht goutiert.

Viele Anstöße erhielt ich natürlich durch meine akademische Tätigkeit, in deren Zuge ich von der sprachbasierten Interkulturellen Kommunikation zur Mehrsprachigkeit kam, und von Mehrsprachigkeit im Sinne einer Komparatistik zur Sprachkontakt-Forschung und von dort zur Konzeption der Kontaktsprachen (z. B. die von Yaron Matras in Language Contact skizzierte gesellschaftliche Interaktion von Sprachen in den Sprachenbünden) und weiter zur mehrsprachigen Kommunikation unter Bedingungen Rezeptiver Mehrsprachigkeit (Rehbein & Romaniuk 2014). Durch HAZEMS, das Graduiertenkolleg für Mehrsprachigkeit und Sprachkontakte (GKMS), den SFB 538 Mehrsprachigkeit, durch das AMUSE-Projekt in ODTÜ und der Akdeniz Universität Antalya, kam ich zur Entwicklung der HELIX-Konzeption mehrsprachiger Kommunikation, insbesondere mit Immigrantensprachen und Community Languages, und schließlich zu Realität und Utopie urbaner Mehrsprachigkeit (Rehbein 2010).

Das Estnische in unserer Familienkommunikation aber ist seit Jahrzehnten zur Herausforderung meines Lebens geworden. Während unsere Kinder und Enkel diese Sprache zusammen mit Deutsch im und durch Hören lernten, hatte ich Linguisten-Profi für deren Erwerb mir zu wenig Zeit gegönnt. Wie habe ich bewundert, dass der deutsche Aufsatz, etwa über Thomas Mann, auf Estnisch vorbereitet und mit „sehr gut" geschrieben wurde, wie bewundere ich noch immer das flüssige Dahinplätschern des estnischen Diskurses, hier und da mit Inseln des Deutschen gespickt. Erst jetzt als Pensionär versuche ich, mit Colloquial Estonian, Vikerradio und Kurzgeschichten, an diese flüssige Mehrsprachigkeit unserer Familienkommunikation selbst den Anschluss zu kriegen – und alltagspraktisch zu belegen, dass sich das Fenster der *kritischen Periode* auch im hohen Alter nicht zu schließen braucht – entgegen dem Desillusionismus *einiger* neurolinguistischer – wie man jetzt mit Glottalverschluss schreiben soll – Kolleg*innen. Nicht jeder Mensch ist ein Wurm, hoffe ich.

Grießhaber, Wilhelm; Aksoy-Reiter, Aydan; Kolcu-Zengin, Serpil & Rehbein, Jochen (1992): *Lehrbuch Deutsch für Türken. Eine praktische Grammatik in zwei Sprachen.Türkler için Almanca Ders Kitabı. Iki Dilli Uygulamalı Almanca + Çözümler • Lösungen*. Hamburg: Signum-Verlag.
House, Juliane & Rehbein, Jochen (2004): What is ‚multilingual communication'? In: House, Juliane & Rehbein, Jochen (eds.): *Multilingual communication*. Hamburg Studies on Multilingualism 3. Amsterdam: John Benjamins, 1–17.
Matras, Yaron (2009): *Language Contact*. Cambridge: University Press.
Memorandum zum Muttersprachlichen Unterricht in der Bundesrepublik Deutschland (2. neubearbeitete Fassung 1985): In: BAGIV (Hrsg.) (1985): *Muttersprachlicher Unterricht in der Bundesrepublik Deutschland. Sprach- und bildungspolitische Argumente für eine zweisprachige Erziehung von Kindern sprachlicher Minderheiten*. Hamburg: Rissen, 13–42.
Moseley, Christopher (1994): *Colloquial Estonian*. London, New York: Routledge.
Rehbein, Jochen (2010): Llengües, immigració, urbanització: elements per a una lingüística dels espais urbans del plurilingüisme / Sprachen, Immigration, Urbanisierung – Elemente zu einer Linguistik städtischer Orte der Mehrsprachigkeit. In: Pere Comellas i Conxita Lleó (eds.): *Recerca i gestió del multilingüisme. Algunes propostes des d'Europa*.

*Mehrsprachigkeitsforschung und Mehrsprachigkeitsmanagement. Europäische Ansichten.* Münster etc: Waxmann, 44–111.

Rehbein, Jochen (2012): Mehrsprachige Erziehung heute – für eine zeitgemäße Erweiterung des „Memorandums zum Muttersprachlichen Unterricht in der Bundesrepublik Deutschland" von 1985. In: Winters-Ohle, Elmar; Seipp, Bettina & Ralle, Bernd (Hrsg.): *Lehrer für Schüler mit Migrationsgeschichte: Sprachliche Kompetenz im Kontext internationaler Konzepte der Lehrerbildung.* Münster: Waxmann, 55–76.

Rehbein, Jochen & Romaniuk, Olena (2014): How to check understanding across languages. An introduction into the *Pragmatic Index of Language Distance (PILaD)* usable to measure mutual understanding in receptive multilingualism, illustrated by conversations in Russian, Ukrainian and Polish. *Applied Linguistics Review*, 5(1): 131–172.

Konrad Ehlich

# Mehrsprachigkeit als Forschungs- und als Praxisfeld: Teilnehmende Beobachtungen zu Emergenz und Kontingenz

## 1 Worum es gehen soll

Das Thema „Mehrsprachigkeit" erfährt seit ca. einem Jahrzehnt, so scheint es, geradezu einen ‚Hype'. Ein regelrechter Konferenz-Reigen zur Thematik durchzieht die
Jahres-Tagungsaktivitäten; die Thematik schlägt sich inzwischen sogar in Denomi-
nationen von Professuren nieder. Diese Eindrücke freilich erweisen sich bei ge-
nauerem Hinsehen doch eher als ein Bild, das auf die schiere Oberfläche des
gesellschaftlichen wie des wissenschaftlichen Betriebs bezogen ist. In Wahrheit ist
Mehrsprachigkeit – und dies gilt vor allem für die schwierigen Wechselbeziehun-
gen zwischen Wissenschaft und Gesellschaft – weiterhin ein Bereich, mit dem sich
sowohl die Sprachwissenschaft in ihrer Breite (jedenfalls im deutschsprachigen
Raum) wie die Gesellschaft als ganze schwer tun. Warum ist ihr Stellenwert faktisch so umstritten? Warum ergeben sich die Praxen der Mehrsprachigkeit so wenig
‚leicht-züngig'? Warum ist es so schwer für die deutsche Sprachwissenschaft noch
immer, sich mit dieser Thematik als einer ihrer Kernaufgaben zu beschäftigen?
Warum ist es noch schwerer, in den schulischen, vorschulischen, nachschulischen
Zusammenhängen der Mehrsprachigkeit einen angemessenen Ort zu eröffnen –
und, schließlich, warum ist dies in der Gesellschaft insgesamt weiterhin und offensichtlich ein problematischer Bereich – nicht zuletzt bis in die aktuellen politischen
Auseinandersetzungen hinein?

In Bezug auf diese Fragen können hier nur wenige Aspekte angedeutet werden – in der Hoffnung, so einen Beitrag dazu zu leisten, einen genaueren, jenseits der Moden und ihres schnellen Wechsels liegenden Blick anzuregen.

Der vorliegende Band enthält Texte, in denen Forscherinnen und Forscher
über die Herausbildung ihrer Befassung mit Mehrsprachigkeit berichten. Sie
sind wesentlich autobiographisch geprägt: Im Licht eigener Erfahrungen werden zugleich Phasen in der jüngeren Linguistikgeschichte im deutschsprachigen Raum erzählt, für die die individuellen Erfahrungen wichtige Impulse zur

https://doi.org/10.1515/9783110715538-010

Disziplinentwicklung ergeben haben. Im Folgenden möchte ich demgegenüber eine etwas andere Blickrichtung wählen. Ich versuche, die Beachtungen wie die Missachtungen des Themas „Mehrsprachigkeit" innerhalb des deutschsprachigen Raumes auf allgemeinere, wirkmächtige geschichtliche und bis heute virulente Aspekte der deutschen und europäischen Geschichte und Geistesgeschichte hin zu befragen. Es handelt sich also um eine Spurensuche, deren Zweck ein Verstehen von beidem, der Missachtung wie der allmählichen Beachtung des Phänomens Mehrsprachigkeit, ist – und zwar sowohl hinsichtlich der Forschung wie der Praxis. Diese Spurensuche zeigt ein differenziertes Ineinander von *Emergenz* einerseits, das heißt einer allmählichen ‚Aus-sich-Herausentwicklung', und andererseits von *Kontingenz*, also von Zufällen, die freilich auf die ganze Entwicklung nicht ohne Einfluss waren. Derartige Zufälle sind nicht zuletzt wiederum solche biographischer Art. Sie sind Zufälle, die zugleich einer gewissen Notwendigkeit in der Entwicklung selbst folgen und die diese nicht unwesentlich mitbestimmt haben. Das Wechselverhältnis des gesellschaftlichen Phänomens der Mehrsprachigkeit wie des wissenschaftlichen Umgangs damit verlangt jeweils einen Wechsel der Perspektiven. Dies schlägt sich im Aufbau der folgenden Überlegungen nieder.

Ich befasse mich zunächst (Abschnitt 2) mit einigen Facetten des Verhältnisses von deutsch(sprachig)er Sprach*wissenschaft* und Mehrsprachigkeit im europäischen Kontext und richte dann den Blick für die zweite Hälfte des 20. Jahrhunderts vor allem auf den westlichen Teil der heutigen BRD, also die alte Bundesrepublik (Abschnitt 3). Hinsichtlich der deutschen Sprach*wirklichkeiten* im Horizont der deutschen Geschichte des 20. Jahrhunderts werden Konsequenzen für die gesellschaftliche Wahrnehmung von Mehrsprachigkeit aufgesucht (Abschnitt 4). Abschnitt 5 behandelt Praxisanforderungen der Sprach*vermittlung* und deren Folgen. Der *sechste Abschnitt* richtet den Blick auf die *Sprachwissenschaft in der alten BRD* innerhalb der gesellschaftlichen Wirklichkeit, in der sie gearbeitet und sich entwickelt hat und dies weiterhin bis heute tut. *Im siebten Abschnitt* werden schließlich einige Etappen des langen Weges zu *Deutsch als Zweitsprache* im Zusammenhang der zuvor herausgearbeiteten Bestimmungen behandelt. Ein kurzer *achter* Abschnitt befasst sich mit dem Horizont von *Mehrsprachigkeit in Deutschland und in Europa* für die nähere Zukunft.

# 2 Deutsch(sprachig)e Sprachwissenschaft und Mehrsprachigkeit

## 2.1 Zur Defokussierung vs. Fokussierung von Mehrsprachigkeit in der Linguistik

### 2.1.1 Sprachwissenschaft im Horizont des Projekts Nation

Über die faktische Mehrsprachigkeit in vielen Teilen der Erde herrscht gegenwärtig kaum noch ein Zweifel. Umso erstaunlicher ist es, dass gerade die mitteleuropäische Sprachwissenschaft diesen Aspekt der Sprachwirklichkeit so lange und hartnäckig im Dunkel der Defokussierung gelassen hat. Dies ist, denke ich, unmittelbarer Ausdruck und Ausfluss der Konstituierungsvoraussetzungen dieser Sprachwissenschaft selbst. Sie ist weithin eine Sprachwissenschaft im Horizont des Projekts „Nation" (Anderson 1983), jenes Projektes also, das mit dem großen Aplomb der Französischen Revolution zu einer alles umwälzenden gesellschaftlichen Realität geworden ist. Dieses Konzept vom Anfang des 19. Jahrhunderts bestimmt große Teile der Weltentwicklung bis heute – auch sprachlich (vgl. Calvet 1974; 2013).

Geradezu im Kern dieses Konzeptes gewann Sprache eine neue, sich mit Macht durchsetzende Realisierung in einem Prozess, den man die „Nationalisierung von Sprache" nennen kann: Sprache als eine zentrale, ja als *die* zentrale Größe für die Konstituierung von Nationen.

Die Sprachwissenschaften in langen Abschnitten des späteren 19. Jahrhunderts waren darauf fixiert. Die weitgehende Missachtung von Ansätzen jenseits dieser Fixierung, Ansätze, wie sie zu Beginn des 19. Jahrhunderts, insbesondere bei Wilhelm von Humboldt, entstanden, weist mit Nachdruck auf Konsequenzen solcher Zentrierung hin. Für die deutschen wie für andere europäische Sprachwissenschaften ist im Wesentlichen ein Eurozentrismus kennzeichnend. Die Sichtweise auf Sprache wird von der Situierung in einem sich als Ensemble von Nationen ausprägenden Europa bestimmt. Alles, was darüber hinausgeht, wird in einer spezifischen Weise auf dieses Europa als Zentrum bezogen.

Die wissenschaftliche Umsetzung findet in der großen Erfolgsgeschichte der *Indogermanistik* ihren Ausdruck – und zwar durchaus auch mit dem zweiten Teil dieses Ausdrucks, also „-germanistik", als wesentlichem Interessenhorizont. Die durch die Kolonisierung (s. u.) zugänglich gewordenen indischen Sprachdaten erwiesen sich insbesondere deshalb als interessant, weil sie für die europäischen, weil sie für die germanischen Sprachen Aufschlüsse von zuvor nicht bekannten Erklärungspotentialen boten.

Diese Indogermanistik erbrachte bedeutende Erkenntnisse in Bezug auf Sprachen, deren Verbreitung von den westlichen Küsten Irlands bis hin zu den Ufern des Ganges reicht. Die Indogermanistik folgte zwei miteinander verbundenen Grundkonzeptualisierungen, die sie zu weit ausgearbeiteten Narrativen detailreich entfaltete, zusammengehalten und wirksam gemacht durch die Nutzung der Metapher der „Familie". Sie übertrug diese auf die Welt der Sprachen im Konzept der „Sprachfamilie". Diese Familienmetaphorik leistete einerseits die Herstellung einer *Ordnung* für die analytisch einbezogenen Sprachen, und sie bot andererseits die Möglichkeit eines Konzepts von *Entwicklung* – eines Konzepts, das besonders in der zweiten Hälfte des 19. Jahrhunderts zu einem Leitkonzept werden sollte.

Diese Familienmetaphorik mutierte am Ende des 19. und zu Beginn des 20. Jahrhunderts zum „wissenschaftlichen Rassismus", einer Konzeption, die ihrerseits, biologistisch untermauert und sozialdarwinistisch umgesetzt, genau in die imperialistischen Selbstüberhebungen europäischer Nationen hineinpasste und sich darin ausdrückte. Wir sind häufig geneigt, den Rassismus für eine Art von ‚Verkehrsunfall' der Linguistik wie auch der Soziologie zu halten. Das war er leider nicht; vielmehr war er eine konsequente Weiterentwicklung des allgemeinen hier beschriebenen Rahmens, gespiegelt in das Projekt Nation (vgl. Conze und Sommer 1984 bzw. 2004). Es brauchte offensichtlich bis heute, bis die dafür in Anspruch genommene Biologie selbstkritisch ihre eigene Geschichte einer Revision unterzieht – interessanterweise in jenem Jena, in dem Haeckel, ein Star unter den Wissenschaftlern des wilhelminischen Kaiserreichs, mit biologischen Argumenten das Konzept des Rassismus wesentlich vorangetrieben hatte. Die „Jenaer Erklärung" von 2019 (s. Deutsche Zoologische Gesellschaft 2019) steht unter dem Leitwort: „Das Konzept der Rasse ist das Ergebnis von Rassismus und nicht dessen Voraussetzung".

### 2.1.2 Schriftlichkeit

Die indogermanistische Sprachwissenschaft ist wesentlich eine Linguistik der Schriftlichkeit, und dies als vermeintlich schiere Selbstverständlichkeit. Zwar mehrten sich am Ende des 19. Jahrhunderts die Stimmen, die in der Linguistik eine Priorität des Mündlichen proklamatorisch ins Spiel zu bringen suchten; aber selbst dies geschah lediglich auf der Folie von Schriftlichkeit. Es sind die philologischen Wurzeln der Linguistik, die sich hier als jene schiere Selbstverständlichkeit durchsetzen. Mündliche sprachliche Ereignisse erregten erst ganz allmählich zu Beginn des 20. Jahrhunderts breitere wissenschaftliche Aufmerksamkeit. Bei Hermann Paul, einem der letzten großen Junggrammatiker (vgl. Paul 1880), fand schließlich die Mündlichkeit im Gesamtkonzept von Linguistik einen eigenen systematischen Stellenwert, doch die Empirie blieb auch hier dahinter noch weitgehend zurück. Nur wenige Ausnahmen wie Schuchardt erkannten die Bedeutung der veränderten Sichtweise; er wurde zugleich einer derjenigen, die im deutschsprachigen Raum Mehrsprachigkeitsphänomene tatsächlich zu einem linguistischen Thema machten, z. B. in seinen Arbeiten zur „Lingua franca" (Schuchardt 1909; vgl. Vennemann & Wilbur 1972).

Mehrsprachigkeit ereignet sich deutlich stärker im Raum der mündlichen Diskurse, in der Kommunikation von Angesicht zu Angesicht, die zwischen Sprechern und Sprecherinnen mit unterschiedlichen Sprachenrepertoires erfolgt. Zwar hat es in der Geschichte der Schrift von ihren Anfängen an durchaus auch eine *mehr*sprachige Entwicklung und eine darauf basierende mehrsprachige Schrift-Praxis gegeben, wie insbesondere die Herausbildung der sumerisch-babylonischen Schrift auf beeindruckende Weise zeigt. Neuere solche Entwicklungen sind zum Beispiel in der Übertragung des chinesischen Schriftsystems in das Japanische zu finden. Aber die Priorität von Mündlichkeit für mehrsprachiges kommunikatives Geschehen ist unverkennbar. Gegenläufige Beispiele wie das Makkaronische (Fritsche 2002) oder zum Beispiel eine mehrsprachige Autorschaft in der neueren Literatur (vgl. z. B. Redder 1991; 2017a) machen im Gesamt der literarischen Produktion einen relativ kleinen Anteil aus.

Die wissenschaftliche Thematisierung von Mehrsprachigkeit hatte also schon von der Datenlage her wenig Aussicht auf breitflächige Beachtung.

### 2.1.3 Sprachbewertungen

Weiter entwickelte sich die Linguistik im Kontext einer expliziten Sprachbewertung. Es sind die indoeuropäischen Sprachen und hier besonders diejenigen, die hochflektierend sind – vom Sanskrit über das Griechische und das Latein sowie baltische Sprachen bis hin zu einigen germanischen und keltischen –, die hinsichtlich ihrer reichen Morphologie untersucht werden. Flexion gilt zudem und zugleich als die höchste Entwicklung in Bezug auf das, was Sprache überhaupt ist.

So nehmen europäische Sprachen in der Pyramide der Wertschätzung geradezu automatisch den höchsten Platz ein. Dies entspricht dem Selbstverständnis einiger der Nationen und Staaten, die in den Zeiten des Imperialismus die Welt unter sich aufteilen. Sprachimperialismus ist ein integraler Teil dieser Entwicklung. Die Konzentration auf die Nation für die Herstellung von Nationalsprachen sieht diese im Zentrum (im Übrigen auch unter Diskreditierung der sogenannten Dialekte innerhalb des Sprachbereichs dieser Nationalsprachen).

Je mehr man sich von diesen Zentren entfernt, verflüchtigt sich auch das Interesse an den Sprachen, die an den Peripherien (das heißt zugleich weithin: in den Kolonien) gesprochen werden.

Die Nationalisierung des Sprachkonzepts liefert zudem reichlich Argumente für die Auseinandersetzung der Imperien untereinander. Linguisten positionieren sich selbst an vorderster Front in den ideologischen Kämpfen, die die faktischen militärischen begleiten und ihnen in vielen Fällen vorausgehen. Die Auseinandersetzungen um Schlesien und andere Gebiete an der Ostgrenze des Deutschen Reiches etwa sehen den Keltologen Leo Weisgerber als aktiven „Influencer"; in Italien ist Ettore Tolomei der Begründungsgeber für italienische Ansprüche auf Südtirol mit Mitteln der Sprachgeographie und der Onomastik. Selbst die Schaffung neuer Orts- oder Flurnamen dient dabei als Argumentationshilfe (vgl. wikipedia s.v. Tolomei, Ettore). Das linguistische Wegblenden gegenteiliger sprachlicher Fakten ist die Kehrseite dieser Argumentationsverfahren.

## 2.2 Mehrsprachigkeit und Mehrsprachigkeitserfahrungen im Licht europäischer Expansion

Die deutschen Staaten des 19. Jahrhunderts und – seit der Reichsgründung 1871 – das deutsche Kaiserreich verfügten über vergleichsweise wenig kolonialpolitische Erfahrungen im Umgang mit anderen Sprachen. Die Situation im Habsburger Reich und, seit 1869, nach dem sogenannten „Ausgleich", im k.-k.-Reich, hat demgegenüber eine deutlich differenziertere Erfahrung mit entsprechenden theoretischen wie politischen Umsetzungen bis hin zum Austromarxismus (vgl. Maas 1989a, b) oder auch zum Zionismus.

Die großen europäischen Kolonialmächte insgesamt weisen gegenüber der deutschen Entwicklung hier eine deutlich andere Erfahrung auf. Vom ausgehenden 15. Jahrhundert an bis in die Gegenwart hinein konfrontiert die Kolonialgeschichte wie die Postkolonialgeschichte diese Mächte mit einer erheblichen sprachlichen Vielfalt. Der Kolonialismus hat paradoxerweise den Blick über die nationalfixierten Sprachen der Kolonialmächte hinaus charakteristisch ausgeweitet.

Die religiöse Seite dieser Expansion, die christlichen Missionen, war Bahnbrecher für die Wahrnehmung und Beschreibung von Sprachen jenseits der europäischen Sprachenlandschaft. Die christliche Missionstätigkeit weist sogar durchaus Beispiele einer Missionarslinguistik auch vor deutschem Hintergrund aus, wie zum Beispiel die Beschreibung der Sprache der Inuit, des Inuktitut, im weiteren Kontext der Herrnhuter Mission zeigt (vgl. Nowak 1999).

Vor allem aber die aus der Kolonialisierung sich ergebenden praktischen Anforderungen verlangten nach einer Sprachenpolitik, die sich bis heute selbst in den dekolonisierten Staatsgebilden in ihren Auswirkungen zeigt. Fragen der Mehrsprachigkeit waren sehr konkret und real; sie waren ein wesentlicher Teil der Probleme der kolonialen, der Unterdrückungsgeschichte. Mehrsprachigkeitskonzepte einerseits, forcierter Oktroi der Sprache der Kolonialmacht andererseits bilden die unterschiedlichen Antworten auf diese Herausforderungen.

In das Hauptgeschäft der Linguistik hinein wirkte sich diese Situation zwar durchaus auch aus, eine Fokusveränderung fand hingegen nur in wenigen Fällen statt. Es sind einige linguistische Entwicklungen im Commonwealth, in der Communauté Française und dann, ab dem Beginn des 20. Jahrhunderts, die (über einige Vermittlungen Fragestellungen Humboldts aufnehmende) US-amerikanische Kulturanthropologie, die als die prominentesten Beispiele für ein forschungsrelevantes Interesse an Mehrsprachigkeit gelten können. Die deskriptive Erfassung der Sprachen der sogenannten „Ureinwohner" und die Entwicklung entsprechender Methodologien gingen freilich Hand in Hand mit der faktischen Unterdrückung oder gar der Extinktion großer Teile der kolonial unterworfenen Bevölkerungen. Erst in der zweiten Hälfte des 20. Jahrhunderts finden sich stärker selbstkritische Bewegungen in Bezug auf diesen Prozess.

# 3 Linguistische Entwicklungen in der BRD bis 1968 und danach – Vorgeschichte(n) und deren Folgen

Der Kulturbruch, den die Herrschaft des Nationalsozialismus mit und seit dem Ende der Weimarer Republik herbeiführte, hatte auch für die Sprachwissenschaft in Deutschland massive Konsequenzen (vgl. die ausführlichen Dokumentationen von Maas 2010). Nach 1945 schien das Konstrukt eines vermeintlichen Nullpunktes geeignet, sozusagen einen Strich unter die NS-Zeit, unter die Schoa, unter den Weltkrieg zu ziehen. Dieses Konstrukt war ein Ausdruck von Verdrängung, die heute, nach 75 Jahren, allmählich in ihren Konturen immer deutlicher sich erkennen lässt. Exemplarische biographische Fälschungen wie etwa der „Fall Schwerte" (s. Jäger 1998) illustrieren auf besonders grelle Weise die allgemeine Praxis in den drei Westzonen. Auch in der sowjetischen Besatzungszone, der SBZ, finden sich zum Teil drastische biographische „Transformationen". In den Wissenschaften erfolgt die Aufarbeitung bis heute schleppend. In vielen weniger drastischen Fällen wurde das „Weiter so!" zur leitenden Handlungsmaxime. Nur selten erfolgten sichtbare Relegierungen. Im Allgemeinen wurden eher besonders eklatante Bekenntnisse zum „großdeutschen Programm" in den eigenen Publikationen eliminiert oder auch „humanistisch" kamoufliert; ansonsten blieben Fragestellungen, Methoden und Ergebnisse unverändert. Gerade in den Geisteswissenschaften meinten viele, an den großen Traditionen vom Ende des 19. und vom Anfang des 20. Jahrhunderts einfach und problemlos anknüpfen zu können. Auch die Linguistik verfuhr in dieser Weise. Die negative Sprachbewertung von nicht-deutschen Sprachen im deutschsprachigen Raum, zum Beispiel des Romanes, blieb weithin unhinterfragt.

Dem stehen die Entwicklungen derer gegenüber, die vertrieben wurden. Für die Sprachwissenschaft exemplarisch ist etwa der Sprachpsychologe Karl Bühler, eine der bedeutendsten Figuren der Psychologie im ersten Drittel des 20. Jahrhundert mit seinem besonderen Arbeitsschwerpunkt „Sprache". Er konnte nach dem ‚Anschluss' Österreichs an das Dritte Reich 1938 gerade noch mit seiner jüdischen Frau, der Kinderpsychologin Charlotte Bühler, über England in die USA emigrieren, fand dort aber keine auch nur annähernd angemessene Wirkungsmöglichkeit mehr. Nach 1945 war seine Theorie in Deutschland dann weitgehend vergessen. Erst im Jahr 1965 kam es zu einer Wiederauflage seiner „Sprachtheorie" von 1934 – mit dann freilich nachhaltigen Folgen. Der Bruch, der seine Theorieentwicklung durch seine erzwungene Exilierung, seine Vertreibungsgeschichte erlitten hatte, war nicht mehr zu heilen gewesen. Das Sprachkonzept, von dem seine Sprachpsychologie Zeugnis ablegt, erfuhr erst spät eine angemessene Würdigung.

Eine Reihe weiterer solcher Theoriebrüche ist in dieser oder ähnlicher Weise geschehen. Zugleich hatte die deutsche Sprachwissenschaft ihre weltweite Reputation durch die Geschehnisse der ‚zwölf Jahre' des „Dritten Reiches" weitgehend verloren, nachdem bereits im Zusammenhang mit dem Ersten Weltkrieg und seinem Ende – trotz zum Teil durchaus weiterbestehender Kontakte (s. Ehlers 2010) – eine weitgehende Abwendung und Ausgliederung dessen, was in Deutschland an sprachwissenschaftlicher Forschung geschah, im internationalen Bereich nicht nur zu beobachten war, sondern von dort auch aktiv vorangetrieben wurde (vgl. exemplarisch Reinbothe 2019).

Für lange Jahre, ja Jahrzehnte, war die Situation der Sprachwissenschaft in Bezug auf die deutschen Entwicklungen einerseits, die außerhalb Deutschlands erfolgende Sprachwissenschaft andererseits so durch wechselseitige Nichtwahrnehmung gekennzeichnet. Mit einer nicht unerheblichen Verzögerung kam es in der frühen BRD zu einem ersten großen Theoriebruch durch die (‚Wieder-')Entdeckung von Saussures „Cours" (1916). In der Weimarer Republik war die Saussure-Rezeption als Teil des allgemeinen wissenschaftlichen Diskurszusammenhangs durchaus aktiv. Aber erst durch die Neuedition (1967) der 1931 erschienenen Übersetzung von Lommel im De Gruyter Verlag kam es zu einer breiten Rezeptionsbewegung. Sie war der Anfang der Einbeziehung des Strukturalismus (vgl. proklamatorisch das „Kursbuch 5", das 1966 unter der Herausgeberschaft von Hans Magnus Enzensberger erschien), der sich in der französischsprachigen und der englischsprachigen Welt inzwischen breit entfaltet hatte, und zwar in je unterschiedlicher Ausprägung. Im französischsprachigen Raum war sie semiotisch ausgerichtet. Dieser semiotischen Theorieentwicklung stand in den Vereinigten Staaten der distributionalistisch-positivistische Strukturalismus gegenüber, der unter anderem an Sprachen jenseits des klassischen Objektbereichs der Linguistik entwickelt wurde. In beiden Zusammenhängen floss die Begegnung mit einer Vielzahl von nicht-indoeuropäischen Sprachen verstärkt in die Theoriebildung ein.

Vor allem war es dann aber der mit dem Namen Noam Chomskys verbundene Theoriebruch, der in Deutschland gleichfalls unter das Rubrum „Strukturalismus" subsumiert wurde. Die deutsche Sprachwissenschaft konnte zunächst mit diesen Entwicklungen kaum etwas anfangen. Die Veränderungen, die sich ergaben, zeigten sich also nicht primär in der innerdisziplinären (selbst-)kritischen Weiterentwicklung. Vielmehr kam es auch beim wissenschaftlichen Personal zu einem weitgehenden Bruch. Im Gefolge dieses Bruchs wurden Wissenschaftler in das Feld der Sprachwissenschaft geführt, die aus ganz anderen Wissenschaftszusammenhängen kamen und Wissenschaft mit anderen Theorierahmen als den philologischen und sprachwissenschaftlichen der Germanistik oder Romanistik gelernt hatten. Exemplarisch seien der langjährige Leiter des Instituts für Phonetik und Kommunikationswissenschaft an der Universität Bonn, Gerold Ungeheuer, genannt sowie der aus diesem Institut kommende Lehrstuhlinhaber an der TU Berlin, Helmut Schnelle; oder auch der Professor, bei dem Jochen Rehbein und ich in den frühen siebziger Jahren eine Arbeits- und Forschungsmöglichkeit erhielten, Dieter Wunderlich. Ungeheuer kam aus dem Bereich der Physik; die Brücke zur Linguistik war die Phonetik als einerseits einer physikalischen Wissenschaft, die andererseits aber im Zusammenhang der Analyse der Äußerungsseite des sprachlichen Handelns wichtig ist. Auch Helmut Schnelles akademische Sozialisation lag in der Physik. Gleiches gilt für Dieter Wunderlich, der zuvor auf dem Sektor der Angewandten Physik und dort speziell im Bereich der Atomphysik tätig war. Er brachte die mathematisierten Methoden dieser Disziplin mit in seine neue Tätigkeit in der Linguistik hinein, in der zu arbeiten er an der Freien Universität Berlin die Möglichkeit erhielt. Vorausgegangen war für ihn ein ‚Zwischenspiel' an der Technischen Universität Berlin, in der dort ihrerseits neu ausgerichteten Literaturwissenschaft im Projekt der „Sprache im technischen Zeitalter". Die Berufung Dieter Wunderlichs an die FU war Teil einer fast vollständigen strukturellen Umorganisation der Linguistik am Germanischen Seminar der Freien Universität.

Ein weiterer großer Theoriebruch war das Aufkommen der Pragmatik, was hier nur angedeutet werden kann. Zu diesem Umbruch gehörte eine neue

Aufmerksamkeit für die gesprochene Sprache in der Realität der Bundesrepublik Deutschland, insbesondere auch in der „selbständigen politischen Einheit Westberlin", wie die der DDR gedanklich verpflichteten Kollegen „politisch korrekt" sagten. Zu dieser Realität gehörte schon seit längerem eine Sprachwirklichkeit, in der Mehrsprachigkeit ein immer selbstverständlicheres Charakteristikum war (vgl. zusammenfassend Ehlich 2013 in dem Sammelband Hoffmann u. a. 2013). Gesprochene Sprache, gesprochene Sprachen, dies wurde zu einem weitgehend neuen Forschungsbereich.

Er wurde außerhalb der Universität an dem noch relativ jungen „Institut für deutsche Sprache" (mit seinem Zentrum in Mannheim) in einer eigenen Abteilung unter der Leitung von Hugo Steger bearbeitet. Der Titel der Publikationsreihe „Heutiges Deutsch", die seit 1971 erschien, war programmatisch. Der Umbruch erfolgte aber vor allem an einigen Universitäten. Vielfach war die Neuthematisierung mit dem expliziten Selbstverständnis verbunden, von vornherein den Elfenbeinturm der Wissenschaft in verschiedene Richtungen seiner Umgebung hin zu verlassen, um auf diese Umgebungen gesellschaftlich, gesellschaftspolitisch einzuwirken. Allerdings: auch hier tat sich die junge Generation zunächst mit der Mehrsprachigkeit eher schwer. Doch entstand in diesen Zusammenhängen auch ein großes Interesse daran, ein Interesse, das prägend für die Folgezeit werden sollte. Drei der damals bahnbrechenden Projekte, das Heidelberger, das Wuppertaler sowie das Krefeld-Projekt, werden mehrfach in diesem Band angesprochen. In den genannten Projekten wurde Mehrsprachigkeit zu einem zentralen Forschungsgegenstand. In der Situation der allgemeinen Umbrüche für die Disziplin, wie sie eben skizziert wurden, fanden diese Neuthematisierungen vergleichsweise günstige Möglichkeiten der Wahrnehmbarkeit und des Einflusses auf die nachfolgenden Entwicklungen.

Die Vermittlung der neu entwickelten Methoden in den ‚Betrieb' der Sprachwissenschaft an den deutschen Universitäten gestaltete sich freilich keineswegs einfach. Werfen wir zunächst aber einen Blick auf die Sprachwirklichkeiten, auf die diese sich neu ausrichtende und Forschungsneuland beschreitende Linguistik bezog.

# 4 Deutsche Sprachwirklichkeiten im Horizont der deutschen Geschichte des 20. Jahrhunderts

Die Sprachwirklichkeit des Deutschen, in der auch diese Projekte ihren Objektbereich suchten und fanden, war in mehrfacher Weise durch die geschichtlichen

Entwicklungen der zweiten Hälfte des 19. und des 20. Jahrhunderts bestimmt. Einige Aspekte dieser in sich zerrissenen, dieser zum Teil tragischen Geschichte mit ihren selbstverschuldeten Katastrophen sind in Erinnerung zu rufen mit Blick auf die sprachlichen Folgen.

## 4.1 Konsolidierte Einsprachigkeit und die Wirklichkeit der Dialekte

Am Ausgangspunkt des 20. Jahrhunderts findet sich also der in Abs. 2.1 benannte Status einer *konsolidierten Einsprachigkeit*. Sie ist eine vor allem schriftsprachlich hergestellte Einsprachigkeit. Die beiden großen Orthographiereformen (1876, 1901) waren Ausdruck und Medium dafür.

Ihr stand und steht die Realität der *„Dialekte"* gegenüber, die die Sprachwirklichkeit der mündlichen Kommunikation kennzeichneten. Faktisch finden sich unter dem Titel „Dialekt" zum Teil auch bereits unterschiedliche *Regionalsprachen*, die ihrerseits Ergebnis von Ausgleichsprozessen klein- und kleinsträumiger Dialekte sind. Beides wird im Licht eines auf Kleinräumigkeit hin ausgerichteten Dialekt*konzeptes* noch wenig differenziert gesehen. Für die Beschreibung der Dialekte hatte die Linguistik Arbeitsmittel und Verfahren einer sprachgeographisch orientierten Teildisziplin entwickelt, so etwa in Deutschland exemplarisch der an der Universität Marburg gepflegte „Deutsche Sprachatlas" (https://de.wikipedia.org/wiki/Deutscher_Sprachatlas).

Die Koexistenz einer konsolidierten Sprache Deutsch und einer Vielfalt solcher Dialekte wurde besonders im südlichen Teil des deutschen Sprachgebietes, im deutschsprachigen Teil der Schweiz, zu einer Gegenüberstellung von Schriftsprache und mündlicher Sprache konzeptionell verfestigt. Die große Sprachteilung im deutschen Sprachraum zwischen der mittel- und oberdeutschen Sprache und dem Niederdeutschen war in diesem Gesamtbild in einem prekären Ausgewogenheitszustand mit enthalten, aber nicht wirklich aufgenommen. Die faktische, mehrfach gebrochene Mehrsprachigkeit des ganzen Gebietes wurde arbeitsteilig in einer an der „Volkskunde" orientierten Linguistik einerseits, einer philologisch fundierten Linguistik des Deutschen andererseits bearbeitet. Die Kategorie „Mehrsprachigkeit" war zu wenig herausgearbeitet, als dass sie bereits forschungsfordernd sich hätte bemerkbar machen können.

## 4.2 1944–1948: Fluchtbewegungen und ihre sprachlichen Folgen

Für den deutschen Sprachraum hatte der *Zweite Weltkrieg* in mehrfacher Weise massive sprachliche Konsequenzen. Dies betrifft sowohl die faktischen sprachlichen Entwicklungen wie die gesellschaftlichen Wahrnehmungen davon. Einige sind die folgenden:

- Die Vertreibung und die Vernichtung des jüdischen Teils der deutschen Bevölkerung löschte eine auch zum deutschen Sprachraum gehörende Varietät, das Jiddische, im deutschen Bereich weitgehend aus.
- Die Umsiedlungen der nationalsozialistischen Politik führten zum Beispiel in Bezug auf Südtirol zur Verlagerung eines Teils von dessen Bevölkerung in andere Sprachbereiche.
- Der Verlauf des Krieges, die Niederlagen und schließlich die Kapitulation des „Dritten Reichs" hatten massive Flucht- und Vertreibungsbewegungen zur Folge. Das, was zuvor als Dialekte bzw. Regionalsprachen noch als einigermaßen stabil gelten konnte, wurde durcheinander-gewirbelt dadurch, dass jetzt z. B. Menschen aus Böhmen und anderen Teilen Tschechiens etwa in die norddeutsche Tiefebene verpflanzt wurden oder dass Sprecher des Schlesischen in einer oberbayrischen Umgebung eine Unterkunft und dann allmählich auch eine neue Heimat fanden und so weiter. Das veränderte die sprachliche Gesamtsituation massiv. Es verstärkte Bewegungen, wie sie zuvor schon durch die Wanderungen von Arbeitskräften im Rahmen der Industrialisierung zur Zeit des Kaiserreichs stattgefunden hatten, die innerhalb des extendierten Preußen zum Beispiel polnischsprachige Bürger aus dem Osten, freilich immer innerhalb des Staatsgebietes als einer Ganzheit, ins Ruhrgebiet brachten – dies alles als Teil von und in Verbindung mit einer forcierten Germanisierungspolitik in den östlichen Teilen dieses preußischen Staatsgebietes (vgl. Glück 1979).

All diese Geschehnisse haben zu erheblichen sprachlichen Veränderungen beigetragen.

Der Transfer von Arbeitskräften auf dem Arbeitsmarkt und die entsprechenden sprachlichen Konsequenzen waren *zuvor* schon massiv forciert worden durch den Einsatz sogenannter „Fremdarbeiter", und dann im Zweiten Weltkrieg durch die Zwangsarbeit, wie sie vor allem – und dies über die Grenzen des Staatsgebietes hinaus – im Ausbeutungs- und Vernichtungssystem der „Konzentrationslager" praktiziert wurde. Die sprachlichen Aspekte dieses Teils der deutschen Geschichte sind, soweit mir persönlich bekannt, nicht systematisch aufgearbeitet worden. Die Sprache dieser Menschen galt als faktisch unterwertig und als zu vernachlässigen.

# 4.3 Nach 1945

Nach 1945 bzw. 1949 kamen dann durch die umfangreichen Fluchtbewegungen aus der Sowjetischen Besatzungszone, der SBZ, bzw. aus der Deutschen Demokratischen Republik Arbeitskräfte auf den Arbeitsmarkt der westlichen drei Besatzungszonen bzw. der seit 1949 bestehenden „Bundesrepublik Deutschland". Sie brachten ihre sprachlichen Varietäten in Gebiete mit ein, die varietätenmäßig anders geprägt waren.

Als diese Quelle versiegte bzw. schon etwas vorher, aber dann immer intensiver, wurden sogenannte „Gastarbeiter" für den deutschen Arbeitsmarkt aus dem Süden Europas importiert – eine Entwicklung, auf die das Heidelberger Projekt (s. Klein und Dittmar in diesem Band) und viele andere Projekte der Folgezeit, besonders auch der an der Universität Hamburg von Jochen Rehbein eingerichtete Forschungsschwerpunkt Mehrsprachigkeit und der daran anknüpfende Hamburger Sonderforschungsbereich 538 „Mehrsprachigkeit" (vgl. unten Abschnitt 7.2.), auch linguistisch reagierten. In großem Umfang kam es in der gesellschaftlichen Wirklichkeit zu einer alltagspraktischen Konfrontation zwischen unterschiedlichen Sprachen, die zunächst oft noch weiterhin mit den Sichtweisen und Restriktionen der konsolidierten Einsprachigkeit wahrgenommen wurden.

# 4.4 Veränderte Demographie, veränderte Glottographie

Im Ergebnis all dieser Entwicklungen und Bewegungen findet sich eine weitgehend veränderte Demographie für den Raum, in dem sich ein konsolidiertes und als Standard verallgemeinertes Deutsch mit nunmehr vielfältig sich verändernden regionalsprachlichen Strukturen arrangieren musste. Die soziographische Beschreibung der sprachlichen Verhältnisse, die Glottographie, bietet ein Bild, das nicht mehr mit dem in Übereinstimmung war, was der überkommenen Linguistik als Objektbereich vor Augen stand. Die Bindung von sprachlicher Einheit und geographischer Einheit löste sich auf (vgl. exemplarisch zum Ruhrgebiet Ehlich, Elmer & Noltenius 1995).

Die überkommene Linguistik war demgegenüber mit ihrem Methodeninventar zunächst einmal im Wesentlichen hilflos. Zugleich war sie aufgrund ihrer eigenen Geschichte in Bezug darauf lange desinteressiert. Die Transformation einer raumsprachlichen Orientierung in eine soziographische stand zwar an, sie stand aber zugleich auch, wie sich zeigen sollte, „unter Verdacht". Der an der Volkskunde orientierte Rückzug in die „Heimatverbände" fand sich dagegen in der Mehrheitspolitik der jungen BRD gut aufgehoben.

## 4.5 Ein Zwischenfazit: Sprachintegration und gesellschaftliche Segregation in der BRD

Teile der Gruppen, die besonders aus den – nunmehr ehemaligen – deutschen Gebieten im Osten in die BRD kamen, passten sich sprachlich an. Die diglossische Situation zwischen der konsolidierten „Hochsprache" Deutsch und der Sprachpraxis erhielt neue Facetten. *Gesellschaftlich* blieben die Geflüchteten bzw. Vertriebenen für lange Zeit segregiert. Es hat eine oder mehr als eine Generation gebraucht, bis sich das allmählich veränderte, so dass diese biographie- und kulturgeschichtlichen Hintergründe keine merklichen Rollen mehr spielten.

Schon in Bezug auf diese Zeit einer offiziell-politisch vorangetriebenen, einer faktisch-gesellschaftlich hingegen nicht recht vorankommenden Integration ist zu konstatieren, dass die junge BRD eine Reihe von Lebenslügen ausbildete. Zu ihnen gehört die Konzeption der einfachen Kontinuität ihrer konsolidierten Einsprachigkeit mit allem, was gesellschaftlich, sozial und individuell dazugehört. Teil dieser Lebenslügen ist für nicht unerhebliche Teile der Bevölkerung bis heute der tief verankerte Gedanke „Die ‚Fremden' gehören nicht hierher" – bzw. „Wir sind kein Einwanderungsland". Dies setzt sich kontinuierlich und mit unterschiedlichen (auch ideologischen) Wendungen um und zeitigt zum Teil geradezu selbstzerstörerische Folgen bis jetzt.

## 4.6 SBZ und DDR

Das, was im Westen an Fremdenfeindlichkeit bestand und besteht, hatte im „Osten" sein Pendant; dieses war freilich überdeckt von einem staatseigenen „Mäntelchen", der Rede von den „sozialistischen Bruderstaaten" und der internationalen Solidarität. Faktisch aber war die gesellschaftliche Segregation auch dann, als die DDR für den Arbeitsmarkt ihrerseits Arbeitskräfte von außen brauchte und sie zum Beispiel aus Vietnam oder Kuba holte, noch strikter, als dies im Westen der Fall war. Die Kontakte zwischen den importierten Arbeitskräften und der einheimischen Bevölkerung wurden offenbar streng kontrolliert; Hochzeiten mit den Ausländern waren nicht erwünscht. Ausländische Studierende – für die sprachlich viel getan wurde (s. u. Abschnitt 5.4.) – kamen, aber auch sie waren eher isoliert als in die Gesellschaft aufgenommen. Die Mitglieder der sowjetischen Besatzungsarmee schließlich waren natürlich militärisch streng abgegrenzt. Der Erwerb des Russischen als Fremdsprache fand kaum Gelegenheiten, dieses Russisch z. B. im Gespräch mit den Soldaten und ihren Familien zu praktizieren. Die ideologische Verbrämung einer – noch vielleicht zum Teil stärker ausgeprägten – Fremdenfeindlichkeit vermochte

wenig an dieser Grundstruktur zu ändern, zumal beides zur Realität der Frem-
denpolitik innerhalb der DDR von denselben Repräsentanten der Staatsgewalt
propagiert wurde. Die tiefsitzenden Konsequenzen bestimmen zurzeit große
Teile des öffentlichen Diskurses in einer Bundesrepublik, an die die frühere
DDR 1990 angegliedert wurde.

# 5 Sprachvermittlungen und Praxisanforderungen

## 5.1 Deutsch in der Schule

Für die jeweils neue Generation der deutschen Bevölkerung erfolgt seit der Ver-
allgemeinerung der Schulpflicht und der Einführung der allgemeinen Grundschule, die 1919 in der Weimarer Republik für alle Kinder verbindlich gemacht
wurde, die Unterweisung in der deutschen Sprache als „Muttersprach"-Unter-
richt. Die wichtigen Aufgaben der Vermittlung der deutschen Orthographie,
das Schreibenlernen und das Lesenlernen bezogen – und beziehen – sich auf
diese und nur auf diese Sprache. Deutschunterricht im Horizont eines Mutter-
sprach-Konzeptes (s. Ahlzweig 1994) galt und gilt weiterhin für die ganze Schulzeit als eines der zentralen Unterrichtsfächer.

Die Gleichsetzung von Sprachbildung mit der Bildung im Deutschen ist
die didaktische Konsequenz der konsolidierten nationalsprachlichen Einsprachigkeit. Dies ist bis heute weiterhin eine scheinbar selbstverständliche
Voraussetzung, unberührt davon, dass nun die „Muttersprache" bzw. die Familiensprache von 30 oder 60 oder gar 90 Prozent der Schüler und Schülerinnen in den Klassenzimmern nicht das Deutsche ist. Für sie ist Deutsch
vielmehr eine fremde Sprache. Dass Deutsch eine Fremdsprache sein könne,
stößt freilich bis in jüngste Zeit auf Befremden und Unverständnis. Dort, wo
*Deutsch als Fremdsprache* (DaF) eigens thematisiert wird, wird noch immer oft
nur an die Vermittlung des Deutschen jenseits der Grenzen des eigenen National-
staates gedacht.

## 5.2 DaF – Deutsch und das Ausland

Für die Vermittlung des Deutschen als Fremdsprache in nicht-deutschsprachigen
Ländern gab es nach 1945, nicht zuletzt als Reaktion auf die forcierte Sprachenpolitik der nationalsozialistisch bestimmten Zeit, zunächst kaum ein Interesse
und keinerlei Zuständigkeit in der Reorganisation des Bildungswesens. Diese

vollzog sich in den vier Besatzungszonen unter dem starken Einfluss der jeweiligen sprachlichen und sprachdidaktischen Entwicklungen und Interessen der einzelnen Besatzungsmächte. Erst mit der Neubegründung des Goethe-Instituts (als eines eingetragenen Vereins) wuchs allmählich eine auch politisch getragene und gewollte Konzeption, die für Interessenten von jenseits der deutschen Grenzen Deutschvermittlung anbot. Die Verfassungsstruktur des Grundgesetzes sah freilich für die Bundesrepublik als ganze keinerlei sprachpolitische Zuständigkeit vor, zumal der Föderalismus in der Bildungspolitik eines der wenigen politischen Aufgabenfelder war und ist, in denen für die in der Bundesrepublik Deutschland zusammengeschlossenen Staaten, die *Länder*, deren Souveränität nicht faktisch durch Übertragungen an den Bund neutralisiert wurde.

Das Goethe-Institut wurde zum Prototyp einer sogenannten *Mittlerorganisation*. Seine finanzielle Grundlage wurde in einem Unterausschuss zur Auswärtigen Kulturpolitik im Etat des Außenministeriums verantwortet. Diese völlig untergeordnete politische Stellung erlaubte es andererseits, dass die Arbeit dieser Mittlerorganisation, darunter die Sprachvermittlung in anderen Ländern, eine relativ große „Staatsferne" und eine eigene Selbständigkeit hatte und hat. Andere Mittlerorganisationen, vor allem der DAAD und die Alexander-von-Humboldt-Stiftung, stehen dieser Arbeit für spezifische Zielgruppen, besonders im Bereich der Wissenschaft, zur Seite.

Diese Sprachvermittlung des Deutschen vermittelt in anderen Ländern also eine Fremdsprache und trägt dort zu einer partiellen Mehrsprachigkeit bei – freilich lange und weithin so, dass diesem Umstand bei den Akteuren kaum größere Aufmerksamkeit zukam. Er wurde vielmehr im europäisch verallgemeinerten Konzept von (schulischer und zum Teil auch außerschulischer) Fremdsprachenvermittlung aufgefangen.

## 5.3 Ausländische Studierende und DaF im Inland

Die Vermittlung der deutschen Sprache bis hin zur Befähigung, in dieser Sprache und mit ihr wissenschaftlich zu arbeiten, wurde als eine wichtige Aufgabe für Studierende und Studierwillige gesehen, die aus anderen, aus nicht deutsch-sprachigen Ländern an die deutschen Universitäten und sonstigen Hochschulen kamen. Für sie war Deutsch eine Fremdsprache, die sie sich unter Anleitung möglichst schnell und möglichst umfassend aneignen sollten. So wurde „Deutsch als Fremdsprache" zu einem Teil der universitären Arbeit, einem Teil, der eine eigenartige und recht uneinheitliche Geschichte hat. Auch für diese Geschichte gilt: Sie wurde zunächst fast gar nicht wissenschaftlich begleitet, und sie zog ein eigenes Personal heran, das sich aus unterschiedlichen Feldern rekrutierte und das an Universitäten institutionell sehr unterschiedlich lokalisiert war, nicht selten z. B. bei der jeweils zentralen Universitätsverwaltung. Es bildeten sich aber auch eigene Institutionen außerhalb oder am Rande der Universitäten heraus.

## 5.4 DaF-Didaktik

Die Deutschvermittlung im Ausland und die Deutsch-als-Fremdsprache-Vermittlung im Inland entwickelten sich einerseits sozusagen fernab von der Muttersprachdidaktik, wie sie in Abschnitt 5.1 benannt wurde, und andererseits fernab von dem, was in der Linguistik geschah. Hingegen stand vielfach die deutsche Fremdsprachendidaktik für das Englische und Französische Pate, und zwar sowohl innerhalb der entsprechenden fachdidaktischen Disziplinen wie in den jeweiligen Philologien. In ihnen wurde naturgemäß, und dies zunehmend, mit Konzepten gearbeitet, wie sie in den Ländern entwickelt wurden, in denen die zu vermittelnden Sprachen „Muttersprachen" waren. Auch sie waren konsolidierte Nationalsprachen. Hier wirkte sich auf die Dauer vor allem die angelsächsische Wissenschaftsentwicklung prägend aus. Mit der Dichotomie von Muttersprache und Fremdsprache geriet DaF genau in den Kontext jener Fremdsprachenlinguistiken, jener Fremdsprachendidaktiken und der Vermittlungsmethodik, die für das Englische wie für das Französische bereits entwickelt waren. Dies hatte für die Konturbildung von DaF massive Konsequenzen.

Das Goethe-Institut als Verein, als dessen vornehmlicher Vereinszweck die Vermittlung der deutschen Sprache genannt wird, knüpfte andererseits anfangs auch an didaktischen Überlegungen aus der Zeit des „Dritten Reiches" an und entwickelte eigene vermittlungsmethodische Wege der Erwachsenenbildung, die ihrerseits von erfolgreichen Sprachvermittlungsprogrammen besonders aus dem Vereinigten Königreich und dem Commonwealth beeinflusst waren. Daneben und darüber hinaus wurde ein hauptsächlicher Tätigkeitsbereich des Goethe-Instituts vor allem die sogenannte „Kulturvermittlung", in der das Institut sozusagen als Eventorganisation international tätig ist – was für die Sprachvermittlung nicht immer die besten Konsequenzen hat, und dies bis in die innere Organisationsstruktur hinein.

Anders gestaltete sich die Situation in der Deutschen Demokratischen Republik. Dort wurde mit dem Herder-Institut und seiner Sprachvermittlungsarbeit in deutlich stärkerem Umfang als in der BRD eine eigenständige, wissenschaftlich fundierte Konzeption ausgearbeitet. Sie knüpfte eng an den praktischen Erfahrungen der Sprachvermittlung für ausländische Studierende an und arbeitete die dort gewonnenen Erfahrungen wissenschaftlich auf. In der Folge entstanden grundlegende Werke wie die „Deutsche Grammatik für den Ausländerunterricht" von Helbig & Buscha (1972). Sie wurden auch im Westen lange mit Gewinn genutzt.

# 6 Gesellschaftliche Wirklichkeit und Sprachwissenschaft

## 6.1 Sprachwissenschaftliches Desinteresse

In der BRD hingegen war der Mainstream der sprachwissenschaftlichen Entwicklungen an Deutsch als Fremdsprache zunächst gar nicht weiter interessiert. Der diffuse Status des Gebietes innerhalb bzw. am Rande der Universitäten bot auch keine guten Voraussetzungen dafür, ein eigenes Interesse auszubilden. Erst mit einer immer stärker werdenden Bewegung zur Systematisierung der eigentlichen Vermittlungsarbeit und dann mit der institutionellen Einrichtung eigener Studiengänge bzw. eigener Abteilungen, schließlich eigener Institute, so vor 40 Jahren an der LMU in München und an der neugegründeten Universität in Bielefeld, änderte sich diese Situation.

Die oben genannten wachsenden Aufmerksamkeiten für das „Heutige Deutsch" und die – zunächst institutionell – erfolgende Herausbildung einer Teildisziplin „Angewandte Linguistik" innerhalb der Sprachwissenschaft bereiteten den Weg für eine größere Aufmerksamkeit und Gewichtung der Fragen, mit denen sich auch die Vermittlung des Deutschen als Fremdsprache befasste. Die vor 50 Jahren erfolgte Gründung einer „Gesellschaft für angewandte Linguistik (GAL)", die sich als Teil der gleichfalls jungen Weltgesellschaft der Angewandten Sprachwissenschaft, der „Association Internationale de la Linguistique Appliquée" (A.I.L.A.)", verstand, bewegte sich zunächst vornehmlich im Rahmen von Fremdsprachendidaktik, bezogen auf die Vermittlung der jeweils national konsolidierten Sprachen des europäischen Sprachenraums und seiner verschiedenen kolonialen und postkolonialen Extensionen.

Es war demgegenüber ausgesprochen schwierig, eine Fokussierung der Sprachwirklichkeit jenseits der dialektologischen Erhebungen überhaupt vorzunehmen, wie sie im „Deutschen Sprachatlas" und in vergleichbaren Institutionen und Vorhaben praktiziert wurden.

Diese Sprachwirklichkeit, die in anderen Wissenschaftskulturen bereits länger auf Interesse stieß und auch Forschungsfolgen hatte, wirkte sich in der BRD dann zunehmend in der Herausbildung eines Forschungsinteresses für

„Zweitsprache" aus. Dies freilich – das sollte deutlich geworden sein – geschah primär nicht durch eine innere Veränderung und kritische Entwicklung dessen, was die überkommene Linguistik des „Weiter so" war, sondern indem jetzt neue Gesichtspunkte, neue Fragestellungen und auch neue Methoden entstanden. Sie entwickelten sich vor allem in Bezug auf drei Themenbereiche und versuchten, Antworten auf Herausforderungen zu finden, die sich ihnen stellten. Es sind die Herausforderung der *Mündlichkeit*, die Herausforderung der *Sprache der sogenannten „Unterschicht"* und die Herausforderung, die durch die *Sprachrealität der „Gastarbeiter"* gegeben war.

## 6.2 Gleichheitsrecht und gesellschaftliche Ungleichheit

Das Interesse daran, wissenschaftliche Erkenntnisse mit einer eigenen Wirkungsabsicht innerhalb der gesellschaftlichen Realität zu entwickeln, kam nicht von ungefähr. Ihm liegt eine Generationenerfahrung zugrunde von jungen Menschen, deren Sozialisation im Horizont des 1949 entworfenen und verabschiedeten Grundgesetzes erfolgte. Dieses Grundgesetz der BRD bestimmt für alle Deutschen (nicht freilich für alle Bewohner dieser Bundesrepublik Deutschland) eine prinzipielle Gleichheit. Der Anfangsteil des Grundgesetzes, die ersten 16 Paragraphen, enthält sogar allgemeine Menschenrechte. Diese beziehen sich eben als *allgemeine* Menschenrechte auch auf jene Menschen, die im Geltungsbereich des Grundgesetzes leben, aber nicht Deutsche sind. Der letzte dieser Paragraphen enthält das Asylrecht.

Die prinzipielle Gleichheit ist leicht proklamiert, aber nicht ebenso leicht umzusetzen. Das wird in den letzten 20 Jahren zum Beispiel und besonders in Bezug auf die Gleichheit von Männern und Frauen in intensiven gesamtgesellschaftlichen Diskursen behandelt und schrittweise und sehr langsam aus dem Proklamationsstatus in den Status einer gesellschaftlichen Wirklichkeit transformiert.

Eine genauere Lektüre der menschenrechtlichen Grundlagen, wie sie in den ersten Abschnitten des Grundgesetzes formuliert sind, zeigt, dass viele von ihnen, ja eigentlich die meisten, auch mit einer Reihe von Ausnahmen versehen sind. (Einer der wenigen Abschnitte, für die das nicht gilt, ist GG Abschnitt 5,2 und 3 zur Lehr- und Forschungsfreiheit; zwar enthält die Lehrfreiheit die wichtige Spezifizierung, dass die Freiheit der Lehre nicht von der Treue zur Verfassung entbindet. Für die Forschungsfreiheit wird auch eine solche Einschränkung nicht formuliert.) Die Einschränkungen erzeugen durchaus eine Ambivalenz, die als innere Widersprüchlichkeit verstanden werden konnte und kann. Dies ist nur ein Teil einer Widersprüchlichkeit, die die Realität der Umsetzung des Grundgesetzes in der gesellschaftlichen Wirklichkeit seit 1949 kennzeichnet. Eine innere Widersprüchlichkeit zeigt sich gerade auch in Bezug auf die Eigentumsverhältnisse und die Arbeitswelt. Das Grundkonzept der Gesellschaft ist in der Auslegung über weite Strecken der zweiten Hälfte des 20. Jahrhunderts dadurch gekennzeichnet, dass eine faktische Klassenstruktur mit einem Konzept von Marktwirtschaft überdeckt wird, die als „soziale Marktwirtschaft" Grundwidersprüche der Gesellschaft bearbeiten soll. Gerade die letzten 20 Jahre haben nachdrücklich deutlich gemacht, dass die Entwicklung des weltweiten Kapitals, dessen eigenen Gesetzlichkeiten folgend, keineswegs eine endlose Fortschrittsgeschichte ist. Die Wahrnehmungen der Gesellschaft durch deren Mitglieder unterscheiden sich erheblich. Forderungen von wirtschaftsliberaler Seite danach, die soziale Bindung von Eigentum zunehmend einzuschränken oder sogar als systemfremd gänzlich zu streichen, machen die Brisanz der Gesamtsituation deutlich. Die unterschiedlichen sozialen Gruppierungen sehen die gesellschaftliche Wirklichkeit je anders. Dies gilt natürlich in besonderer Weise für die, die hier als Ausländerinnen und Ausländer arbeiten.

Das, was „die Gesellschaft" in ihrer Öffentlichkeit wahrnimmt, und das, was einzelne als Mitglied der unterschiedlichen gesellschaftlichen Gruppen wahrnehmen, klafft auseinander und driftet offenbar zunehmend immer stärker auseinander. (Der Anschluss der aufgelösten DDR an die alte Bundesrepublik hat diese Entwicklung lediglich noch stärker verdeutlicht.)

## 6.3 Sprachwissenschaftliche Herausforderungen

Der Weg einer Sprachwissenschaft, zu deren zentralen kritischen Potentialen die Öffnung für die Phänomene von Mehrsprachigkeit in der BRD gehört, ist in der Zeit seit 1968 durch eine wachsende Wahrnehmung solcher Widersprüchlichkeiten in der Gesellschaft mit veranlasst und bestimmt und hat bei einer größeren Zahl ihrer Vertreter und Vertreterinnen nicht nur zu einem gesellschaftlichen, sondern auch zu einem politischen Anspruch geführt.

Dies aber bedeutete in der Zeit, in der auch die Mehrsprachigkeit allmählich zu einem linguistisch relevanten Thema in der BRD wurde, eine Provokation. Nicht wenige haben diese Provokation mit massiven Konsequenzen für ihre eigene Biographie bezahlt. Ich nenne als Beispiele Johannes Meyer-Ingwersen oder auch Frank Müller, einen der Koautoren eines Beitrages im Kursbuch 24, der als eine solche Provokation erfahren wurde.

In der Wissenschaftsentwicklung selbst fanden sich solche Abwehrreaktionen nicht nur ganz unmittelbar etwa bei den Professoren des „Bundes Freiheit der Wissenschaft". Sie fanden sich auch in den Auseinandersetzungen mit den Bestimmungen dessen, was überhaupt die Aufgaben der Linguistik seien. Das

Konzept der „Kernlinguistik" setzte hier eine Zentrierung, die zwar eine gewisse Aufnahme der neu entdeckten Fragestellungen erlaubte, ohne dass jedoch der Theoriebruch, der genau solche Zentrierungen als etwas zu Kritisierendes behandelte, wahr- oder gar aufgenommen worden wäre (vgl. Redder 2017b zu einigen Theorierevisionen bezogen auf Mehrsprachigkeit). Die sogenannten „Bindestrich-Linguistiken", die Psycho-, die Sozio-, die Polito-Linguistik etwa und weitere Extensionen dieser Art, nicht zuletzt auch eine Pragmalinguistik (die nicht mit der Linguistischen Pragmatik zu verwechseln ist), sind Ausdruck dieses Bemühens. Im Konzept der Kernlinguistik wird die Einschränkung auf die phonologische und die morphosyntaktische Dimension von Sprache vom Ausgang des 19. Jahrhunderts und in Kontinuität der traditionellen Grammatik fortgeschrieben. Schon die Semantik hat demgegenüber einen schwereren Stand. Die pragmatische Provokation geht wesentlich weiter. Sie verlangt eine Reorganisation dessen, was das linguistische Geschäft insgesamt ist – und wurde und wird entsprechend stillschweigend oder explizit zurückgewiesen.

In einer ganzen Reihe von Fällen aber erfolgten auch Berufungen von Repräsentanten der verschiedenen Forderungen nach einer Neuorientierung von Sprachwissenschaft. Diese Forderungen schlugen sich also auch personal in der weiteren Entwicklung nieder. Erneut kamen Akteure ins Spiel, die in anderen Disziplinen sozialisiert waren, so etwa von der literaturwissenschaftlichen Philologie (Norbert Dittmar) über die allgemeine Literaturwissenschaft (Jochen Rehbein) bis hin zur Theologie und Hebraistik (Konrad Ehlich), von der Mathematik (Wilhelm Grießhaber) über die Pädagogik (Hans-Jürgen Krumm) bis hin zur klassischen Philologie (Hans Barkowski). Die bunte Vielfalt dieser disziplinären Hintergründe wirkte sich als Offenheit für kritische Reflexion und als neuer Blick auf die Sprache in jenen Formen aus, für die die überkommene Sprachwissenschaft wenig Interesse gezeigt hatte. Diese biographischen Kontingenzen bestimmten den Forschungsfokus und die Aufmerksamkeit für die kategorialen Erfordernisse. Sie machten sich nicht zuletzt für die Entwicklung eines Arbeitsbereiches Mehrsprachigkeit bemerkbar.

# 7 Der lange Weg zu DaZ

## 7.1 Sprachaneignungen / Sprachvermittlungen

Ein Bereich, in dem die Mehrsprachigkeit am evidentesten wahrnehmbar war und in dem über sie am wenigsten hinweggesehen bzw. gehört werden konnte, war die sprachliche Situation und Praxis der ausländischen Arbeiter und Arbeiterinnen und ihrer Familien – besonders auch dort, wo deren Kinder durch die Schulpflicht in die deutsche Schule mit ihrem „monolingualen Habitus" (Gogolin 2008) hineinkamen.

War schon die Herausbildung eines wissenschaftlichen Interesses für die Vermittlung des Deutschen als Fremdsprache (wie oben kurz dargestellt) durch ein Zusammentreffen und durch eine Bündelung sehr unterschiedlicher Aufmerksamkeiten und Interessen gekennzeichnet, so gilt dies noch stärker für die Beschäftigung mit dem Deutschen als Zweitsprache. Die Aneignung des Deutschen nicht auf einem *fremd*sprachendidaktisch vorgegebenen Weg, sondern *innerhalb* des Bereichs, in dem die Zielsprache Deutsch verallgemeinerte Sprache ist, unterscheidet sich in vielerlei Hinsicht von den Voraussetzungen, den didaktischen Zielen und den vermittlungsmethodischen Instrumenten in DaF. Das Leben im Land der Zielsprache bringt *Sprachkontakte* mit sich, wie sie die alltägliche Kommunikation entstehen lässt; zugleich ist in einem Land wie der BRD die Kommunikation jenseits jedes homilëischen alltäglichen Austauschs durch vielfältige sprachliche Kommunikationsanforderungen in den verschiedenen *Institutionen* charakterisiert, die die Wirklichkeit des gesellschaftlichen Miteinanders wesentlich ausmachen.

Die sprachliche Situation einer solchen Sprachaneignung war für die Linguistik lange kein breiter aufgegriffenes Thema. Wer in der Sprachfremde ist, muss eben, so galt die unterschwellige Dethematisierung, sehen, wie er oder sie kommunikativ zurechtkommt. Die Sprachaneignung unter der Bedingung des Sprachkontaktes betrifft sowohl Erwachsene wie deren Kinder. Die institutionelle Dichte, von der die kommunikative Praxis bestimmt ist, unterscheidet sich für beide Gruppen nicht unerheblich. Mit der Schulpflicht ist für mindestens acht Jahre institutionell bestimmter kontinuierlicher und nicht zu vermeidender Sprachkontakt vorgegeben. Für die Erwachsenen ergibt sich hingegen eher ein Patchwork isolierter Spracherfahrungen.

Für die Belange der alltäglichen Kommunikation haben viele dieser Erwachsenen für den Alltag hinreichende kommunikative Kenntnisse erworben, die es ihnen erlauben, in diesem Alltag ganz gut zurechtzukommen. Spätestens die Aneignung der Schrift und der schriftsprachlichen Kommunikationserfordernisse und- ziele hingegen erfordert eine explizite Lernbemühung, die sich nicht durch einen sozusagen kommunikativ von selbst erfolgenden Erwerb der fremden Sprache ersetzen lässt.

Die Sprachaneignung durch schiere sprachliche Praxis ist freilich gleichfalls in vielen Fällen durch ein der Situation geschuldetes Verstummen und Schweigen gekennzeichnet. Aufgrund der Familienstrukturen der „Gastarbeiter" wurde die kommunikative Isolation bis auf die Kontakte mit Sprecherinnen und Sprechern der eigenen Herkunftssprache(n) gerade für die Frauen zu einem biographiebestimmenden Faktum – mit wiederum deutlichen Konsequenzen für die Sozialisation der Kinder. Dies wurde, nachdem der Familiennachzug prinzipiell rechtlich möglich wurde, zu einem weit ausgreifenden Phänomen für die Demographie und für die Glottographie der Republik.

In dieser Situation kam es in den siebziger bis neunziger Jahren zu zerstreuten Sprachvermittlungen, die vor allem durch ehrenamtliche Motive einerseits, durch caritative andererseits getragen waren. Eine eigene linguistische, pädagogische und vermittlungsmethodische Qualifizierung für die Lehrenden fand zunächst kaum statt.

Große caritative Einrichtungen wie die Diakonie, die Caritas, die AWO oder der Paritätische Wohlfahrtsverband engagierten sich vor allem mit Blick auf die *Herkunftsbereiche* der „Gastarbeiter": Arbeitsmigranten aus den westlichen Mittelmeeranrainerländern Italien, Spanien, Portugal mit einer mehrheitlich römisch-katholischen Bevölkerung wurden von der Caritas betreut; für die Arbeitsmigranten Griechenlands mit einem orthodoxen Hintergrund übernahm die Diakonie diese Aufgabe. Als immer mehr Gastarbeiter aus den verschiedenen Teilen Jugoslawiens kamen, war die Situation nicht so einfach zu bewältigen, und als schließlich ein Großteil der Arbeitskräfte aus der Türkei angeworben wurde, bedurfte es neuer Überlegungen.

In diesem Kontext kam es zu Strukturentwicklungen neuer *Institutionalisierungen*. „Deutsch für ausländische Arbeitnehmer" wurde entwickelt. Mit dem sogenannten „Sprachverband" wurde seit 1974 in Kooperation des Arbeitsministeriums und des Deutschen Volkshochschul-Verbandes u. a. diese Institutionalisierung zunehmend klarer strukturiert (wikipedia.org/wiki/Sprachverband-Deutsch) – um schließlich in den neunziger Jahren geradezu ‚geschreddert' zu werden (s. u.).

## 7.2 Linguistische Wahrnehmungen und Bezugspunkte

Die praktizierte Mehrsprachigkeit derer, die sich in Sprachkontakt und zunehmend unter Assistenz der sich herausbildenden Institutionen das Deutsche als Zweitsprache aneigneten, machte von vornherein deutlich, dass die einfache Übertragung der Erfahrungen aus dem DaF-Sektor nicht ausreichen würde. Es galt, die Sprachrealität der Sprechenden konkret zu erfassen, zu verstehen, analytisch aufzuarbeiten und für die Sprachvermittlung des Deutschen fruchtbar zu machen. Diese Aufgabe führte in einem selbstkritischen Prozess immer mehr zu einer neuen Wahrnehmung der mehrsprachigen Realität und zu einer kritischen Bearbeitung auch der einzusetzenden linguistischen Kategorien. Das Heraustreten aus den zuvor beschriebenen monolinguistischen Zentrierungen geschah in vielfältigen und von unterschiedlichen Akteuren vorangetriebenen

Reflexionsprozessen, zu denen diese durch die sprachlichen Realitäten immer erneut angestoßen wurden.

Die Suche nach Ansätzen in der linguistischen Literatur, wie man selbst die eigenen Erfahrungen und die Entwicklung einer mehrsprachigkeitsoffenen Didaktik vorantreiben konnte, verwiesen vor allem auf die sich in dieser Zeit gleichfalls zur Subdisziplin entwickelnde Kontaktlinguistik (siehe Nelde et al. 1996 f.). Vor allem suchte man Orientierung dadurch, dass man sich vornahm, von klassischen Einwanderungsländern wie Australien und Kanada zu lernen. Die allmähliche Entwicklung einer Linguistik, die sich aus den vermeintlichen monolingualen Selbstverständlichkeiten herausbewegte, empfing zahlreiche Anregungen. Häufig freilich führte dies eher zu analoghaften Übertragungen von Erfahrungen und Erkenntnissen aus anderen Grundvoraussetzungen als zu einer genuinen neuen Sicht auf die spezifische Situation eines sozusagen ,nicht-klassischen' Einwanderungslandes.

Das *Lehrpersonal*, dessen Umfang sich stetig vergrößerte, verlangte zugleich nach praxistauglichen Erkenntnissen – häufig mit der Ungeduld, die sich aus dieser Praxis nahezu von selbst speiste, die andererseits mit den Erfordernissen einer fundierten und seriösen Forschung nicht einfach zu verrechnen war. Auch waren es nicht nur linguistische bzw. linguistisch sozialisierte Lehrende, die in der neuen zweitsprachspezifischen Sprachvermittlung tätig wurden, und es war nicht nur die Linguistik, die hier ganz allmählich versuchte, eine eigene Verantwortung zu entwickeln. Andere Disziplinen wie die Pädagogik und die Psychologie begaben sich auf das in seinen Dimensionen noch nicht wirklich absehbare Forschungsfeld. Auch der Medizin wuchsen entsprechende Aufgaben zu, besonders mit Blick auf die Einschätzung der sprachlichen Qualifizierung von Kindern im Elementarbereich. Der interdisziplinäre Austausch fand kaum statt bzw. kam allenfalls schleppend in Gang. Für die sprachliche Dimension hatte und hat das zum Teil weitreichende und keineswegs notwendig positive Folgen.

Bis in die unmittelbare Gegenwart hinein finden sich sehr unterschiedliche Disziplinverteilungen in der Befassung mit dem Deutschen als Zweitsprache. Durch die verschiedenen Zugänglichkeiten zu den Fördermöglichkeiten entwickelten sich auch unterschiedliche Forschungsstrategien und überhaupt Thematisierungen. Insgesamt entstanden besonders in den großen Projektverbünden der Bund-Länder-Kommission (BLK) von Alpha bis zum letzten BLK-Projekt, Förmig, zunehmend umfangreichere Erkenntnisse. Mit der Etablierung des Sonderforschungsbereiches 538 Mehrsprachigkeit an der Universität Hamburg kam es dann zu einer von der DFG geförderten zwölfjährigen Forschungskonzentration, deren Konsequenzen für die weitere Erkenntnisgewinnung für die Mehrsprachigkeit sich als grundlegend herausstellen sollten.

## 7.3 Integration

Die Vermittlung des Deutschen als Zweitsprache erforderte ein differenziertes Konzept für das Verhältnis der Herkunftssprachen zu diesem Deutsch. Das Spektrum reichte und reicht von einer Marginalisierung oder sogar weitgehenden bis vollständigen Ablehnung der Herkunftssprachen bis hin zu der Propagierung einer gesellschaftlichen Akzeptanz von Mehrsprachigkeit und damit einer Überwindung der monolingualen Bestimmungen für die Sprachlichkeit der Bürgerinnen und Bürger in der Republik.

Mittlerweile ist das Konzept Integration in der Bundesrepublik mit Ausnahme von dessen äußersten rechten Rändern weitgehend akzeptiert. Es musste sich freilich in gesellschaftlichen Auseinandersetzungen und Diskursen überhaupt erst einmal durchsetzen, bis es zu einer solchen Akzeptanz kam. Die Stichworte Segregation und Assimilation boten entgegengesetzte Konzepte an und bestimmten lange die Diskussion in einem Land, für das immer wieder emphatisch gesagt wurde, es sei kein Einwanderungsland.

Am Beispiel der *Integrationskurse* und ihrer Geschichte ist dies in seinen einzelnen Etappen sehr genau zu verfolgen. Unter dem Bundesinnenminister Schily (SPD; Innenminister von 1998–2005) veränderte sich die politische Wahrnehmung der Sprachenfrage. Die vielfältig aufgesplitterten Zuständigkeiten in Bezug auf das Deutsche – jenseits der Schulpolitik – erstreckten sich von der oben benannten auswärtigen Kulturpolitik und ihren Mittlerorganisationen (Auswärtiges Amt) über das Arbeitsministerium (BMAS) bis hin zum Innenministerium (BMI), das für die Auslandsdeutschen, die ja als deutsche Staatsbürger gelten, sprachliche Zuständigkeiten besaß. Es erfolgte eine Konzentration all dieser Aktivitäten nunmehr im Bundesinnenministerium. Ihm wuchsen – zunächst noch unter dem Stichwort der Assimilation – Aufgaben für die sprachliche und politische Integration eines großen Teils neuer Bewohner und Bewohnerinnen der BRD zu. Die Politikerin Rita Süßmuth war innerhalb der CDU eine Politikerin, die hier entgegen dem mainstream ihrer Partei frühzeitig und auf die Dauer erfolgreich auf eine Neuorientierung hingearbeitet hatte.

Die Zusammenfassung der Sprachbereiche bis auf das, was in der Zuständigkeit des Auswärtigen Amtes blieb, hatte freilich für das, was im sogenannten „Sprachverband" mit zum Teil sehr guten Erfolgen ausgearbeitet worden war, geradezu brutale Konsequenzen. Der „Sprachverband" verlor 2003 seine Finanzierung, seine institutionelle Stellung, die Mitarbeiter und Mitarbeiterinnen verloren ihre Tätigkeitsbereiche – und die Sprachvermittlung viel an bereits gewonnener Expertise.

Im Bereich des „Bundesamtes für Flüchtlinge (BAFl)" wurde eine eigene Abteilung eingerichtet; dieses Amt mutierte zum „Bundesamt für Migration und

Flüchtlinge (BAMF)" und organisierte die Sprachvermittlung für solche Immigranten neu, die nicht als EU-Bürger ohnehin bereits innerhalb der Bundesrepublik Deutschland Aufenthaltsrechte hatten. Mit einiger Mühe konnte auch eine nachholende Integration für solche Migranten, die seit Jahrzehnten im Land lebten, aber immer noch keine hinreichenden Sprachkenntnisse hatten, in diesem Zusammenhang mit in der Arbeit verankert werden. Im Etat des Innenministeriums wurden finanzielle Mittel bereitgestellt, um die Administration von Sprachkursen auf verlässliche Weise zu gewährleisten. Mit dem Integrationsgesetz erreichten diese (zusammen mit einer elementaren landes- und gesellschaftskundlichen Grundvermittlung) eine einigermaßen stabile rechtliche Grundlage. Es gelang die Verankerung einer Sprachvermittlung, die für die Migranten und Migrantinnen eine Entsprechung zur Niveaustufe B1 des Gemeinsamen Europäischen Referenzrahmens (GER) als Zielvorgabe setzte – auch wenn von Anfang an im Blick war, dass mit der zur Verfügung stehenden Zeit und mit den Lern- wie Lehrmöglichkeiten dieses Ziel keineswegs einfach für alle oder auch nur den größten Teil der Kursteilnehmer und -teilnehmerinnen zu erreichen war. Die Entwicklung einer eigenen Prüfung (DTZ) war von vornherein darauf eingestellt: Die Prüfung wurde als skalare Prüfung angelegt, so dass in *einem* Prüfungsverfahren auch der Erwerb von Kenntnissen in Entsprechung zur darunterliegenden Stufe A2 mit zertifiziert werden konnte. Eine große *Qualifizierungsoffensive* erhöhte und professionalisierte die Qualifikation der Lehrenden. Sie wurde von den Trägerorganisationen – vor allem den Volkshochschulen einerseits, großen und kleinen privatwirtschaftlich arbeitenden Sprachschulen andererseits – mitgetragen.

Allerdings blieb die Finanzierung der Lehrkräfte hinter dem Erforderlichen weit zurück. Es kam für lange Zeit zu einer faktischen Prekariatsbildung – ein bis heute offenes und dringend der Bearbeitung bedürftiges Problemfeld.

Gleiches gilt für die Gewinnung von Empirie in Bezug auf den tatsächlichen Sprachbedarf der Lernenden, der sich zudem naturgemäß permanent ändert – ein Umstand, der mit der großen Zahl von Flüchtlingen 2015 drastisch vor Augen geführt wurde. Für große Forschungsvorhaben, die die tatsächliche kommunikative Situation der Lernenden zum Gegenstand haben, war bis heute eine hinreichende Finanzierung etwa in der Forschungsverantwortlichkeit des Bundesministeriums für Bildung und Forschung (BMBF) nicht zu gewinnen. Erhebliche Empiriedefizite kennzeichnen also trotz aller vielfältigen Forschungseinzelprojekte und Verbünde die Situation bis heute.

Gerade für die Weiterentwicklung des Curriculums, das aus rechtlichbürokratischen Beschäftigungsgründen lediglich als *Rahmencurriculum* ausgearbeitet, eingesetzt und genutzt werden kann, wird solche Empirie verlangt. Für die eigentliche Arbeitsmarktqualifizierung sind weitergehende Kenntnisse notwendig. Sie sind erneut der Zuständigkeit des BMAS beziehungsweise der Bundesagentur für Arbeit zugeordnet. Eines der dringendsten Desiderata der Weiterentwicklung ist die Etablierung und Umsetzung eines „Gesamtprogramms Sprache" des Bundes, das die verschiedenen Bundesaktivitäten zusammenfasst.

Die vielfältigen Aktivitäten einzelner Länder und Kommunen, der Wirtschaft wie auch zahlreicher caritativer und ehrenamtlicher Initiativen ergeben insgesamt ein buntes Bild. Eine dringend erforderliche, jedoch bisher nicht in systematischer Weise angegangene Begleitung, Beratung und empirische Fundierung all dieser Strukturen und Aktivitäten in der Form einer nationalen Forschungs- und Beratungsinstitution zur Monitorierung, Intensivierung und Effektivierung der faktisch stattfindenden und der gesellschaftlich notwendigen Prozesse fehlt. Die Zersplitterung der rechtlichen Zuständigkeiten lässt eine umfassende gesellschaftliche Wahrnehmung der dringenden Aufgaben bisher kaum zu.

# 8 Mehrsprachigkeit in der BRD, Mehrsprachigkeit in Europa

Die Frage nach den *Zielen der sprachlichen Integration* berührt die Frage nach dem sprachlichen Selbstverständnis der Republik als ganzer. Wird es möglich werden, national bestimmte Sprachlichkeit in eine transnationale Situation zu überführen, und zwar so, dass nicht die enormen kommunikativen, sozialen und gesellschaftlichen Gewinne einer Sprache wie des Deutschen in einer „globalesisch" (Trabant 2014) bestimmten Randstruktur untergehen oder andererseits und komplementär dazu zu Gunsten von Regionalsprachen aufgegeben werden? Wird es zu einem gesellschaftlichen Ziel werden, dass die Bürger und Bürgerinnen von den primären Sozialisationsagenturen an, den KiTas und Schulen, in die Lage versetzt werden, sich in einer mehrsprachigen Zukunft der Europäischen Union ihre eigene Mehrsprachigkeit effizient und erfolgreich zu erarbeiten? Dafür wird wahrscheinlich ein *Gesamtsprachencurriculum* (s. Ehlich 2017) für die Bildungsinstitutionen ebenso unabdingbar sein wie ein breiter öffentlicher Diskurs, der die Sprachenfrage davor bewahrt, in das Fahrwasser nationalistischer und ultranationalistischer nativistischer Bewegungen gezogen bzw. abgedrängt zu werden. Als wichtigste Voraussetzung für die kommunitäre Bildung und Bindung ist eine für Mehrsprachigkeit offene und differenzierte Sprachenpolitik und eine ebensolche gesamtgesellschaftliche Verständigung erforderlich. Dafür wird es einer praktischen Alltagshermeneutik (s. Ehlich 2005) bedürfen.

Mehrsprachigkeit ist möglich, sie ist nötig und sie kann erreicht werden. *Die Modalitäten der Mehrsprachigkeit* (s. Ehlich 2009) bilden die Grundlage auch für die Arbeit einer *Linguistik*, die in der Lage ist, selbstkritisch die Institutionenverflechtungen, in denen sich Sprache befindet, aufklärend zu durchschauen und Kritik und Selbstkritikfähigkeit als wissenschaftliche Grundelemente umzusetzen. Linguistisch, praktisch und gesellschaftlich ist die Situation durch Herausforderungen gekennzeichnet, die für eine *eingreifende Linguistik* zu einer zentralen Aufgabe werden. Eine solche Linguistik ist eine Disziplin von gesellschaftlicher Notwendigkeit und mit einer hohen gesellschaftlichen Verantwortung.

Ob Linguistik freilich sich so versteht und sich nicht als bloß betrachtende Linguistik aus gesellschaftlicher Verantwortung zurückzieht, wird die nähere Zukunft zeigen müssen. Die bildungspolitischen Konsequenzen dieser Entwicklung bestimmen mit, ob Mehrsprachigkeit in diesem Land und in einem Europa, das durch faktische Mehrsprachigkeit gekennzeichnet ist, den Stellenwert erhält, der ihr zukommt. Die aktuelle politische Situation in Europa lässt schmerzvoll erkennen, dass bei den politischen Verantwortungsträgerinnen und -trägern das Bewusstsein für die Größe dieser Aufgabe in keiner Weise ‚angekommen' ist, dass sie in keiner Weise wahrgenommen wird: Kultur und Sprache sind aus dem Handlungsauftrag der Europäischen Kommissariate inzwischen nahezu gänzlich verschwunden – kein gutes Omen für das „europäische Projekt".

Viele Linguistinnen und Linguisten, die sich mit der Mehrsprachigkeit in ihrer Arbeit beschäftigen, sind durch biographische Umstände in ein Arbeitsfeld gekommen, das nicht von Anfang an das ihre war. Sie haben eine solche Reflexion ihrer eigenen Biographie in der Praxis ihres wissenschaftlichen Arbeitens als tagtägliche Notwendigkeit erfahren und diese Herausforderung in konkrete wissenschaftliche Arbeit umgesetzt. Die nächste Generation, die nächsten Generationen finden bereits ein anderes Umfeld vor. Es ist zu hoffen, dass auch die Politik – die Bildungspolitik zuvörderst – zu einer solchen reflektierten Änderung ihrer Arbeitsweisen mit allen Konsequenzen, die daraus folgen, in der Lage sein wird.

# Literatur

Ahlzweig, Claus (1994): *Muttersprache – Vaterland. Die deutsche Nation und ihre Sprache.* Opladen: Westdeutscher Verlag.

Anderson, Benedict (1983): *Imagined Communities. Reflections on the Origin and Spread of Nationalism.* London: Verso Editions / NLB; deutsch (1988) *Die Erfindung der Nation. Zur Karriere eines folgenreichen Begriffs.* Frankfurt am Main: Campus.

Bühler, Karl (1934): *Sprachtheorie. Die Darstellungsfunktion der Sprache.* Jena: G. Fischer. (1965) 2., unveränderte Auflage. Mit einem Geleitwort von Friedrich Kainz, Stuttgart G. Fischer; (1999) 3. Auflage. G. Fischer / UTB: Stuttgart u. a.

Calvet, Louis-Jean (1974): *Linguistique et colonialisme, petit traité de glottophagie.* Paris: Payot; 1978 deutsch: *Die Sprachenfresser. Ein Versuch über Linguistik und Kolonialismus.* Berlin: Verlag Das Arsenal.

Calvet, Louis-Jean (2013): *Les Confettis de Babel. Diversité linguistique et politique des langues,* en collaboration avec Alain Calvet. Paris: Ecriture.

Conze, Werner (1984) / (2004): Artikel „Rasse I. II.2c.-e.3-18. III". In: Brunner, Otto; Conze, Werner & Kosellek, Reinhart (Hrsg.): *Geschichtliche Grundbegriffe. Historisches Lexikon zur politisch-sozialen Sprache in Deutschland,* Band 5. Redaktor Conze, Werner; Redaktion Schöneich, Christa; Sommer, Antje & Walther, Rudolf. Studienausgabe 2004 mit beigefügten Korrigenda. Stuttgart: Klett-Cotta, S. 135f., 146–178.

Deutsche Zoologische Gesellschaft (2019): Jenaer Erklärung: Das Konzept der Rasse ist das Ergebnis von Rassismus und nicht dessen Voraussetzung. https://www.dzg-ev.de/aktuelles/dzg2019-jenaer-erklaerung/ (2.5.2020).

Ehlers, Klaas Hinrich (2010): *Der Wille zur Relevanz. Die Sprachforschung und ihre Förderung durch die DFG 1920–1970.* Stuttgart: Franz Steiner.

Ehlich, Konrad (2005): Hermeneutik als interkulturelle Alltagskompetenz. In: Maas, Utz (Hrsg.): *Sprache und Migration.* Osnabrück: Institut für Migrationsforschung und Interkulturelle Studien (IMIS): 47–61.

Ehlich, Konrad (2009): Modalitäten der Mehrsprachigkeit. In: *Zeitschrift für Angewandte Linguistik* 50: 7–31.

Ehlich, Konrad (2013): Sprachen in der Gesellschaft, Sprachen in der Schule. In: Ekinci, Yüksel; Hoffmann, Ludger; Leimbrink, Kerstin & Selmani, Lirim (Hrsg.): *Migration Mehrsprachigkeit Bildung.* Tübingen: Stauffenburg, 25–41.

Ehlich, Konrad (2017): Ein Gesamtsprachencurriculum für die deutsche Schule des frühen 21. Jahrhunderts. In: Becker-Mrotzek, Michael & Roth, Hans-Joachim (Hrsg.): *Sprachliche Bildung Grundlagen und Handlungsfelder.* Münster u. New York: Waxmann, 249–271.

Ehlich, Konrad; Elmer, Wilhelm & Noltenius, Rainer (Hrsg.) (1995): *Sprache und Literatur an der Ruhr.* Dortmund: Klartext.

Ekinci, Yüksel; Hoffmann, Ludger; Leimbrink, Kerstin & Selmani, Lirim (Hrsg.) (2013): *Migration Mehrsprachigkeit Bildung.* Tübingen: Stauffenburg.

Enzensberger, Hans Magnus (Hrsg.) (1966): *Kursbuch 5: Strukturalismus.* Frankfurt am Main: Suhrkamp.

Enzensberger, Hans Magnus & Michel, Karl Markus (Hrsg.) (1971): *Kursbuch 24: Schule, Schulung, Unterricht.* Berlin: Kursbuch Verlag / Wagenbach.

Fritsche, Michael (2002): MACCARONEA – 2000 Jahre Sprachmischung in satirischer Dichtung. In: Ehlich, Konrad & Schubert, Venanz (Hrsg.): *Sprachen und Sprachenpolitik in Europa.* Tübingen: Stauffenburg. 171–186.

Glück, Helmut (1979): *Die preußisch-polnische Sprachenpolitik: Eine Studie zur Theorie und Methodologie der Forschung über Sprachenpolitik, Sprachbewußtsein und Sozialgeschichte am Beispiel der preußisch-deutschen Politik gegenüber der polnischen Minderheit vor 1914.* Hamburg: Buske.

Gogolin, Ingrid (2008): *Der monolinguale Habitus der multlingualen Schule.* Münster: Waxmann.

Helbig, Gerhard & Buscha, Joachim (1972): *Deutsche Grammatik für den Ausländerunterricht.* Leipzig: Verlag Enzyklopädie.

Institut für deutsche Sprache (Hrsg.) (1971ff.): *Heutiges Deutsch.* München: Hueber.

Jäger, Ludwig (1998): *Seitenwechsel: Der Fall Schneider/Schwerte und die Diskretion der Germanistik.* München: Fink.

Maas, Utz (1989a): Sprachpolitik in der Arbeiterbewegung (Erste und Zweite Internationale). Mit einer Nachbemerkung. In: Maas, Utz (Hrsg.): *Sprachpolitik und politische Sprachwissenschaft*. Frankfurt am Main: Suhrkamp. 66–115.

Maas, Utz (1989b): Notizen zur Sprachpolitik in der Arbeiterbewegung. In: Maas, Utz (Hrsg.): *Sprachpolitik und politische Sprachwissenschaft*. Frankfurt am Main: Suhrkamp. 116–164.

Maas, Utz (2010): *Verfolgung und Auswanderung deutschsprachiger Sprachforscher 1933–1945. Band 1: Dokumentation. Einleitung und biobibliographische Daten A-Z. Band 2: Auswertungen. Verfolgung – Auswanderung – Fachgeschichte – Konsequenzen*. Tübingen. Stauffenburg.

Nelde, Peter H.; Goebl, Hans u. a. (Hrsg.) (1996 f.): *Kontaktlinguistik*. Band 1, Band 2. Berlin, New York: de Gruyter.

Nowak, Elke (1999): „Gehet hin in alle Welt ...“ Die Aneignung fremder Sprachen und die Sprachwissenschaft des 18. Und 19. Jahrhunderts. In: *Berichte zur Wissenschaftsgeschichte* 22, 135–145.

Paul, Hermann (1880): *Prinzipien der Sprachgeschichte*. Halle: Niemeyer.

Redder, Angelika (1991): Fremdheit des Deutschen. Zum Sprachbegriff bei Elias Canetti und Peter Weiss. In: *Jahrbuch Deutsch als Fremdsprache 17*. München: iudicium, S. 34–54.

Redder, Angelika (2017a): Literarisches Einspielen des Arabischen – Roes' *Rub' Al-Khali* und Handkes *Bildverlust*. In: Ekinci, Yüksel; Montanari, Elke & Selmani, Lirim (Hrsg.): *Grammatik und Variation. Festschrift für Ludger Hoffmann zum 65. Geburtstag*. Heidelberg: Synchron, 399–411.

Redder, Angelika (2017b): Mehrsprachigkeitstheorien – oder überhaupt Sprachtheorien? In: *Jahrbuch Deutsch als Fremdsprache 41 2015*. 13–36.

Reinbothe, Roswitha (2019): *Deutsch als internationale Wissenschaftssprache und der Boykott nach dem Ersten Weltkrieg*. 2. überarbeitete und erweiterte Auflage. Berlin, Boston: de Gruyter.

De Saussure, Ferdinand (1931): *Grundfragen der allgemeinen Sprachwissenschaft*. Deutsche Übersetzung von Hermann Lommel. Berlin: de Gruyter; 2. Auflage 1967 mit einem Nachwort von Peter von Polenz. 3. Auflage 2001 mit einem Nachwort von Peter Ernst. Original französisch (1916) *Cours de linguistique générale*. (Zweisprachige Ausgabe 2013, herausgegeben von Peter Wunderli. Tübingen: Narr).

Schuchardt, Hugo (1909): Die ‚Lingua franca'. *Zeitschrift für romanische Philologie* (33): 441–461.

Sommer, Antje (1984) / (2004) Artikel „Rasse II.1.2a-b". In: Brunner, Otto; Conze, Werner & Kosellek, Reinhart (Hrsg.): *Geschichtliche Grundbegriffe. Historisches Lexikon zur politisch-sozialen Sprache in Deutschland*, Band 5. Redaktor Conze, Werner; Redaktion Schöneich, Christa; Sommer, Antje; Walther, Rudolf. Studienausgabe 2004 mit beigefügten Korrigenda. Stuttgart: Klett-Cotta, S. 137–146.

Trabant, Jürgen (2014): *Globalesisch oder was? Ein Plädoyer für Europas Sprachen*. München: Beck.

Vennemann, Theo; Wilbur ‚Terence [auf dem Umschlag Terenc] H. (1972): *Schuchardt, the Neogrammarians, and the Transformational Theory of Phonological Change*. Frankfurt/M.: Athenäum: Linguistische Forschungen 26.

# Konrad Ehlich

## Wie ich zu den Sprachen kam und wie die Sprachen zu mir kamen. Wissenschaftsbiographische Notizen[1]

(Foto: © David Ausserhofer)

Geboren wurde ich im September des Jahres 1942, des dritten Kriegsjahres, im Großraum Leipzig. Im Jahr 1949 floh die Familie aus der Sowjetischen Besatzungszone (SBZ) (beziehungsweise der gerade gegründeten Deutschen Demokratischen Republik) in die Amerikanische Besatzungszone (beziehungsweise die gerade gegründete Bundesrepublik Deutschland), nach Kassel. Im Alter von sieben Jahren erlebte ich so den Wechsel von einem *deutschen Sprachraum* in einen anderen – eine nachhaltige frühe Spracherfahrung.

Die Schulzeit verbrachte ich nach der Einschulung in der SBZ zunächst in der Volksschule bei Kassel und dann in einem Kasseler sogenannten ‚Realgymnasium' (inzwischen das Goethe-Gymnasium) mit der Sprachenfolge *Englisch – Lateinisch – Französisch*. Sie bot eine langdauernde Gelegenheit, fremde Sprachen kennen und lieben zu lernen und zugleich – und zum Teil auch „trotz alledem" – die mehr und leider öfters auch minder erfolgreichen

---

1 Eine Reihe von biographischen Schritten, von denen hier gesprochen wird, hat sich in (mehr oder weniger zeitnahen) Publikationen niedergeschlagen. Über diese informiert eine Bibliographie, die, kombiniert mit einem systematischen Index, unter www.ehlich-berlin.de leicht zugänglich ist. Auch zum Curriculum Vitae finden sich hier weitere Angaben.

didaktischen Einsätze von Lehrern, später auch von einigen Lehrerinnen, zu erleben beziehungsweise zu erleiden. Die Sprachen selbst faszinierten und forderten heraus. In der Oberstufe am Gymnasium in Melsungen trat (lediglich als zusätzlicher Kurs, Stichwort „6. und 7. Stunde") das *(Alt-)Griechische* hinzu.

Durch das Abitur 1962 waren mit dem Großen Latinum und dem Graecum zwei der sprachlichen Voraussetzungen für das Studium gegeben, das ich wählte, die Protestantische Theologie. Die dritte, das Hebräische, kam im ersten Semester hinzu: *(Alt-)Hebräisch*, das in drei Monaten zu erwerben war – und erworben wurde. Das Lernergebnis bei mir unterschied sich erheblich von dem bei den meisten meiner Kommilitonen, die das gerade Gelernte möglichst schnell wieder dem Vergessen anheimstellten: Die Faszination für diese Sprache war sogar größer als bei den anderen Sprachen, die ich kennen gelernt hatte. So schloss ich im nächsten Semester den Erwerb einer zweiten alttestamentlichen Sprache, des *Biblischen Aramäisch*, an. Die Fortsetzung des Studiums an der Universität Heidelberg – damals ein Zentrum der exegetischen Fächer – brachte mich mit weiteren semitischen Sprachen in Kontakt, dem gerade einmal seit circa 50 Jahren bekannten *Ugaritisch*, aber auch dem *Akkadischen*. Vor allem aber eröffnete sich durch die Begegnung mit dem seinerzeitigen Hebräisch-Lektor, dem späteren Berliner und Mainzer Professor Diethelm Michel, die Möglichkeit, gerade zu diesen sprachlichen Grundlagen im Licht allgemein-sprachwissenschaftlicher, sprachtheoretischer und sprachphilosophischer Fragestellungen weiter zu arbeiten. Michel war dabei, sowohl grammatische wie lexikalische Strukturen des Hebräischen in ihrer Spezifik zu analysieren und zu erfassen und beide Bereiche aus den überkommenen Kategorienrastern, die in vielfacher Weise für diese Sprache nicht griffen, herauszulösen. Statt zügig dem Examen ‚zuzustudieren', erarbeitete ich (so zu studieren war damals noch möglich) eine Hebräische Wortkunde und für diese eine Sprachstatistik der ca. 5700 Wörter des Alten Testaments – („per Hand"), um eine gewichtete Auswahl zu treffen. Was linguistische Korpusarbeit bedeutet, ist mir seit dieser Zeit sozusagen ‚hautnah' vertraut.

Meine Magisterarbeit rekonstruierte die Interpretationsgeschichte des hebräischen Verbalsystems von Wilhelm Gesenius (Anfang des 19. Jahrhunderts) bis zur damaligen Jetztzeit im Licht der allgemeinen sprachtheoretischen Entwicklungen ihrer jeweiligen Zeit. Sie endete mit einem Ausblick auf Harald Weinrichs neues und originelles „Tempus"-Konzept. Die Arbeit war als Ausgangsbasis für eine Dissertation geplant, die Beiträge zu einer Theorie der Formen und Funktionen des hebräischen Verbalsystems anstrebte.

Diese Dissertation kam nicht zustande. Die allgemeinen politischen Entwicklungen der Zeit hatten für mich unter anderem die Folge, dass es zu einem Bruch in meinen biographischen Planungen kam. Eine berufliche Tätigkeit in dem Feld, für das ich mich vorbereitet hatte, wurde von einem professoralen Mitglied des „Bundes Freiheit der Wissenschaft" verhindert. Ein Neuanfang war erforderlich. Er erfolgte an der Freien Universität Berlin, an der zeitgleich gerade die Linguistik völlig neu strukturiert wurde. Die Begegnung und bald auch die Kooperation mit Dieter Wunderlich ergab die für mich überraschende Möglichkeit, in seinem Kontext eine akademische Stelle – natürlich „auf Zeit" – zu erhalten. Die inhaltliche Arbeit befasste sich mit Sprache in zweifacher Weise anders als bisher: Einerseits begann die Entwicklung der Linguistischen Pragmatik; andererseits wurde Sprache als Teil des gesellschaftlichen Lebens wahrgenommen und erkennbar gemacht, in dessen Strukturen einzugreifen die sogenannte „Studentenrevolte" sich anschickte. Linguistik und Soziologie waren in ihrer Kombination dazu erfordert und prädestiniert – und die Offenheit des Blicks für das tatsächliche sprachliche Geschehen. Mündliche Kommunikation wurde aufgezeichnet und in einem dafür entwickelten eigenen Transkriptionssystem (HIAT) verschriftlicht als Grundlage für die empirische sprachanalytische Arbeit; und diese bezog sich auf das, was später einmal als „sozialer Brennpunkt" bezeichnet werden sollte, konkret auf das „Märkische Viertel". Die Erarbeitung geeigneter sozialwissenschaftlicher Kategorien war für die Analysen ebenso erfordert wie eine Handlungstheorie von Sprache und kommunikativem Handeln insgesamt. Es war eine begeisternde und vor allem auch eine außergewöhnlich kooperative Arbeit, durch die diese Zeit gekennzeichnet war. Besonders die Zusammenarbeit mit Jochen Rehbein, der ein halbes Jahr nach mir die zweite Assistentenstelle bei Dieter Wunderlich antrat, erwies sich als außerordentlich fruchtbar.

Nach dem Wechsel Wunderlichs an die Universität Düsseldorf, um dort ein neues Institut für Allgemeine Sprachwissenschaft aufzubauen, trat verstärkt die Kommunikation in der Schule in den Fokus unserer empirischen Arbeit – dies unter anderem auch mit Blick darauf, dass das Institut der Studienort für einen neuen Typ von Lehrern für Linguistik als eigenes neues Schulfach in NRW bilden sollte (ein bildungspolitisches Experiment, das bald wieder abgebrochen wurde – leider).

Zugleich bekamen nicht-indoeuropäische Sprachen einen eigenen Stellenwert im Studiengang – eine Voraussetzung auch für die Befassung mit Migrantensprachen jenseits der überkommenen Schulsprachfächer. Ich selbst befasste mich so länger mit dem *Baskischen*, aber auch mit dem *Estnischen* und dem *Thailändischen*. Das *Arabische* trat dazu, und von den Migrantensprachen das *Neugriechische* (intensiver) und das *Türkische* (sprachstrukturell).

Die Dissertation, die freilich bei all den innovativen Aufgaben und der intensiven theoretischen wie praktisch-analytischen Arbeit mit hochmotivierten Studierenden (besonders im Projekt „KidS") immer wieder in den Hintergrund rückte, musste schließlich auch zu einem Abschluss und vor allem an eine Institution gebracht werden, deren Regularien eine solche überhaupt zuließen mit meiner Fächerkombination und mit der Thematik, die, ungewöhnlich genug, hebraistische und linguistische Fragestellungen verband. Schließlich wurde sie dann doch an der FU Berlin eingereicht – mit einer vierfachen Begutachtung (Dieter Wunderlich für die Linguistik, Diethelm Michel für die Hebraistik, Walther Dieckmann als zweiter germanistischer, d. h. linguistischer, Gutachter und schließlich Carsten Colpe für die Semitistik). Die Arbeit selbst untersuchte die „Verwendungen der Deixis beim sprachlichen Handeln" – theoretisch wie strikt empirisch (auf der Basis eines erschöpfenden Belegkorpus von nahezu 3000 Belegen). Für die sich herausbildende Funktionale Pragmatik erbrachte sie mit dem Konzept der „sprachlichen Prozedur" eine neue Kategorie, die sich in der Folgezeit vielfach analytisch bewährte.

Die Habilitation in Allgemeiner Sprachwissenschaft in Düsseldorf mit einer Arbeit zu den „Interjektionen" setzte die gewonnenen Erkenntnisse besonders zu den „sprachlichen Prozeduren" fort. Ihr schloss sich ein Ruf auf eine Professur für Textlinguistik an die im Aufbau befindliche alternative sprachwissenschaftliche Subfakultät „Letteren" in Tilburg (Niederlande) an. Sie brachte mir meine nächste Sprachbegegnung: Ich musste sehr zügig das *Niederländische* erwerben, und zwar so, dass ich die Sprache wenigstens mündlich für die Lehre und für die überbordenden administrativen Aufgaben einsetzen konnte. Am Sprachenzentrum Vught wurde dafür die Basis gelegt; ansonsten erfolgte der Spracherwerb als ‚learning by speaking' – eine weitere sehr nachhaltige Spracherfahrung, deren zentrale Grundlage die Sympathie für diese Sprache war.

Mit dem Wechsel an die Universität Dortmund kurze Zeit später trat dann die Thematik des *Deutschen als Fremd- und Zweitsprache* in den Mittelpunkt meiner Arbeit. Die lange gesellschaftliche Vernachlässigung der tatsächlichen gesamtgesellschaftlichen demographischen und damit auch sprachlichen Situation des Landes verlangte insbesondere Lehrkräfte, die in der

Lage waren, die tagtäglichen Herausforderungen der mehrsprachigen Schule produktiv zu wenden. Die Entwicklungen, die sich daraus ergaben, habe ich in meinem Beitrag in diesem Band zu charakterisieren versucht. Dies soll hier nicht widerholt werden.

Die Möglichkeit der Kooperation mit hochmotivierten MitarbeiterInnen aus Dortmund und der näheren Umgebung ebenso wie die Kooperation mit den KollegInnen, die in Dortmund sich für die Umwidmung der Professur, auf die ich berufen wurde, vehement eingesetzt hatten, ermöglichte die Einrichtung eines Forschungs- und Lehrschwerpunktes für die Thematik von DaF wie von DaZ. Freilich: die Un- bzw. Dysorganisation politischerseits nahm dem, was mit viel Engagement und Enthusiasmus aufgebaut wurde, weithin die Möglichkeit, tatsächlich gesellschaftlich wirksam zu werden, denn die Einstellungsperre für die AbsolventInnen des Lehramtsstudiums, die erfolgreich ihre Examina ablegten, zwang sie, in andere Bundesländer zu wechseln oder sich beruflich ganz anders zu orientieren.

Auch die allgemeine linguistische Arbeit setzte sich mit unterschiedlichen Schwerpunkten in Dortmund fort, so ein Vorhaben, das bereits bei der Allgemeinen Sprachwissenschaft in Düsseldorf in Kooperation mit Florian Coulmas begonnen worden war, die linguistische Thematisierung von Schrift und Schriftsystemen. In welcher Weise diese Thematik für den Bereich DaZ unmittelbare Relevanz bekam, zeigte zum Beispiel ein empirisches Promotionsvorhaben zum zweischriftigen Schrifterwerb bei griechisch-deutsch sozialisierten Kindern (Anne Berkemeier) – eine Thematik, die u. a. im Rahmen meiner späteren Tätigkeit im Zusammenhang der „Bewertungskommission" des Bundesministeriums des Innern (BMI) für die Integrationskurse in seiner Bedeutung deutlich werden sollte.

Durch meinen Ruf auf das Ordinariat für Deutsch als Fremdsprache an der Ludwig-Maximilians-Universität München 1992 wurden die Akzente meiner Tätigkeit stärker bei DaF im engeren Sinn gelegt – dies freilich so, dass das Thema der „Mehrsprachigkeit" auch dafür immer größere Relevanz erlangte. Die Ausarbeitung eines europäischen Konzepts wie die Einführung der Thematik in die föderal zersplitterte bundesrepublikanische Bildungswirklichkeit erwiesen sich als zentrale Aufgaben, die nicht zuletzt in enger Kooperation mit KollegInnen in anderen EU-Ländern, insbesondere in Österreich und Italien, angegangen werden. Die internationale Wissenschaftskommunikation und die Erarbeitung einer Wissenschaftssprachkomparatistik bilden dabei eine mich über mein Ausscheiden aus dem aktiven Dienst der Ludwig-Maximilians-Universität 2007 hinaus stark beschäftigende Thematik. Vor allem aber ist die Entwicklung eines transnationalen Sprachbildungskonzepts für die BRD, einen europäischen Staat mit einer eigenen sprachpolitischen Verantwortung (die dieser Staat bisher weitgehend allerdings *nicht* wahrnimmt), eine Aufgabe, an deren Bearbeitung ich mich weiter engagiere – theoretisch wie gesellschaftlich. Linguistische Theoriebildung wie gesellschaftliche Praxis bleiben so zentrale Aspekte meiner Arbeit und meines Interesses, in dessen Mittelpunkt die Weiterentwicklung einer Theorie des sprachlichen Handelns, einer funktionalen Pragmatik, liegt. In ihr sehe ich nicht zuletzt auch die kategorialen und analytischen Werkzeuge für das Verständnis von gesellschaftlicher wie individueller Mehrsprachigkeit.

Isabel Fuchs, Britta Hövelbrinks, Jessica Neumann

# Nachruf: Prof. Dr. Bernt Ahrenholz (1953–2019)

(Foto: Bernt Ahrenholz © Rost-Roth)

Am 13. November 2019 ist Prof. Dr. Bernt Ahrenholz nach schwerer Krankheit im Alter von 66 Jahren verstorben. Wir verlieren mit ihm einen herausragenden Kollegen – einen Forscher und Lehrer, der das Fach Deutsch als Zweitsprache durch seine Forschungsprojekte, seine intensive Netzwerkarbeit und seine rege Publikationstätigkeit stark geprägt hat.

Bernt Ahrenholz war seit 2009 an die Friedrich-Schiller-Universität Jena. Seine gesellschaftlich aktuellen Forschungsfelder im Bereich Deutsch als Zweitsprache, die er bis dahin bereits an zahlreichen Standorten bearbeitete, konnte er am Jenaer Lehrstuhl für Auslandsgermanistik/Deutsch als Fremd- und Zweitsprache vertiefen und innerhalb der Friedrich-Schiller-Universität Jena interdisziplinär etablieren.

**Anmerkung:** Der Nachruf wurde Anfang 2020 im Namen des Instituts für Deutsch als Fremd- und Zweitsprache und Interkulturelle Studien der Friedrich-Schiller-Universität Jena verfasst und für den vorliegenden Sammelband leicht überarbeitet.

https://doi.org/10.1515/9783110715538-011

Im Rahmen der Zweitspracherwerbsforschung konzentrierte er sich auf die Beschreibung des Sprachgebrauchs von Lernenden und berücksichtigte dabei schon von Beginn an die Gesamtsituation Lernender in verschiedenen Bildungskontexten, um der Komplexität des sprachlich-kulturellen Integrationsprozesses Rechnung zu tragen. So erhob und analysierte er nicht nur authentische Sprachdaten von ZweitsprachensprecherInnen, sondern bezog forschungsmethodisch auch weitere Daten (Metadaten) zu den SprecherInnen und Gesprächssituationen mit ein.

Bernt Ahrenholz wurde 1953 geboren, wuchs in Bremen auf und ging auf die Gesamthochschule Kassel. Er machte das 1. Staatsexamen für die Fächer Deutsch und Gesellschaftslehre und studierte in Bremen weiter Sozialwissenschaften. Bereits 1978–1981 war er Dozent für Deutsch als Fremdsprache an der Bremer Volkshochschule und Deutschlehrer in der Asylantenbetreuung. Er machte dann das Referendariat an der Sekundarstufe II in Bremen. 1983 ging er als DAAD-Lektor nach Italien an die Universität Bari, wo er bis 1989 blieb. Sein Weg führte dann über Heidelberg und Ludwigshafen, wo er Lehrer für Deutsch als Fremdsprache bei der Gesellschaft zur Förderung der berufsspezifischen Ausbildung (GFbA) war, 1990 nach Berlin. Dort war er im u. a. von Norbert Dittmar geführten Bereich für Deutsch als Zweit- und Fremdsprache im Bereich Germanistik tätig. Er promovierte (*Modalität und Diskurs – Instruktionen auf deutsch und italienisch. Eine Untersuchung zum Zweitspracherwerb*) und habilitierte sich (Habilitationsschrift *Verweise mit Demonstrativa. Grammatische Beschreibungen, Gesprochene Sprache, Zweitspracherwerb und Vermittlung im Deutsch-als-Fremdsprache-Unterricht,* Lehrbefähigung für '*Deutsche Philologie (Sprachwissenschaft und Sprachdidaktik)*'). Ab 2002 erarbeitete er mit Ulrich Steinmüller das Forschungsprojekt *FöDaZ (Förderunterricht und Deutsch als Zweitspracherwerb)* an der Technischen Universität Berlin, in dem er später die Ko-Leitung hatte. In dem Projekt wurden zwischen 2003 und 2006 vielfältige Lernerdaten von Berliner Dritt- und ViertklässlerInnen u. a. zum mündlichen Erzählen und Beschreiben gesammelt und ausgewertet. Aus diesem Projekt ging außerdem der von Bernt Ahrenholz mitbegründete, seit 2005 jährlich stattfindende Workshop *Kinder und Jugendliche mit Migrationshintergrund,* seit 2015 umbenannt in *Workshop für Deutsch als Zweitsprache, Migration und Mehrsprachigkeit,* hervor.

Aus Berlin brachte er Daten und Analysen aus den Projekten *P-MoLL (Projekt Modalität von Lernervarietäten im Längsschnitt* unter Leitung von Norbert Dittmar) und *FöDaZ* mit nach Jena, die seine Lehre im Bachelor- und Masterstudiengang empirisch fundierten. Stets hatte er in Vorlesungen und Seminaren ein paar „echte Lernerdaten" dabei, die die Inhalte seiner Veranstaltungen zur linguistischen Beschreibung des Sprachgebrauchs im Deutschen, zur Zweit- und Fremdspracherwerbsforschung, zum Umgang mit Mehrsprachigkeit in der deutschen

Bildungslandschaft und nicht zuletzt zu Migration als gesellschaftlichem Phänomen authentisch illustrierten.

Mit seiner Ankunft in Jena richtete Bernt Ahrenholz die Arbeitsstelle *Deutsch als Zweitsprache* ein, in welcher er zahlreiche MitarbeiterInnen in Projektplanungen und Datensitzungen sowie für Publikationen zusammenbrachte. Forschungsgegenstand waren die komplexen Bedingungsgefüge des Zweitspracherwerbs in ganz unterschiedlichen Altersstufen und Lernergruppen. Als ausgebildeter Lehrer für die Sekundarstufen I und II mit jahrelanger DaF- und DaZ-Lehrerfahrung legte er dabei einen besonderen Schwerpunkt auf den Spracherwerb an allgemein- und berufsbildenden Schulen. So bekam er für das Schuljahr 2011/2012 vom Thüringer Bildungsministerium (damals TMBWK) den Auftrag, die Mehrsprachigkeit in Thüringer Schulklassen sowie die besondere Situation von neu zugewanderten SchülerInnen, sog. SeiteneinsteigerInnen, zu erfassen (*MaTS*-Projekt: *Mehrsprachigkeit an Thüringer Schulen*). Aus dieser Anfrage heraus entwickelte er ein multiperspektivisches Forschungsprojekt, in welchem er eine quantitative Fragebogenerhebung und eine qualitative Interviewstudie sowie weitere Erhebungsmethoden zur Elizitierung von Sprachdaten (mündliche und schriftliche Erzählungen, C-Tests, Unterrichtsbeobachtungen) vereinte. Diese Triangulation wurde zum Markenzeichen seiner Forschungsprojekte. So plante er für zwei darauffolgende Projekte des Bundesamtes für Bildung und Forschung (BMBF) groß angelegte Datenerhebungen in jeweils interdisziplinären Teams.

Im BMBF-Verbundprojekt *EVA-Sek* (*Formative Prozessevaluation in der Sekundarstufe. Seiteneinsteiger und Sprache im Fach*), dessen Jenaer Teilprojekt sowie den Verbund der Bundesländer er leitete, wurden zwischen 2015 und 2018 an Schulen in sechs Bundesländern Interviews mit Schulleitungen, Lehrkräften und SchülerInnen geführt, Fragebogendaten und Schreibprodukte erhoben und Unterrichtssequenzen videographiert, um die schulischen Prozesse zur Entwicklung und Umsetzung von Sprachfördermaßnahmen für die SchülerInnengruppe der „SeiteneinsteigerInnen" zu evaluieren. Neben dem Fokus auf SeiteneinsteigerInnen spielte das Themenfeld „Sprachgebrauch im Fachunterricht" eine zentrale Rolle im *EVA-Sek*-Projekt. Dieses war auch Schwerpunkt in dem von 2015 bis 2018 durchgeführten BMBF-Projekt *Sprache im Fachunterricht* (Teilprojekt 6 in *ProfJL: Professionalisierung von Anfang an im Jenaer Modell der Lehrerbildung*), in dem gezielt Unterrichtsstunden im Fachunterricht Deutsch, Biologie und Geographie in der Sekundarstufe I videographiert wurden, die eine empirische Beschreibung des fachspezifischen mündlichen Sprachgebrauchs erlauben.

Während er mit den beschriebenen Projekten und darüber hinaus im *FachDaZ*-Projekt (*Fachunterricht und Deutsch als Zweitsprache*, Arbeitsstellen-Projekt seit 2010), vorrangig Lernersprachenprodukte sowie die Unterrichtskommunikation in den Blick nahm, interessierten Bernt Ahrenholz auch Formen von schriftsprachlichem Input, mit denen Erst-, Zweit- und Fremdsprachenlernende konfrontiert sind. So baute er nach korpuslinguistischen Standards einen umfassenden Datensatz von ca. 1.700 Schulbuchseiten aus den Schulfächern Biologie und Geographie auf, die unter anderem eine Analyse der darin enthaltenen bildungs- und fachsprachlichen Anforderungen ermöglichen.

Die Ergebnisse seiner Forschungsarbeiten bleiben uns in einer Vielzahl von publizierten Fachartikeln und Bänden zu Sprachbildung im Fachunterricht, Spracherwerbsprozessen und Deutsch als Zweitsprache sowie in Form der von ihm mitentwickelten Instrumente zur Erhebung von Meta- und Sprachdaten (aus *MaTS* und *EVA-Sek)* erhalten. Seine Forschungsergebnisse stellte er außerdem auf nationalen und internationalen Tagungen und Netzwerken (z. B. in der Forschergruppe *Language Acquisition* – später *Lerner Varieties* um Wolfgang Klein am MPI Nijmegen) zur Diskussion. Mit den sog. „Feedbackwerkstätten" wurde im *EVA-Sek-Projekt* außerdem ein Weg gefunden, die Ergebnisse jeweils an die beforschten AkteurInnen zurückzuspielen und zu spiegeln.

Bernt Ahrenholz hinterlässt zudem Strukturen, die zur Vernetzung des Faches beigetragen haben und weiterhin beitragen, wie das *www.daz-portal.de* mit Mailingliste, Materialien und Rezensionsservice und den von ihm mitbegründeten, bereits erwähnten *Workshop für Deutsch als Zweitsprache, Migration und Mehrsprachigkeit.* Für die zugehörige, gleichnamige Sammelbandreihe (Fillibach bei Klett) und die Reihe *DaZ-Forschung. Deutsch als Zweitsprache, Mehrsprachigkeit und Migration* (De Gruyter) wirkte er als Mitherausgeber und ermöglichte so zahlreichen NachwuchswissenschaftlerInnen und MultiplikatorInnen aus der Praxis im Bereich Deutsch als Zweitsprache die Veröffentlichung ihrer Forschungsarbeiten und aus der Praxis gewonnenen Erkenntnisse zu DaZ-Erwerb und zu DaZ-Förderung. Seine rege Publikationstätigkeit zeigt sich ebenso in seiner Rolle als (Mit-) Herausgeber und Autor zentraler Buchreihen und Grundlagenwerke für Deutsch als Zweitsprache und Deutsch als Fremdsprache (DTP-Bände 9 und 10, Fachlexikon Deutsch als Fremd- und Zweitsprache, DaZ-Handbücher bei De Gruyter) und einschlägiger Tagungsbände, die häufig aus Sektionsleitungen heraus entstanden. Er beteiligte sich außerdem an Fachdiskussionen, um erzielte Forschungsergebnisse in forschungsmethodologische Standards zu überführen (DFG-Rundgespräch *Mündliche Korpora* inkl. Handreichung) und in bildungspolitische Konsequenzen münden zu lassen (*Bewertungskommission für die Integrationskurse des BMI).* Auch auf Veranstaltungen einschlägiger Fachverbände (u. a. SDD, GAL, FaDaF, DGFF, DGV) war er regelmäßig anzutreffen und bereitwillig in aktuelle Forschungsdiskussionen zu verwickeln.

Neben seinen Forschungstätigkeiten engagierte sich Bernt Ahrenholz auch als Lehrer in universitären und außeruniversitären Lehrveranstaltungen. Nach langjähriger Tätigkeit an der Universität Bari, der Freien Universität Berlin und Technischen Universität Berlin und nach Stationen an der Leuphana Universität Lüneburg, der Johannes Gutenberg-Universität Mainz, der Technischen Universität Dresden erhielt er 2007 den Ruf an die Pädagogische Hochschule Ludwigsburg. Ab 2009 übernahm Bernt Ahrenholz die W3 Professur am Institut für Deutsch als Fremd- und Zweitsprache und interkulturelle Studien der Friedrich-Schiller-Universität Jena – darunter 2012 bis 2015 auch die Funktion des Institutsleiters. Er förderte die Vernetzung des Institutes mit dem Zentrum für Lehrerbildung und Bildungsforschung der Universität Jena (ZLB) und dem Thüringer Bildungsministerium (TMBJS) und stärkte so den Bereich Deutsch als Zweitsprache in der Jenaer Lehrerausbildung. In Zusammenarbeit mit dem TMBJS konzipierte und implementierte er schließlich 2015 das Ergänzungsfach *Deutsch als Zweit- und Fremdsprache* für Lehramtsstudierende der FSU (Regelschule, Gymnasium, Berufsschule).

Wie bereits während seiner Zeit an der FU Berlin und der TU Berlin und seiner Professur an der PH Ludwigsburg lag ihm auch in seiner Zeit als Lehrstuhlinhaber an der FSU Jena die Nachwuchsförderung am Herzen. Den Studierenden, Promovierenden und Habilitierenden ermöglichte er neben dem regulären Lehrangebot in Kolloquien und Workshops die Weiterentwicklung ihrer forschungsmethodischen und wissenschaftlichen Kompetenzen. Er betreute eine Vielzahl an Abschlussarbeiten, wobei er Studierenden Zugang zu Projektdaten gewährte und auch interdisziplinäre Arbeiten, z. B. durch die Zusammenarbeit mit dem Institut für germanistische Sprachwissenschaft, ermöglichte.

Darüber hinaus bereicherte Bernt Ahrenholz das Institutsleben mit einer Filmreihe zu Migration im Film, einer Ringvorlesung und Fachtagungen zu Sprache im Fach und SeiteneinsteigerInnen. Zum Abschluss seiner Tätigkeit an der FSU Jena versammelte er im Sommer 2018 auf seinem Symposium *Ein Blick zurück nach vorn* mehrere Forschergenerationen der DaZ-Forschung. Gemeinsam diskutierten sie auf Grundlage jahrzehntelanger Forschung, wie die zukünftige wissenschaftliche Beschäftigung mit Migration und Mehrsprachigkeit sinnvoll gestaltet werden kann.

Wir behalten Bernt Ahrenholz als geschätzten Forscher und Hochschullehrer, als zentrale Persönlichkeit und als Förderer im Bereich Deutsch als Zweit- und Fremdsprache, als aufgeschlossenen, konstruktiv denkenden und andere stets großzügig unterstützenden Kollegen – als einen wertvollen Menschen in Erinnerung.

www.ingramcontent.com/pod-product-compliance
Lightning Source LLC
Chambersburg PA
CBHW070348200326
41518CB00012B/2176